TURING 图灵程序设计丛书

PYTHON CRASH COURSE, 3RD EDITION

A HANDS-ON, PROJECT-BASED INTRODUCTION TO PROGRAMMING

Python 编程

从入门到实践

（第3版）

［美］埃里克·马瑟斯（Eric Matthes）著

袁国忠 译　陶俊杰 审

人 民 邮 电 出 版 社

北　京

图书在版编目（CIP）数据

Python编程：从入门到实践 /（美）埃里克·马瑟斯（Eric Matthes）著；袁国忠译. -- 3版. -- 北京：人民邮电出版社，2023.5（2023.10重印）
（图灵程序设计丛书）
ISBN 978-7-115-61363-9

Ⅰ. ①P… Ⅱ. ①埃… ②袁… Ⅲ. ①软件工具—程序设计 Ⅳ. ①TP311.561

中国国家版本馆CIP数据核字（2023）第042770号

内 容 提 要

　　本书是针对所有层次的 Python 读者而作的 Python 入门书。全书分为两部分：第一部分介绍使用 Python 编程所必须了解的基本概念，包括强大的 Python 库和工具，以及列表、字典、if 语句、类、文件和异常、测试代码等内容；第二部分将理论付诸实践，讲解如何开发三个项目，包括简单的 2D 游戏、利用数据生成交互式的信息图以及创建和定制简单的 Web 应用程序，并帮助读者解决常见编程问题和困惑。第 3 版进行了全面修订：使用了文本编辑器 VS Code，新增了介绍 removeprefix() 方法和 removesuffix() 方法的内容，并且在项目中利用了 Matplotlib 和 Plotly 的最新特性，等等。

　　本书适合对 Python 感兴趣的所有读者阅读。

◆ 著　　　　　[美] 埃里克·马瑟斯（Eric Matthes）
　　译　　　　　袁国忠
　　审　　　　　陶俊杰
　　责任编辑　　岳新欣
　　责任印制　　胡　南

◆ 人民邮电出版社出版发行　　北京市丰台区成寿寺路11号
　　邮编　100164　　电子邮件　315@ptpress.com.cn
　　网址　https://www.ptpress.com.cn
　　河北京平诚乾印刷有限公司印刷

◆ 开本：800×1000　1/16
　　印张：29.75　　　　　　　　　2023年5月第3版
　　字数：703千字　　　　　　　2023年10月河北第4次印刷
　　著作权合同登记号　图字：01-2022-5039号

定价：109.80元
读者服务热线：(010)84084456-6009　印装质量热线：(010)81055316
反盗版热线：(010)81055315
广告经营许可证：京东市监广登字 20170147 号

版 权 声 明

对本书前两版的赞誉

"No Starch Press 革故鼎新，不断推出堪与传统编程图书比肩的未来经典，而本书就是其中之一。"

——Greg Laden，ScienceBlogs

"对复杂的项目娓娓道来，逻辑合理、赏心悦目，令人欲罢不能。"

——*Full Circle* 杂志

"清晰地阐述代码片段，引领你每次前进一小步，逐步编写出复杂的代码，并对其中的原理了如指掌。"

——FlickThrough Reviews

"美妙的 Python 学习体验，Python 新手的不二选择。"

——Mikke Goes Coding

"名副其实，出色地完成了引领读者从入门到实践的任务。三个项目富有挑战性又寓教于乐，还有大量极具帮助的练习题。"

——RealPython

"简明而全面的 Python 编程入门读物，助你最终掌握 Python，是一本值得拥有的杰出作品。"

——TutorialEdge

"编程小白的明智之选。化繁为简，一步一个脚印地带领你进入 Python 这门深奥语言的殿堂。"

——WhatPixel

"面面俱到，初学者需要知道的 Python 知识应有尽有。"

——FireBearStudio

"主要介绍如何使用 Python 编写代码，同时讲授了编写整洁代码的技巧，可应用于其他大部分语言。"

——Great Lakes Geek

推 荐 语

编程教学之道，一是重在实践，二是循序渐进——通过巧妙的实战项目，激发和保持学习的热情，让学习渐入佳境。在这两方面，这本书无疑都是非常出色的。无论是初次尝试编程，还是打算拥抱人工智能，相信这本书都会成为你的最佳起点。

——爱可可-爱生活，北京邮电大学副教授陈光老师

很高兴看到这本书的第 3 版更新，这是一本实操性很强的 Python 语言零基础入门和起步教材。它最大的特色在于，在为初学者构建完整的 Python 语言知识体系的同时，面向实际应用情境编写代码样例，而且许多样例还是后续实践项目部分的伏笔。实践项目部分的选题经过精心设计，生动详尽又面面俱到。相信这本书能够得到更多 Python 初学者的喜爱。

——陈斌，北京大学地球与空间科学学院教授、北京市高等学校教学名师

这本书的前两版已经广销全球，而且稳居 Python 图书的各大销量榜首，这足以证明它的内容有多么出色！这本书简明又全面地阐述了入门 Python 需要掌握的各方面知识，可以说是学习 Python 的不二选择。

——崔庆才，《Python 3 网络爬虫开发实战》作者、微软（中国）软件工程师

Python Crash Course 从 2016 年出版，到现在刚刚 7 年就已经增补到了第 3 版，可见作者是认真的、市场是认可的、内容是靠谱的。关键是，这本书在图灵的 Python 技术图书中的核心地位难以撼动。为什么呢？因为其他入门书没这本全面，而其他专业领域图书又没这本好读，它基本上可以作为将其他所有 Python 技术图书串联起来的总线。这本书唯一的缺点可能就是太厚，读者怕读不完。其实不必，第一部分看过后，其余内容就可以当成工程辞典，有需要时查阅即可。注意原书副标题 "*A Hands-On, Project-Based Introduction to Programming*" 点出了关键：这是以一个个小项目为线索来阐述如何用 Python 进行具体编程的书。它的每一个版本都紧跟 Python 的进步而增补，值得收藏。

——大妈，CPyUG 联合创始人、蟒营®创始人

本书注重用户体验，列举了大量易于理解的例子和各种练习来帮助读者掌握 Python，非常适合初学者以及有一定编程经验的人学习 Python。

——廖雪峰，知名技术专家

从这本书第 1 版起，我就开始把它推荐给身边正在学 Python 的朋友，因为作为 Python 入门的第一本书，它对初学者非常友好。如今这本书已经更新到了第 3 版，内容与时俱进且更加精练，现在依然是最好的 Python 入门读物之一。

——刘志军，公众号"Python 之禅"主理人

说实话，这本书可能不太需要那么多推荐。近十年来，这本书引导着包括我在内的无数 Python 开发者进入了 Python 世界。在我心中，放眼全球，它在 Python 入门书中应该是"天花板"般的存在。而更令人惊喜的是，中文版的翻译水平也是引进图书的"天花板"。因此，请放心，这本书一定能将你带入令人陶醉的 Python 开发世界！

——Manjusaka，PyCon China 负责人、Python 播客"捕蛇者说"联合创始人、微软 MVP

这是一本让你轻松掌握 Python 的绝佳教材。这本书用简练的文字阐述 Python 知识，已成为百万读者信赖的"编程圣经"。它包含三个实战项目：《外星人入侵》游戏、数据可视化、Web 开发，方便读者迅速学以致用。渴望学习 Python 的朋友，这本书无疑是你不容错过的入门必读之作！

——彭涛，"涛哥聊 Python"博主、字码网络科技创始人

编程语言很快就要成为大家母语之外应该掌握的第二语言，而 Python 是学习编程的优选语言。这本书内容循序渐进、基础与实战相结合，非常适合 Python 初学者，是新手入门的最佳选择。

——豌豆花下猫，自媒体"Python 猫"主理人

如果你想学习 Python 编程，那么这是一本非常适合初学者和有经验的程序员的入门书。本书将 Python 编程的基本概念和相关工具讲解得深入浅出，通过三个实际项目的开发帮助读者更好地理解如何应用所学的概念和技巧，同时解决实际编程中遇到的问题和困惑。第 3 版进行了全面修订，采用了流行的编程软件，并且新增了一些内容。这是一本值得放在你桌上的书。

——翁恺，浙江大学计算机学院教授

最理想的新人入门书应该满足两个特点：第一就是内容通俗易懂；第二就是要有实战，能够让读者在学完之后知道具体怎么用。这本书刚好满足了这两点，而且销量也是一个很好的证明。不管你是要入门还是精进 Python，都建议你读一读这本经典著作。

——张俊红，《对比 Excel，轻松学习 Python 数据分析》作者

"蟒蛇书"是我最常向朋友们推荐的 Python 入门书之一。全书内容安排合理，既有通俗易懂的技术概念讲解，又包含大量有趣的项目实战，可谓面面俱到，尤其适合初学者。

——朱雷（@piglei），腾讯公司高级工程师、《Python 工匠：案例、技巧与工程实践》作者

这本书是我的 Python 启蒙老师，它不仅有详细的语法讲解，还配有大量项目案例，第 3 版的实践项目更加丰富。所谓"输出是最好的输入"，通过 Python 来实现数据分析、数据可视化、Web 开发等，帮助自己提升工作效率，是非常有成就感的事。

——朱卫军，公众号"Python 大数据分析"主理人

谨以此书献给我的父亲和儿子。

感谢父亲抽出时间回答我提出的每个编程问题，感谢儿子 Ever 开始向我提问了。

第 3 版修订说明

本书前两版出版后反响强烈，被翻译成了 12 种语言，仅中文版销量就超过了 100 万册。我收到了众多读者的来信和电子邮件，有小到 10 岁的孩童，还有利用闲暇学习编程的退休人员。有一些初中、高中和大学将本书作为教材，有使用高级教材的学生将其作为补充材料，还有人通过阅读它来提高工作技能或者开发自己的项目。总而言之，本书的用途之广远远超出了我最初的预期。

第 3 版的编写过程从始至终令人愉悦。Python 虽是一门成熟的语言，但也像其他语言一样在不断发展。我对本书的主要修订目标依然是确保精练、简单易懂。本书能让读者具备动手开发项目所需的一切知识，同时为进一步学习打下坚实的基础。为此，我修订了部分章节，以反映如何利用 Python 中的新方式更简单地完成任务，还澄清了对 Python 语言的某些细节描述得不太准确的地方。所有的项目都做了全面修订，采用得到良好维护的流行库，让你能够充满信心地用它们来开发自己的项目。

下面概述第 3 版的具体修订。

- ❑ 第 1 章推荐使用文本编辑器 VS Code（Visual Studio Code），它深受初学者和专业程序员的欢迎，适用于各种操作系统。
- ❑ 第 2 章新增了介绍 removeprefix() 方法和 removesuffix() 方法的内容，这两个方法可以在处理文件和 URL 时提供极大的帮助。这一章还介绍了改进后的 Python 错误消息，它们提供了非常具体的信息，有助于找出并修复代码中的错误。
- ❑ 第 10 章改用模块 pathlib 来处理文件，这是一种更加简单的文件读写方法。
- ❑ 第 11 章改用 pytest 来为代码编写自动化测试。pytest 库目前已成为编写 Python 测试的行业标准工具，能让初学者轻松地编写测试。如果你的目标是成为 Python 程序员，将来也会在职业生涯中用到它。
- ❑ 第 12～14 章的"外星人入侵"项目新增了控制帧率的设置，让这款游戏在不同操作系统中的运行情况更加一致。我还使用了更简单的方法来创建外星舰队，同时让整个项目的结构更简洁。
- ❑ 第 15～17 章的可视化项目利用了 Matplotlib 和 Plotly 的最新特性。对于 Matplotlib 可视化项目，我更新了样式设置。在随机游走项目中，我通过细微的改进提高了图表的准确度，让新生成的随机游走呈现更多不同的模式。在所有的 Plotly 可视化项目中，使用的都是模块 Plotly Express，让你只需编写几行代码就能够生成初始的可视化形式。这样，你可以轻松地探索各种图表，并从中选择最合适的，再专注于改进其中的各个元素。

❑ 第 18 ~ 20 章使用最新版的 Django 创建"学习笔记"项目，并使用最新版的 Bootstrap 设置样式。我重命名了该项目的一些部分，让你能够更轻松地明白该项目的总体组织结构。另外，我将这个项目部署到了 Platform.sh 上，这是一个新兴的 Django 项目托管服务。部署过程由 YAML 配置文件控制，让你对如何部署项目有更大的控制权。这种做法与专业程序员部署现代 Django 项目的方式是一致的。

❑ 附录 A 做了全面修订，推荐你采用 Python 在主流操作系统中的最佳安装方法。附录 B 提供了详尽的 VS Code 安装说明，并简要介绍了大部分主流文本编辑器和 IDE。附录 C 引导你访问更新、更流行的在线资源以寻求帮助。附录 D 提供了 Git 版本控制的简明教程。附录 E 是新增的。即便本书对如何部署应用程序做了详尽的说明，你也可能在很多地方遇到问题。因此，附录 E 提供了详尽的故障排除指南，以便你在部署过程中遇到问题时参考。

感谢购买本书，如果有任何反馈或问题，请务必通过 Twitter（@ehmatthes）与我联系。

中文版审读致谢

对于一本过往影响了无数读者，未来还要继续影响更多读者的图书，第 3 版邀请了陶俊杰担纲审校，并公开招募业内 20 位专家进行审读，力求品质更上一层楼。感谢各位专家对译文提出了大量宝贵建议，感谢 Manjusaka、蔡琛承担了更多章节的审读，感谢陶叶港（@Scruel）、姜子龙承担了审读之后的统筹工作。专家姓名列在了下表中（按姓氏字母排序）。

审读章号	审读专家
第 1 ~ 4 章	蔡琛、陈鹜、张鑫明
第 5 ~ 8 章	蔡琛、陈栋、江志强、金圣凯
第 9 ~ 11 章	姜子龙、Manjusaka、朱雷
第 12 ~ 14 章	艾凌风、陈翔（@翔翔的学习频道）、陶叶港（@Scruel）
第 15 ~ 17 章	胡屹、柳佳龙、卢震、杨双龙
第 18 ~ 20 章	大妈、Manjusaka
附录 A ~ E	陈少辉、Kyle C、周鹤龄

本书虽已出版，但内容品质的提升不会终止。译者、编辑、审读专家虽已尽力，但错误可能在所难免。本书最亲爱的读者们，如果在阅读过程中发现任何问题，欢迎将其提交到图灵社区本书的勘误处（ituring.cn/book/3038），我们会在重印的时候更正。

前　言

如何学习编写第一个程序，每个程序员都有不同的故事。我在还是个孩子时就开始学习编程了，当时我父亲在计算时代的先锋之一——数字设备公司（Digital Equipment Corporation）工作。我使用一台简陋的计算机编写了第一个程序，这台计算机是父亲在家里的地下室组装而成的，它没有机箱，裸露的主板与键盘相连，显示器是裸露的阴极射线管。我编写的这个程序是一款简单的猜数字游戏，其输出类似于下面这样：

```
I'm thinking of a number! Try to guess the number I'm thinking of: 25
Too low! Guess again: 50
Too high! Guess again: 42
That's it! Would you like to play again? (yes/no) no
Thanks for playing!
```

看到家人玩着我编写的游戏，而且它完全按我预期的方式运行，我心里不知有多满足。此情此景我永远也忘不了。

儿童时期的这种体验一直影响我至今。现在，每当我通过编写程序解决了一个问题时，心里都会感到非常满足。相比于年少时，我现在编写的软件满足了更大的需求，但通过编写程序获得的满足感几乎与从前一样。

读者对象

本书旨在让你尽快学会 Python，以便编写出能正确运行的程序——游戏、数据可视化和 Web 应用程序，同时掌握让你终身受益的基本编程知识。本书适合任何年龄的读者阅读，它不要求你有 Python 编程经验，甚至不要求你有编程经验。如果你想快速掌握基本的编程知识以便专注于开发感兴趣的项目，并想通过解决有意义的问题来检查你对新概念的理解程度，那么本书就是为你编写的。本书可供 Python 教师通过开发项目向学生介绍编程。如果你是刚开始学习 Python 的大学生，觉得指定的教材不那么容易理解，那么阅读本书将让学习过程变得更轻松。如果你想转行当程序员，本书可帮助你走上更满意的职业道路。总而言之，本书适合目标各异的各类读者阅读。

本书内容

本书旨在让你成为优秀的程序员，具体地说，是优秀的 Python 程序员。通过阅读本书，你将迅速掌握编程概念，打下坚实的基础，并养成良好的习惯。阅读本书后，你就可以开始学习 Python 高级技术，并能够更轻松地掌握其他编程语言。

在本书的第一部分，你将学习编写 Python 程序时需要熟悉的基本编程概念，你在刚接触几乎任何编程语言时都需要学习这些概念。你将学习各种数据以及在程序中存储数据的方式。你将学习如何创建数据集合（如列表和字典），以及如何高效地遍历它们。你将学习使用 while 循环和 if 语句来检查条件，并在满足条件时执行代码的一部分，而在不满足条件时执行代码的另一部分——这可为流程自动化提供极大的帮助。

你将学习获取用户输入，让程序能够与用户交互，并在用户没停止输入时保持运行状态。你将探索如何编写函数来让程序的各个部分可复用，这样在编写好执行特定任务的代码后，可以无限制地多次使用。然后，你将学习使用类来扩展这种概念以实现更复杂的行为，从而让非常简单的程序也能处理各种不同的情形。你将学习编写能妥善处理常见错误的程序。学习这些基本概念后，你将使用学到的知识编写大量越来越复杂的程序。最后，你将向中级编程迈出第一步，学习如何为代码编写测试，以便在进一步改进程序时免于担心可能引入 bug。第一部分介绍的知识让你能够开发更大、更复杂的项目。

在第二部分，你将利用在第一部分学到的知识来开发三个项目。你既可以根据自己的情况，以最合适的顺序完成这些项目，也可以选择只完成其中的某个项目。在第一个项目（第 12～14 章）中，你将创建一个类似于《太空入侵者》的射击游戏，这个游戏名为《外星人入侵》，包含多个难度不断增加的等级。完成这个项目后，你就完全能够自己动手开发 2D 游戏了。就算你无意成为游戏程序员，也应该完成这个项目，因为它以寓教于乐的方式综合应用了第一部分介绍的很多知识点。

第二个项目（第 15～17 章）介绍数据可视化。数据科学家的目标是通过各种可视化技术来理解海量信息。你将使用通过代码生成的数据集、已经从网络下载下来的数据集以及程序自动下载的数据集。完成这个项目后，你将能编写出对大型数据集进行筛选的程序，并以可视化方式将各种数据呈现出来。

在第三个项目（第 18～20 章）中，你将创建一个名为"学习笔记"的小型 Web 应用程序。这个项目能够让用户将学到的与特定主题相关的知识记录下来。你将能够分别记录不同的主题，还可让其他人建立账户并开始记录自己的学习笔记。你还将学习如何部署这个项目，让任何人都能够通过网络访问它，而不管他身处何方。

在线资源

配套视频

扫码观看随书配套视频（由 B 站 UP 主 @林粒粒呀 录制）。

补充材料

要获取以下补充材料，可访问 ituring.cn/book/3038。

- ❑ **安装说明**：与书中的安装说明相同，在遇到安装问题时，可参阅这些材料。
- ❑ **更新**：与其他编程语言一样，Python 也是在不断发展变化的。我提供了详尽的更新记录，每当遇到问题时，你都可参阅它看看是否需要调整操作。
- ❑ **练习答案**：你应该花大量时间独立完成"动手试一试"中的练习。如果卡壳了，无法独立完成，可查看部分练习的答案。
- ❑ **数据下载方法**：在完成第 16 章中的项目和部分练习时，需要额外下载一些数据集。可参阅这些材料中的网址和步骤进行下载。
- ❑ **速查表**：英文版速查表可作为主要概念的参考指南，我们还提供了中文精简版速查地图，使用更方便快捷。
- ❑ **PPT 课件**：不论是自学还是老师教学，均可参考本书的配套 PPT 课件。

此外，还可以从这里下载源代码文件、Python 学习路线图，辅助你更好地学习。

为何使用 Python

继续使用 Python，还是转而使用其他语言——也许是编程领域里较新的语言？我每年都会考虑这个问题。可我依然专注于 Python，其中的原因很多。Python 是一种效率极高的语言：相比于众多其他语言，使用 Python 编写的程序包含的代码行更少。Python 的语法也有助于创建整洁的代码：相比于使用其他语言，使用 Python 编写的代码更容易阅读、调试和扩展。

大家将 Python 用于众多方面：编写游戏、创建 Web 应用程序、解决商业问题以及开发内部工具。Python 还在科学领域被大量用于学术研究和应用研究。

我坚持使用 Python 的一个最重要的原因是，Python 社区有形形色色充满激情的人。对程序员来说，社区非常重要，因为编程绝非孤独的修行。大多数程序员需要向解决过类似问题的人寻求建议，经验最为丰富的程序员也不例外。当需要他人帮助解决问题时，有一个联系紧密、互帮互助的社区至关重要，而对于将 Python 作为第一门编程语言的人或从其他语言转向 Python 的人来说，Python 社区无疑是坚强的后盾。

Python 是一门出色的语言，值得你去学习。现在就开始吧！

致　　谢

如果没有 No Starch Press 出色的专业人士的帮助，本书根本不可能付梓。是 Bill Pollock 邀请我编写这样一本入门书，深深感谢他给予我这样的机会。Liz Chadwick 参与了本书全部三版的出版工作，正是她持之以恒的投入让本书越来越好。Eva Morrow 从全新的角度审视本书，用真知灼见改善了新版本的质量。感谢 Doug McNair 就如何妥善地使用语法提供指导，避免了本书学究气过浓。感谢 Jennifer Kepler 监督整体的制作流程，将众多文件变成散发淡淡墨香的书本。

在 No Starch Press 里，还有很多人为本书的成功付出了心血，但是我没有机会与他们打交道。No Starch Press 拥有出色的市场营销团队，他们的工作不仅是卖书，还包括帮助读者找到适合自己的书，进而达成学习目标。No Starch Press 还拥有强大的版权销售团队，他们的勤奋工作让本书得以被翻译成众多不同的语言，供全球各地的读者阅读。感谢我没有见过面，却帮助我将本书送到读者手里的所有人。

感谢 Kenneth Love 对全部三版所做的技术审阅工作。我与 Kenneth 相识于一次 PyCon 年度大会，他对 Python 和 Python 社区充满热情，一直是我获取专业灵感的源泉。Kenneth 不仅检查了本书介绍的知识是否正确，在审阅中还始终抱着这样一个目的：让编程初学者对 Python 语言和编程获得扎实的认识。此外，他还帮我找到了之前版本中有改进空间之处，让我有机会重写这些内容。不过，倘若本书有任何不准确的地方，责任完全在我。

感谢所有分享本书阅读经验的读者。学习基本编程知识可能改变世界观，而这可能给人带来深远的影响。听到这些故事让人深感谦卑，感谢各位读者如此开诚布公地分享阅读体验。

感谢父亲在我很小的时候就教我编程，一点儿也不担心我破坏他的设备。感谢妻子 Erin 在我编写本书期间一如既往的鼓励和支持。还要感谢儿子 Ever，他的好奇心每天都会给我带来灵感。

目　　录

第二部分　项　目

Part 1

基础知识

本书的第一部分介绍编写 Python 程序所需要熟悉的基本概念，其中很多适用于所有编程语言，因此它们在你的整个程序员生涯中都很有用。

第 1 章介绍如何在计算机中安装 Python，并运行第一个程序——在屏幕上打印消息"Hello world!"。

第 2 章论述如何将信息赋给变量以及如何使用文本和数值。

第 3 章和第 4 章介绍列表。列表让你能够在一个地方存储任意数量的信息，从而高效地处理这些数据：只需几行代码，你就能够处理数百、数千乃至数百万个值。

第 5 章讲解如何使用 if 语句来编写这样的代码：在满足特定条件时采取一种措施，而在不满足该条件时采取另一种措施。

第 6 章演示如何使用 Python 字典，将不同的信息关联起来。与列表一样，你也可以根据需要在字典中存储任意数量的信息。

第 7 章讲解如何从用户那里获取输入，让程序变成交互式的。你还将学习 while 循环，它重复地运行代码块，直到指定的条件不再满足为止。

第 8 章介绍如何编写函数。函数是执行特定任务的具名代码块，你可以根据需要随时运行它。

第 9 章介绍类，它能够让你模拟实物。你将编写代码来表示小狗、小猫、人、火箭等。

第 10 章介绍如何使用文件，以及如何处理错误以免程序意外崩溃。你将在程序关闭前保存数据，并在程序再次运行时读取它们。你将学习 Python 异常，以便未雨绸缪，让程序妥善地处理错误。

第 11 章讲解如何为代码编写测试，以核实程序是否像你期望的那样工作。这样，在扩展程序时，就不用担心引入新 bug。要想脱离初级程序员，跻身于中级程序员的行列，测试代码是你必须掌握的基本技能之一。

## 第 1 章

起　步

在本章中，你将运行自己的第一个程序——hello_world.py。为此，你需要检查自己的计算机是否安装了较新版本的 Python；如果没有，就要进行安装。你还将安装一个用于编写和运行 Python 程序的文本编辑器。当你输入 Python 代码时，这个文本编辑器能够识别它们并高亮不同的部分，让你能够轻松地了解代码的结构。

1.1　编程环境简介

在不同的操作系统中，Python 存在细微的差别，因此有一些要点你需要牢记在心。本节将确保在你的系统上正确地安装 Python。

1.1.1　Python 版本

每种编程语言都会随着新概念和新技术的推出而不断发展，Python 开发者也一直致力于丰富和强化其功能。本书编写期间的最新版本为 Python 3.11，但只要你安装了 Python 3.9 或更高的版本，就能运行本书的所有代码。[①]在本节中，你将确认系统上是否安装了 Python，以及是否需要安装更新的版本。附录 A 提供了详尽的指南，指导你如何在各种主流操作系统中安装最新版本的 Python。

1.1.2　运行 Python 代码片段

Python 自带在终端窗口中运行的解释器，让你无须保存并运行整个程序就能尝试运行 Python 代码片段。

本书都将以如下方式列出代码片段：

---

① 本书示例代码所用的 Python 版本为 3.11，但在内容上不涉及 3.9 以上版本的新特性。Python 一直致力于优化错误提示信息，你在运行代码过程中得到的错误提示信息可能与书中提供的不同，这不会影响你的学习，无须担心。对新特性感兴趣的读者，请阅读《流畅的 Python（第 2 版·上下册）》。——编者注

```
>>> print("Hello Python interpreter!")
Hello Python interpreter!
```

提示符>>>表明正在使用终端窗口，而加粗的文本表示需要你输入并按回车键来执行的代码。本书的大多数示例是独立的小程序，将在编辑器中执行，因为大多数代码就是这样编写出来的。然而，为了高效地演示一些基本概念，还会在 Python 终端会话中执行一系列代码片段。只要代码清单中包含三个右尖括号，就意味着代码是在终端会话中执行的，而输出也来自终端会话。稍后将演示如何在 Python 解释器中编写代码。

此外，你还将安装一款文本编辑器，并使用它来完成学习编程的标准操作——编写一个简单的 Hello World 程序。长期以来，编程界都认为在刚接触一门新语言时，首先使用它来编写一个在屏幕上显示消息"Hello world!"的程序将带来好运。这种程序虽然简单，却有其用途：如果它能够在你的系统上正确地运行，那么你编写的任何 Python 程序也都将正确运行。

1.1.3 编辑器 VS Code 简介

VS Code 是一款功能强大的专业级文本编辑器，免费且适合初学者使用。无论是简单还是复杂的项目，使用 VS Code 来开发都是非常不错的选择。因此，在学习 Python 的过程中熟练掌握 VS Code 后，还可以继续使用它来编写复杂的大型项目。无论你使用的是哪种现代操作系统，都可安装 VS Code，它支持包含 Python 在内的大多数编程语言。

附录 B 介绍了其他几种文本编辑器，如果你想知道还有哪些编辑器可用，现在就应读一读。如果你想马上动手编程，可先使用 VS Code，等有了一些编程经验后再考虑使用其他编辑器。本章稍后将引导你在当前使用的操作系统中安装 VS Code。

注意：如果你已经安装了其他文本编辑器，并且知道如何通过配置使其自动运行 Python 程序，也可使用其他编辑器。

1.2 在各种操作系统中搭建 Python 编程环境

Python 是一种跨平台的编程语言，这意味着它能够在所有主流操作系统中运行。在所有安装了 Python 的现代计算机上，都能够运行你编写的任何 Python 程序。然而，在不同的操作系统中，安装 Python 的方法存在细微的差别。

在本节中，你将学习如何在自己的系统中安装 Python。首先检查系统是否安装了较新的 Python 版本，如果没有就进行安装，然后安装 VS Code。在各种操作系统中搭建 Python 编程环境时，只有这两步存在差别。

在接下来的两节中，你将运行程序 Hello World，并排除各种故障。我将详细介绍如何在各种操作系统中完成这些任务，让你能够搭建出一个可靠的 Python 编程环境。

1.2.1　在 Windows 系统中搭建 Python 编程环境

Windows 系统通常没有默认安装 Python，因此你可能需要安装它，再安装 VS Code。

1. 安装 Python

首先，检查你的系统是否安装了 Python。在"开始"菜单的搜索框中输入"命令"并按回车键，再单击程序"命令提示符"打开一个命令窗口。在终端窗口中输入 python（全部小写）并按回车键。如果出现 Python 提示符（>>>），就说明系统安装了 Python；如果出现一条错误消息，指出 python 是无法识别的命令，就说明没有安装 Python；如果系统自动启动了 Microsoft Store，也说明没有安装 Python，此时请关闭 Microsoft Store，因为相比于使用 Microsoft 提供的 Python 版本，下载官方安装程序是更好的选择。

如果没有安装 Python 或安装的版本低于 3.9，就需要下载 Windows Python 安装程序。为此，请访问 Python 官方网站主页。将鼠标指向链接 Downloads，你将看到一个用于下载 Python 最新版本的按钮。单击这个按钮，就会根据你的系统自动下载正确的安装程序。下载安装程序后，运行它。请务必选中复选框 Add Python ... to PATH（如图 1-1 所示），这让你能够更轻松地配置系统。

图 1-1　务必选中复选框 Add Python ... to PATH

2. 在终端会话中运行 Python

打开一个命令窗口，并在其中执行命令 python。如果出现了 Python 提示符（>>>），就说明 Windows 找到了你刚安装的 Python 版本。

```
C:\> python
Python 3.x.x (main, Jun . . ., 13:29:14) [MSC v.1932 64 bit (AMD64)] on win32
Type "help", "copyright", "credits" or "license" for more information.
>>>
```

注意：如果没有看到类似的输出，请参阅附录 A，其中有更详尽的安装说明。

在 Python 会话中执行下面的命令：

```
>>> print("Hello Python interpreter!")
Hello Python interpreter!
>>>
```

应该会出现输出 Hello Python interpreter!。每当要运行 Python 代码片段时，都请打开一个命令窗口并启动 Python 终端会话。要关闭该终端会话，可先按 Ctrl＋Z 再按回车键，也可执行命令 exit()。

3. 安装 VS Code

要下载 VS Code 安装程序，可访问 Visual Studio Code 官方网站主页，单击按钮 Download for Windows 下载安装程序，再运行它。然后跳到 1.3 节，并按那里的说明继续。

1.2.2 在 macOS 系统中搭建 Python 编程环境

最新的 macOS 版本默认不安装 Python，因此需要你自行安装。在本节中，你将安装最新的 Python 版本，再安装 VS Code 并确保其配置正确无误。

注意： 较旧的 macOS 版本默认安装了 Python 2，但你应使用较新的 Python 版本。

1. 检查是否安装了 Python 3

在文件夹 Applications/Utilities 中，选择 Terminal，打开一个终端窗口；也可以按 Command＋空格键，再输入 terminal 并按回车键。为确定是否安装了较新的 Python 版本，请执行命令 python3。很可能会出现一个消息框，询问你是否要安装命令行开发者工具。最好先安装 Python，再安装这些工具，因此请关闭该消息框。

如果输出表明已经安装了 Python 3.9 或更高的版本，可跳过下一小节，直接阅读"在终端会话中运行 Python 代码"。如果安装的是 Python 3.9 之前的版本，请按下一小节的说明安装最新的版本。

请注意，如果你使用的是 macOS，请将本书中所有的命令 python 都替换为 python3，以确保你使用的是 Python 3。在大多数 macOS 系统中，命令 python 要么指向供内部系统工具使用的过期 Python 版本，要么没有指向任何程序（在这种情况下，执行命令 python 将引发错误）。

2. 安装最新的 Python 版本

要下载 Python 安装程序，可访问 Python 官方网站主页。将鼠标指向链接 Downloads，将出现一个用于下载最新版本 Python 的按钮。单击这个按钮，就会根据你的系统自动下载正确的安装程序。下载安装程序后运行它。

运行安装程序后，将出现一个 Finder 窗口。双击其中的文件 Install Certificates.command，运行它能让你在开发实际项目（包括本书第二部分中的项目）时更轻松地安装所需的额外库。

3. 在终端会话中运行 Python 代码

现在可以尝试运行 Python 代码片段了。为此，需要先打开一个终端窗口并执行命令 python3：

```
$ python3
Python 3.x.x (v3.11.0:eb0004c271, Jun . . . , 10:03:01)
[Clang 13.0.0 (clang-1300.0.29.30)] on darwin
Type "help", "copyright", "credits" or "license" for more information.
>>>
```

这个命令会启动 Python 终端会话。应该会出现 Python 提示符（>>>），这意味着 macOS 找到了你刚安装的 Python 版本。

请在终端会话中输入如下代码行并按回车键：

```
>>> print("Hello Python interpreter!")
Hello Python interpreter!
>>>
```

应该会出现消息 "Hello Python interpreter!"，它被直接打印到了当前终端窗口中。要关闭 Python 解释器，可按 Command + D 或执行命令 exit()。

注意：在较新的 macOS 系统中，终端提示符为百分号（%），而不是美元符号（$）。

4. 安装 VS Code

要安装编辑器 VS Code，需要下载安装程序。为此，可访问 Visual Studio Code 官方网站主页，并单击链接 Download。然后，打开 Finder 窗口并切换到文件夹 Downloads，将其中的安装程序 Visual Studio Code 拖到文件夹 Applications 中，再双击这个安装程序以运行它。安装 VS Code 后，可跳过 1.2.3 节，直接阅读 1.3 节并按其中的说明继续。

1.2.3　在 Linux 系统中搭建 Python 编程环境

Linux 系统是为编程而设计的，因此大多数 Linux 计算机默认安装了 Python。编写和维护 Linux 的人认为，你肯定会使用该系统进行编程，他们也鼓励你这样做。因此，要在这种系统中编程，几乎不用安装什么软件，只需要修改一些设置。

1. 检查 Python 版本

在你的系统中运行应用程序 Terminal（如果你使用的是 Ubuntu，可按 Ctrl + Alt + T），打开一个终端窗口。为确定安装的是哪个 Python 版本，请执行命令 python3（请注意，其中的 p 是小写的）。如果安装了 Python，这个命令将启动 Python 解释器。输出指出了安装的 Python 版本，还将显示 Python 提示符（>>>），让你能够输入 Python 命令。

```
$ python3
Python 3.10.4 (main, Apr  . . . , 09:04:19) [GCC 11.2.0] on linux
Type "help", "copyright", "credits" or "license" for more information.
>>>
```

上述输出表明，当前计算机默认使用的版本为 Python 3.10.4。看到上述输出后，如果要退出 Python 并返回终端窗口，可按 Ctrl + D 或执行命令 exit()。请将本书中的命令 python 都替换为 python3。

要运行本书的代码，必须使用 Python 3.9 或更高的版本。如果你的系统中安装的版本低于 Python 3.9，请参阅附录 A，了解如何安装最新版。

2. 在终端会话中运行 Python 代码

现在可打开终端窗口并执行命令 python3，再尝试运行 Python 代码片段。在检查 Python 版本时，你就这样做过。下面再次这样做，然后在终端会话中输入如下代码并按回车：

```
>>> print("Hello Python interpreter!")
Hello Python interpreter!
>>>
```

消息将直接打印到当前终端窗口中。别忘了，要关闭 Python 解释器，可按 Ctrl＋D 或执行命令 exit()。

3. 安装 VS Code

在 Ubuntu Linux 系统中，可通过 Ubuntu Software Center 来安装 VS Code。为此，单击菜单中的 Ubuntu Software 图标并查找 vscode。在查找结果中，单击应用程序 Visual Studio Code（有时称为 code），再单击 Install 按钮。安装完毕后，在系统中查找 VS Code 并启动它即可。

1.3　运行 Hello World 程序

安装较新版本的 Python 和 VS Code 后，就可以编写并运行你的第一个 Python 程序了。但是在编写程序之前，还需要给 VS Code 安装 Python 扩展。

1.3.1　给 VS Code 安装 Python 扩展

虽然 VS Code 支持很多种不同的编程语言，但要让它给 Python 程序员提供尽可能多的帮助，必须安装 Python 扩展。这个扩展让你能够在 VS Code 中编写、编辑和运行 Python 程序。

要安装 Python 扩展，可单击 VS Code 应用程序窗口右下角的 Manage 图标，它看起来像个齿轮。在出现的菜单中，单击 Extensions，在搜索框中输入 python，再单击 Python extension（如果出现多个名为 Python 的扩展，请选择 Microsoft 提供的扩展）。单击 Install，安装所有需要的额外工具。如果出现一条消息提示需要安装 Python，而你已经安装了，可忽略这条消息。

注意： 在 macOS 系统中，如果出现一个弹出框，询问你是否要安装命令行开发者工具，请单击 Install。可能会出现一条消息，指出需要很长时间才能安装完成，但只要你的网络连接不是很慢，实际上只需要不到 20 分钟。

1.3.2　运行程序 hello_world.py

在编写第一个程序前，在桌面上创建一个名为 python_work 的文件夹，用于存储你开发的项目。文件名和文件夹名称最好使用小写英文字母，并使用下划线代替空格，因为 Python 采用了这些命名约定。虽然完全可以将文件夹 python_work 放在其他地方，但将它放在桌面上可更轻松地完成后续步骤。

启动 VS Code，并关闭选项卡 Get Started（如果它是打开的）。选择菜单 File ▶ New File 或按 Ctrl + N（在 macOS 系统中为 Command + N）新建一个文件，再将这个文件保存到文件夹 python_work 中，并命名为 hello_world.py。文件扩展名.py 告诉 VS Code，文件中的代码是使用 Python 编写的，从而让它知道如何运行这个程序，并以有帮助的方式高亮其中的代码。

保存这个文件后，在其中输入如下代码行：

---

hello_world.py
```
print("Hello Python world!")
```

要运行这个程序，选择菜单 Run ▶ Run Without Debugging 或按 Ctrl + F5。在 VS Code 应用程序窗口的底部将出现一个终端窗口，其中包含程序的输出：

```
Hello Python world!
```

可能还有其他输出，提示使用了 Python 解释器来运行程序。如果想精简显示的信息，以便只看到程序的输出，请参阅附录 B。附录 B 还提供了有关如何更高效地使用 VS Code 的建议。

如果看不到上述输出，可能是因为这个程序出了点问题。请检查你输入的每个字符。是否不小心将 print 的首字母大写了？是否遗漏了引号或括号？编程语言的语法非常严格，只要不满足要求就会报错。如果你无法运行这个程序，请参阅下一节的建议。

1.4　排除安装问题

如果无法运行程序 hello_world.py，可尝试如下几个解决方法。这些通用方法适用于任何编程问题。

❏ 当程序存在严重错误时，Python 将显示 traceback，即错误报告。Python 会仔细研究文件，试图找出其中的问题。traceback 可能会提供线索，让你知道是什么问题让程序无法运行。

❏ 先离开计算机，休息一会儿再尝试。别忘了，语法在编程中非常重要，即便是引号不匹配或括号不匹配，也可能导致程序无法正确运行。请再次阅读本章的相关内容，并重新审视你编写的代码，看看能否找出错误。

❏ 推倒重来。不需要卸载任何软件，删除文件 hello_world.py 并重新创建也许是个合理的选择。

❏ 让别人在你的计算机或其他计算机上按本章的步骤重做一遍，并仔细观察。你可能遗漏了一小步，而别人刚好没有遗漏。

❏ 参阅附录 A 中的详尽安装说明，其中的一些细节可能可以帮助你解决问题。

❏ 请懂 Python 的人帮忙。当你有这样的想法时，可能会发现在你认识的人当中就有人使用 Python。

❏ 本章的安装说明可在本书主页上下载。对你来说，在线版也许更合适，因为可以复制并粘贴其中的代码，还可以点击指向资源的链接。

❏ 到网上寻求帮助。附录 C 提供了很多在线资源，如论坛或在线聊天网站，你可以在这些地方请教解决过相同问题的人。

不要担心这会打扰经验丰富的程序员。每个程序员都遇到过问题，大多数程序员会乐意帮助你正确地设置系统。只要能清晰地说明你要做什么、尝试了哪些方法及其结果，就很可能有人能帮到你。正如前言中指出的，Python 社区对初学者非常友好。

任何现代计算机都能够运行 Python。前期的配置问题可能会令人沮丧，但很值得花时间去解决。能够运行 hello_world.py 后，你就可以开始学习 Python 了，编程工作会更有趣，也更令人愉快。

1.5　从终端运行 Python 程序

你编写的大多数程序将直接在文本编辑器中运行，但是从终端运行程序有时候很有用。例如，你可能想直接运行既有的程序。

在任何安装了 Python 的系统上都可这样做，前提是你知道如何进入程序文件所在的目录。为尝试这样做，请确保将文件 hello_world.py 存储到了桌面上的文件夹 python_work 中。

1.5.1　在 Windows 系统中从终端运行 Python 程序

可以使用终端命令 cd（表示 change directory，即**切换目录**）在命令窗口中浏览文件系统。使用命令 dir（表示 directory，即**目录**）可以显示当前目录中的所有文件。

为运行程序 hello_world.py，请打开一个终端窗口，并执行下面的命令：

```
C:\> cd Desktop\python_work
C:\Desktop\python_work> dir
hello_world.py
C:\Desktop\python_work> python hello_world.py
Hello Python world!
```

首先，使用命令 cd 来切换到文件夹 Desktop\python_work。接下来，使用命令 dir 来确认这个文件夹中包含文件 hello_world.py。最后，使用命令 python hello_world.py 来运行这个文件。

大多数程序可直接从编辑器运行，但在待解决的问题比较复杂时，你编写的程序可能需要从终端运行。

1.5.2　在 Linux 和 macOS 系统中从终端运行 Python 程序

在 Linux 和 macOS 系统中，从终端运行 Python 程序的方式相同。在终端会话中，可使用终端命令 cd 浏览文件系统。使用命令 ls（表示 list，即**列举**）可以显示当前目录中所有未隐藏的文件。

为运行程序 hello_world.py，请打开一个终端窗口，并执行下面的命令：

```
~$ cd Desktop/python_work/
~/Desktop/python_work$ ls
hello_world.py
~/Desktop/python_work$ python3 hello_world.py
```

首先，使用命令 cd 来切换到文件夹 Desktop/python_work。接下来，使用命令 ls 来确认这个文件夹中包含文件 hello_world.py。最后，使用命令 python3 hello_world.py 来运行这个文件。

大多数程序可直接从编辑器运行，但当待解决的问题比较复杂时，你编写的程序可能需要从终端运行。

动手试一试

本章的练习都是探索性的，但从第 2 章开始将要求你应用学到的知识来解决问题。

练习 1.1：Python 官网　浏览 Python 官网主页，寻找你感兴趣的主题。你对 Python 越熟悉，这个网站对你来说就越有用。

练习 1.2：输入错误　打开你刚创建的文件 hello_world.py，在代码中添加一个输入错误，再运行这个程序。输入错误会引发错误吗？你能理解显示的错误消息吗？你能添加不会导致错误的输入错误吗？你凭什么认为它不会导致错误？

> **练习 1.3：无穷的技能** 如果你有无穷多种编程技能，你打算开发什么样的程序呢？
> 你就要开始学习编程了。如果心中有目标，就能立即应用新学到的技能，现在正是草拟
> 目标的大好时机。将想法记录下来是个不错的习惯，这样每当需要开始新项目时，都可
> 参考它们。现在请花点儿时间描述三个你想创建的程序。

1.6 小结

在本章中，你首先大致了解了 Python，并在自己的系统中安装了 Python。然后安装了一个文本编辑器，以简化 Python 代码的编写工作。你学习了如何在终端会话中运行 Python 代码片段，并运行了第一个程序——hello_world.py。最后大致地了解了如何排除安装问题。

在下一章中，你将学习如何在 Python 程序中使用各种数据和变量。

第 2 章

变量和简单的数据类型

在本章中，你将学习可在 Python 程序中使用的各种数据类型，还将学习如何在程序中使用变量来表示这些数据类型。

2.1 运行 hello_world.py 时发生的情况

当你运行 hello_world.py 时，Python 都做了些什么呢？下面来深入研究一下。实际上，即便是运行简单的程序，Python 所做的工作也相当多：

hello_world.py
```
print("Hello Python world!")
```

运行上述代码，你将看到如下输出：

```
Hello Python world!
```

在运行文件 hello_world.py 时，末尾的.py 指出这是一个 Python 程序，因此编辑器将使用 **Python 解释器**来运行它。Python 解释器读取整个程序，确定其中每个单词的含义。例如，在看到后面跟着括号的单词 print 时，解释器就会将括号中的内容打印到屏幕上。

当你编写程序时，编辑器会以各种高亮方式突出显示程序的不同部分。例如，它知道 print() 是一个函数的名称，因此将其显示为某种颜色；它知道"Hello Python world!"不是 Python 代码，因此将其显示为另一种颜色。这种功能称为**语法高亮**，在你刚开始编写程序时很有帮助。

2.2 变量

下面来尝试在 hello_world.py 中使用一个变量。在这个文件开头添加一行代码，并对第二行代码进行修改，如下所示：

hello_world.py
```
message = "Hello Python world!"
print(message)
```

运行这个程序，看看结果如何。你会发现，输出与以前相同：

```
Hello Python world!
```

我们添加了一个名为 message 的**变量**（variable）。每个变量指向一个**值**（value）——与该变量相关联的信息。在这里，指向的值为文本"Hello Python world!"。

添加变量会使 Python 解释器需要做更多工作。在处理第一行代码时，它将变量 message 与文本"Hello Python world!"关联起来；在处理第二行代码时，它将与变量 message 关联的值打印到屏幕上。

下面来进一步扩展这个程序：修改 hello_world.py，使其再打印一条消息。为此，在hello_world.py 中添加一个空行，再添加两行代码：

```
message = "Hello Python world!"
print(message)

message = "Hello Python Crash Course world!"
print(message)
```

现在运行这个程序，将看到两行输出：

```
Hello Python world!
Hello Python Crash Course world!
```

在程序中，可随时修改变量的值，而 Python 将始终记录变量的最新值。

2.2.1　变量的命名和使用

在 Python 中使用变量时，需要遵守一些规则和指南。违反这些规则将引发错误，而指南旨在让你编写的代码更容易阅读和理解。在使用变量时，务必牢记下述规则。

❑ 变量名只能包含字母、数字和下划线[①]。变量名能以字母或下划线打头，但不能以数字打头。例如，可将变量命名为 message_1，但不能将其命名为 1_message。

❑ 变量名不能包含空格，但能使用下划线来分隔其中的单词。例如，变量名 greeting_message 可行，但变量名 greeting message 会引发错误。

---

① 在 Python 3 中，变量名还可以包含其他 Unicode 字符。例如，中文字符也是支持的，但是不推荐。——编者注

- ❏ 不要将 Python 关键字和函数名用作变量名。例如，不要将 print 用作变量名，因为它被 Python 留作特殊用途（请参见附录 A.5）。
- ❏ 变量名应既简短又具有描述性。例如，name 比 n 好，student_name 比 s_n 好，name_length 比 length_of_persons_name 好。
- ❏ 慎用小写字母 l 和大写字母 O，因为它们可能被人错看成数字 1 和 0。

学习创建良好的变量名需要一定的实践，特别是当程序变得更加有趣和复杂的时候。随着你编写越来越多的程序，并开始阅读别人编写的代码，你将越来越善于创建有意义的变量名。

> **注意**：就目前而言，应使用小写的 Python 变量名。虽然在变量名中使用大写字母不会导致错误，但大写字母在变量名中有特殊的含义，这将在本书后面讨论。

2.2.2　如何在使用变量时避免命名错误

程序员都会犯错，而且大多数程序员每天都会犯错。虽然优秀的程序员也会犯错，但他们知道如何高效地排除错误。下面来看一种你可能犯的错误，并学习如何排除它。

我们将有意地编写一些会引发错误的代码。请输入下面的代码，包括其中拼写不正确、以粗体显示的单词 mesage：

```
message = "Hello Python Crash Course reader!"
print(mesage)
```

当程序存在错误时，Python 解释器将竭尽所能地帮助你找出问题所在。如果程序无法成功地运行，解释器将提供一个 traceback。traceback 是一条记录，指出了解释器在尝试运行代码时，在什么地方陷入了困境。下面是当你不小心错误地拼写了变量名时，Python 解释器提供的 traceback：

```
   Traceback (most recent call last):
❶   File "hello_world.py", line 2, in <module>
❷     print(mesage)
           ^^^^^^
❸ NameError: name 'mesage' is not defined. Did you mean: 'message'?
```

解释器指出，文件 hello_world.py 的第二行存在错误（见❶）。它列出了这行代码，旨在帮助你快速找出错误（见❷），并且指出了它发现的是什么样的错误（见❸）。在这里，解释器发现了一个**名称错误**，并报告打印的变量 mesage 未定义：Python 无法识别你提供的变量名。名称错误通常意味着两种情况：要么在使用变量前忘记了给它赋值，要么在输入变量名时拼写不正确。在遇到不能识别的变量时，Python 如果发现其名称与另一个变量类似，将询问你指的是不是后者。

在这个示例中，第二行中的变量名 message 遗漏了字母 s。Python 解释器不会对代码做拼写检查，但要求变量名的拼写一致。例如，如果在定义变量的地方也将 message 错误地拼写成了

mesage，结果将如何呢？

```
mesage = "Hello Python Crash Course reader!"
print(mesage)
```

在这种情况下，程序将成功地运行：

```
Hello Python Crash Course reader!
```

变量名是一致的，因此在 Python 看来，这不是问题。编程语言要求严格，但不关心拼写是否正确。因此，在创建变量名和编写代码时，无须考虑英语中的拼写和语法规则。

很多编程错误很简单，只是在程序的某一行输错了一个字符。为了找出这种错误而花费很长时间的大有人在。很多程序员天资聪颖、经验丰富，却会为找出这种细微的错误花费数小时时间。你大可对此冷嘲热讽，但别忘了，你在编程生涯中，经常会有同样的遭遇。

2.2.3 变量是标签

变量常被描述为可用于存储值的盒子。在你刚接触变量时，这种定义很有帮助，但它并没有准确地描述 Python 内部表示变量的方式。一种好得多的定义是，变量是可以被赋值的标签，也可以说变量指向特定的值。

在刚学习编程时，这种差别对你而言可能意义不大，但越早知道越好。你迟早会遇到变量的行为出乎意料的情形，对变量的工作原理有准确的认识，将有助于你明白代码是如何运行的。

注意： 要理解新的编程概念，最佳方式是尝试在程序中使用它们。如果你在完成本书的练习时陷入了困境，请尝试做点儿其他的事情。如果这样依然无法摆脱困境，请复习相关的内容。如果此时情况依然如故，请参阅附录 C 提供的建议。

动手试一试

在完成下面的每个练习时，都编写一个独立的程序。在保存每个程序时，使用符合标准 Python 约定的文件名：使用小写字母和下划线，如 simple_message.py 和 simple_messages.py。

练习 2.1：简单消息 将一条消息赋给变量，并将其打印出来。

练习 2.2：多条简单消息 将一条消息赋给变量，并将其打印出来；再将变量的值修改为一条新消息，并将其打印出来。

2.3   字符串

大多数程序会定义并收集某种数据，然后使用它们来做些有意义的事情。因此，对数据分类大有裨益。我们将介绍的第一种数据类型是字符串。字符串虽然看似简单，但能够以很多不同的方式使用。

字符串（string）就是一系列字符。在 Python 中，用引号引起的都是字符串，其中的引号可以是单引号，也可以是双引号：

```
"This is a string."
'This is also a string.'
```

这种灵活性让你能够在字符串中包含引号和撇号：

```
'I told my friend, "Python is my favorite language!"'
"The language 'Python' is named after Monty Python, not the snake."
"One of Python's strengths is its diverse and supportive community."
```

下面来看一些使用字符串的方式。

2.3.1   使用方法修改字符串的大小写

对于字符串，可执行的最简单的操作之一是，修改其中单词的大小写。请看下面的代码，并尝试判断其作用：

name.py
```
name = "ada lovelace"
print(name.title())
```

将这个文件保存为 name.py，再运行它。你将看到如下输出：

```
Ada Lovelace
```

在这个示例中，变量 name 指向全小写的字符串"ada lovelace"。在函数调用 print()中，title()方法出现在这个变量的后面。**方法**（method）是 Python 可对数据执行的操作。在 name.title()中，name 后面的句点（.）让 Python 对 name 变量执行 title()方法指定的操作。每个方法后面都跟着一对括号，这是因为方法通常需要额外的信息来完成工作。这种信息是在括号内提供的。title()函数不需要额外的信息，因此它后面的括号是空的。

title()方法以首字母大写的方式显示每个单词，即将每个单词的首字母都改为大写。这很有用，因为你经常需要将名字视为信息。例如，你可能希望程序将值 Ada、ADA 和 ada 视为同一个名字，并将它们都显示为 Ada。

还有其他几个很有用的大小写处理方法。例如，要将字符串改为全大写或全小写的，可以像下面这样做：

```
name = "Ada Lovelace"
print(name.upper())
print(name.lower())
```

这些代码的输出如下：

```
ADA LOVELACE
ada lovelace
```

在存储数据时，lower() 方法很有用。用户通常不能像你期望的那样提供正确的大小写，因此需要将字符串先转换为全小写的再存储。以后需要显示这些信息时，再将其转换为最合适的大小写方式即可。

2.3.2　在字符串中使用变量

在一些情况下，你可能想在字符串中使用变量的值。例如，你可能想使用两个变量分别表示名和姓，再合并这两个值以显示姓名：

full_name.py

```
first_name = "ada"
last_name = "lovelace"
❶ full_name = f"{first_name} {last_name}"
print(full_name)
```

要在字符串中插入变量的值，可先在左引号前加上字母 f（见❶），再将要插入的变量放在花括号内。这样，Python 在显示字符串时，将把每个变量都替换为其值。

这种字符串称为 **f 字符串**。f 是 format（设置格式）的简写，因为 Python 通过把花括号内的变量替换为其值来设置字符串的格式。上述代码的输出如下：

```
ada lovelace
```

使用 f 字符串可以完成很多任务，如利用与变量关联的信息来创建完整的消息，如下所示：

```
first_name = "ada"
last_name = "lovelace"
full_name = f"{first_name} {last_name}"
❶ print(f"Hello, {full_name.title()}!")
```

这里，在一个问候用户的句子中使用了完整的姓名（见❶），并使用 title() 方法来将姓名设置为合适的格式。这些代码将显示一条格式良好的简单问候语：

```
Hello, Ada Lovelace!
```

还可以使用 f 字符串来创建消息，再把整条消息赋给变量：

```
first_name = "ada"
last_name = "lovelace"
full_name = f"{first_name} {last_name}"
❶ message = f"Hello, {full_name.title()}!"
❷ print(message)
```

上述代码也显示消息"Hello, Ada Lovelace!"，但将这条消息赋给了一个变量（见❶），这让最后的函数调用 print()简单得多（见❷）。

2.3.3　使用制表符或换行符来添加空白

在编程中，**空白**泛指任何非打印字符，如空格、制表符和换行符。你可以使用空白来组织输出，让用户阅读起来更容易。

要在字符串中添加制表符，可使用字符组合\t：

```
>>> print("Python")
Python
>>> print("\tPython")
    Python
```

要在字符串中添加换行符，可使用字符组合\n：

```
>>> print("Languages:\nPython\nC\nJavaScript")
Languages:
Python
C
JavaScript
```

还可以在同一个字符串中同时包含制表符和换行符。字符串"\n\t"让 Python 换到下一行，并在下一行开头添加一个制表符。下面的示例演示了如何使用单行字符串来生成 4 行输出：

```
>>> print("Languages:\n\tPython\n\tC\n\tJavaScript")
Languages:
    Python
    C
    JavaScript
```

在接下来的两章中，你将使用寥寥几行代码来生成很多行输出，届时制表符和换行符将提供极大的帮助。

2.3.4　删除空白

在程序中，额外的空白可能令人迷惑。对程序员来说，'python'和'python '看起来几乎没什么两样，但对程序来说，它们是两个不同的字符串。Python 能够发现'python '中额外的空白，并认为它意义重大——除非你告诉它不是这样的。

空白很重要，因为你经常需要比较两个字符串是否相同。例如，一个重要的示例是，在用户登录网站时检查其用户名。即使在非常简单的情形下，额外的空白也可能令人迷惑。所幸，在 Python 中删除用户输入数据中多余的空白易如反掌。

Python 能够找出字符串左端和右端多余的空白。要确保字符串右端没有空白，可使用 rstrip()方法。

```
❶ >>> favorite_language = 'python '
❷ >>> favorite_language
   'python '
❸ >>> favorite_language.rstrip()
   'python'
❹ >>> favorite_language
   'python '
```

与变量 favorite_language 关联的字符串右端有多余的空白（见❶）。当你在终端会话中向 Python 询问这个变量的值时，可看到末尾的空格（见❷）。对变量 favorite_language 调用 rstrip()方法后（见❸），这个多余的空格被删除了。然而，这种删除只是暂时的，如果再次询问 favorite_language 的值，这个字符串会与输入时一样，依然包含多余的空白（见❹）。

要永久删除这个字符串中的空白，必须将删除操作的结果关联到变量：

```
   >>> favorite_language = 'python '
❶ >>> favorite_language = favorite_language.rstrip()
   >>> favorite_language
   'python'
```

为删除这个字符串中的空白，你将其右端的空白删除，再将结果关联到原来的变量（见❶）。在编程中，经常需要修改变量的值，再将新值关联到原来的变量。这就是变量的值可能随程序的运行或用户的输入数据发生变化的原因所在。

还可以删除字符串左端的空白或同时删除字符串两端的空白，分别使用 lstrip()方法和 strip()方法即可：

```
❶ >>> favorite_language = ' python '
❷ >>> favorite_language.rstrip()
   ' python'
❸ >>> favorite_language.lstrip()
   'python '
❹ >>> favorite_language.strip()
   'python'
```

在这个示例中，我们首先创建了一个开头和末尾都有空白的字符串（见❶）。接下来，分别删除右端（见❷）、左端（见❸）和两端（见❹）的空白。尝试使用这些剥除（strip）函数，有助于你熟悉字符串操作。在实际程序中，这些函数最常用于在存储用户输入前对其进行清理。

2.3.5　删除前缀

另一个常见的字符串处理任务是删除前缀。假设有一个 URL 包含常见的前缀 https://，而你想删除这个前缀，只关注用户需要输入地址栏的部分。下面演示了如何完成这项任务：

```
>>> nostarch_url = 'https://nostarch.com'
>>> nostarch_url.removeprefix('https://')
'nostarch.com'
```

这里在变量名后面加上了句点和 removeprefix() 方法，并且在括号内输入了要从原始字符串中删除的前缀。

与删除空白的方法一样，removeprefix() 也保持原始字符串不变。如果想保留删除前缀后的值，既可将其重新赋给原来的变量，也可将其赋给另一个变量：

```
>>> simple_url = nostarch_url.removeprefix('https://')
```

如果你在地址栏中看到不包含 https:// 部分的 URL，可能是浏览器在幕后使用了类似于 removeprefix() 的方法。

2.3.6　如何在使用字符串时避免语法错误

语法错误是一种你会不时遇到的错误。当程序包含非法的 Python 代码时，就会导致语法错误。例如，在用单引号引起的字符串中包含撇号，就将导致错误。这是因为这会导致 Python 将第一个单引号和撇号之间的内容视为一个字符串，进而将余下的文本视为 Python 代码，从而引发错误。

下面演示了如何正确地使用单引号和双引号。请先将该程序保存为 apostrophe.py 再运行：

apostrophe.py
```
message = "One of Python's strengths is its diverse community."
print(message)
```

撇号位于两个双引号之间，因此 Python 解释器能够正确地理解这个字符串：

```
One of Python's strengths is its diverse community.
```

然而，如果使用单引号，Python 将无法正确地确定字符串的结束位置：

```
message = 'One of Python's strengths is its diverse community.'
print(message)
```

你将看到如下输出：

```
File "apostrophe.py", line 1
    message = 'One of Python's strengths is its diverse community.'
                                                                   ❶ ^
SyntaxError: unterminated string literal (detected at line 1)
```

从上述输出可知，错误发生在最后一个单引号后面（见❶）。在解释器看来，这种语法错误表明一些内容不是有效的 Python 代码，原因是没有正确地使用引号将字符串引起来。错误的原因各种各样，我将指出一些常见的原因。在学习编写 Python 代码时，你可能经常遇到语法错误。语法错误也是最不具体的错误类型，因此可能难以找出并修复。当受困于非常棘手的错误时，请参阅附录 C 提供的建议。

注意：在编写程序时，编辑器的语法高亮功能可帮助你快速找出某些语法错误。如果看到 Python 代码以普通句子的颜色显示，或者普通句子以 Python 代码的颜色显示，就可能意味着文件中存在引号不匹配的情况。

动手试一试

在完成下面的每个练习时，都编写一个独立的程序，并将其保存到名称类似于 name_cases.py 的文件中。如果遇到困难，请休息一会儿或参阅附录 C 提供的建议。

练习 2.3：个性化消息　用变量表示一个人的名字，并向其显示一条消息。显示的消息应非常简单，如下所示。

　　Hello Eric, would you like to learn some Python today?

练习 2.4：调整名字的大小写　用变量表示一个人的名字，再分别以全小写、全大写和首字母大写的方式显示这个人名。

练习 2.5：名言 1　找到你钦佩的名人说的一句名言，将这个名人的姓名和名言打印出来。输出应类似于下面这样（包括引号）。

　　Albert Einstein once said, "A person who never made a mistake never tried anything new."

练习 2.6：名言 2　重复练习 2.5，但用变量 famous_person 表示名人的姓名，再创建要显示的消息并将其赋给变量 message，然后打印这条消息。

练习 2.7：删除人名中的空白　用变量表示一个人的名字，并在其开头和末尾都包含一些空白字符。务必至少使用字符组合"\t"和"\n"各一次。

打印这个人名，显示其开头和末尾的空白。然后，分别使用函数 lstrip()、rstrip() 和 strip() 对人名进行处理，并将结果打印出来。

练习 2.8：文件扩展名　Python 提供了 removesuffix() 方法，其工作原理与 remove-prefix() 很像。请将值 'python_notes.txt' 赋给变量 filename，再使用 removesuffix() 方法来显示不包含扩展名的文件名，就像文件浏览器所做的那样。

2.4　数

在编程中，经常使用**数**（number）来记录得分，表示可视化数据，存储信息，等等。Python 根据数的用法以不同的方式处理它们。鉴于整数使用起来最简单，下面就先来看看 Python 是如何管理它们的。

2.4.1　整数

在 Python 中，可对**整数**（integer）执行加（+）减（-）乘（*）除（/）运算。

```
>>> 2 + 3
5
>>> 3 - 2
1
>>> 2 * 3
6
>>> 3 / 2
1.5
```

在终端会话中，Python 直接返回运算结果。Python 使用两个乘号（**）表示乘方运算：

```
>>> 3 ** 2
9
>>> 3 ** 3
27
>>> 10 ** 6
1000000
```

Python 还支持运算顺序，因此可以在同一个表达式中使用多种运算。还可以使用括号来调整运算顺序，让 Python 按你指定的顺序执行运算，如下所示：

```
>>> 2 + 3*4
14
>>> (2 + 3) * 4
20
```

在这些示例中，空格不影响 Python 计算表达式的方式。它们旨在让你在阅读代码时，能迅速确定将先执行哪些运算。

2.4.2　浮点数

Python 将带小数点的数称为**浮点数**（float）。大多数编程语言使用了这个术语，它指出了这样一个事实：小数点可出现在数的任何位置上。每种编程语言都必须细心设计，以妥善地处理浮点数，确保不管小数点出现在什么位置上，数的运算都是正确的。

从很大程度上说，使用浮点数时无须考虑其行为。你只需输入要使用的数，Python 通常会按你期望的方式处理它们：

```
>>> 0.1 + 0.1
0.2
>>> 0.2 + 0.2
0.4
>>> 2 * 0.1
0.2
>>> 2 * 0.2
0.4
```

需要注意的是，结果包含的小数位数可能是不确定的：

```
>>> 0.2 + 0.1
0.30000000000000004
>>> 3 * 0.1
0.30000000000000004
```

所有编程语言都存在这种问题，没有什么可担心的。Python 会尽力找到一种精确地表示结果的方式，但鉴于计算机内部表示数字的方式，这在有些情况下很难。就现在而言，暂时忽略多余的小数位数即可。在本书第二部分的项目中，你将在需要时学习处理多余小数位的方式。

2.4.3　整数和浮点数

将任意两个数相除，结果总是浮点数，即便这两个数都是整数且能整除：

```
>>> 4/2
2.0
```

在其他任何运算中，如果一个操作数是整数，另一个操作数是浮点数，结果也总是浮点数：

```
>>> 1 + 2.0
3.0
>>> 2 * 3.0
```

```
6.0
>>> 3.0 ** 2
9.0
```

在 Python 中，无论是哪种运算，只要有操作数是浮点数，默认得到的就总是浮点数，即便结果原本为整数。

2.4.4　数中的下划线

在书写很大的数时，可使用下划线将其中的位分组，使其更清晰易读：

```
>>> universe_age = 14_000_000_000
```

当你打印这种使用下划线定义的数字时，Python 不会打印其中的下划线：

```
>>> print(universe_age)
14000000000
```

这是因为在存储这种数时，Python 会忽略其中的下划线。在对数字位分组时，即便不是将每三位分成一组，也不会影响最终的值。在 Python 看来，1000 与 1_000 没什么不同，1_000 与 10_00 也没什么不同。这种表示法既适用于整数，也适用于浮点数。

2.4.5　同时给多个变量赋值

可在一行代码中给多个变量赋值，这有助于缩短程序并提高其可读性。这种做法最常用于将一系列数赋给一组变量。

例如，下面演示了如何将变量 x、y 和 z 都初始化为零：

```
>>> x, y, z = 0, 0, 0
```

在这样做时，需要用逗号将变量名分开；对于要赋给变量的值，也需要做同样的处理。Python 将按顺序将每个值赋给对应的变量。只要变量数和值的个数相同，Python 就能正确地将变量和值关联起来。

2.4.6　常量

常量（constant）是在程序的整个生命周期内都保持不变的变量。Python 没有内置的常量类型，但 Python 程序员会使用全大写字母（单词可用下划线分隔）来指出应将某个变量视为常量，其值应始终不变：

```
MAX_CONNECTIONS = 5000
```

在代码中，要指出应将特定的变量视为常量，可将其变量名全大写。

动手试一试

练习 2.9：数字 8 编写 4 个表达式，分别使用加法、减法、乘法和除法运算，但结果都是数字 8。为了使用函数调用 print() 来显示结果，务必将这些表达式用括号括起来。也就是说，你应该编写 4 行类似于这样的代码：

```
print(5+3)
```

输出应为 4 行，其中每行都只包含数字 8。

练习 2.10：最喜欢的数 用一个变量来表示你最喜欢的数，再使用这个变量创建一条消息，指出你最喜欢的数是什么，然后将这条消息打印出来。

2.5　注释

在大多数编程语言中，注释是一项很有用的功能。本书前面编写的程序都只包含 Python 代码，但随着程序越来越大、越来越复杂，就应该在其中添加说明，对你解决问题的方式进行大致的阐述。注释（comment）让你能够使用自然语言在程序中添加说明。

2.5.1　如何编写注释

在 Python 中，注释用井号（#）标识。井号后面的内容都会被 Python 解释器忽略，如下所示：

comment.py
```
# 向大家问好
print("Hello Python people!")
```

Python 解释器将忽略第一行，只执行第二行。

```
Hello Python people!
```

2.5.2　该编写什么样的注释

编写注释的主要目的是阐述代码要做什么，以及是如何做的。在开发项目期间，你对各个部分如何协同工作了如指掌，但是一段时间过后，你可能会忘记一些细节。当然，你总是可以通过研究代码来确定各个部分的工作原理，但通过编写注释以清晰的自然语言对解决方案进行概述，可以节省很多时间。

要成为专业程序员或与其他程序员合作，就必须编写有意义的注释。当前，大多数软件是合作编写而成的，编写者既可能是同一家公司的多名员工，也可能是众多致力于同一个开源项目的人。训练有素的程序员都希望代码中包含注释，因此你最好从现在开始就在程序中添加描述性注释。新手程序员最值得养成的习惯之一就是，在代码中编写清晰、简洁的注释。

如果不确定是否要编写注释，就问问自己：在找到合理的解决方案之前，考虑了多个解决方案吗？如果答案是肯定的，就编写注释，对你的解决方案进行说明吧。相比以后再回头添加注释，删除多余的注释要容易得多。从现在开始，本书的示例都将使用注释来阐述代码的工作原理。

动手试一试

练习 2.11：添加注释　选择你编写的两个程序，在每个程序中至少添加一条注释。如果程序太简单，实在没有什么需要说明的，就在程序文件开头加上你的姓名和当前日期，再用一句话阐述程序的功能。

2.6　Python 之禅

经验丰富的程序员倡导尽可能避繁就简。Python 社区的理念都包含在 Tim Peters 撰写的"Python 之禅"中，要了解这些有关编写优秀 Python 代码的指导原则，只需在解释器中执行命令 import this。这里不打算列出全部的"Python 之禅"，只想分享其中的几条原则，让你明白为何它们对 Python 新手来说至关重要。

```
>>> import this
The Zen of Python, by Tim Peters
Beautiful is better than ugly.
```

Python 程序员笃信代码可以编写得漂亮而优雅。编程是要解决问题的，设计良好、高效而漂亮的解决方案会让程序员心生敬意。随着你对 Python 的认识越来越深入，并使用它来编写越来越多的代码，总有一天也会有人站在你身后惊呼："哇，代码写得真是漂亮！"

```
Simple is better than complex.
```

如果有两个解决方案，一个简单、一个复杂，但都行之有效，就选择简单的解决方案吧。这样，你编写的代码将更容易维护，你或他人以后也能更容易地改进这些代码。

```
Complex is better than complicated.
```

现实是复杂的，有时候可能没有简单的解决方案。在这种情况下，就选择最简单的可行解决方案吧。

Readability counts.

即便是复杂的代码，也要让它易于理解。当开发的项目涉及复杂的代码时，一定要为这些代码编写有益的注释。

There should be one-- and preferably only one --obvious way to do it.

如果让两名 Python 程序员去解决同一个问题，他们提供的解决方案应大致相同。这并不是说编程没有创意空间，而是恰恰相反。大部分编程工作是使用常见的解决方案来解决简单的小问题，而这些小问题往往包含在更庞大、更有创意空间的项目中。在你的程序中，各种具体的细节对其他 Python 程序员来说都应该易于理解。

Now is better than never.

你可以把余生都用来学习 Python 和编程的纷繁难懂之处，但这样完不成任何项目。不要企图编写完美无缺的代码，而是要先编写行之有效的代码，再决定是对其做进一步的改进，还是转而编写新代码。

在你进入下一章，开始研究更复杂的主题时，务必牢记这种简约而清晰的理念。如此，经验丰富的程序员定将对你编写的代码心生敬意，进而乐于向你提供反馈，并与你合作开发有趣的项目。

动手试一试

练习 2.12：Python 之禅 在 Python 终端会话中执行命令 import this，并粗略地浏览一下其他指导原则。

2.7 小结

在本章中，你首先学习了如何使用变量，如何创建描述性变量名，以及如何消除名称错误和语法错误。然后学习了字符串是什么，以及如何使用全小写、全大写和首字母大写的方式显示字符串。你使用空白来显示整洁的输出，还学习了如何删除字符串中多余的字符。你接着学习了如何使用整数和浮点数，了解了一些使用数值数据的方式。你还学习了如何编写说明性注释，让代码对你和其他人来说更容易理解。最后，你了解了让代码尽可能简单的理念。

在第 3 章中，你将学习如何在称为列表的数据结构中存储一系列信息，以及如何通过遍历列表来操作其中的信息。

列表简介

在本章和下一章中，你将学习列表是什么以及如何使用列表元素。列表让你能够在一个地方存储成组的信息，其中既可以只包含几个元素，也可以包含数百万个元素。列表是新手可直接使用的最强大的 Python 功能之一，它融合了众多重要的编程概念。

3.1　列表是什么

列表（list）由一系列按特定顺序排列的元素组成。你不仅可以创建包含字母表中所有字母、数字 0~9 或所有家庭成员姓名的列表，还可以将任何东西加入列表，其中的元素之间可以没有任何关系。列表通常包含多个元素，因此给列表指定一个表示复数的名称（如 letters、digits 或 names）是个不错的主意。

在 Python 中，用方括号（[]）表示列表，用逗号分隔其中的元素。下面是一个简单的示例，其中包含几种自行车：

bicycles.py
```
bicycles = ['trek', 'cannondale', 'redline', 'specialized']
print(bicycles)
```

如果让 Python 将列表打印出来，Python 将打印列表的内部表示，包括方括号：

```
['trek', 'cannondale', 'redline', 'specialized']
```

鉴于这不是你要让用户看到的输出，下面来学习如何访问列表元素。

3.1.1　访问列表元素

列表是有序集合，因此要访问列表的任何元素，只需将该元素的位置（索引）告诉 Python 即可。要访问列表元素，可指出列表的名称，再指出元素的索引，并将后者放在方括号内。

例如，下面的代码从列表 bicycles 中提取第一款自行车：

```
bicycles = ['trek', 'cannondale', 'redline', 'specialized']
print(bicycles[0])
```

当你请求获取列表元素时，Python 只返回该元素，而不包括方括号：

```
trek
```

这正是你要让用户看到的结果——整洁、干净的输出。

你还可以对任意列表元素调用第 2 章介绍的字符串方法。例如，可使用 title()方法让元素
'trek'的格式更标准：

```
bicycles = ['trek', 'cannondale', 'redline', 'specialized']
print(bicycles[0].title())
```

这个示例的输出与前一个示例相同，只是首字母 T 是大写的。

3.1.2　索引从 0 而不是 1 开始

在 Python 中，第一个列表元素的索引为 0，而不是 1。大多数编程语言是如此规定的，这与
列表操作的底层实现有关。如果结果出乎意料，问问自己是否犯了简单而常见的**差一错误**。

第二个列表元素的索引为 1。根据这种简单的计数方式，要访问列表的任何元素，都可将其
位置减 1，并将结果作为索引。例如，要访问第四个列表元素，可使用索引 3。

下面的代码访问索引 1 和索引 3 处的自行车：

```
bicycles = ['trek', 'cannondale', 'redline', 'specialized']
print(bicycles[1])
print(bicycles[3])
```

这些代码返回列表中的第二个和第四个元素：

```
cannondale
specialized
```

Python 为访问最后一个列表元素提供了一种特殊语法。通过将索引指定为-1，可让 Python
返回最后一个列表元素：

```
bicycles = ['trek', 'cannondale', 'redline', 'specialized']
print(bicycles[-1])
```

这些代码返回'specialized'。这种语法很有用，因为你经常需要在不知道列表长度的情况

下访问最后的元素。这种约定也适用于其他负数索引，例如，索引-2 返回倒数第二个列表元素，索引-3 返回倒数第三个列表元素，依此类推。

3.1.3   使用列表中的各个值

你可以像使用其他变量一样使用列表中的各个值。例如，可以使用 f 字符串根据列表中的值来创建消息。

下面尝试从列表中提取第一款自行车，并使用这个值创建一条消息：

```
bicycles = ['trek', 'cannondale', 'redline', 'specialized']
message = f"My first bicycle was a {bicycles[0].title()}."

print(message)
```

这里使用 bicycles[0] 的值生成了一个句子，并将其赋给变量 message。输出是一个简单的句子，其中包含列表中的第一款自行车：

```
My first bicycle was a Trek.
```

动手试一试

请尝试编写一些简短的程序来完成下面的练习，以获得一些使用 Python 列表的第一手经验。你可能需要为每章创建一个文件夹，以整洁有序的方式存储为完成各章的练习而编写的程序。

练习 3.1：姓名   将一些朋友的姓名存储在一个列表中，并将其命名为 names。依次访问该列表的每个元素，从而将每个朋友的姓名都打印出来。

练习 3.2：问候语   继续使用练习 3.1 中的列表，但不打印每个朋友的姓名，而是为每人打印一条消息。每条消息都包含相同的问候语，但开头为相应朋友的姓名。

练习 3.3：自己的列表   想想你喜欢的通勤方式，如骑摩托车或开汽车，并创建一个包含多种通勤方式的列表。根据该列表打印一系列有关这些通勤方式的陈述，如下所示。

I would like to own a Honda motorcycle.

3.2   修改、添加和删除元素

你创建的大多数列表将是动态的，这意味着列表创建后，将随着程序的运行增删元素。例如，

你可能创建了一个游戏，要求玩家消灭从天而降的外星人。为此，可在开始时将一些外星人存储在列表中，然后每当有外星人被消灭时，都将其从列表中删除，而每次有新的外星人出现在屏幕上时，都将其添加到列表中。在整个游戏运行期间，外星人列表的长度将不断变化。

3.2.1 修改列表元素

修改列表元素的语法与访问列表元素的语法类似。要修改列表元素，可指定列表名和要修改的元素的索引，再指定该索引位置上的新值。

假设有一个摩托车列表，其中的第一个元素为'honda'，那么可在创建列表后修改这个元素的值：

motorcycles.py
```
motorcycles = ['honda', 'yamaha', 'suzuki']
print(motorcycles)

motorcycles[0] = 'ducati'
print(motorcycles)
```

首先定义列表 motorcycles，其中的第一个元素为'honda'。接下来，将第一个元素的值改为'ducati'。输出表明，第一个元素的值变了，但其他列表元素的值没变：

```
['honda', 'yamaha', 'suzuki']
['ducati', 'yamaha', 'suzuki']
```

你可以修改任意列表元素的值，而不只是第一个元素的值。

3.2.2 在列表中添加元素

你可能会出于很多原因在列表中添加新元素。例如，你可能希望游戏中出现新的外星人，添加可视化数据，或者给网站添加新注册的用户。Python 提供了多种在既有列表中添加新数据的方式。

1. 在列表末尾添加元素

在列表中添加新元素时，最简单的方式是将元素**追加**（append）到列表末尾。继续使用前一个示例中的列表，在其末尾添加新元素'ducati'：

```
motorcycles = ['honda', 'yamaha', 'suzuki']
print(motorcycles)

motorcycles.append('ducati')
print(motorcycles)
```

append()方法将元素'ducati'添加到列表末尾，而不影响列表中的其他所有元素：

```
['honda', 'yamaha', 'suzuki']
['honda', 'yamaha', 'suzuki', 'ducati']
```

append()方法让动态地创建列表易如反掌。例如，你可以先创建一个空列表，再使用一系列函数调用 append()添加元素。下面来创建一个空列表，再在其中添加元素'honda'、'yamaha'和'suzuki':

```
motorcycles = []

motorcycles.append('honda')
motorcycles.append('yamaha')
motorcycles.append('suzuki')

print(motorcycles)
```

最终的列表与前述示例中的列表完全相同：

```
['honda', 'yamaha', 'suzuki']
```

这种创建列表的方式极其常见，因为经常要等程序运行后，你才知道用户要在程序中存储哪些数据。为了便于管理，可首先创建一个空列表，用于存储用户将要输入的值，然后将用户提供的每个新值追加到列表末尾。

2. 在列表中插入元素

使用 insert()方法可在列表的任意位置添加新元素。为此，需要指定新元素的索引和值：

```
motorcycles = ['honda', 'yamaha', 'suzuki']

motorcycles.insert(0, 'ducati')
print(motorcycles)
```

在这个示例中，值'ducati'被插入到了列表开头。insert()方法在索引 0 处添加空间，并将值'ducati'存储到这个地方：

```
['ducati', 'honda', 'yamaha', 'suzuki']
```

这种操作将列表中的每个既有元素都右移一个位置。

3.2.3　从列表中删除元素

你经常需要从列表中删除一个或多个元素。例如，玩家将一个外星人消灭后，你很可能要将其从存活的外星人列表中删除；当用户在你创建的 Web 应用程序中注销账户时，你需要将该用户从活动用户列表中删除。你可以根据位置或值来删除列表中的元素。

1. 使用 del 语句删除元素

如果知道要删除的元素在列表中的位置，可使用 del 语句：

```
motorcycles = ['honda', 'yamaha', 'suzuki']
print(motorcycles)

del motorcycles[0]
print(motorcycles)
```

这里使用 del 语句删除了列表 motorcycles 中的第一个元素'honda'：

```
['honda', 'yamaha', 'suzuki']
['yamaha', 'suzuki']
```

使用 del 可删除任意位置的列表元素，只需要知道其索引即可。例如，下面演示了如何删除列表 motorcycles 中的第二个元素'yamaha'：

```
motorcycles = ['honda', 'yamaha', 'suzuki']
print(motorcycles)

del motorcycles[1]
print(motorcycles)
```

下面的输出表明，已经将第二款摩托车从列表中删除了：

```
['honda', 'yamaha', 'suzuki']
['honda', 'suzuki']
```

在这两个示例中，使用 del 语句将值从列表中删除后，你就无法再访问它了。

2. 使用 pop()方法删除元素

有时候，你要将元素从列表中删除，并接着使用它的值。例如，你可能要获取刚被消灭的外星人的 x 坐标和 y 坐标，以便在相应的位置显示爆炸效果；在 Web 应用程序中，你可能要将用户从活动成员列表中删除，并将其加入非活动成员列表。

pop()方法删除列表末尾的元素，并让你能够接着使用它。术语**弹出**（pop）源自这样的类比：列表就像一个栈，而删除列表末尾的元素相当于弹出栈顶元素。

下面来从列表 motorcycles 中弹出一款摩托车：

```
❶ motorcycles = ['honda', 'yamaha', 'suzuki']
   print(motorcycles)

❷ popped_motorcycle = motorcycles.pop()
❸ print(motorcycles)
❹ print(popped_motorcycle)
```

首先定义并打印了列表 motorcycles（见❶）。接下来，从这个列表中弹出一个值，并将其赋给变量 popped_motorcycle（见❷）。然后打印这个列表，以核实从中删除了一个值（见❸）。最后打印弹出的值，以证明依然能够访问被删除的值（见❹）。

输出表明，列表末尾的值 'suzuki' 已删除，它现在被赋给了变量 popped_motorcycle：

```
['honda', 'yamaha', 'suzuki']
['honda', 'yamaha']
suzuki
```

方法 pop() 有什么用处呢？假设列表中的摩托车是按购买时间存储的，就可使用方法 pop() 来打印一条消息，指出最后购买的是哪款摩托车：

```
motorcycles = ['honda', 'yamaha', 'suzuki']

last_owned = motorcycles.pop()
print(f"The last motorcycle I owned was a {last_owned.title()}.")
```

输出是一个简单的句子，指出了最新购买的是哪款摩托车：

```
The last motorcycle I owned was a Suzuki.
```

3. 删除列表中任意位置的元素

实际上，也可以使用 pop() 删除列表中任意位置的元素，只需要在括号中指定要删除的元素的索引即可。

```
motorcycles = ['honda', 'yamaha', 'suzuki']

first_owned = motorcycles.pop(0)
print(f"The first motorcycle I owned was a {first_owned.title()}.")
```

首先弹出列表中的第一款摩托车，然后打印一条有关这辆摩托车的消息。输出是一个简单的句子，描述了我购买的第一辆摩托车：

```
The first motorcycle I owned was a Honda.
```

别忘了，每当你使用 pop() 时，被弹出的元素就不再在列表中了。

如果不确定该使用 del 语句还是 pop() 方法，下面是一个简单的判断标准：如果要从列表中删除一个元素，且不再以任何方式使用它，就使用 del 语句；如果要在删除元素后继续使用它，就使用 pop() 方法。

4. 根据值删除元素

有时候，你不知道要从列表中删除的值在哪个位置。如果只知道要删除的元素的值，可使用 remove() 方法。

假设要从列表 motorcycles 中删除值 'ducati'：

```
motorcycles = ['honda', 'yamaha', 'suzuki', 'ducati']
print(motorcycles)

motorcycles.remove('ducati')
print(motorcycles)
```

remove() 方法让 Python 确定 'ducati' 出现在列表的什么地方，并将该元素删除：

```
['honda', 'yamaha', 'suzuki', 'ducati']
['honda', 'yamaha', 'suzuki']
```

使用 remove() 从列表中删除元素后，也可继续使用它的值。下面删除值 'ducati' 并打印一条消息，指出将其从列表中删除的原因：

```
❶ motorcycles = ['honda', 'yamaha', 'suzuki', 'ducati']
  print(motorcycles)

❷ too_expensive = 'ducati'
❸ motorcycles.remove(too_expensive)
  print(motorcycles)
❹ print(f"\nA {too_expensive.title()} is too expensive for me.")
```

定义列表（见❶）后，将值 'ducati' 赋给变量 too_expensive（见❷）。接下来，使用这个变量告诉 Python 将哪个值从列表中删除（见❸）。最后，值 'ducati' 虽然已经从列表中删除，但可通过变量 too_expensive 来访问（见❹）。这让我们能够打印一条消息，指出将 'ducati' 从列表 motorcycles 中删除的原因：

```
['honda', 'yamaha', 'suzuki', 'ducati']
['honda', 'yamaha', 'suzuki']

A Ducati is too expensive for me.
```

注意： remove() 方法只删除第一个指定的值。如果要删除的值可能在列表中出现多次，就需要使用循环，确保将每个值都删除。这将在第 7 章介绍。

动手试一试

下面的练习比第 2 章的练习更复杂，但让你有机会以前面介绍过的各种方式使用列表。

练习 3.4：嘉宾名单 如果你可以邀请任何人一起共进晚餐（无论是在世的还是故去的），你会邀请哪些人？请创建一个列表，其中包含至少三个你想邀请的人，然后使用这个列表打印消息，邀请这些人都来与你共进晚餐。

练习 3.5：修改嘉宾名单 你刚得知有位嘉宾无法赴约，因此需要另外邀请一位嘉宾。

- 以完成练习 3.4 时编写的程序为基础，在程序末尾添加函数调用 print()，指出哪位嘉宾无法赴约。
- 修改嘉宾名单，将无法赴约的嘉宾的姓名替换为新邀请的嘉宾的姓名。
- 再次打印一系列消息，向名单中的每位嘉宾发出邀请。

练习 3.6：添加嘉宾 你刚找到了一张更大的餐桌，可容纳更多的嘉宾就座。请想想你还想邀请哪三位嘉宾。

以完成练习 3.4 或练习 3.5 时编写的程序为基础，在程序末尾添加函数调用 print()，指出你找到了一张更大的餐桌。

- 使用 insert() 将一位新嘉宾添加到名单开头。
- 使用 insert() 将另一位新嘉宾添加到名单中间。
- 使用 append() 将最后一位新嘉宾添加到名单末尾。
- 打印一系列消息，向名单中的每位嘉宾发出邀请。

练习 3.7：缩短名单 你刚得知新购买的餐桌无法及时送达，因此只能邀请两位嘉宾。

- 以完成练习 3.6 时编写的程序为基础，在程序末尾添加一行代码，打印一条你只能邀请两位嘉宾共进晚餐的消息。
- 使用 pop() 不断地删除名单中的嘉宾，直到只有两位嘉宾为止。每次从名单中弹出一位嘉宾时，都打印一条消息，让该嘉宾知道你很抱歉，无法邀请他来共进晚餐。
- 对于余下两位嘉宾中的每一位，都打印一条消息，指出他依然在受邀之列。
- 使用 del 将最后两位嘉宾从名单中删除，让名单变成空的。打印该名单，核实名单在程序结束时确实是空的。

3.3　管理列表

在你创建的列表中，元素的排列顺序常常是无法预测的，因为你并非总能控制用户提供数据的顺序。这虽然在大多数情况下是不可避免的，但你经常需要以特定的顺序呈现信息。你有时候希望保留列表元素最初的排列顺序，而有时候又需要调整排列顺序。Python 提供了很多管理列表的方式，可根据具体情况选用。

3.3.1　使用 sort()方法对列表进行永久排序

Python 方法 sort()让你能够较为轻松地对列表进行排序。假设你有一个汽车列表，并要让其中的汽车按字母顺序排列。为了简化这项任务，假设该列表中的所有值都是全小写的。

cars.py
```
cars = ['bmw', 'audi', 'toyota', 'subaru']
cars.sort()
print(cars)
```

sort()方法能永久地修改列表元素的排列顺序。现在，汽车是按字母顺序排列的，再也无法恢复到原来的排列顺序：

```
['audi', 'bmw', 'subaru', 'toyota']
```

还可以按与字母顺序相反的顺序排列列表元素，只需向 sort()方法传递参数 reverse=True 即可。下面的示例将汽车列表按与字母顺序相反的顺序排列：

```
cars = ['bmw', 'audi', 'toyota', 'subaru']
cars.sort(reverse=True)
print(cars)
```

同样，对列表元素排列顺序的修改也是永久的：

```
['toyota', 'subaru', 'bmw', 'audi']
```

3.3.2　使用 sorted()函数对列表进行临时排序

要保留列表元素原来的排列顺序，并以特定的顺序呈现它们，可使用 sorted()函数。sorted()函数让你能够按特定顺序显示列表元素，同时不影响它们在列表中的排列顺序。

下面尝试对汽车列表调用这个函数。

```
cars = ['bmw', 'audi', 'toyota', 'subaru']
```

❶ `print("Here is the original list:")`
```
print(cars)
```

❷ print("\nHere is the sorted list:")
```
   print(sorted(cars))
```

❸ print("\nHere is the original list again:")
```
   print(cars)
```

首先按原始顺序打印列表（见❶），再按字母顺序显示该列表（见❷）。以特定顺序显示列表后进行核实，确认列表元素的排列顺序与以前相同（见❸）。

```
Here is the original list:
['bmw', 'audi', 'toyota', 'subaru']

Here is the sorted list:
['audi', 'bmw', 'subaru', 'toyota']
```
❶
```
Here is the original list again:
['bmw', 'audi', 'toyota', 'subaru']
```

注意，在调用 sorted()函数后，列表元素的排列顺序并没有变（见❶）。如果要按与字母顺序相反的顺序显示列表，也可向 sorted()函数传递参数 reverse=True。

注意： 在并非所有的值都是全小写的时，按字母顺序排列列表要复杂一些。在确定排列顺序时，有多种解读大写字母的方式，此时要指定准确的排列顺序，可能会比这里所做的更加复杂。然而，大多数排序方式是以本节介绍的知识为基础的。

3.3.3 反向打印列表

要反转列表元素的排列顺序，可使用 reverse()方法。假设汽车列表是按购买时间排列的，可轻松地按相反的顺序排列其中的汽车：

```
cars = ['bmw', 'audi', 'toyota', 'subaru']
print(cars)

cars.reverse()
print(cars)
```

请注意，reverse()不是按与字母顺序相反的顺序排列列表元素，只是反转列表元素的排列顺序：

```
['bmw', 'audi', 'toyota', 'subaru']
['subaru', 'toyota', 'audi', 'bmw']
```

reverse()方法会永久地修改列表元素的排列顺序，但可随时恢复到原来的排列顺序，只需对列表再次调用 reverse()即可。

3.3.4 确定列表的长度

使用 len()函数可快速获悉列表的长度。在下面的示例中，列表包含 4 个元素，因此其长度为 4：

```
>>> cars = ['bmw', 'audi', 'toyota', 'subaru']
>>> len(cars)
4
```

在需要完成如下任务时，len()很有用：明确还有多少个外星人未被消灭，确定需要管理多少项可视化数据，计算网站有多少注册用户，等等。

注意：Python 在计算列表元素数时从 1 开始，因此你在确定列表长度时应该不会遇到差一错误。

动手试一试

练习 3.8：放眼世界 想出至少 5 个你想去旅游的地方。
- 将这些地方存储在一个列表中，并确保其中的元素不是按字母顺序排列的。
- 按原始排列顺序打印该列表。不要考虑输出是否整洁，只管打印原始 Python 列表就好。
- 使用 sorted()按字母顺序打印这个列表，不要修改它。
- 再次打印该列表，核实排列顺序未变。
- 使用 sorted()按与字母顺序相反的顺序打印这个列表，不要修改它。
- 再次打印该列表，核实排列顺序未变。
- 使用 reverse()修改列表元素的排列顺序。打印该列表，核实排列顺序确实变了。
- 使用 reverse()再次修改列表元素的排列顺序。打印该列表，核实已恢复到原来的排列顺序。
- 使用 sort()修改该列表，使其元素按字母顺序排列。打印该列表，核实排列顺序确实变了。
- 使用 sort()修改该列表，使其元素按与字母顺序相反的顺序排列。打印该列表，核实排列顺序确实变了。

练习 3.9：晚餐嘉宾 选择你为完成练习 3.4～练习 3.7 而编写的一个程序，在其中使用 len()打印一条消息，指出你邀请了多少位嘉宾来共进晚餐。

练习 3.10：尝试使用各个函数 想想可存储到列表中的东西，如山川、河流、国家、城市、语言或你喜欢的任何东西。编写一个程序，在其中创建一个包含这些元素的列表。然后，至少把本章介绍的每个函数都使用一次来处理这个列表。

3.4　使用列表时避免索引错误

在刚开始使用列表时，很容易犯一种错误。假设你有一个包含三个元素的列表，却要求获取第四个元素：

motorcycles.py
```
motorcycles = ['honda', 'yamaha', 'suzuki']
print(motorcycles[3])
```

这将导致**索引错误**：

```
Traceback (most recent call last):
  File "motorcycles.py", line 2, in <module>
    print(motorcycles[3])
          ~~~~~~~~~~~^^^
IndexError: list index out of range
```

Python 试图提供位于索引 3 处的元素，但当它搜索列表 motorcycles 时，却发现索引 3 处没有元素。鉴于列表索引差一的特征，这种错误很常见。有些人从 1 开始数，因此以为第三个元素的索引为 3。但是在 Python 中，第三个元素的索引为 2，因为索引是从 0 开始的。

索引错误意味着 Python 在指定索引处找不到元素。在程序发生索引错误时，请尝试将指定的索引减 1，然后再次运行程序，看看结果是否正确。

别忘了，每当需要访问最后一个列表元素时，都可以使用索引-1。这在任何情况下都行之有效，即便在你最后一次访问列表后，其长度发生了变化：

```
motorcycles = ['honda', 'yamaha', 'suzuki']
print(motorcycles[-1])
```

索引-1 总是返回最后一个列表元素，这里为值'suzuki'：

```
suzuki
```

仅当列表为空时，这种访问最后一个元素的方式才会导致错误：

```
motorcycles = []
print(motorcycles[-1])
```

列表 motorcycles 不包含任何元素，因此 Python 返回一条索引错误消息：

```
Traceback (most recent call last):
  File "motorcycles.py", line 3, in <module>
    print(motorcycles[-1])
          ~~~~~~~~~~~^^^^
IndexError: list index out of range
```

注意：在发生索引错误却找不到解决办法时，请尝试将列表或其长度打印出来。列表可能与你以为的截然不同，在程序对其进行了动态处理时尤其如此。查看列表或其包含的元素数，可帮助你排查这种逻辑错误。

3

动手试一试

练习 3.11：有意引发错误 如果你还没有在程序中遇到索引错误，就尝试引发一个这种错误吧。在你的一个程序中修改索引，以引发索引错误。在关闭程序前，务必消除这种错误。

3.5 小结

在本章中，你首先学习了列表是什么，以及如何使用其中的元素。然后学习了如何定义列表，如何增删元素，以及如何对列表进行永久排序和临时排序。最后，你还学习了如何获得列表的长度，以及如何在使用列表时避免索引错误。

在第 4 章中，你将学习如何以更高效的方式处理列表元素。只用寥寥几行代码来遍历列表元素，你就能高效地处理它们，即便列表包含数千乃至数百万个元素。

操作列表

在第 3 章中，你学习了如何创建简单的列表，还学习了如何操作列表元素。在本章中，你将学习如何**遍历**整个列表，无论列表有多长，都只需要几行代码就能做到。循环让你能够对列表的每个元素采取一个或一系列相同的措施，从而高效地处理任意长度的列表，包括包含数千乃至数百万个元素的列表。

4.1 遍历整个列表

你经常需要遍历列表的所有元素，对每个元素执行相同的操作。例如，在游戏中，可能需要将每个界面元素平移相同的距离；对于包含数的列表，可能需要对每个元素执行相同的统计运算；在网站中，可能需要显示文章列表中的每个标题。如果需要对列表中的每个元素都执行相同的操作，可使用 Python 中的 for 循环。

假设我们有一个魔术师名单，需要将其中每个魔术师的名字都打印出来。为此，可以分别获取名单中的每个名字，但这种做法会导致许多问题。例如，很长的名单将包含大量重复的代码；每当名单的长度发生变化时，都必须修改代码。使用 for 循环，可让 Python 去处理每个元素，从而避免这些问题。

下面使用 for 循环打印一个魔术师名单中的所有名字：

magicians.py
```
magicians = ['alice', 'david', 'carolina']
for magician in magicians:
    print(magician)
```

首先，像第 3 章那样定义了一个列表。接下来，定义一个 for 循环。这行代码让 Python 从列表 magicians 中取出一个名字，并将其与变量 magician 相关联。最后，让 Python 打印前面赋给变量 magician 的名字。这样，对于列表中的每个名字，Python 都将重复执行最后两行代码。你可以这样解读这些代码：对于（ for ）列表 magicians 中的每位魔术师（ magician ），都打印（ print ）

该魔术师（magician）的名字。输出很简单，就是列表中所有的名字：

```
alice
david
carolina
```

4.1.1　深入研究循环

循环很重要，因为它是让计算机自动完成重复工作的常见方式之一。例如，在前面的 magicians.py 中使用的简单循环里，Python 将首先读取第一行代码：

```
for magician in magicians:
```

这行代码让 Python 获取列表 magicians 中的第一个值'alice'，并将其与变量 magician 相关联。接下来，Python 读取下一行代码：

```
    print(magician)
```

它让 Python 打印 magician 的值，依然是'alice'。鉴于该列表还包含其他值，Python 返回循环的第一行：

```
for magician in magicians:
```

Python 获取列表中的下一个名字'david'，并将其与变量 magician 相关联，再执行下面这行代码：

```
    print(magician)
```

Python 再次打印变量 magician 的值，当前为'david'。接下来，Python 再次执行整个循环，对列表中的最后一个值'carolina'进行处理。至此，列表中没有了其他的值，因此 Python 接着执行程序的下一行代码。在这个示例中，for 循环后面没有其他代码，因此程序就此结束。

刚开始使用循环时请牢记，不管列表包含多少个元素，每个元素都将被执行循环指定的步骤。如果列表包含 100 万个元素，Python 就将重复执行指定的步骤 100 万次，而且通常速度非常快。

在编写 for 循环时，可以给将依次与列表中的每个值相关联的临时变量指定任意名称。然而，选择描述单个列表元素的有意义的名称大有裨益。例如，对于小猫列表、小狗列表和一般性列表，像下面这样编写 for 循环的第一行代码是不错的选择：

```
for cat in cats:
for dog in dogs:
for item in list_of_items:
```

这些命名约定有助于你明白 for 循环将对每个元素执行的操作。使用单数和复数形式的名称，可帮助你判断代码段处理的是单个列表元素还是整个列表。

4.1.2   在 for 循环中执行更多的操作

在 for 循环中，可以对每个元素执行任意操作。下面来扩展前面的示例，为每位魔术师打印一条消息，指出他/她的表演太精彩了。

magicians.py
```python
magicians = ['alice', 'david', 'carolina']
for magician in magicians:
    print(f"{magician.title()}, that was a great trick!")
```

相比于前一个示例，唯一的不同是为每位魔术师都打印一条以其名字为抬头的消息。第一次通过循环时，变量 magician 的值为'alice'，因此 Python 打印的第一条消息的抬头为'Alice'；第二次通过循环时，消息的抬头为'David'；第三次通过循环时，抬头为'Carolina'。

下面的输出表明，为列表中的每位魔术师都打印了一条个性化消息：

```
Alice, that was a great trick!
David, that was a great trick!
Carolina, that was a great trick!
```

在 for 循环中，想包含多少行代码都可以。在代码行 for magician in magicians 后面，每行缩进的代码都是循环的一部分，将针对列表中的每个值执行一次。因此，可对列表中的每个值执行任意多的操作。

下面再来添加一行代码，告诉每位魔术师，我们期待他/她的下一次表演：

```python
magicians = ['alice', 'david', 'carolina']
for magician in magicians:
    print(f"{magician.title()}, that was a great trick!")
    print(f"I can't wait to see your next trick, {magician.title()}.\n")
```

两个函数调用 print()都缩进了，因此它们都将针对列表中的每位魔术师执行一次。第二个函数调用 print()中的换行符"\n"在每次循环结束后都插入一个空行，从而整洁地将针对各位魔术师的消息编组：

```
Alice, that was a great trick!
I can't wait to see your next trick, Alice.

David, that was a great trick!
I can't wait to see your next trick, David.

Carolina, that was a great trick!
I can't wait to see your next trick, Carolina.
```

在 for 循环中，想包含多少行代码都可以。实际上，你将发现，使用 for 循环对每个元素执行众多不同的操作很有用。

4.1.3 在 for 循环结束后执行一些操作

for 循环结束后怎么办呢？通常，你想提供总结性输出或接着执行程序必须完成的其他任务。

在 for 循环后面，没有缩进的代码都只执行一次，不会重复执行。下面来打印一条向全体魔术师致谢的消息，感谢他们的精彩表演。为了在打印给各位魔术师的消息后，打印给全体魔术师的致谢消息，我们将相应的代码放在 for 循环后面，且不缩进：

```
magicians = ['alice', 'david', 'carolina']
for magician in magicians:
    print(f"{magician.title()}, that was a great trick!")
    print(f"I can't wait to see your next trick, {magician.title()}.\n")

print("Thank you, everyone. That was a great magic show!")
```

你在前面看到了，开头的两个函数调用 print()针对列表中每位魔术师重复执行。然而，由于最后一行没有缩进，因此它只执行一次：

```
Alice, that was a great trick!
I can't wait to see your next trick, Alice.

David, that was a great trick!
I can't wait to see your next trick, David.

Carolina, that was a great trick!
I can't wait to see your next trick, Carolina.

Thank you, everyone. That was a great magic show!
```

使用 for 循环处理数据，是一种对数据集执行整体操作的不错方式。例如，你可能使用 for 循环来初始化游戏——遍历角色列表，将每个角色都显示到屏幕上；然后在循环后面添加一些代码，在屏幕上绘制所有角色后显示一个 Play Now 按钮。

4.2 避免缩进错误

Python 根据缩进来判断代码行与程序其他部分的关系。在前面的示例中，向各位魔术师显示消息的代码行是 for 循环的一部分，因为它们缩进了。Python 通过缩进让代码更易读。简单地说，它要求你使用缩进让代码整洁且结构清晰。在较长的 Python 程序中，你将看到缩进程度各不相同的代码块，从而对程序的组织结构有大致的认识。

当你开始编写必须正确缩进的代码时，需要注意一些常见的**缩进错误**。例如，程序员有时候会将不需要缩进的代码行缩进，却忘了缩进必须缩进的代码行。查看这样的错误示例，有助于你以后避开它们，以及在它们出现在程序中时进行修复。

下面来看一些较为常见的缩进错误。

4.2.1 忘记缩进

位于 for 语句后面且属于循环组成部分的代码行，一定要缩进。如果忘记缩进， Python 会提醒你：

magicians.py

```
magicians = ['alice', 'david', 'carolina']
for magician in magicians:
❶ print(magician)
```

函数调用 print()应该缩进却没有缩进（见❶）。Python 如果没有找到期望缩进的代码块，会让你知道哪行代码出了问题。

```
File "magicians.py", line 3
  print(magician)
  ^
IndentationError: expected an indented block after 'for' statement on line 2
```

通常，将紧跟在 for 语句后面的代码行缩进，可消除这种缩进错误。

4.2.2 忘记缩进额外的代码行

有时候，虽然循环能够运行且不会出现错误，但结果出人意料。当试图在循环中执行多项任务，却忘记缩进其中的一些代码行时，就会出现这种情况。

例如，如果忘记缩进循环中的第二行代码（它告诉每位魔术师，我们期待其下次表演），就会出现这种情况：

```
magicians = ['alice', 'david', 'carolina']
for magician in magicians:
    print(f"{magician.title()}, that was a great trick!")
❶ print(f"I can't wait to see your next trick, {magician.title()}.\n")
```

第二个函数调用 print()（见❶）原本需要缩进，但 Python 发现 for 语句后面有一行代码是缩进的，因此没有报告错误。最终的结果是，对于列表中的每位魔术师，都执行了第一个函数调用 print()，因为它缩进了；而第二个函数调用 print()没有缩进，因此只在循环结束后执行一次。由于变量magician的终值为'carolina',因此只有她收到了消息"looking forward to the next trick"：

```
Alice, that was a great trick!
David, that was a great trick!
```

```
Carolina, that was a great trick!
I can't wait to see your next trick, Carolina.
```

这是一个**逻辑错误**。从语法上看，这些 Python 代码是合法的，但由于存在逻辑错误，结果并不符合预期。如果你预期某项操作将针对每个列表元素执行一次，但它总共只执行了一次，请确定是否需要将一行或多行代码缩进。

4.2.3 不必要的缩进

如果你不小心缩进了无须缩进的代码行，Python 将指出这一点：

hello_world.py
```
message = "Hello Python world!"
    print(message)
```

函数调用 print()无须缩进，因为它并非循环的组成部分。因此 Python 将指出这种错误：

```
  File "hello_world.py", line 2
    print(message)
    ^
IndentationError: unexpected indent
```

为避免意外的缩进错误，请只缩进需要缩进的代码。在前面编写的程序中，只有要在 for 循环中对每个元素执行的代码需要缩进。

4.2.4 循环后不必要的缩进

如果你不小心缩进了应在循环结束后执行的代码，这些代码将针对每个列表元素重复执行。在一些情况下，这可能导致 Python 报告语法错误，但通常只会导致逻辑错误。

如果不小心缩进了向全体魔术师致谢的代码行，结果将如何呢？

magicians.py
```
magicians = ['alice', 'david', 'carolina']
for magician in magicians:
    print(f"{magician.title()}, that was a great trick!")
    print(f"I can't wait to see your next trick, {magician.title()}.\n")
❶     print("Thank you everyone, that was a great magic show!")
```

由于最后一行缩进了（见❶），它将针对列表中的每位魔术师执行一次：

```
Alice, that was a great trick!
I can't wait to see your next trick, Alice.

Thank you everyone, that was a great magic show!
David, that was a great trick!
I can't wait to see your next trick, David.
```

```
Thank you everyone, that was a great magic show!
Carolina, that was a great trick!
I can't wait to see your next trick, Carolina.

Thank you everyone, that was a great magic show!
```

这也是一个逻辑错误，与 4.2.2 节的错误类似。Python 不知道你的本意，只要代码符合语法，它就会运行。如果原本只应执行一次的操作执行了多次，可能要对执行该操作的代码取消缩进。

4.2.5 遗漏冒号

for 语句末尾的冒号告诉 Python，下一行是循环的第一行。

```
magicians = ['alice', 'david', 'carolina']
❶ for magician in magicians
      print(magician)
```

如果不小心遗漏了冒号（见❶），将导致语法错误，因为 Python 不知道你想干什么：

```
File "magicians.py", line 2
  for magician in magicians
                           ^
SyntaxError: expected ':'
```

Python 不知道你只是忘记了冒号，还是想添加更多的代码来创建更复杂的循环。如果解释器能够找出修复方案，它将提出建议，如在行尾添加冒号（这里它使用响应 expected ':' 指出了这一点）。对于一些错误，Python 通过 traceback 提供了修复建议，因此很容易修复。但有些错误解决起来要困难得多，虽然最终的修复方案可能只是修改单个字符。即使你花了很长时间才将一个小问题修复，也不要感到难过，因为有这种遭遇的人比比皆是。

动手试一试

练习 4.1：比萨 想出至少三种你喜欢的比萨，将其名称存储在一个列表中，再使用 for 循环将每种比萨的名称打印出来。

- 修改这个 for 循环，使其打印包含比萨名称的句子，而不仅仅是比萨的名称。对于每种比萨都显示一行输出，如下所示。

  I like pepperoni pizza.

- 在程序末尾添加一行代码（不包含在 for 循环中），指出你有多喜欢比萨。输出应包含针对每种比萨的消息，还有一个总结性的句子，如下所示。

  I really love pizza!

> **练习 4.2：动物** 想出至少三种有共同特征的动物，将其名称存储在一个列表中，再使用 for 循环将每种动物的名称打印出来。
>
> ❑ 修改这个程序，使其针对每种动物都打印一个句子，如下所示。
>
> A dog would make a great pet.
>
> ❑ 在程序末尾添加一行代码，指出这些动物的共同之处，如打印下面这样的句子。
>
> Any of these animals would make a great pet!

4.3 创建数值列表

需要存储一组数的原因很多。例如，在游戏中，需要跟踪每个角色的位置，还可能需要跟踪玩家的几个最高得分；在数据可视化中，处理的几乎都是由数（如温度、距离、人口数量、经度和纬度等）组成的集合。

列表非常适合用于存储数值集合，而 Python 提供了很多工具，可帮助你高效地处理数值列表。明白如何有效地使用这些工具后，即便列表包含数百万个元素，你编写的代码也能运行得很好。

4.3.1 使用 range() 函数

Python 函数 range() 让你能够轻松地生成一系列的数。例如，可以像下面这样使用 range() 函数来打印一系列的数：

first_numbers.py
```
for value in range(1, 5):
    print(value)
```

上述代码好像应该打印数 1～5，但实际上不会打印 5：

```
1
2
3
4
```

在这个示例中，range() 只打印数 1～4，这是编程语言中常见的差一行为的结果。range() 函数让 Python 从指定的第一个值开始数，并在到达指定的第二个值时停止，因此输出不包含第二个值（这里为 5）。

要打印数 1～5，需要使用 range(1,6)：

```
for value in range(1, 6):
    print(value)
```

这样，输出将从 1 开始、到 5 结束：

```
1
2
3
4
5
```

在使用 range() 时，如果输出不符合预期，请尝试将指定的值加 1 或减 1。

在调用 range() 函数时，也可只指定一个参数，这样它将从 0 开始，例如，range(6) 返回数 0 ~ 5（含）。

4.3.2   使用 range() 创建数值列表

要创建数值列表，可使用 list() 函数将 range() 的结果直接转换为列表。如果将 range() 作为 list() 的参数，输出将是一个数值列表。

在 4.3.1 节的示例中，只是将一系列数打印出来。要将这组数转换为列表，可使用 list()：

```
numbers = list(range(1, 6))
print(numbers)
```

结果如下：

```
[1, 2, 3, 4, 5]
```

在使用 range() 函数时，还可指定步长。为此，可以给这个函数指定第三个参数，Python 将根据这个步长来生成数。

例如，下面的代码打印 1 ~ 10 的偶数：

*even_*
numbers.py
```
even_numbers = list(range(2, 11, 2))
print(even_numbers)
```

在这个示例中，range() 函数从 2 开始数，然后不断地加 2，直到达到或超过终值（11）。因此输出如下：

```
[2, 4, 6, 8, 10]
```

使用 range() 函数几乎能够创建任意数值集合。例如，如何创建一个列表，其中包含前 10 个整数（1～10）的平方呢？在 Python 中，用两个星号（**）表示乘方运算。下面的代码演示了如何将前 10 个整数的平方加入一个列表：

```
squares = []
for value in range(1, 11):
    square = value ** 2          ❶
    squares.append(square)        ❷

print(squares)
```

square_numbers.py

首先，创建一个名为 squares 的空列表。接下来，使用 range() 函数让 Python 遍历 1～10 的值。在循环中，计算当前值的平方，并将结果赋给变量 square（见❶）。然后，将新计算得到的平方值追加到列表 squares 的末尾（见❷）。循环结束后，打印列表 squares：

```
[1, 4, 9, 16, 25, 36, 49, 64, 81, 100]
```

为了让代码更简洁，可不使用临时变量 square，而是直接将计算得到的每个值追加到列表末尾：

```
squares = []
for value in range(1, 11):
    squares.append(value**2)

print(squares)
```

这行代码与 squares.py 中 for 循环内的代码行等效。在循环中，计算每个值的平方，并立即将结果追加到列表 squares 的末尾。

在创建更复杂的列表时，可使用上述两种方法中的任意一种。有时候，使用临时变量会让代码更易读；而在其他时候，这样做只会让代码无谓地变长。你首先应该考虑的是，编写清晰易懂且能完成所需功能的代码，等到审核代码时，再考虑采用更高效的方法。

4.3.3 对数值列表执行简单的统计计算

有几个 Python 函数可帮助你处理数值列表。例如，你可以轻松地找出数值列表中的最大值、最小值和总和：

```
>>> digits = [1, 2, 3, 4, 5, 6, 7, 8, 9, 0]
>>> min(digits)
0
>>> max(digits)
9
>>> sum(digits)
45
```

注意： 出于版面的限制，本节使用的数值列表都很短，但这里介绍的知识也适用于包含数百万个数的列表。

4.3.4 列表推导式

前面介绍的生成列表 squares 的方式包含三四行代码，而列表推导式让你只需编写一行代码就能生成这样的列表。**列表推导式**（list comprehension）将 for 循环和创建新元素的代码合并成一行，并自动追加新元素。面向初学者的书并非都会介绍列表推导式，这里之所以介绍，是因为你可能会在他人编写的代码中遇到列表推导式。

下面的示例使用列表推导式创建了你在前面看到的平方数列表：

squares.py
```
squares = [value**2 for value in range(1, 11)]
print(squares)
```

要使用这种语法，首先指定一个描述性的列表名，如 squares。然后指定一个左方括号，并定义一个表达式，用于生成要存储到列表中的值。在这个示例中，表达式为 value**2，它计算平方值。接下来，编写一个 for 循环，用于给表达式提供值，再加上右方括号。在这个示例中，for 循环为 for value in range(1,11)，它将值 1 ~ 10 提供给表达式 value**2。请注意，这里的 for 语句末尾没有冒号。

结果与前面的平方数列表相同：

```
[1, 4, 9, 16, 25, 36, 49, 64, 81, 100]
```

要创建列表推导式，需要一定的练习，但能够熟练地创建常规列表后，你会发现这样做是完全值得的。当你觉得编写三四行代码来生成列表有些烦琐时，就应考虑创建列表推导式了。

动手试一试

练习 4.3：数到 20 使用一个 for 循环打印数 1 ~ 20（含）。

练习 4.4：100 万 创建一个包含数 1 ~ 1 000 000 的列表，再使用一个 for 循环将这些数打印出来。（如果输出的时间太长，按 Ctrl + C 停止输出，或关闭输出窗口。）

练习 4.5：100 万求和 创建一个包含数 1 ~ 1 000 000 的列表，再使用 min() 和 max() 核实该列表确实是从 1 开始、到 1 000 000 结束的。另外，对这个列表调用函数 sum()，看看 Python 将 100 万个数相加需要多长时间。

练习 4.6：奇数 通过给 range() 函数指定第三个参数来创建一个列表，其中包含 1 ~ 20 的奇数；再使用一个 for 循环将这些数打印出来。

> **练习 4.7：3 的倍数**　创建一个列表，其中包含 3 ～ 30 内能被 3 整除的数，再使用一个 for 循环将这个列表中的数打印出来。
>
> **练习 4.8：立方**　将同一个数乘三次称为**立方**。例如，在 Python 中，2 的立方用 2**3 表示。创建一个列表，其中包含前 10 个整数（1 ～ 10）的立方，再使用一个 for 循环将这些立方数打印出来。
>
> **练习 4.9：立方推导式**　使用列表推导式生成一个列表，其中包含前 10 个整数的立方。

4.4　使用列表的一部分

在第 3 章中，你学习了如何访问单个列表元素。在本章中，你一直在学习如何处理列表的所有元素。除此之外，你还可以处理列表的部分元素，在 Python 中称为**切片**（slice）。

4.4.1　切片

要创建切片，可指定要使用的第一个元素和最后一个元素的索引。与 range() 函数一样，Python 在到达指定的第二个索引之前的元素时停止。要输出列表中的前三个元素，需要指定索引 0 和 3，这将返回索引分别为 0、1 和 2 的元素。

下面的示例处理的是一个运动队成员列表：

players.py
```
players = ['charles', 'martina', 'michael', 'florence', 'eli']
print(players[0:3])
```

这些代码打印该列表的一个切片。输出也是一个列表，其中包含前三名队员：

```
['charles', 'martina', 'michael']
```

你可以生成列表的任意子集。例如，如果要提取列表的第二、第三和第四个元素，可将起始索引指定为 1，并将终止索引指定为 4：

```
players = ['charles', 'martina', 'michael', 'florence', 'eli']
print(players[1:4])
```

在生成的切片中，第一个元素为 'martina'，最后一个元素为 'florence'：

```
['martina', 'michael', 'florence']
```

如果没有指定第一个索引，Python 将自动从列表开头开始：

```
players = ['charles', 'martina', 'michael', 'florence', 'eli']
print(players[:4])
```

由于没有指定起始索引，Python 从列表开头开始提取：

```
['charles', 'martina', 'michael', 'florence']
```

要让切片终止于列表末尾，也可使用类似的语法。例如，如果要提取从第三个元素到列表末尾的所有元素，可将起始索引指定为 2，并省略终止索引：

```
players = ['charles', 'martina', 'michael', 'florence', 'eli']
print(players[2:])
```

Python 返回从第三个元素到列表末尾的所有元素：

```
['michael', 'florence', 'eli']
```

无论列表多长，这种语法都能够让你输出从特定位置到列表末尾的所有元素。上一章说过，负数索引返回与列表末尾有相应距离的元素，因此可以输出列表末尾的任意切片。如果要输出名单上最后三名队员的名字，可使用切片 players[-3:]：

```
players = ['charles', 'martina', 'michael', 'florence', 'eli']
print(players[-3:])
```

上述代码打印最后三名队员的名字，即便队员名单的长度发生变化，也依然如此。

注意：可在表示切片的方括号内指定第三个值。这个值告诉 Python 在指定范围内每隔多少元素提取一个。

4.4.2　遍历切片

如果要遍历列表的部分元素，可在 for 循环中使用切片。下面的示例遍历前三名队员，并打印他们的名字：

```
players = ['charles', 'martina', 'michael', 'florence', 'eli']

print("Here are the first three players on my team:")
❶ for player in players[:3]:
      print(player.title())
```

❶处的代码没有遍历整个队员列表，只遍历前三名队员：

```
Here are the first three players on my team:
Charles
Martina
Michael
```

在很多情况下，切片是很有用的。例如，在编写游戏时，可以在玩家退出游戏时将其最终得分加入一个列表，然后将该列表按降序排列，再创建一个只包含前三个得分的切片，以获取该玩家的三个最高得分；在处理数据时，可以使用切片来进行批量处理；在编写 Web 应用程序时，可以使用切片来分页显示信息，并在每页上显示数量合适的信息。

4.4.3　复制列表

你经常需要根据既有列表创建全新的列表。下面来介绍列表复制的工作原理，以及复制列表可提供极大帮助的一种情形。

要复制列表，可以创建一个包含整个列表的切片，方法是同时省略起始索引和终止索引（[:]）。这让 Python 创建一个起始于第一个元素、终止于最后一个元素的切片，即复制整个列表。

假设有一个列表包含你最喜欢的四种食品，而你想再创建一个列表，并在其中包含你的一个朋友喜欢的所有食品。巧的是，你喜欢的食品，这个朋友也都喜欢，因此可通过复制来创建这个列表：

foods.py
```
my_foods = ['pizza', 'falafel', 'carrot cake']
❶ friend_foods = my_foods[:]

print("My favorite foods are:")
print(my_foods)

print("\nMy friend's favorite foods are:")
print(friend_foods)
```

首先创建一个名为 my_foods 的食品列表，然后创建一个名为 friend_foods 的新列表。在不指定任何索引的情况下，从列表 my_foods 中提取一个切片，从而创建这个列表的副本，再将该副本赋给变量 friend_foods（见❶）。打印这两个列表后，我们发现它们包含的食品相同：

```
My favorite foods are:
['pizza', 'falafel', 'carrot cake']

My friend's favorite foods are:
['pizza', 'falafel', 'carrot cake']
```

为了核实确实有两个列表，下面在每个列表中都添加一种食品，并确认每个列表都记录了相应的人喜欢的食品：

```
   my_foods = ['pizza', 'falafel', 'carrot cake']
❶ friend_foods = my_foods[:]

❷ my_foods.append('cannoli')
❸ friend_foods.append('ice cream')

   print("My favorite foods are:")
   print(my_foods)

   print("\nMy friend's favorite foods are:")
   print(friend_foods)
```

与前一个示例一样，首先将 my_foods 的元素复制到新列表 friend_foods 中（见❶）；接下来，在每个列表中都添加一种食品：在列表 my_foods 中添加'cannoli'（见❷），而在 friend_foods 中添加'ice cream'（见❸）。最后，打印这两个列表，核实这两种食品分别在正确的列表中。

```
My favorite foods are:
['pizza', 'falafel', 'carrot cake', 'cannoli']

My friend's favorite foods are:
['pizza', 'falafel', 'carrot cake', 'ice cream']
```

输出表明，你喜欢的食品列表中包含'cannoli'，不包含'ice cream'；而你朋友喜欢的食品列表中包含'ice cream'，不包含'cannoli'。如果只是将 my_foods 赋给 friend_foods，就不能得到两个列表。例如，下面演示了在不使用切片的情况下复制列表的情况：

```
my_foods = ['pizza', 'falafel', 'carrot cake']

# 这是行不通的：
friend_foods = my_foods

my_foods.append('cannoli')
friend_foods.append('ice cream')

print("My favorite foods are:")
print(my_foods)

print("\nMy friend's favorite foods are:")
print(friend_foods)
```

这里将 my_foods 赋给 friend_foods，而不是将 my_foods 的副本赋给 friend_foods。这种语法实际上是让 Python 将新变量 friend_foods 关联到已与 my_foods 相关联的列表，因此这两个变量指向同一个列表。有鉴于此，当我们将'cannoli'添加到 my_foods 中时，它也将出现在 friend_foods 中。同样，虽然'ice cream'好像只被加入了 friend_foods，但它也将同时出现在这两个列表中。

输出表明，这两个列表是相同的，这并非我们想要的结果：

```
My favorite foods are:
['pizza', 'falafel', 'carrot cake', 'cannoli', 'ice cream']

My friend's favorite foods are:
['pizza', 'falafel', 'carrot cake', 'cannoli', 'ice cream']
```

注意：暂时不要考虑这个示例中的细节。当你试图使用列表的副本时，如果结果出乎意料，请确认你是否像第一个示例那样使用切片复制了列表。

动手试一试

　　练习 4.10：切片　　选择你在本章编写的一个程序，在末尾添加几行代码，以完成如下任务。

- 　打印消息 "The first three items in the list are:"，再使用切片来打印列表的前三个元素。
- 　打印消息 "Three items from the middle of the list are:"，再使用切片来打印列表中间的三个元素。
- 　打印消息 "The last three items in the list are:"，再使用切片来打印列表末尾的三个元素。

　　练习 4.11：你的比萨，我的比萨　　在你为练习 4.1 编写的程序中，创建比萨列表的副本，并将其赋给变量 friend_pizzas，再完成如下任务。

- 　在原来的比萨列表中添加一种比萨。
- 　在列表 friend_pizzas 中添加另一种比萨。
- 　核实有两个不同的列表。为此，打印消息 "My favorite pizzas are:"，再使用一个 for 循环来打印第一个列表；打印消息 "My friend's favorite pizzas are:"，再使用一个 for 循环来打印第二个列表。核实新增的比萨被添加到了正确的列表中。

　　练习 4.12：使用多个循环　　在本节中，为节省篇幅，程序 foods.py 的每个版本都没有使用 for 循环来打印列表。请选择一个版本的 foods.py，在其中编写两个 for 循环，将各个食品列表都打印出来。

4.5　元组

　　列表非常适合用于存储在程序运行期间可能变化的数据集。列表是可以修改的，这对于处理网站的用户列表或游戏中的角色列表至关重要。然而，你有时候需要创建一系列不可修改的元素，元组可满足这种需求。Python 将不能修改的值称为**不可变的**，而不可变的列表称为**元组**（tuple）。

4.5.1　定义元组

元组看起来很像列表，但使用圆括号而不是方括号来标识。定义元组后，就可使用索引来访问其元素，就像访问列表元素一样。

如果有一个大小不应改变的矩形，可将其长度和宽度存储在一个元组中，从而确保它们是不能修改的：

dimensions.py
```
dimensions = (200, 50)
print(dimensions[0])
print(dimensions[1])
```

首先定义元组 dimensions，为此使用了圆括号而不是方括号。接下来，分别打印该元组的各个元素，使用的语法与访问列表元素时使用的语法相同：

```
200
50
```

下面来尝试修改元组 dimensions 的一个元素，看看结果如何：

```
dimensions = (200, 50)
dimensions[0] = 250
```

这里的代码试图修改第一个元素的值，导致 Python 返回类型错误的消息。由于试图修改元组的操作是被禁止的，因此 Python 指出不能给元组的元素赋值：

```
Traceback (most recent call last):
  File "dimensions.py", line 2, in <module>
    dimensions[0] = 250
TypeError: 'tuple' object does not support item assignment
```

在代码试图修改矩形的尺寸时，Python 会报错。这很好，正是我们所希望的。

注意： 严格地说，元组是由逗号标识的，圆括号只是让元组看起来更整洁、更清晰。如果你要定义只包含一个元素的元组，必须在这个元素后面加上逗号：

```
my_t = (3,)
```

创建只包含一个元素的元组通常没有意义，但自动生成的元组有可能只有一个元素。

4.5.2　遍历元组中的所有值

像列表一样，也可以使用 for 循环来遍历元组中的所有值：

```
dimensions = (200, 50)
for dimension in dimensions:
    print(dimension)
```

就像遍历列表时一样，Python 返回元组中的所有元素：

```
200
50
```

4.5.3 修改元组变量

虽然不能修改元组的元素，但可以给表示元组的变量赋值。例如，要修改前述矩形的尺寸，可重新定义整个元组：

```
dimensions = (200, 50)
print("Original dimensions:")
for dimension in dimensions:
    print(dimension)

dimensions = (400, 100)
print("\nModified dimensions:")
for dimension in dimensions:
    print(dimension)
```

开头 4 行代码定义一个元组，并将其存储的尺寸打印出来。接下来，将一个新元组关联到变量 dimensions，并打印新的尺寸。这次，Python 没有引发任何错误，因为给元组变量重新赋值是合法的：

```
Original dimensions:
200
50

Modified dimensions:
400
100
```

相比于列表，元组是更简单的数据结构。如果需要存储一组在程序的整个生命周期内都不变的值，就可以使用元组。

动手试一试

练习 4.13：自助餐 有一家自助式餐馆，只提供 5 种简单的食品。请想出 5 种简单的食品，并将其存储在一个元组中。

> ❑ 使用一个 for 循环将该餐馆提供的 5 种食品都打印出来。
>
> ❑ 尝试修改其中的一个元素，核实 Python 确实会拒绝你这样做。
>
> ❑ 餐馆调整菜单，替换了两种食品。请编写一行给元组变量赋值的代码，并使用一个 for 循环将新元组的每个元素都打印出来。

4.6 设置代码格式

你编写的程序越来越长，因此有必要学习如何确保代码的格式一致。请花些时间让代码尽可能易于阅读，这有助于你掌握程序是做什么的，也可以帮助他人理解你编写的代码。

为了确保所有人编写的代码结构大致一致，Python 程序员会遵循一些格式设置约定。学会编写整洁的 Python 代码后，就能明白他人编写的 Python 代码的整体结构——只要他们和你遵循相同的指南。要成为专业程序员，就应该从现在开始遵循这些指南，养成良好的习惯。

4.6.1 格式设置指南

要提出 Python 语言修改建议，需要编写 **Python 增强提案**（Python Enhancement Proposal，PEP）。PEP 8 是最古老的 PEP 之一，向 Python 程序员提供了代码格式设置指南。PEP 8 的篇幅很长，大多数内容与复杂的编码结构相关。

Python 格式设置指南的编写者深知，代码被阅读的次数比被编写的次数多。代码编写出来之后，调试时需要阅读；在给程序添加新功能时，也需要花很长的时间阅读；在与其他程序员共享代码时，他们也会阅读。

如果一定要在让代码易于编写和易于阅读之间做出选择，Python 程序员几乎总是会选择后者。下面的指南可帮助你从一开始就编写出清晰的代码。

4.6.2 缩进

PEP 8 建议每级缩进都使用 4 个空格。这既可提高可读性，又留下了足够的多级缩进空间。

在字处理文档中，大家常常使用制表符（tab）而不是空格来缩进。对于字处理文档来说，这样做的效果很好，但混合使用制表符和空格会让 Python 解释器感到迷惑。每款文本编辑器都提供了一种设置，可将你输入的制表符转换为指定数量的空格。你可以在编写代码时使用 Tab 键，但是一定要对编辑器进行设置，使其在文档中插入空格而不是制表符。

在程序中混合使用制表符和空格可能导致极难排除的问题。如果混合使用了制表符和空格，可将文件中的所有制表符都转换为空格，大多数编辑器提供了这样的功能。

4.6.3　行长

很多 Python 程序员建议每行不超过 80 个字符。最初制定这样的指南时，在大多数计算机中，终端窗口每行只能容纳 79 个字符。当前，计算机屏幕每行可容纳的字符数已经多得多，为何还要使用 79 个字符的标准行长呢？这里有别的原因。专业程序员通常会在同一个屏幕上打开多个文件，使用标准行长可以让他们在屏幕上并排打开两三个文件时，同时看到各个文件的完整行。PEP 8 还建议注释的行长不超过 72 个字符，因为有些工具为大型项目自动生成文档时，会在每行注释开头添加格式化字符。

PEP 8 中有关行长的指南并非不可逾越的红线，有些小组将最大行长设置为 99 个字符。在学习期间，你不用过多考虑代码的行长，但别忘了，在协作编写程序时，大家几乎都遵守 PEP 8 指南。在大多数编辑器中，可以设置一个视觉标志（通常是一条竖线），让你知道不能越过的界线在什么地方。

注意： 附录 B 介绍了如何配置文本编辑器，使其在你按 Tab 键时插入 4 个空格，以及显示一条竖直的参考线，帮助你遵守行长不能超过 79 个字符的约定。

4.6.4　空行

要将程序的不同部分分开，可使用空行。你绝对应该使用空行来组织程序文件，但是不要滥用。只要按本书示例展示的那样做，你就能掌握其中的平衡。例如，如果有 5 行创建列表的代码，还有 3 行处理该列表的代码，用一个空行将这两部分隔开是合适的。不应使用三四个空行来将它们隔开。

空行不会影响代码的运行，但会影响代码的可读性。Python 解释器根据水平缩进情况来解读代码，但不关心垂直间距。

4.6.5　其他格式设置指南

PEP 8 还有很多其他的格式设置建议，但这些指南针对的程序大多比你当前编写的程序复杂。等介绍更复杂的 Python 结构时，我们再来分享相关的 PEP 8 指南。

动手试一试

练习 4.14：PEP 8　请访问 Python 官方网站并搜索 "PEP 8 — Style Guide for Python Code"，阅读 PEP 8 格式设置指南。你当前不太能用到它，但是最好先大致浏览一下。

练习 4.15：代码审核　从本章编写的程序中选择三个，根据 PEP 8 对它们进行修改。

❑ 每级缩进都使用 4 个空格。对你使用的文本编辑器进行设置，使其在你按 Tab
键时插入 4 个空格。如果你还没有这样做，现在就去做吧（有关如何设置，请
参阅附录 B）。

❑ 每行都不要超过 80 个字符。对你使用的编辑器进行设置，使其在第 80 个字符
处显示一条竖直的参考线。

❑ 不要在程序文件中滥用空行。

4.7　小结

在本章中，你首先学习了如何高效地处理列表中的元素，如何使用 for 循环遍历列表，Python
如何根据缩进来确定程序的结构，以及如何避免一些常见的缩进错误。然后学习了如何创建简单
的数值列表，以及可对数值列表执行的一些操作。接着学习了如何通过切片来使用列表的一部分
以及复制列表。最后，你还学习了元组（它对不应变化的值提供了一定程度的保护），以及如何
在代码变得越来越复杂时设置格式，使其易于阅读。

在第 5 章中，你不仅会学习如何使用 if 语句在不同的条件下采取不同的措施，而且会学习
如何将一组较复杂的条件测试组合起来，并在满足特定条件时采取相应的措施。你还将学习如何
在遍历列表时，使用 if 语句对特定的元素采取特定的措施。

if 语句

编程时经常需要检查一系列条件，并据此决定采取什么措施。在 Python 中，if 语句让你能够检查程序的当前状态，并采取相应的措施。

在本章中，你将学习条件测试，以检查你感兴趣的任何条件。你将学习简单的 if 语句，以及如何创建一系列复杂的 if 语句来确定当前到底处于什么条件下。接下来，你将把学到的知识应用于列表：编写一个 for 循环，以一种方式处理列表中的大多数元素，以另一种方式处理包含特定值的元素。

5.1 一个简单的示例

下面的示例演示了如何使用 if 语句来正确地处理特殊的情形。假设你有一个汽车列表，想将其中每辆汽车的名称打印出来。对于大多数汽车，应以首字母大写的方式打印其名称，但是汽车名'bmw'应以全大写的方式打印。下面的代码遍历这个列表，并以首字母大写的方式打印其中的汽车名，以全大写的方式打印'bmw'：

cars.py
```
cars = ['audi', 'bmw', 'subaru', 'toyota']

for car in cars:
❶    if car == 'bmw':
        print(car.upper())
    else:
        print(car.title())
```

这个示例中的循环首先检查当前的汽车名是否是'bmw'（见❶）。如果是，就以全大写的方式打印，否则以首字母大写的方式打印：

```
Audi
BMW
Subaru
Toyota
```

这个示例涵盖了本章将介绍的很多概念。下面先来介绍可用于在程序中检查条件的测试。

5.2 条件测试

每条 if 语句的核心都是一个值为 True 或 False 的表达式，这种表达式称为**条件测试**。Python 根据条件测试的值是 True 还是 False 来决定是否执行 if 语句中的代码。如果条件测试的值为 True，Python 就执行紧跟在 if 语句后面的代码；如果为 False，Python 就忽略这些代码。

5.2.1 检查是否相等

大多数条件测试将一个变量的当前值与特定的值进行比较。最简单的条件测试检查变量的值是否与特定的值相等：

```
>>> car = 'bmw'
>>> car == 'bmw'
True
```

第一行使用一个等号将 car 的值设置为'bmw'，这种做法你已经见过很多次了。接下来的一行使用两个等号(==)检查 car 的值是否为'bmw'。这个**相等运算符**在它两边的值相等时返回 True，否则返回 False。在这个示例中，两边的值相等，因此 Python 返回 True。

如果变量 car 的值不是'bmw'，上述条件测试将返回 False：

```
>>> car = 'audi'
>>> car == 'bmw'
False
```

一个等号是陈述，于是第一行代码可解读为：将变量 car 的值设置为'audi'。两个等号则是发问，于是第二行代码可解读为：变量 car 的值是'bmw'吗？大多数编程语言使用等号的方式与这里的示例相同。

5.2.2 如何在检查是否相等时忽略大小写

在 Python 中检查是否相等时是区分大小写的。例如，两个大小写不同的值被视为不相等：

```
>>> car = 'Audi'
>>> car == 'audi'
False
```

如果大小写很重要，这种行为有其优点。但如果大小写无关紧要，你只想检查变量的值，可先将变量的值转换为全小写的，再进行比较：

```
>>> car = 'Audi'
>>> car.lower() == 'audi'
True
```

无论值'Audi'的大小写如何，上述条件测试都将返回 True，因为它不区分大小写。lower()
方法不会修改存储在变量 car 中的值，因此进行这样的比较不会影响原来的变量：

```
>>> car = 'Audi'
>>> car.lower() == 'audi'
True
>>> car
'Audi'
```

首先，将首字母大写的字符串'Audi'赋给变量 car。然后，获取变量 car 的值并将其转换为
全小写的，再将结果与字符串'audi'进行比较。这两个字符串相同，因此 Python 返回 True。如
你所见，lower()方法并没有影响存储在变量 car 中的值。

网站采用类似的方式让用户输入的数据符合特定的格式。例如，网站可能使用类似的条件测
试来确保用户名是独一无二的，而并非只是与另一个用户名的大小写不同：在用户提交新的用户
名时，把它转换为全小写的，并与所有既有用户名的小写版本进行比较。执行这种检查，如果已
经有用户名'john'（不管大小写如何），则用户在提交用户名'John'时将遭到拒绝。

5.2.3 检查是否不等

要判断两个值是否不等，可使用**不等运算符**（!=）。下面使用一条 if 语句来演示如何使用不
等运算符。我们将把顾客点的比萨配料（topping）存储在一个变量中，再打印一条消息，指出这
名顾客点的配料是否是意式小银鱼（anchovies）：

toppings.py
```
requested_topping = 'mushrooms'

if requested_topping != 'anchovies':
    print("Hold the anchovies!")
```

这些代码行将 requested_topping 的值与'anchovies'进行比较。如果这两个值不等，Python
将返回 True，进而执行紧跟在 if 语句后面的代码；如果相等，Python 将返回 False，不执行紧
跟在 if 语句后面的代码。

由于 requested_topping 的值不是'anchovies'，因此执行函数调用 print()：

```
Hold the anchovies!
```

你编写的大多数条件表达式会检查两个值是否相等，但有时候检查两个值是否不等的效率
更高。

5.2.4　数值比较

检查数值非常简单。例如，下面的代码检查一个人是否是 18 岁：

```
>>> age = 18
>>> age == 18
True
```

还可以检查两个数是否不等。例如，下面的代码在提供的答案不正确时打印一条消息：

*magic_*
number.py

```
answer = 17
if answer != 42:
    print("That is not the correct answer. Please try again!")
```

answer 的值（17）不是神秘数[①]42，条件得到满足，因此缩进的代码行得以执行：

```
That is not the correct answer. Please try again!
```

条件语句可包含各种数学比较，如小于、小于等于、大于、大于等于：

```
>>> age = 19
>>> age < 21
True
>>> age <= 21
True
>>> age > 21
False
>>> age >= 21
False
```

每种数学比较都能成为 if 语句的一部分，从而让你能够直接检查你感兴趣的多个条件。

5.2.5　检查多个条件

你可能想同时检查多个条件。例如，有时候需要在两个条件都为 True 时才执行相应的操作，而有时候只要求一个条件为 True。在这些情况下，关键字 and 和 or 可助你一臂之力。

1. 使用 and 检查多个条件

要检查两个条件是否都为 True，可使用关键字 and 将两个条件测试合而为一。如果每个条件测试都通过了，整个表达式就为 True；如果至少一个条件测试没有通过，整个表达式就为 False。

例如，要检查两个人是否都不小于 21 岁，可使用下面的条件测试：

---

① 神秘数（magic number）出自科幻小说《银河系漫游指南》，指"生命、宇宙以及任何事情的终极答案"。——编者注

```
>>> age_0 = 22
>>> age_1 = 18
❶ >>> age_0 >= 21 and age_1 >= 21
False
❷ >>> age_1 = 22
>>> age_0 >= 21 and age_1 >= 21
True
```

首先，定义两个用于存储年龄的变量：age_0 和 age_1。然后，检查这两个变量是否都大于或等于 21（见❶）。and 左边的条件测试通过了，但 and 右边的条件测试没有通过，因此整个条件表达式的结果为 False。接下来，将 age_1 改为 22（见❷），这样 age_1 的值也大于 21，因此两个条件测试都通过了，导致整个条件表达式的结果为 True。

为了改善可读性，可将每个条件测试都分别放在一对括号内，但并非必须这样做。如果使用括号，条件测试将类似于下面这样：

```
(age_0 >= 21) and (age_1 >= 21)
```

2. 使用 or 检查多个条件

关键字 or 也能够让你检查多个条件，但只要满足其中一个条件，就能通过整个条件测试。仅当所有条件测试都没有通过时，使用 or 的表达式才为 False。

下面再次检查两个人的年龄，但检查的条件是至少有一个人的年龄不小于 21 岁：

```
>>> age_0 = 22
>>> age_1 = 18
❶ >>> age_0 >= 21 or age_1 >= 21
True
>>> age_0 = 18
❷ >>> age_0 >= 21 or age_1 >= 21
False
```

同样，首先定义两个用于存储年龄的变量。由于对 age_0 的条件测试通过了（见❶），因此整个表达式的结果为 True。接下来，将 age_0 减小为 18。在最后的条件测试中（见❷），两个条件测试都没有通过，因此整个表达式的结果为 False。

5.2.6 检查特定的值是否在列表中

有时候，执行操作前必须检查列表是否包含特定的值。例如，在结束用户的注册过程之前，需要检查他提供的用户名是否已在用户名列表中；在地图程序中，需要检查用户提交的位置是否在已知位置的列表中。

要判断特定的值是否在列表中，可使用关键字 in。下面看看你可能会为比萨店编写的一些代码。这些代码首先创建一个列表，其中包含用户点的比萨配料，然后检查特定的配料是否在该列表中。

```
>>> requested_toppings = ['mushrooms', 'onions', 'pineapple']
>>> 'mushrooms' in requested_toppings
True
>>> 'pepperoni' in requested_toppings
False
```

关键字 in 让 Python 检查列表 requested_toppings 是否包含'mushrooms'和'pepperoni'。这种技巧很有用，让你能够在创建一个列表后，轻松地检查其中是否包含特定的值。

5.2.7　检查特定的值是否不在列表中

还有些时候，确定特定的值不在列表中很重要。在这种情况下，可使用关键字 not in。例如，有一个列表包含被禁止在论坛上发表评论的用户，这样就可以在允许用户提交评论前检查他是否被禁言了：

*banned_*
users.py
```
banned_users = ['andrew', 'carolina', 'david']
user = 'marie'

if user not in banned_users:
    print(f"{user.title()}, you can post a response if you wish.")
```

这里的 if 语句明白易懂：如果 user 的值不在列表 banned_users 中，Python 将返回 True，进而执行缩进的代码行。

用户'marie'不在列表 banned_users 中，因此她将看到一条邀请她发表评论的消息：

```
Marie, you can post a response if you wish.
```

5.2.8　布尔表达式

随着对编程的了解越来越深入，你将遇到术语**布尔表达式**，它不过是条件测试的别名罢了。与条件表达式一样，布尔表达式的结果要么为 True，要么为 False。

布尔值通常用于记录条件，如游戏是否正在运行或用户是否可以编辑网站的特定内容：

```
game_active = True
can_edit = False
```

在跟踪程序状态或程序中重要的条件方面，布尔值提供了一种高效的方式。

动手试一试

练习 5.1：条件测试 编写一系列条件测试，将每个条件测试以及你对其结果的预测和实际结果都打印出来。你编写的代码应类似于下面这样：

```
car = 'subaru'
print("Is car == 'subaru'? I predict True.")
print(car == 'subaru')

print("\nIs car == 'audi'? I predict False.")
print(car == 'audi')
```

❑ 详细研究实际结果，直到你明白它为何为 True 或 False。

❑ 创建至少 10 个条件测试，而且结果为 True 和 False 的条件测试分别至少有 5 个。

练习 5.2：更多条件测试 你并非只能创建 10 个条件测试。如果想尝试做更多的比较，可再编写一些条件测试，并将它们加入 conditional_tests.py。对于下面列出的各种情况，至少编写两个条件测试，结果分别为 True 和 False。

❑ 检查两个字符串是否相等和不等。

❑ 使用 lower()方法的条件测试。

❑ 涉及相等、不等、大于、小于、大于等于和小于等于的数值比较。

❑ 使用关键字 and 和 or 的条件测试。

❑ 测试特定的值是否在列表中。

❑ 测试特定的值是否不在列表中。

5.3 if 语句

理解条件测试之后，就可以开始编写 if 语句了。if 语句有很多种，选择使用哪一种取决于要测试的条件数。前面在讨论条件测试时，列举了多个 if 语句示例，下面更深入地讨论这个主题。

5.3.1 简单的 if 语句

最简单的 if 语句只有一个条件测试和一个操作：

```
if conditional_test:
    do something
```

第一行可包含任意条件测试，而在紧跟在测试后面的缩进代码块中，可执行任意操作。如果条件测试的结果为 True，Python 就会执行紧跟在 if 语句后面的代码，否则 Python 将忽略这些代码。

假设有一个表示某个人年龄的变量，而你想知道这个人是否到了投票的年龄，可使用如下代码：

voting.py
```
age = 19
if age >= 18:
    print("You are old enough to vote!")
```

Python 检查变量 age 的值是否大于或等于 18。答案是肯定的，因此 Python 执行缩进的函数调用 print()：

```
You are old enough to vote!
```

在 if 语句中，缩进的作用与 for 循环中相同。如果条件测试通过了，将执行 if 语句后面所有缩进的代码行，否则将忽略它们。

可根据需要，在紧跟在 if 语句后面的代码块中添加任意数量的代码行。下面在一个人已到投票年龄时再打印一行输出，问他是否登记了：

```
age = 19
if age >= 18:
    print("You are old enough to vote!")
    print("Have you registered to vote yet?")
```

条件测试通过了，而且两个函数调用 print()语句都缩进了，因此它们都将执行：

```
You are old enough to vote!
Have you registered to vote yet?
```

如果 age 的值小于 18，这个程序将不会有任何输出。

5.3.2 if-else 语句

你经常需要在条件测试通过时执行一个操作，在没有通过时执行另一个操作。在这种情况下，可使用 Python 提供的 if-else 语句。if-else 语句块类似于简单的 if 语句，但其中的 else 语句让你能够指定条件测试未通过时要执行的操作。

下面的代码在一个人已到投票年龄时显示与前面相同的消息，在不到投票年龄时显示一条新消息：

```
  age = 17
❶ if age >= 18:
      print("You are old enough to vote!")
      print("Have you registered to vote yet?")
❷ else:
      print("Sorry, you are too young to vote.")
      print("Please register to vote as soon as you turn 18!")
```

如果❶处的条件测试通过了，就执行第一组缩进的函数调用 print()。如果条件测试的结果为 False，就执行❷处的 else 代码块。这次 age 小于 18，条件测试未通过，因此执行 else 代码块中的代码：

```
Sorry, you are too young to vote.
Please register to vote as soon as you turn 18!
```

上述代码之所以可行，是因为只存在两种情形：要么已到投票年龄，要么不到。if-else 结构非常适合用于让 Python 执行两种操作之一的情形。在这样简单的 if-else 结构中，总会执行两个操作中的一个。

5.3.3 if-elif-else 语句

你经常需要检查两个以上的情形，此时可使用 Python 提供的 if-elif-else 语句。Python 只执行 if-elif-else 结构中的一个代码块。它依次检查每个条件测试，直到遇到通过了的条件测试。条件测试通过后，Python 将执行紧跟在它后面的代码，并跳过余下的条件测试。

在现实世界中，需要考虑的情形通常会超过两个。例如，来看一个根据年龄段收费的游乐场。

❏ 4 岁以下免费。
❏ 4（含）~ 18 岁收费 25 美元。
❏ 年满 18 岁收费 40 美元。

如果只使用一条 if 语句，该如何确定门票价格呢？下面的代码能确定一个人所属的年龄段，并打印一条包含门票价格的消息：

```
amusement_    age = 12
  park.py  ❶ if age < 4:
                print("Your admission cost is $0.")
           ❷ elif age < 18:
                print("Your admission cost is $25.")
           ❸ else:
                print("Your admission cost is $40.")
```

❶处的 if 测试检查一个人是否未满 4 岁。如果是，Python 就打印一条合适的消息，并跳过余下的测试。❷处的 elif 代码行其实是另一个 if 测试，它仅在前面的测试未通过时才会运行。在这里，我们知道这个人不小于 4 岁，因为第一个条件测试未通过。如果这个人未满 18 岁，Python 将打印相应的消息，并跳过 else 代码块。如果 if 测试和 elif 测试都未通过，Python 将运行❸处 else 代码块中的代码。

在这个示例中，if 测试的结果为 False，因此不执行其代码块。elif 测试的结果为 True（12 小于 18），因此执行其代码块。输出为一个句子，向用户指出门票价格：

```
Your admission cost is $25.
```

只要年满 18 岁，前两个条件测试就都不能通过。在这种情况下，将执行 else 代码块，指出门票价格为 40 美元。

为了让代码更简洁，可不在 if-elif-else 代码块中打印门票价格，而是只在其中设置门票价格，并在它后面添加一个函数调用 print()：

```
age = 12

if age < 4:
    price = 0
elif age < 18:
    price = 25
else:
    price = 40

print(f"Your admission cost is ${price}.")
```

像上一个示例那样，缩进的代码行根据年龄设置变量 price 的值。在 if-elif-else 语句中设置 price 的值后，一个未缩进的函数调用 print() 会根据这个变量的值打印一条消息，指出门票价格。

这些代码的输出与上一个示例相同，但 if-elif-else 语句所做的事更少：它只确定门票价格，而不是在确定门票价格的同时打印一条消息。除了效率更高以外，这些修订后的代码还更容易修改：要调整输出消息的内容，只需修改一个而不是三个函数调用 print()。

5.3.4　使用多个 elif 代码块

还可以根据需要使用任意数量的 elif 代码块。假设前述游乐场要给老年人打折，可再添加一个条件测试，判断顾客是否符合打折条件。下面假设年满 65 岁的老人可半价（即 20 美元）购买门票：

```
age = 12

if age < 4:
    price = 0
elif age < 18:
    price = 25
elif age < 65:
    price = 40
else:
    price = 20

print(f"Your admission cost is ${price}.")
```

这些代码大多未变。第二个 elif 代码块通过检查确定年龄不到 65 岁后，才将门票价格设置为全票价格——40 美元。请注意，在 else 代码块中，必须将所赋的值改为 20，因为仅当年龄达到 65 岁时，才会执行这个代码块。

5.3.5 省略 else 代码块

Python 并不要求 if-elif 结构后面必须有 else 代码块。在一些情况下，else 代码块很有用；而在其他情况下，使用一条 elif 语句来处理特定的情形更清晰：

```
age = 12

if age < 4:
    price = 0
elif age < 18:
    price = 25
elif age < 65:
    price = 40
elif age >= 65:
    price = 20

print(f"Your admission cost is ${price}.")
```

最后的 elif 代码块在顾客年满 65 岁时，将价格设置为 20 美元。这比使用 else 代码块更清晰一些。经过这样的修改，每个代码块都仅在通过了相应的条件测试时才会执行。

else 是一条包罗万象的语句，只要不满足任何 if 或 elif 中的条件测试，其中的代码就会执行。这可能引入无效甚至恶意的数据。如果知道最终要测试的条件，应考虑使用一个 elif 代码块来代替 else 代码块。这样就可以肯定，仅当满足相应的条件时，代码才会执行。

5.3.6 测试多个条件

if-elif-else 语句虽然功能强大，但仅适用于只有一个条件满足的情况：在遇到通过了的条件测试后，Python 就会跳过余下的条件测试。这种行为很好，效率很高，让你能够测试一个特定的条件。

然而，有时候必须检查你关心的所有条件。在这种情况下，应使用一系列不包含 elif 和 else 代码块的简单 if 语句。在可能有多个条件为 True，且需要在每个条件为 True 时都采取相应措施时，适合使用这种方法。

下面再来看看前面的比萨店示例。如果顾客点了两种配料，就需要确保在其比萨中放入这些配料：

toppings.py
```
requested_toppings = ['mushrooms', 'extra cheese']

if 'mushrooms' in requested_toppings:
```

```
        print("Adding mushrooms.")
❶ if 'pepperoni' in requested_toppings:
        print("Adding pepperoni.")
    if 'extra cheese' in requested_toppings:
        print("Adding extra cheese.")

    print("\nFinished making your pizza!")
```

首先创建一个列表，其中包含顾客点的配料。第一条 if 语句检查顾客是否点了配料蘑菇
（mushrooms）。如果点了，就打印一条确认消息。❶处检查配料辣香肠（pepperoni）的代码也是
一条简单的 if 语句，而不是 elif 或 else 语句。因此不管前一个条件测试是否通过，都将执行
这个测试。最后一条 if 语句检查顾客是否要求多加芝士（extra cheese）；不管前两个条件测试的
结果如何，都会执行这些代码。每当这个程序运行时，都会执行这三个独立的条件测试。

因为这个示例检查了每个条件，所以将在比萨中添加蘑菇并多加芝士：

```
Adding mushrooms.
Adding extra cheese.

Finished making your pizza!
```

如果像下面这样转而使用 if-elif-else 语句，代码将不能正确运行，因为只要有一个条件
测试通过，就会跳过余下的条件测试：

```
requested_toppings = ['mushrooms', 'extra cheese']

if 'mushrooms' in requested_toppings:
    print("Adding mushrooms.")
elif 'pepperoni' in requested_toppings:
    print("Adding pepperoni.")
elif 'extra cheese' in requested_toppings:
    print("Adding extra cheese.")

print("\nFinished making your pizza!")
```

第一个条件测试检查列表中是否包含'mushrooms'。它通过了，因此将在比萨中添加蘑菇。
然而，Python 将跳过 if-elif-else 语句中余下的条件测试，不再检查列表中是否包含'extra
cheese'和'pepperoni'。结果就是，只会添加顾客点的第一种配料，不会添加其他配料：

```
Adding mushrooms.

Finished making your pizza!
```

总之，如果只想运行一个代码块，就使用 if-elif-else 语句；如果要运行多个代码块，就
使用一系列独立的 if 语句。

动手试一试

练习 5.3：外星人颜色 1 假设玩家在游戏中消灭了一个外星人，请创建一个名为 alien_color 的变量，并将其赋值为'green'、'yellow'或'red'。

- 编写一条 if 语句，测试外星人是否是绿色的。如果是，就打印一条消息，指出玩家获得了 5 分。
- 编写这个程序的两个版本，上述条件测试在其中的一个版本中通过，在另一个版本中未通过（未通过条件测试时没有输出）。

练习 5.4：外星人颜色 2 像练习 5.3 那样设置外星人的颜色，并编写一个 if-else 结构。

- 如果外星人是绿色的，就打印一条消息，指出玩家因消灭该外星人获得了 5 分。
- 如果外星人不是绿色的，就打印一条消息，指出玩家获得了 10 分。
- 编写这个程序的两个版本，在一个版本中将执行 if 代码块，在另一个版本中将执行 else 代码块。

练习 5.5：外星人颜色 3 将练习 5.4 中的 if-else 结构改为 if-elif-else 结构。

- 如果外星人是绿色的，就打印一条消息，指出玩家获得了 5 分。
- 如果外星人是黄色的，就打印一条消息，指出玩家获得了 10 分。
- 如果外星人是红色的，就打印一条消息，指出玩家获得了 15 分。
- 编写这个程序的三个版本，分别在外星人为绿色、黄色和红色时打印一条消息。

练习 5.6：人生的不同阶段 设置变量 age 的值，再编写一个 if-elif-else 结构，根据 age 的值判断这个人处于人生的哪个阶段。

- 如果年龄小于 2 岁，就打印一条消息，指出这个人是婴儿。
- 如果年龄为 2（含）～4 岁，就打印一条消息，指出这个人是幼儿。
- 如果年龄为 4（含）～13 岁，就打印一条消息，指出这个人是儿童。
- 如果年龄为 13（含）～18 岁，就打印一条消息，指出这个人是少年。
- 如果年龄为 18（含）～65 岁，就打印一条消息，指出这个人是中青年人。
- 如果年龄达到 65 岁，就打印一条消息，指出这个人是老年人。

练习 5.7：喜欢的水果 创建一个列表，其中包含你喜欢的水果，再编写一系列独立的 if 语句，检查列表中是否包含特定的水果。

- 将该列表命名为 favorite_fruits，并让其包含三种水果。
- 编写 5 条 if 语句，每条都检查某种水果是否在列表中。如果是，就打印一条像下面这样的消息。

You really like bananas!

5.4 使用 if 语句处理列表

结合使用 if 语句和列表，可完成一些有趣的任务：对列表中特定的值做特殊处理；高效管理不断变化的情形，如餐馆是否还有特定的食材；证明代码在各种情形下都将按预期运行。

5.4.1 检查特殊元素

本章开头通过一个简单的示例演示了如何处理特殊值 'bmw'——需要采用不同的格式打印它。现在你对条件测试和 if 语句有了大致的认识，下面来进一步研究如何检查列表中的特殊值，并对其做合适的处理。

继续使用前面的比萨店示例。这家比萨店在制作比萨时，每添加一种配料都打印一条消息。要以极高的效率编写这样的代码，可以创建一个包含顾客所点配料的列表，并使用一个循环来指出添加到比萨中的配料：

toppings.py
```python
requested_toppings = ['mushrooms', 'green peppers', 'extra cheese']

for requested_topping in requested_toppings:
    print(f"Adding {requested_topping}.")

print("\nFinished making your pizza!")
```

输出很简单，因为上述代码不过是一个简单的 for 循环：

```
Adding mushrooms.
Adding green peppers.
Adding extra cheese.

Finished making your pizza!
```

然而，如果比萨店的青椒（green peppers）用完了，该如何处理呢？为了妥善地处理这种情况，可在 for 循环中包含一条 if 语句：

```python
requested_toppings = ['mushrooms', 'green peppers', 'extra cheese']

for requested_topping in requested_toppings:
    if requested_topping == 'green peppers':
        print("Sorry, we are out of green peppers right now.")
    else:
        print(f"Adding {requested_topping}.")

print("\nFinished making your pizza!")
```

这里在为比萨添加每种配料前都进行检查。if 语句检查顾客点的是否是青椒。如果是，就显示一条消息，指出不能点青椒的原因。else 代码块确保其他配料都将被添加到比萨中。

输出表明，已经妥善地处理了顾客点的每种配料：

```
Adding mushrooms.
Sorry, we are out of green peppers right now.
Adding extra cheese.

Finished making your pizza!
```

5.4.2　确定列表非空

到目前为止，我们对于要处理的每个列表都做了一个简单的假设——它们都至少包含一个元素。因为马上就要让用户来提供存储在列表中的信息，所以不能再假设循环运行时列表非空。有鉴于此，在运行 for 循环前确定列表非空很重要。

下面在制作比萨前检查顾客点的配料列表是否为空。如果列表为空，就向顾客确认是否要点原味比萨（plain pizza）；如果列表非空，就像前面的示例那样制作比萨：

```
requested_toppings = []

if requested_toppings:
    for requested_topping in requested_toppings:
        print(f"Adding {requested_topping}.")
    print("\nFinished making your pizza!")
else:
    print("Are you sure you want a plain pizza?")
```

首先创建一个空列表，其中不包含任何配料。然后进行简单的检查，而不是直接执行 for 循环。在 if 语句中将列表名用作条件表达式时，Python 将在列表至少包含一个元素时返回 True，在列表为空时返回 False[①]。如果 requested_toppings 非空，就运行与前一个示例相同的 for 循环；否则打印一条消息，询问顾客是否确实要点不加任何配料的原味比萨。

这里的列表为空，因此输出如下——询问顾客是否确实要点原味比萨：

```
Are you sure you want a plain pizza?
```

如果这个列表非空，输出将显示添加在比萨中的各种配料。

5.4.3　使用多个列表

顾客的要求五花八门，在比萨配料方面尤其如此。如果顾客要在比萨中添加炸薯条（French fries），该怎么办呢？可以使用列表和 if 语句来确定能否满足顾客的要求。

---

① 对于数值 0、空值 None、单引号空字符串''、双引号空字符串""、空列表[]、空元组()、空字典{}，Python 都会返回 False。——编者注

我们来看看如何在制作比萨前拒绝怪异的配料要求。下面的示例定义了两个列表,其中第一个包含比萨店供应的配料,第二个则包含顾客点的配料。这次对于 requested_toppings 中的每个元素,都先检查它是否是比萨店供应的配料,再决定是否在比萨中添加它:

```
available_toppings = ['mushrooms', 'olives', 'green peppers',
                      'pepperoni', 'pineapple', 'extra cheese']

❶ requested_toppings = ['mushrooms', 'french fries', 'extra cheese']

   for requested_topping in requested_toppings:
❷     if requested_topping in available_toppings:
           print(f"Adding {requested_topping}.")
❸     else:
           print(f"Sorry, we don't have {requested_topping}.")

   print("\nFinished making your pizza!")
```

首先定义一个列表,其中包含比萨店供应的配料。请注意,如果比萨店供应的配料是固定的,也可以使用一个元组来存储它们。然后创建另一个列表,其中包含顾客点的配料。请注意那个不同寻常的配料——'french fries'(见❶)。接下来,遍历顾客点的配料列表。在这个循环中,对于顾客点的每种配料,都检查它是否在供应的配料列表中(见❷)。如果答案是肯定的,就将其加入比萨,否则运行 else 代码块(见❸):打印一条消息,告诉顾客不供应这种配料。

这些代码的输出整洁而且包含足够的信息:

```
Adding mushrooms.
Sorry, we don't have french fries.
Adding extra cheese.

Finished making your pizza!
```

通过寥寥几行代码,我们高效地处理了一种真实的情形!

动手试一试

练习 5.8:以特殊方式跟管理员打招呼 创建一个至少包含 5 个用户名的列表,并且其中一个用户名为 'admin'。想象你要编写代码,在每个用户登录网站后都打印一条问候消息。遍历用户名列表,向每个用户打印一条问候消息。

❑ 如果用户名为 'admin',就打印一条特殊的问候消息,如下所示。

Hello admin, would you like to see a status report?

❑ 否则,打印一条普通的问候消息,如下所示。

Hello Jaden, thank you for logging in again.

□ **练习 5.9：处理没有用户的情形** 在为练习 5.8 编写的程序中，添加一条 if 语句，检查用户名列表是否为空。

□ 如果为空，就打印如下消息。

> We need to find some users!

□ 删除列表中的所有用户名，确认将打印正确的消息。

练习 5.10：检查用户名　按照下面的说明编写一个程序，模拟网站如何确保每个用户的用户名都独一无二。

□ 创建一个至少包含 5 个用户的列表，并将其命名为 current_users。

□ 再创建一个包含 5 个用户名的列表，将其命名为 new_users，并确保其中有一两个用户名也在列表 current_users 中。

□ 遍历列表 new_users，检查其中的每个用户名是否已被使用。如果是，就打印一条消息，指出需要输入别的用户名；否则，打印一条消息，指出这个用户名未被使用。

□ 确保比较时不区分大小写。换句话说，如果用户名 'John' 已被使用，应拒绝用户名 'JOHN'。（为此，需要创建列表 current_users 的副本，其中包含当前所有用户名的全小写版本。）

练习 5.11：序数　序数表示顺序位置，如 1st 和 2nd。序数大多以 th 结尾，只有 1st、2nd、3rd 例外。

□ 在一个列表中存储数字 1~9。

□ 遍历这个列表。

□ 在循环中使用一个 if-elif-else 结构，打印每个数字对应的序数。输出内容应为 "1st 2nd 3rd 4th 5th 6th 7th 8th 9th"，每个序数都独占一行。

5.5　设置 if 语句的格式

本章的每个示例都展示了良好的格式设置习惯。在条件测试的格式设置方面，PEP 8 提供的唯一建议是：在诸如 ==、>= 和 <= 等比较运算符两边各添加一个空格。例如：

```
if age < 4:
```

要比

```
if age<4:
```

更好。

这样的空格不会影响 Python 对代码的解读，只是让代码阅读起来更容易。

动手试一试

　　练习 5.12：设置 if 语句的格式　审核你在本章编写的程序，确保正确地设置了条件测试的格式。

　　练习 5.13：自己的想法　与刚拿起本书时相比，现在你是一名能力更强的程序员了。鉴于你对如何在程序中模拟现实情形有了更深入的认识，可以考虑使用程序来解决一些问题了。随着编程技能不断提高，你可能想解决一些问题，请将这方面的想法记录下来。想想你可能想编写的游戏，想研究的数据集，以及想创建的 Web 应用程序。

5.6　小结

在本章中，你首先学习了如何编写结果要么为 True、要么为 False 的条件测试。然后学习了如何编写简单的 if 语句、if-else 语句和 if-elif-else 语句。在程序中，可以使用这些结构来测试特定的条件，以确定这些条件是否满足。你接着学习了在使用 for 循环高效处理列表元素时，如何对某些元素做特殊处理。你还再次学习了 Python 在代码格式方面提出的建议。遵循这些建议，即便你编写的程序越来越复杂，其代码也依然易于阅读和理解。

在第 6 章中，你将学习 Python 字典。字典类似于列表，但能够让你将不同的信息关联起来。你还将学习如何创建和遍历字典，以及如何将字典与列表和 if 语句结合起来使用。学习字典让你能够模拟现实世界中的更多情形。

第6章

字 典

在本章中，你将学习让你能够将相关信息关联起来的 Python 字典，以及如何访问和修改字典中的信息。字典可存储的信息量几乎不受限制，因此我们会演示如何遍历字典中的数据。另外，你还将学习如何存储字典的列表、列表的字典和字典的字典。

理解字典后，你就能够更准确地为各种真实物体建模。你可以创建一个表示人的字典，然后在其中存储你想存储的任何信息：姓名、年龄、地址，以及可以描述这个人的任何其他方面。你还能够在字典中存储任意两种相关的信息，如一系列单词及其含义、一系列人名及其喜欢的数、一系列山脉及其海拔等。

6.1 一个简单的字典

来看一个包含外星人的游戏，这些外星人的颜色和分数各不相同。下面是一个简单的字典，存储了有关特定外星人的信息：

alien.py
```
alien_0 = {'color': 'green', 'points': 5}

print(alien_0['color'])
print(alien_0['points'])
```

字典 alien_0 存储了这个外星人的颜色和分数。最后两行代码访问并显示这些信息，结果如下：

```
green
5
```

与大多数编程概念一样，要熟练地使用字典，需要一段时间的练习。使用字典一段时间之后，你就会明白它们为何能够高效地模拟现实世界中的情形。

6.2　使用字典

　　在 Python 中，**字典**（dictionary）是一系列**键值对**（key-value pair）。每个**键**都与一个值关联，可以使用键来访问与之关联的值。与键相关联的值可以是数、字符串、列表乃至字典。事实上，可将任意 Python 对象用作字典中的值。

　　在 Python 中，字典用放在花括号（{}）中的一系列键值对表示，如前面的示例所示：

```
alien_0 = {'color': 'green', 'points': 5}
```

　　键值对包含两个相互关联的值。当你指定键时，Python 将返回与之关联的值。键和值之间用冒号分隔，而键值对之间用逗号分隔。在字典中，你想存储多少个键值对都可以。

　　最简单的字典只有一个键值对，如下述修改后的字典 alien_0 所示：

```
alien_0 = {'color': 'green'}
```

　　这个字典只存储了一项有关 alien_0 的信息，具体地说是这个外星人的颜色。在这个字典中，字符串'color'是一个键，与之关联的值为'green'。

6.2.1　访问字典中的值

　　要获取与键关联的值，可指定字典名并把键放在后面的方括号内，如下所示：

alien.py
```
alien_0 = {'color': 'green'}
print(alien_0['color'])
```

　　这将返回字典 alien_0 中与键'color'关联的值：

```
green
```

　　字典中可包含任意数量的键值对。例如，最初的字典 alien_0 就包含两个键值对：

```
alien_0 = {'color': 'green', 'points': 5}
```

　　现在，你可以访问外星人 alien_0 的颜色和分数。如果玩家消灭了这个外星人，就可以使用下面的代码来确定玩家应获得多少分：

```
alien_0 = {'color': 'green', 'points': 5}

new_points = alien_0['points']
print(f"You just earned {new_points} points!")
```

上述代码首先定义了一个字典。然后，从这个字典中获取与键'points'关联的值，并将这个值赋给变量 new_points。最后一行打印一条消息，指出玩家获得了多少分：

```
You just earned 5 points!
```

如果在外星人被消灭时运行这段代码，就将获取该外星人的分数。

6.2.2 添加键值对

字典是一种动态结构，可随时在其中添加键值对。要添加键值对，可依次指定字典名、用方括号括起来的键和与该键关联的值。

下面来在字典 alien_0 中添加两项信息：外星人的 x 坐标和 y 坐标，以便在屏幕的特定位置上显示该外星人。我们将这个外星人放在屏幕左边缘上，距离屏幕上边缘 25 像素。由于屏幕坐标系的原点通常在左上角，因此要将该外星人放在屏幕左边缘，可将 x 坐标设置为 0；要将该外星人放在距离屏幕上边缘 25 像素的地方，可将 y 坐标设置为 25，如下所示：

alien.py
```
alien_0 = {'color': 'green', 'points': 5}
print(alien_0)

alien_0['x_position'] = 0
alien_0['y_position'] = 25
print(alien_0)
```

首先定义前面一直在使用的字典，然后打印这个字典，以显示其信息快照。接下来，在这个字典中新增一个键值对，其中的键为'x_position'、值为 0。然后重复同样的操作，但使用的键为'y_position'、值为 25。打印修改后的字典，将看到这两个新增的键值对：

```
{'color': 'green', 'points': 5}
{'color': 'green', 'points': 5, 'x_position': 0, 'y_position': 25}
```

这个字典的最终版本包含 4 个键值对，其中原来的两个指定外星人的颜色和分数，而新增的两个指定其位置。

字典会保留定义时的元素排列顺序。如果将字典打印出来或遍历其元素，将发现元素的排列顺序与其添加顺序相同。

6.2.3 从创建一个空字典开始

有时候，在空字典中添加键值对很方便，甚至是必需的。为此，可先使用一对空花括号定义一个空字典，再分行添加各个键值对。例如，下面演示了如何以这种方式创建字典 alien_0：

alien.py
```
alien_0 = {}

alien_0['color'] = 'green'
alien_0['points'] = 5

print(alien_0)
```

首先定义空字典 alien_0，再在其中添加颜色和分数，得到前述示例一直在使用的字典：

```
{'color': 'green', 'points': 5}
```

如果要使用字典来存储用户提供的数据或者编写能自动生成大量键值对的代码，通常需要先定义一个空字典。

6.2.4　修改字典中的值

要修改字典中的值，可依次指定字典名、用方括号括起来的键和与该键关联的新值。假设随着游戏的进行，需要将一个外星人从绿色改为黄色：

alien.py
```
alien_0 = {'color': 'green'}
print(f"The alien is {alien_0['color']}.")

alien_0['color'] = 'yellow'
print(f"The alien is now {alien_0['color']}.")
```

首先定义一个表示外星人 alien_0 的字典，其中只包含这个外星人的颜色。接下来，将与键 'color' 关联的值改为 'yellow'。输出表明，这个外星人确实从绿色变成了黄色：

```
The alien is green.
The alien is now yellow.
```

来看一个更有趣的例子：对一个能够以不同速度移动的外星人进行位置跟踪。为此，存储该外星人的当前速度，并据此确定该外星人应该向右移动多远：

```
alien_0 = {'x_position': 0, 'y_position': 25, 'speed': 'medium'}
print(f"Original position: {alien_0['x_position']}")

# 向右移动外星人
# 根据当前速度确定将外星人向右移动多远
❶ if alien_0['speed'] == 'slow':
    x_increment = 1
elif alien_0['speed'] == 'medium':
    x_increment = 2
else:
    # 这个外星人的移动速度为快
    x_increment = 3
```

```
# 新位置为旧位置加上移动距离
❷ alien_0['x_position'] = alien_0['x_position'] + x_increment

print(f"New position: {alien_0['x_position']}")
```

首先定义一个外星人，其中包含初始 *x* 坐标和 *y* 坐标，还有速度'medium'。出于简化考虑，这里省略了颜色和分数，但即便包含这些键值对，这个示例的工作原理也不会有任何变化。我们还打印了 x_position 的初始值，旨在让用户知道这个外星人向右移动了多远。

❶处使用了一个 if-elif-else 语句来确定外星人应该向右移动多远，并将这个值赋给变量 x_increment。如果外星人的速度为'slow'，它将向右移动 1 个单位；如果速度为'medium'，将向右移动 2 个单位；如果速度更快，将向右移动 3 个单位。确定移动量后，将其与 x_position 的当前值相加（见❷），再将结果关联到字典中的键 x_position。

因为这是一个速度中等的外星人，所以其位置将向右移动 2 个单位：

```
Original position: 0
New position: 2
```

这种技巧很棒：通过修改外星人字典中的值，可改变外星人的行为。例如，要将这个速度中等的外星人变成速度很快的外星人，可添加如下代码行：

```
alien_0['speed'] = 'fast'
```

这样，再次运行这些代码，if-elif-else 语句将把一个更大的值赋给变量 x_increment。

6.2.5 删除键值对

对于字典中不再需要的信息，可使用 del 语句将相应的键值对彻底删除。在使用 del 语句时，必须指定字典名和要删除的键。

例如，下面的代码从字典 alien_0 中删除键'points'及其值：

alien.py
```
alien_0 = {'color': 'green', 'points': 5}
print(alien_0)

❶ del alien_0['points']
print(alien_0)
```

❶处的 del 语句让 Python 将键'points'从字典 alien_0 中删除，同时删除与这个键关联的值。输出表明，键'points'及其值 5 已被从字典中删除，但其他键值对未受影响：

```
{'color': 'green', 'points': 5}
{'color': 'green'}
```

注意：删除的键值对永远消失了。

6.2.6　由类似的对象组成的字典

在前面的示例中，字典存储的是一个对象（游戏中的一个外星人）的多种信息，但也可以使用字典来存储众多对象的同一种信息。假设你要调查很多人，询问他们喜欢的编程语言，可使用一个字典来存储这种简单调查的结果，如下所示：

*favorite_*
languages.py

```
favorite_languages = {
    'jen': 'python',
    'sarah': 'c',
    'edward': 'rust',
    'phil': 'python',
    }
```

如你所见，我们将一个较大的字典放在了多行中。每个键都是一个被调查者的名字，而每个值都是被调查者喜欢的语言。当确定需要使用多行来定义字典时，先在输入左花括号后按回车键，再在下一行缩进 4 个空格，指定第一个键值对，并在它后面加上一个逗号。此后再按回车键，文本编辑器将自动缩进后续键值对，且缩进量与第一个键值对相同。

定义好字典后，在最后一个键值对的下一行添加一个右花括号，并且也缩进 4 个空格，使其与字典中的键对齐。一种不错的做法是，在最后一个键值对后面也加上逗号，为以后添加键值对做好准备。

注意：对于较长的列表和字典，大多数编辑器提供了以类似方式设置格式的功能。对于较长的字典，还有其他一些可行的格式设置方式，因此在你的编辑器或其他源代码中，你可能会看到稍微不同的格式设置方式。

给定被调查者的名字，可使用这个字典轻松地了解他喜欢的语言：

*favorite_*
languages.py

```
favorite_languages = {
    'jen': 'python',
    'sarah': 'c',
    'edward': 'rust',
    'phil': 'python',
    }
```

❶ ```
language = favorite_languages['sarah'].title()
print(f"Sarah's favorite language is {language}.")
```

为了解 Sarah 喜欢的语言，我们使用如下代码：

```
favorite_languages['sarah']
```
```

在❶处，使用这种语法获取 Sarah 喜欢的语言，并将其转换为首字母大写的字符串后赋给变量 language。创建这个新变量，使得函数调用 print()整洁得多。输出指出了 Sarah 喜欢的语言：

```
Sarah's favorite language is C.
```

这种语法可用来从字典中获取任何人喜欢的语言。

6.2.7　使用 get()来访问值

使用放在方括号内的键从字典中获取感兴趣的值，可能会引发问题：如果指定的键不存在，就将出错。

如果你要求获取外星人的分数，而这个外星人没有分数，结果将如何呢？下面来看一看：

alien_no_ points.py
```
alien_0 = {'color': 'green', 'speed': 'slow'}
print(alien_0['points'])
```

这将导致 Python 显示 traceback，指出存在键值错误（KeyError）：

```
Traceback (most recent call last):
  File "alien_no_points.py", line 2, in <module>
    print(alien_0['points'])
          ~~~~~~~^^^^^^^^^^
KeyError: 'points'
```

第 10 章将详细介绍如何处理类似的错误。就字典而言，为避免出现这样的错误，可使用 get()方法在指定的键不存在时返回一个默认值。get()方法的第一个参数用于指定键，是必不可少的；第二个参数为当指定的键不存在时要返回的值，是可选的：

```
alien_0 = {'color': 'green', 'speed': 'slow'}

point_value = alien_0.get('points', 'No point value assigned.')
print(point_value)
```

如果字典中有键'points'，将获得与之关联的值；如果没有，将获得指定的默认值。虽然这里没有键'points'，但是我们将获得一条清晰的消息，不会引发错误：

```
No point value assigned.
```

如果指定的键有可能不存在，应考虑使用 get()方法，而不要使用方括号表示法。

注意：在调用 get()时，如果没有指定第二个参数且指定的键不存在，Python 将返回值 None，这个特殊的值表示没有相应的值。这并非错误，None 只是一个表示所需值不存在的特殊值，第 8 章将介绍它的其他用途。

动手试一试

练习 6.1：人   使用一个字典来存储一个人的信息，包括名、姓、年龄和居住的城市。该字典应包含键 first_name、last_name、age 和 city。将存储在该字典中的每项信息都打印出来。

练习 6.2：喜欢的数 1   使用一个字典来存储一些人喜欢的数。请想出 5 个人的名字，并将这些名字用作字典中的键。再想出每个人喜欢的一个数，并将这些数作为值存储在字典中。打印每个人的名字和喜欢的数。为了让这个程序更有趣，通过询问朋友确保数据是真实的。

练习 6.3：词汇表 1   Python 字典可用于模拟现实生活中的字典。为避免混淆，我们将后者称为词汇表。

- ❏ 想出你在前面学过的 5 个编程术语，将它们用作词汇表中的键，并将它们的含义作为值存储在词汇表中。
- ❏ 以整洁的方式打印每个术语及其含义。为此，既可以先打印术语，在它后面加上一个冒号，再打印其含义；也可以先在一行里打印术语，再使用换行符（\n）插入一个空行，然后在下一行里以缩进的方式打印其含义。

6.3   遍历字典

一个 Python 字典可能只包含几个键值对，也可能包含数百万个键值对。鉴于字典可能包含大量数据，Python 支持对字典进行遍历。字典可用于以各种方式存储信息，因此有多种遍历方式：既可遍历字典的所有键值对，也可只遍历键或值。

6.3.1   遍历所有的键值对

在探索各种遍历方法前，先来看一个新字典，它用于存储有关网站用户的信息。这个字典存储一个用户的用户名、名和姓：

user.py
```
user_0 = {
    'username': 'efermi',
    'first': 'enrico',
    'last': 'fermi',
    }
```

利用本章前面介绍过的知识，可访问 user_0 的任意一项信息，但如果要获悉该用户字典中的所有信息，该怎么办呢？可使用 for 循环来遍历这个字典：

```
user_0 = {
    'username': 'efermi',
    'first': 'enrico',
    'last': 'fermi',
    }

for key, value in user_0.items():
    print(f"\nKey: {key}")
    print(f"Value: {value}")
```

要编写遍历字典的 for 循环，可声明两个变量，分别用于存储键值对中的键和值。这两个变量可以使用任意名称。下面的代码使用了简单的变量名，这完全可行：

```
for k, v in user_0.items()
```

for 语句的第二部分包含字典名和方法 items()，这个方法返回一个键值对列表。接下来，for 循环依次将每个键值对赋给指定的两个变量。在这个示例中，使用这两个变量来打印每个键和与它关联的值。第一个函数调用 print() 中的"\n"确保在输出每个键值对前插入一个空行：

```
Key: username
Value: efermi

Key: first
Value: enrico

Key: last
Value: fermi
```

在 6.2.6 节的示例 favorite_languages.py 中，字典存储的是不同的人的同一种信息。对于类似这样的字典，遍历所有的键值对很合适。如果遍历字典 favorite_languages，将得到其中每个人的姓名和他们喜欢的编程语言。由于该字典中的键都是人名，值都是语言，因此在循环中使用变量 name 和 language，而不是 key 和 value。这让人更容易明白循环的作用：

*favorite_*
languages.py
```
favorite_languages = {
    'jen': 'python',
    'sarah': 'c',
    'edward': 'rust',
    'phil': 'python',
    }

for name, language in favorite_languages.items():
    print(f"{name.title()}'s favorite language is {language.title()}.")
```

这些代码让 Python 遍历字典中的每个键值对，并将键赋给变量 name，将值赋给变量 language。这些描述性名称让人能够非常轻松地明白函数调用 print() 是做什么的。

仅用几行代码，就将全部调查结果显示出来了：

```
Jen's favorite language is Python.
Sarah's favorite language is C.
Edward's favorite language is Rust.
Phil's favorite language is Python.
```

即便字典存储了上千乃至上百万人的调查结果，这种循环也管用。

6.3.2　遍历字典中的所有键

在不需要使用字典中的值时，keys()方法很有用。下面来遍历字典 favorite_languages，并将每个被调查者的名字都打印出来：

```
favorite_languages = {
    'jen': 'python',
    'sarah': 'c',
    'edward': 'rust',
    'phil': 'python',
    }

for name in favorite_languages.keys():
    print(name.title())
```

这个 for 循环让 Python 提取字典 favorite_languages 中的所有键，并依次将它们赋给变量 name。输出列出了每个被调查者的名字：

```
Jen
Sarah
Edward
Phil
```

在遍历字典时，会默认遍历所有的键。因此，如果将上述代码中的

```
for name in favorite_languages.keys():
```

替换为

```
for name in favorite_languages:
```

输出将不变。

如果显式地使用 keys()方法能让代码更容易理解，就可以选择这样做，但如果你愿意，也可以省略它。

在这种循环中，可使用当前的键来访问与之关联的值。下面来打印两条消息，指出两个朋友

喜欢的编程语言。我们像前面一样遍历字典中的名字，但在名字为指定朋友的名字时，打印一条消息，指出其喜欢的语言：

```
favorite_languages = {
    --snip--
    }

friends = ['phil', 'sarah']
for name in favorite_languages.keys():
    print(f"Hi {name.title()}.")

❶    if name in friends:
❷        language = favorite_languages[name].title()
            print(f"\t{name.title()}, I see you love {language}!")
```

首先创建一个列表，其中包含要收到打印消息的朋友。在循环中，打印每个人的名字，并检查当前的名字是否在列表 friends 中（见❶）。如果是，就打印一句特殊的问候语，其中包含这个朋友喜欢的语言。为获悉这个朋友喜欢的语言，这里使用了字典名，并将变量 name 的当前值作为键（见❷）。

每个人的名字都会被打印出来，但只对朋友打印特殊消息：

```
Hi Jen.
Hi Sarah.
    Sarah, I see you love C!
Hi Edward.
Hi Phil.
    Phil, I see you love Python!
```

还可以使用 keys()确定某个人是否接受了调查。下面的代码确定 Erin 是否接受了调查：

```
favorite_languages = {
    --snip--
    }

if 'erin' not in favorite_languages.keys():
    print("Erin, please take our poll!")
```

keys()方法并非只能用于遍历：实际上，它会返回一个列表，其中包含字典中的所有键。因此 if 语句只核实'erin'是否在这个列表中。因为她并不在这个列表中，所以打印一条消息，邀请她参加调查：

```
Erin, please take our poll!
```

6.3.3   按特定的顺序遍历字典中的所有键

遍历字典时将按插入元素的顺序返回其中的元素，但是在一些情况下，你可能要按与此不同的顺序遍历字典。

要以特定的顺序返回元素，一种办法是在 for 循环中对返回的键进行排序。为此，可使用 sorted()函数来获得按特定顺序排列的键列表的副本：

```
favorite_languages = {
    'jen': 'python',
    'sarah': 'c',
    'edward': 'rust',
    'phil': 'python',
    }

for name in sorted(favorite_languages.keys()):
    print(f"{name.title()}, thank you for taking the poll.")
```

这条 for 语句类似于其他 for 语句，但对方法 dictionary.keys()的结果调用了 sorted()函数。这让 Python 获取字典中的所有键，并在遍历前对这个列表进行排序。输出表明，按字母顺序显示了所有被调查者的名字：

```
Edward, thank you for taking the poll.
Jen, thank you for taking the poll.
Phil, thank you for taking the poll.
Sarah, thank you for taking the poll.
```

6.3.4   遍历字典中的所有值

如果你感兴趣的是字典包含的值，可使用 values()方法。它会返回一个值列表，不包含任何键。如果想获得一个只包含被调查者选择的各种语言，而不包含被调查者名字的列表，可以这样做：

```
favorite_languages = {
    'jen': 'python',
    'sarah': 'c',
    'edward': 'rust',
    'phil': 'python',
    }

print("The following languages have been mentioned:")
for language in favorite_languages.values():
    print(language.title())
```

这条 for 语句提取字典中的每个值，并将它们依次赋给变量 language。通过打印这些值，就获得了一个包含被调查者选择的各种语言的列表：

```
The following languages have been mentioned:
Python
C
Rust
Python
```

这种做法提取字典中所有的值，而没有考虑值是否有重复。当涉及的值很少时，这也许不是问题，但如果被调查者很多，最终的列表可能包含大量的重复项。为剔除重复项，可使用**集合**（set）。集合中的每个元素都必须是独一无二的：

```
favorite_languages = {
    --snip--
    }

print("The following languages have been mentioned:")
for language in set(favorite_languages.values()):
    print(language.title())
```

通过将包含重复元素的列表传入 set()，可让 Python 找出列表中独一无二的元素，并使用这些元素来创建一个集合。这里使用 set() 来提取 favorite_languages.values() 中不同的语言。

结果是一个没有重复元素的列表，其中列出了被调查者提及的所有语言：

```
The following languages have been mentioned:
Python
C
Rust
```

随着学习的深入，你会经常发现 Python 内置的功能可帮助你以希望的方式处理数据。

注意： 可以使用一对花括号直接创建集合，并在其中用逗号分隔元素：

```
>>> languages = {'python', 'rust', 'python', 'c'}
>>> languages
{'rust', 'python', 'c'}
```

集合和字典很容易混淆，因为它们都是用一对花括号定义的。当花括号内没有键值对时，定义的很可能是集合。不同于列表和字典，集合不会以特定的顺序存储元素。

动手试一试

练习 6.4：词汇表 2　现在你知道了如何遍历字典，请整理你为练习 6.3 编写的代码，将其中的一系列函数调用 print() 替换为一个遍历字典中键和值的循环。确保该循环正确无误后，再在词汇表中添加 5 个 Python 术语。当你再次运行这个程序时，这些新术语及其含义将自动包含在输出中。

> **练习 6.5：河流**　创建一个字典，在其中存储三条河流及其流经的国家。例如，一个键值对可能是'nile': 'egypt'。
>
> □ 使用循环为每条河流打印一条消息，如下所示。
>
> > The Nile runs through Egypt.
>
> □ 使用循环将该字典中每条河流的名字打印出来。
> □ 使用循环将该字典包含的每个国家的名字打印出来。
>
> **练习 6.6：调查**　在 6.3.1 节编写的程序 favorite_languages.py 中执行以下操作。
>
> □ 创建一个应该会接受调查的人的名单，其中有些人已在字典中，而其他人不在字典中。
> □ 遍历这个名单。对于已参与调查的人，打印一条消息表示感谢；对于还未参与调查的人，打印一条邀请参加调查的消息。

6.4　嵌套

　　有时候，需要将多个字典存储在列表中或将列表作为值存储在字典中，这称为**嵌套**。可以在列表中嵌套字典，在字典中嵌套列表，甚至在字典中嵌套字典。正如下面的示例将演示的，嵌套是一个强大的功能。

6.4.1　字典列表

　　字典 alien_0 包含一个外星人的各种信息，但无法存储第二个外星人的信息，更别说屏幕上全部外星人的信息了。如何管理成群结队的外星人呢？一种办法是创建一个外星人列表，其中每个外星人都是一个字典，包含有关该外星人的各种信息。例如，下面的代码创建一个包含三个外星人的列表：

aliens.py
```
alien_0 = {'color': 'green', 'points': 5}
alien_1 = {'color': 'yellow', 'points': 10}
alien_2 = {'color': 'red', 'points': 15}

❶ aliens = [alien_0, alien_1, alien_2]

for alien in aliens:
    print(alien)
```

　　首先创建三个字典，其中每个字典都表示一个外星人。然后在❶处，将这些字典都存储到一个名为 aliens 的列表中。最后，遍历这个列表，将每个外星人都打印出来：

```
{'color': 'green', 'points': 5}
{'color': 'yellow', 'points': 10}
{'color': 'red', 'points': 15}
```

更符合现实的情形是，外星人不止三个，而且每个外星人都是用代码自动生成的。在下面的示例中，使用 range() 生成了 30 个外星人：

```
# 创建一个用于存储外星人的空列表
aliens = []

# 创建 30 个绿色的外星人
❶ for alien_number in range(30):
❷     new_alien = {'color': 'green', 'points': 5, 'speed': 'slow'}
❸     aliens.append(new_alien)

# 显示前 5 个外星人
❹ for alien in aliens[:5]:
       print(alien)
  print("...")

# 显示创建了多少个外星人
  print(f"Total number of aliens: {len(aliens)}")
```

在这个示例中，首先创建了一个空列表，用于存储接下来将创建的所有外星人。在❶处，range() 函数返回一个数字序列，告诉 Python 要重复这个循环多少次。每次执行这个循环时，都创建一个外星人（见❷），并将其追加到列表 aliens 末尾（见❸）。在❹处，使用一个切片来打印前 5 个外星人。最后，打印列表的长度，以证明确实创建了 30 个外星人：

```
{'color': 'green', 'points': 5, 'speed': 'slow'}
{'color': 'green', 'points': 5, 'speed': 'slow'}
{'color': 'green', 'points': 5, 'speed': 'slow'}
{'color': 'green', 'points': 5, 'speed': 'slow'}
{'color': 'green', 'points': 5, 'speed': 'slow'}
...

Total number of aliens: 30
```

这些外星人都具有相同的特征，但在 Python 看来，每个外星人都是独立的，这让我们能够独立地修改每个外星人。

在什么情况下需要处理成群结队的外星人呢？想象一下，随着游戏的进行，有些外星人会变色且加快移动速度。在必要时，可使用 for 循环和 if 语句来修改某些外星人的颜色。例如，要将前三个外星人修改为黄色、速度中等且值 10 分，可这样做：

```
# 创建一个用于存储外星人的空列表
aliens = []
```

```
# 创建 30 个绿色的外星人
for alien_number in range (30):
    new_alien = {'color': 'green', 'points': 5, 'speed': 'slow'}
    aliens.append(new_alien)

for alien in aliens[:3]:
    if alien['color'] == 'green':
        alien['color'] = 'yellow'
        alien['speed'] = 'medium'
        alien['points'] = 10

# 显示前 5 个外星人
for alien in aliens[:5]:
    print(alien)
print("...")
```

鉴于要修改前三个外星人，我们遍历一个只包含这些外星人的切片。当前，所有外星人都是绿色的，但情况并非总是如此，因此可以编写一条 if 语句来确保只修改绿色外星人。如果外星人是绿色的，就将其颜色改为'yellow'，将其速度改为'medium'，并将其分数改为 10，如下面的输出所示：

```
{'color': 'yellow', 'points': 10, 'speed': 'medium'}
{'color': 'yellow', 'points': 10, 'speed': 'medium'}
{'color': 'yellow', 'points': 10, 'speed': 'medium'}
{'color': 'green', 'points': 5, 'speed': 'slow'}
{'color': 'green', 'points': 5, 'speed': 'slow'}
...
```

可进一步扩展这个循环，在其中添加一个 elif 代码块，将黄色外星人改为移动速度快且值 15 分的红色外星人，如下所示（这里只列出了循环，没有列出整个程序）：

```
for alien in aliens[0:3]:
    if alien['color'] == 'green':
        alien['color'] = 'yellow'
        alien['speed'] = 'medium'
        alien['points'] = 10
    elif alien['color'] == 'yellow':
        alien['color'] = 'red'
        alien['speed'] = 'fast'
        alien['points'] = 15
```

你经常需要在列表中存储大量的字典，而且每个字典都包含特定对象的众多信息。例如，为网站的每个用户创建一个字典（就像 6.3.1 节的 user.py 中那样），并将这些字典存储在一个名为 users 的列表中。在这个列表中，所有字典的结构都相同，因此可遍历这个列表，并以相同的方式处理其中的每个字典。

6.4.2 在字典中存储列表

有时候，需要将列表存储在字典中，而不是将字典存储在列表中。例如，如何描述顾客点的比萨呢？如果使用列表，只能存储要添加的比萨配料；但如果使用字典，其中的配料列表就只是用来描述比萨的一个方面。

在下面的示例中，存储了比萨两个方面的信息：外皮类型和配料列表。配料列表是一个与键'toppings'关联的值。要访问该列表，我们使用字典名和键'toppings'，就像访问字典中的其他值一样。这将返回一个配料列表，而不是单个值：

pizza.py
```
# 存储顾客所点比萨的信息
pizza = {
    'crust': 'thick',
    'toppings': ['mushrooms', 'extra cheese'],
    }

# 概述顾客点的比萨
❶ print(f"You ordered a {pizza['crust']}-crust pizza "
    "with the following toppings:")

❷ for topping in pizza['toppings']:
    print(f"\t{topping}")
```

首先创建一个字典，其中存储了有关顾客所点比萨的信息。在这个字典中，一个键是'crust'，与之关联的值是字符串'thick'；另一个键是'toppings'，与之关联的值是一个列表，其中存储了顾客要求添加的所有配料。制作前，我们概述了顾客点的比萨（见❶）。当函数调用print()中的字符串很长，需要分成多行书写时，可以在合适的位置分行，在每行末尾都加上引号，并且对于除第一行外的其他各行，都在行首加上引号并缩进。这样，Python将自动合并括号内的所有字符串。为了打印配料，编写一个for循环（见❷）。为了访问配料列表，使用键'toppings'，这样Python将从字典中提取配料列表。

下面的输出概述了要制作的比萨：

```
You ordered a thick-crust pizza with the following toppings:
    mushrooms
    extra cheese
```

每当需要在字典中将一个键关联到多个值时，都可以在字典中嵌套一个列表。在本章前面有关喜欢的编程语言的示例中，如果将每个人的回答都存储在一个列表中，被调查者就可以选择多种喜欢的语言。在这种情况下，当我们遍历字典时，与每个被调查者关联的都是一个语言列表，而不是一种语言。因此，在遍历该字典的for循环中，需要再使用一个for循环来遍历与被调查者关联的语言列表：

*favorite_*
languages.py

```
favorite_languages = {
    'jen': ['python', 'rust'],
    'sarah': ['c'],
    'edward': ['rust', 'go'],
    'phil': ['python', 'haskell'],
    }

❶ for name, languages in favorite_languages.items():
    print(f"\n{name.title()}'s favorite languages are:")
❷    for language in languages:
        print(f"\t{language.title()}")
```

在这里，与每个名字关联的值都是一个列表。请注意，有些人喜欢的语言只有一种，而有些人喜欢的不止一种。在遍历字典时（见❶），使用变量 languages 来依次存储字典中的每个值，因为我们知道这些值都是列表。在遍历字典的主循环中，使用另一个 for 循环来遍历每个人喜欢的语言列表（见❷）。现在，每个人想列出多少种喜欢的语言都可以：

```
Jen's favorite languages are:
    Python
    Rust

Sarah's favorite languages are:
    C

Edward's favorite languages are:
    Rust
    Go

Phil's favorite languages are:
    Python
    Haskell
```

为了进一步改进这个程序，可在遍历字典的 for 循环开头添加一条 if 语句，通过查看 len(languages) 的值来确定当前的被调查者喜欢的语言是否有多种。如果他喜欢的语言不止一种，就像以前一样显示输出；如果只有一种，就相应地修改输出的措辞，如显示 Sarah's favorite language is C。

注意：列表和字典的嵌套层级不应太多。如果嵌套层级比前面的示例多得多，很可能有更简单的解决方案。

6.4.3 在字典中存储字典

可以在字典中嵌套字典，但这样可能会让代码很快变得非常复杂。如果有一网站有多个用户，每个用户都有独特的用户名，可在字典中将用户名作为键，然后将每个用户的信息存储在一个字典中，并将该字典作为与用户名关联的值。在下面的程序中，存储每个用户的三项信息：名、姓

和居住地。为了访问这些信息,我们遍历所有的用户名,并访问与每个用户名关联的信息字典:

many_users.py
```
users = {
    'aeinstein': {
        'first': 'albert',
        'last': 'einstein',
        'location': 'princeton',
        },

    'mcurie': {
        'first': 'marie',
        'last': 'curie',
        'location': 'paris',
        },

    }

❶ for username, user_info in users.items():
❷     print(f"\nUsername: {username}")
❸     full_name = f"{user_info['first']} {user_info['last']}"
       location = user_info['location']

❹     print(f"\tFull name: {full_name.title()}")
       print(f"\tLocation: {location.title()}")
```

首先定义一个名为 users 的字典,其中包含两个键:用户名'aeinstein'和'mcurie'。与每个键关联的值都是一个字典,其中包含用户的名、姓和居住地。然后,遍历字典 users(见❶),让 Python 依次将每个键赋给变量 username,并依次将与当前键相关联的字典赋给变量 user_info。在循环内部,将用户名打印出来了(见❷)。

接下来,开始访问内部的字典(见❸)。变量 user_info 就是包含用户信息的字典,而该字典包含三个键:'first'、'last'和'location'。对于每个用户,都使用这些键来生成整洁的姓名和居住地,然后打印有关用户的简要信息(见❹):

```
Username: aeinstein
    Full name: Albert Einstein
    Location: Princeton

Username: mcurie
    Full name: Marie Curie
    Location: Paris
```

请注意,表示每个用户的字典都有相同的结构,虽然 Python 并没有这样的要求,但这使得嵌套的字典处理起来更容易。倘若表示每个用户的字典都包含不同的键,for 循环内部的代码将更复杂。

动手试一试

练习 6.7：人们   在为练习 6.1 编写的程序中，再创建两个表示人的字典，然后将这三个字典都存储在一个名为 people 的列表中。遍历这个列表，将其中每个人的所有信息都打印出来。

练习 6.8：宠物   创建多个表示宠物的字典，每个字典都包含宠物的类型及其主人的名字。将这些字典存储在一个名为 pets 的列表中，再遍历该列表，并将有关每个宠物的所有信息打印出来。

练习 6.9：喜欢的地方   创建一个名为 favorite_places 的字典。在这个字典中，将三个人的名字用作键，并存储每个人喜欢的 1～3 个地方。为让这个练习更有趣些，让一些朋友说出他们喜欢的几个地方。遍历这个字典，并将其中每个人的名字及其喜欢的地方打印出来。

练习 6.10：喜欢的数 2   修改为练习 6.2 编写的程序，让每个人都可以有多个喜欢的数字，然后将每个人的名字及其喜欢的数打印出来。

练习 6.11：城市   创建一个名为 cities 的字典，将三个城市名用作键。对于每座城市，都创建一个字典，并在其中包含该城市所属的国家、人口约数以及一个有关该城市的事实。表示每座城市的字典都应包含 country、population 和 fact 等键。将每座城市的名字以及相关信息都打印出来。

练习 6.12：扩展   本章的示例足够复杂，能以很多方式进行扩展。请对本章的一个示例进行扩展：添加键和值，调整程序要解决的问题，或改进输出的格式。

6.5　小结

在本章中，你首先学习了如何定义字典，以及如何使用存储在字典中的信息。然后学习了如何访问和修改字典中的元素，以及如何遍历字典中的所有信息。接着学习了如何遍历字典中的所有键值对、所有的键和所有的值。你还学习了如何在列表中嵌套字典，如何在字典中嵌套列表，以及如何在字典中嵌套字典。

在下一章中，你将学习 while 循环，以及如何从用户那里获取输入。这是激动人心的一章，让你知道如何将程序变成可交互的，能够对用户的输入做出响应。

用户输入和 while 循环

大多数程序旨在解决最终用户的问题，因此通常需要从用户那里获取一些信息。假设有人要判断自己是否到了投票年龄。要编写回答这个问题的程序，就需要知道用户的年龄。因此，这种程序需要让用户输入（input）年龄，再将其与投票年龄进行比较，这样才能判断用户是否到了投票年龄，并给出结果。

在本章中，你将学习如何接受用户输入，让程序对其进行处理。当程序需要一个名字时，你需要提示用户输入该名字；当程序需要一个名单时，你需要提示用户输入一系列名字。为此，你将使用函数 input()。

你还将学习如何在需要时让程序不断地运行，以便用户输入尽可能多的信息，然后在程序中使用这些信息。为此，你将使用 while 循环让程序不断地运行，直到指定的条件不再满足为止。

通过获取用户输入并学会控制程序的运行时间，你就能编写出交互式程序。

7.1　input()函数的工作原理

input()函数让程序暂停运行，等待用户输入一些文本。获取用户输入后，Python 将其赋给一个变量，以便使用。

例如，下面的程序让用户输入一些文本，再将这些文本呈现给用户：

parrot.py
```
message = input("Tell me something, and I will repeat it back to you: ")
print(message)
```

input()函数接受一个参数，即要向用户显示的**提示**（prompt），让用户知道该输入什么样的信息。在这个示例中，当 Python 运行第一行代码时，用户将看到提示 "Tell me something, and I will repeat it back to you:"。程序等待用户输入，并在用户按回车键后继续运行。用户的输入被赋给变量 message，接下来的 print(message)将输入呈现给用户：

```
Tell me something, and I will repeat it back to you: Hello everyone!
Hello everyone!
```

注意：有些文本编辑器不能运行提示用户输入的程序。你可使用这些文本编辑器编写提示用户输入的程序，但必须从终端运行它们。详情请参阅 1.5 节。

7.1.1 编写清晰的提示

每当使用 input() 函数时，都应指定清晰易懂的提示，准确地指出希望用户提供什么样的信息——能指出用户应该输入什么信息的任何提示都行，如下所示：

greeter.py
```
name = input("Please enter your name: ")
print(f"\nHello, {name}!")
```

通过在提示末尾（这里是冒号后面）添加一个空格，可将提示与用户输入分开，让用户清楚地知道其输入始于何处，如下所示：

```
Please enter your name: Eric
Hello, Eric!
```

有时候，提示可能超过一行。例如，你可能需要指出获取特定输入的原因。在这种情况下，可先将提示赋给一个变量，再将这个变量传递给 input() 函数。这样，即便提示超过一行，input() 语句也会非常清晰。

greeter.py
```
prompt = "If you share your name, we can personalize the messages you see."
prompt += "\nWhat is your first name? "

name = input(prompt)
print(f"\nHello, {name}!")
```

这个示例演示了一种创建多行字符串的方式。第一行将消息的前半部分赋给变量 prompt。在第二行中，运算符 += 在赋给变量 prompt 的字符串末尾追加一个字符串。

最终的提示占两行，且问号后面有一个空格，这也是为了使其更加清晰：

```
If you share your name, we can personalize the messages you see.
What is your first name? Eric

Hello, Eric!
```

7.1.2　使用 int()来获取数值输入

在使用 input()函数时，Python 会将用户输入解读为字符串。请看下面让用户输入整数年龄的解释器会话：

```
>>> age = input("How old are you? ")
How old are you? 21
>>> age
'21'
```

用户输入的是数 21，但当我们请求 Python 提供变量 age 的值时，它返回的是'21'——用户输入的数值的字符串表示。我们怎么知道 Python 将输入解读成了字符串呢？因为这个数是用引号引起来的。如果只想打印输入，这一点儿问题都没有；但如果试图将输入作为数来使用，就会引发错误：

```
>>> age = input("How old are you? ")
How old are you? 21
❶ >>> age >= 18
Traceback (most recent call last):
  File "<stdin>", line 1, in <module>
❷ TypeError: '>=' not supported between instances of 'str' and 'int'
```

当试图将该输入用于数值比较时（见❶），Python 会报错，因为它无法将字符串和整数进行比较：不能将赋给 age 的字符串'21'与数值 18 进行比较（见❷）。

为了解决这个问题，可使用函数 int()将输入的字符串转换为数值，确保能够成功地执行比较操作：

```
>>> age = input("How old are you? ")
How old are you? 21
❶ >>> age = int(age)
>>> age >= 18
True
```

在这个示例中，当用户根据提示输入 21 后，Python 将这个数解读为字符串，但随后 int()将这个字符串转换成了数值表示（见❶）。这样 Python 就能运行条件测试了：将变量 age（它现在表示的是数值 21）同 18 进行比较，看它是否大于或等于 18。测试结果为 True。

如何在实际程序中使用 int()函数呢？请看下面的程序，它判断一个人是否满足坐过山车的身高要求[①]：

rollercoaster.py
```
height = input("How tall are you, in inches? ")
height = int(height)
```

---

① 单位为英寸（inch），1 英寸≈2.54 厘米。——编者注

```
if height >= 48:
    print("\nYou're tall enough to ride!")
else:
    print("\nYou'll be able to ride when you're a little older.")
```

在这个程序中，为何可以将 height 与 48 进行比较呢？因为在比较前，height = int(height) 将输入转换成了数值表示。如果输入的数大于或等于 48，就指出用户满足身高条件：

```
How tall are you, in inches? 71

You're tall enough to ride!
```

在将数值输入用于计算和比较前，务必将其转换为数值表示。

7.1.3 求模运算符

在处理数值信息时，**求模运算符**（%）是个很有用的工具，它将两个数相除并返回余数：

```
>>> 4 % 3
1
>>> 5 % 3
2
>>> 6 % 3
0
>>> 7 % 3
1
```

求模运算符不会指出一个数是另一个数的多少倍，只指出余数是多少。

如果一个数可被另一个数整除，余数就为 0，因此求模运算将返回 0。可利用这一点来判断一个数是奇数还是偶数：

*even_or_*
odd.py
```
number = input("Enter a number, and I'll tell you if it's even or odd: ")
number = int(number)

if number % 2 == 0:
    print(f"\nThe number {number} is even.")
else:
    print(f"\nThe number {number} is odd.")
```

偶数都能被 2 整除。如果对一个数和 2 执行求模运算的结果为 0，即 number % 2 == 0，那么这个数就是偶数；否则是奇数。

```
Enter a number, and I'll tell you if it's even or odd: 42

The number 42 is even.
```

动手试一试

练习 7.1：汽车租赁 编写一个程序，询问用户要租什么样的汽车，并打印一条消息，如下所示。

Let me see if I can find you a Subaru.

练习 7.2：餐馆订位 编写一个程序，询问用户有多少人用餐。如果超过 8 个人，就打印一条消息，指出没有空桌；否则指出有空桌。

练习 7.3：10 的整数倍 让用户输入一个数，并指出这个数是否是 10 的整数倍。

7.2　while 循环简介

for 循环用于针对集合中的每个元素执行一个代码块，而 while 循环则不断地运行，直到指定的条件不再满足为止。

7.2.1　使用 while 循环

可以使用 while 循环来数数。例如，下面的 while 循环从 1 数到 5：

counting.py
```
current_number = 1
while current_number <= 5:
    print(current_number)
    current_number += 1
```

在第一行，将 1 赋给变量 current_number，从而指定从 1 开始数。接下来的 while 循环被设置成：只要 current_number 小于或等于 5，就接着运行这个循环。循环中的代码打印 current_number 的值，再使用代码 current_number += 1（代码 current_number = current_number + 1 的简写）将其值加 1。

只要满足条件 current_number <= 5，Python 就接着运行这个循环。因为 1 小于 5，所以 Python 打印 1 并将 current_number 加 1，使其为 2；因为 2 小于 5，所以 Python 打印 2 并将 current_number 加 1，使其为 3；依此类推。一旦 current_number 大于 5，循环就将停止，整个程序也将结束：

```
1
2
3
4
5
```

你每天使用的程序大多包含 while 循环。例如，游戏使用 while 循环，确保在玩家想玩时不断运行，并在玩家想退出时结束运行。如果程序在用户没有让它停止时结束运行，或者在用户要退出时继续运行，那就太没意思了。因此，while 循环很有用。

7.2.2　让用户选择何时退出

可以使用 while 循环让程序在用户愿意时不断地运行，如下面的程序 parrot.py 所示。我们在其中定义了一个**退出值**，只要用户输入的不是这个值，程序就将一直运行：

parrot.py
```
prompt = "\nTell me something, and I will repeat it back to you:"
prompt += "\nEnter 'quit' to end the program. "

message = ""
while message != 'quit':
    message = input(prompt)
    print(message)
```

首先，定义一条提示消息，告诉用户有两个选择：要么输入一条消息，要么输入退出值（这里为'quit'）。然后，创建变量 message，用于记录用户输入的值。我们将变量 message 的初始值设置为空字符串""，让 Python 在首次执行 while 代码行时有可供检查的东西。Python 在首次执行 while 语句时，需要将 message 的值与'quit'进行比较，但此时用户还没有输入。如果没有可供比较的东西，Python 将无法继续运行程序。为解决这个问题，必须给变量 message 指定初始值。虽然这个初始值只是一个空字符串，但符合要求，能够让 Python 执行 while 循环所需的比较。只要 message 的值不是'quit'，这个循环就会不断运行。

当首次遇到这个循环时，message 是一个空字符串，因此 Python 进入这个循环。在执行到代码行 message = input(prompt)时，Python 显示提示消息，并等待用户输入。不管用户输入是什么，都会被赋给变量 message 并打印出来。接下来，Python 重新检查 while 语句中的条件。只要用户输入的不是单词'quit'，Python 就会再次显示提示消息并等待用户输入。等到用户终于输入'quit'后，Python 停止执行 while 循环，整个程序也到此结束：

```
Tell me something, and I will repeat it back to you:
Enter 'quit' to end the program. Hello everyone!
Hello everyone!

Tell me something, and I will repeat it back to you:
Enter 'quit' to end the program. Hello again.
Hello again.

Tell me something, and I will repeat it back to you:
Enter 'quit' to end the program. quit
quit
```

这个程序很好，唯一美中不足的是，它将单词'quit'也作为一条消息打印了出来。为了修复这种问题，只需要使用一个简单的 if 测试：

```
prompt = "\nTell me something, and I will repeat it back to you:"
prompt += "\nEnter 'quit' to end the program. "

message = ""
while message != 'quit':
    message = input(prompt)

    if message != 'quit':
        print(message)
```

现在，程序在显示消息前将做简单的检查，仅在消息不是退出值时才打印它：

```
Tell me something, and I will repeat it back to you:
Enter 'quit' to end the program. Hello everyone!
Hello everyone!

Tell me something, and I will repeat it back to you:
Enter 'quit' to end the program. Hello again.
Hello again.

Tell me something, and I will repeat it back to you:
Enter 'quit' to end the program. quit
```

7.2.3　使用标志

在上一个示例中，我们让程序在满足指定条件时执行特定的任务。但在更复杂的程序中，有很多不同的事件会导致程序停止运行。在这种情况下，该怎么办呢？

例如，有多种事件可能导致游戏结束，如玩家失去所有飞船、时间已用完，或者要保护的城市被摧毁。当导致程序结束的事件有很多时，如果在一条 while 语句中检查所有这些条件，将既复杂又困难。

在要求满足很多条件才继续运行的程序中，可定义一个变量，用于判断整个程序是否处于活动状态。这个变量称为**标志**（flag），充当程序的交通信号灯。可以让程序在标志为 True 时继续运行，并在任何事件导致标志的值为 False 时让程序停止运行。这样，在 while 语句中就只需检查一个条件：标志的当前值是否为 True。然后将所有测试（是否发生了应将标志设置为 False 的事件）都放在其他地方，从而让程序更整洁。

下面在 7.2.2 节的程序 parrot.py 中添加一个标志。我们把这个标志命名为 active（可以给它指定任何名称），用于判断程序是否应继续运行：

```
prompt = "\nTell me something, and I will repeat it back to you:"
prompt += "\nEnter 'quit' to end the program. "
```

```
   active = True
❶ while active:
       message = input(prompt)

       if message == 'quit':
           active = False
       else:
           print(message)
```

将变量 active 设置为 True，让程序最初处于活动状态。这样做简化了 while 语句，因为不需要在其中做任何比较——相关的逻辑由程序的其他部分处理。只要变量 active 为 True，循环就将一直运行（见❶）。

在 while 循环中，在用户输入后使用一条 if 语句检查变量 message 的值。如果用户输入的是 'quit'，就将变量 active 设置为 False，这将导致 while 循环不再继续执行。如果用户输入的不是 'quit'，就将输入作为一条消息打印出来。

这个程序的输出与上一个示例相同。上一个示例将条件测试直接放在了 while 语句中，而这个程序则使用一个标志来指出程序是否处于活动状态。这样，添加测试（如 elif 语句）以检查是否发生了其他导致 active 变为 False 的事件，就会很容易。在复杂的程序（比如有很多事件会导致程序停止运行的游戏）中，标志很有用：在任意一个事件导致活动标志变成 False 时，主游戏循环将退出。此时可显示一条游戏结束的消息，并让用户选择是否要重玩。

7.2.4　使用 break 退出循环

如果不管条件测试的结果如何，想立即退出 while 循环，不再运行循环中余下的代码，可使用 break 语句。break 语句用于控制程序流程，可用来控制哪些代码行将执行、哪些代码行不执行，从而让程序按你的要求执行你要执行的代码。

例如，来看一个让用户指出他到过哪些地方的程序。在这个程序中，可在用户输入 'quit' 后使用 break 语句立即退出 while 循环：

cities.py
```
   prompt = "\nPlease enter the name of a city you have visited:"
   prompt += "\n(Enter 'quit' when you are finished.) "

❶ while True:
       city = input(prompt)

       if city == 'quit':
           break
       else:
           print(f"I'd love to go to {city.title()}!")
```

以 while True 打头的循环将不断运行（见❶），直到遇到 break 语句。这个程序中的循环不断地让用户输入他到过的城市的名字，直到用户输入 'quit' 为止。在用户输入 'quit' 后，将执行

break 语句，导致 Python 退出循环：

```
Please enter the name of a city you have visited:
(Enter 'quit' when you are finished.) New York
I'd love to go to New York!

Please enter the name of a city you have visited:
(Enter 'quit' when you are finished.) San Francisco
I'd love to go to San Francisco!

Please enter the name of a city you have visited:
(Enter 'quit' when you are finished.) quit
```

注意：在所有 Python 循环中都可使用 break 语句。例如，可使用 break 语句来退出遍历列表或字典的 for 循环。

7.2.5　在循环中使用 continue

　　要返回循环开头，并根据条件测试的结果决定是否继续执行循环，可使用 continue 语句，它不像 break 语句那样不再执行余下的代码并退出整个循环。例如，来看一个从 1 数到 10，只打印其中奇数的循环：

counting.py
```
current_number = 0
while current_number < 10:
❶    current_number += 1
    if current_number % 2 == 0:
        continue

    print(current_number)
```

　　首先将 current_number 设置为 0，由于它小于 10，Python 进入 while 循环。进入循环后，以步长为 1 的方式往上数（见❶），因此 current_number 为 1。接下来，if 语句检查 current_number 与 2 的求模运算结果。如果结果为 0（意味着 current_number 可被 2 整除），就执行 continue 语句，让 Python 忽略余下的代码，并返回循环的开头。如果当前的数不能被 2 整除，就执行循环中余下的代码，将这个数打印出来：

```
1
3
5
7
9
```

7.2.6 避免无限循环

每个 while 循环都必须有结束运行的途径，这样才不会没完没了地执行下去。例如，下面的循环从 1 数到 5：

counting.py
```
x = 1
while x <= 5:
    print(x)
    x += 1
```

如果像下面这样不小心遗漏了代码行 x += 1，这个循环将没完没了地运行：

```
# 这个循环将没完没了地运行!
x = 1
while x <= 5:
    print(x)
```

在这里，x 的初始值为 1，但根本不会变。因此条件测试 x <= 5 始终为 True，导致 while 循环没完没了地打印 1，如下所示：

```
1
1
1
1
--snip--
```

每个程序员都会偶尔不小心地编写出无限循环，在循环的退出条件比较微妙时尤其如此。如果程序陷入无限循环，既可按 Ctrl + C，也可关闭显示程序输出的终端窗口。

要避免编写无限循环，务必对每个 while 循环进行测试，确保它们按预期那样结束。如果希望程序在用户输入特定值时结束，可运行程序并输入该值。如果程序在这种情况下没有结束，请检查程序处理这个值的方式，确认程序至少有一个地方导致循环条件为 False 或导致 break 语句得以执行。

注意： 与众多其他的编辑器一样，VS Code 也在内嵌的终端窗口中显示输出。要结束无限循环，可在输出区域中单击鼠标，再按 Ctrl + C。

动手试一试

练习 7.4：比萨配料 编写一个循环，提示用户输入一系列比萨配料，并在用户输入 'quit' 时结束循环。每当用户输入一种配料后，都打印一条消息，指出要在比萨中添加这种配料。

> **练习 7.5：电影票** 有家电影院根据观众的年龄收取不同的票价：不到 3 岁的观众免费；3（含）～12 岁的观众收费 10 美元；年满 12 岁的观众收费 15 美元。请编写一个循环，在其中询问用户的年龄，并指出其票价。
>
> **练习 7.6：三种出路** 以不同的方式完成练习 7.4 或练习 7.5，在程序中采取如下做法。
>
> - 在 while 循环中使用条件测试来结束循环。
> - 使用变量 active 来控制循环结束的时机。
> - 使用 break 语句在用户输入 'quit' 时退出循环。
>
> **练习 7.7：无限循环** 编写一个没完没了的循环，并运行它。（要结束该循环，可按 Ctrl + C，也可关闭显示输出的窗口。）

7

7.3　使用 while 循环处理列表和字典

到目前为止，我们每次都只处理了一项用户信息：获取用户的输入，再将输入打印出来或做出响应；循环再次运行时，获取另一个输入值并做出响应。然而，要记录大量的用户和信息，需要在 while 循环中使用列表和字典。

for 循环是一种遍历列表的有效方式，但不应该在 for 循环中修改列表，否则将导致 Python 难以跟踪其中的元素。要在遍历列表的同时修改它，可使用 while 循环。通过将 while 循环与列表和字典结合起来使用，可收集、存储并组织大量的输入，供以后查看和使用。

7.3.1　在列表之间移动元素

假设有一个列表包含新注册但还未验证的网站用户。验证这些用户后，如何将他们移到已验证用户列表中呢？一种办法是使用一个 while 循环，在验证用户的同时将其从未验证用户列表中提取出来，再将其加入已验证用户列表。代码可能类似于下面这样：

confirmed_users.py

```
    # 首先，创建一个待验证用户列表
    # 和一个用于存储已验证用户的空列表
❶  unconfirmed_users = ['alice', 'brian', 'candace']
    confirmed_users = []

    # 验证每个用户，直到没有未验证用户为止
    # 将每个经过验证的用户都移到已验证用户列表中
❷  while unconfirmed_users:
❸      current_user = unconfirmed_users.pop()

        print(f"Verifying user: {current_user.title()}")
❹      confirmed_users.append(current_user)
```

```
# 显示所有的已验证用户
print("\nThe following users have been confirmed:")
for confirmed_user in confirmed_users:
    print(confirmed_user.title())
```

首先创建一个未验证用户列表（见❶），其中包含用户 Alice、Brian 和 Candace，以及一个空列表，用于存储已验证的用户。❷处的 while 循环将不断地运行，直到列表 unconfirmed_users 变成空的。在这个循环中，❸处的方法 pop()每次从列表 unconfirmed_users 末尾删除一个未验证的用户。由于 Candace 位于列表 unconfirmed_users 末尾，其名字将首先被删除、赋给变量 current_user 并加入列表 confirmed_users（见❹）。接下来是 Brian，然后是 Alice。

为了模拟用户验证过程，我们打印一条验证消息并将用户加入已验证用户列表。未验证用户列表越来越短，而已验证用户列表越来越长。未验证用户列表为空后结束循环，再打印已验证用户列表：

```
Verifying user: Candace
Verifying user: Brian
Verifying user: Alice

The following users have been confirmed:
Candace
Brian
Alice
```

7.3.2　删除为特定值的所有列表元素

在第 3 章中，我们使用 remove()方法来删除列表中的特定值。这之所以可行，是因为要删除的值在列表中只出现了一次。如果要删除列表中所有为特定值的元素，该怎么办呢？

假设有一个宠物列表，其中包含多个值为'cat'的元素。要删除所有这些元素，可不断运行一个 while 循环，直到列表中不再包含值'cat'，如下所示：

pets.py
```
pets = ['dog', 'cat', 'dog', 'goldfish', 'cat', 'rabbit', 'cat']
print(pets)

while 'cat' in pets:
    pets.remove('cat')

print(pets)
```

首先创建一个列表，其中包含多个值为'cat'的元素。打印这个列表后，Python 进入 while 循环，因为它发现'cat'在列表中至少出现了一次。进入这个循环后，Python 删除第一个'cat'并返回 while 代码行，然后发现'cat'还在列表中，因此再次进入循环。它不断删除'cat'，直到在列表中不再包含这个值，然后退出循环并再次打印列表：

```
['dog', 'cat', 'dog', 'goldfish', 'cat', 'rabbit', 'cat']
['dog', 'dog', 'goldfish', 'rabbit']
```

7.3.3 使用用户输入填充字典

可以使用 while 循环提示用户输入任意多的信息。下面创建一个调查程序，其中的循环在每次执行时都提示输入被调查者的名字和回答。我们将收集到的数据存储在一个字典中，以便将回答与被调查者关联起来：

mountain_poll.py
```
responses = {}
# 设置一个标志，指出调查是否继续
polling_active = True

while polling_active:
    # 提示输入被调查者的名字和回答
❶    name = input("\nWhat is your name? ")
    response = input("Which mountain would you like to climb someday? ")

    # 将回答存储在字典中
❷    responses[name] = response

    # 看看是否还有人要参与调查
❸    repeat = input("Would you like to let another person respond? (yes/no) ")
    if repeat == 'no':
        polling_active = False

# 调查结束，显示结果
print("\n--- Poll Results ---")
❹ for name, response in responses.items():
    print(f"{name} would like to climb {response}.")
```

这个程序首先定义了一个空字典（responses），并设置了一个标志（polling_active）用于指出调查是否继续。只要 polling_active 为 True，Python 就运行 while 循环中的代码。

在这个循环中，首先提示用户输入名字以及喜欢爬哪座山（见❶）。然后将这些信息存储在字典 responses 中（见❷），并询问用户调查是否继续（见❸）。如果用户输入 yes，程序将再次进入 while 循环；如果用户输入 no，标志 polling_active 将被设置为 False，while 循环就此结束。最后一个代码块（见❹）显示调查结果。

如果运行这个程序，并输入一些名字和回答，输出将类似于下面这样：

```
What is your name? Eric
Which mountain would you like to climb someday? Denali
Would you like to let another person respond? (yes/no) yes

What is your name? Lynn
Which mountain would you like to climb someday? Devil's Thumb
```

Would you like to let another person respond? (yes/no) **no**

--- Poll Results ---
Eric would like to climb Denali.
Lynn would like to climb Devil's Thumb.

动手试一试

练习 7.8：熟食店　创建一个名为 sandwich_orders 的列表，其中包含各种三明治的名字，再创建一个名为 finished_sandwiches 的空列表。遍历列表 sandwich_orders，对于其中的每种三明治，都打印一条消息，如 "I made your tuna sandwich."，并将其移到列表 finished_sandwiches 中。当所有三明治都制作好后，打印一条消息，将这些三明治列出来。

练习 7.9：五香烟熏牛肉卖完了　使用为练习 7.8 创建的列表 sandwich_orders，并确保'pastrami'在其中至少出现了三次。在程序开头附近添加这样的代码：先打印一条消息，指出熟食店的五香烟熏牛肉（pastrami）卖完了；再使用一个 while 循环将列表 sandwich_orders 中的'pastrami'都删除。确认最终的列表 finished_sandwiches 中未包含'pastrami'。

练习 7.10：梦想中的度假胜地　编写一个程序，调查用户梦想中的度假胜地。使用类似于 "If you could visit one place in the world, where would you go?" 的提示，并编写一个打印调查结果的代码块。

7.4　小结

在本章中，你首先学习了如何在程序中使用 input() 来让用户提供信息，如何处理文本和数的输入，以及如何使用 while 循环让程序按用户的要求不断地运行。然后见识了多种控制 while 循环流程的方式：设置活动标志，使用 break 语句，以及使用 continue 语句。你还学习了如何使用 while 循环在列表之间移动元素，以及如何从列表中删除所有包含特定值的元素。最后，你学习了如何结合使用 while 循环和字典。

在第 8 章中，你将学习函数。函数让你能够将程序分成多个很小的部分，每部分都负责完成一项具体的任务。你可以根据需要调用同一个函数任意多次，还可以将函数存储在独立的文件中。使用函数能让你编写的代码效率更高，更容易维护和排除故障，还能在众多不同的程序中复用。

第 8 章

函　数

在本章中，你将学习编写**函数**（function）。函数是带名字的代码块，用于完成具体的工作。要执行函数定义的特定任务，可**调用**（call）该函数。当需要在程序中多次执行同一项任务时，无须反复编写完成该任务的代码，只需要调用执行该任务的函数，让 Python 运行其中的代码即可。你将发现，使用函数，程序编写、阅读、测试和修复起来都会更容易。

你还将学习各种向函数传递信息的方式，学习编写主要任务是显示信息的函数，以及用于处理数据并返回一个或一组值的函数。最后，你将学习如何将函数存储在称为**模块**（module）的独立文件中，让主程序文件更加整洁。

8.1　定义函数

下面是一个打印问候语的简单函数，名为 greet_user()：

greeter.py
```
def greet_user():
    """显示简单的问候语"""
    print("Hello!")

greet_user()
```

这个示例演示了最简单的函数结构。第一行代码使用关键字 def 来告诉 Python，你要定义一个函数。这是**函数定义**，向 Python 指出了函数名，还可以在括号内指出函数为完成任务需要什么样的信息。在这里，函数名为 greet_user()，它不需要任何信息就能完成工作，因此括号内是空的（即便如此，括号也必不可少）。最后，定义以冒号结尾。

紧跟在 def greet_user():后面的所有缩进行构成了函数体。第二行的文本是称为**文档字符串**（docstring）的注释，描述了函数是做什么的。Python 在为程序中的函数生成文档时，会查找紧跟在函数定义后的字符串。这些字符串通常前后分别用三个双引号引起，能够包含多行。

代码行 print("Hello!")是函数体内的唯一一行代码，因此 greet_user()只做一项工作：打印 Hello!。

要使用这个函数，必须调用它。**函数调用**让 Python 执行函数中的代码。要调用函数，可依次指定函数名以及用括号括起的必要信息。由于这个函数不需要任何信息，调用它时只需输入 greet_user()即可。和预期的一样，它会打印 Hello!：

```
Hello!
```

8.1.1　向函数传递信息

只需稍作修改，就可让 greet_user()函数在问候用户时以其名字作为抬头。为此，可在函数定义 def greet_user()的括号内添加 username。这样，可让函数接受你给 username 指定的任何值。现在，这个函数要求你在调用它时给 username 指定一个值。因此在调用 greet_user()时，可将一个名字传递给它，如下所示：

```
def greet_user(username):
    """显示简单的问候语"""
    print(f"Hello, {username.title()}!")

greet_user('jesse')
```

代码 greet_user('jesse')调用函数 greet_user()，并向它提供执行函数调用 print()所需的信息。这个函数接受你传递给它的名字，并向这个人发出问候：

```
Hello, Jesse!
```

同样，greet_user('sarah')调用函数 greet_user()并向它传递'sarah'，从而打印 Hello, Sarah!。你可以根据需要调用函数 greet_user()任意多次，无论在调用时传入什么名字，都将生成相应的输出。

8.1.2　实参和形参

前面在定义 greet_user()函数时，要求给变量 username 指定一个值。这样，在调用这个函数并提供这种信息（人名）时，它将打印相应的问候语。

在 greet_user()函数的定义中，变量 username 是一个**形参**（parameter），即函数完成工作所需的信息。在代码 greet_user('jesse')中，值'jesse'是一个**实参**（argument），即在调用函数时传递给函数的信息。在调用函数时，我们将要让函数使用的信息放在括号内。在 greet_user('jesse')这个示例中，我们将实参'jesse'传递给函数 greet_user()，这个值被赋给了形参 username。

注意：大家有时候会形参、实参不分。即使你看到有人将函数定义中的变量称为实参或将函数调用中的变量称为形参，也不要大惊小怪。

动手试一试

练习 8.1：消息 编写一个名为 display_message() 的函数，让它打印一个句子，指出本章的主题是什么。调用这个函数，确认显示的消息正确无误。

练习 8.2：喜欢的书 编写一个名为 favorite_book() 的函数，其中包含一个名为 title 的形参。让这个函数打印一条像下面这样的消息。

One of my favorite books is Alice in Wonderland.

调用这个函数，并将一本书的书名作为实参传递给它。

8.2 传递实参

函数定义中可能包含多个形参，因此函数调用中也可能包含多个实参。向函数传递实参的方式很多：既可以使用**位置实参**，这要求实参的顺序与形参的顺序相同；也可以使用**关键字实参**，其中每个实参都由变量名和值组成；还可以使用列表和字典。下面依次介绍这些方式。

8.2.1 位置实参

在调用函数时，Python 必须将函数调用中的每个实参关联到函数定义中的一个形参。最简单的方式是基于实参的顺序进行关联。以这种方式关联的实参称为**位置实参**。

为了明白其中的工作原理，我们来看一个显示宠物信息的函数。这个函数指出一个宠物属于哪种动物以及它叫什么名字，如下所示：

pets.py ❶
```
def describe_pet(animal_type, pet_name):
    """显示宠物的信息"""
    print(f"\nI have a {animal_type}.")
    print(f"My {animal_type}'s name is {pet_name.title()}.")
```

❷
```
describe_pet('hamster', 'harry')
```

这个函数的定义表明，它需要一个动物类型和一个名字（见❶）。在调用 describe_pet() 时，需要按顺序提供一个动物类型和一个名字。例如，在刚才的函数调用中，实参 'hamster' 被赋给形参 animal_type，而实参 'harry' 被赋给形参 pet_name（见❷）。在函数体内，使用这两个形参来显示宠物的信息。

输出描述了一只名为 Harry 的仓鼠：

```
I have a hamster.
My hamster's name is Harry.
```

1. 调用函数多次

可根据需要调用函数任意多次。要再描述一个宠物，只需再次调用 describe_pet()即可：

```
def describe_pet(animal_type, pet_name):
    """显示宠物的信息"""
    print(f"\nI have a {animal_type}.")
    print(f"My {animal_type}'s name is {pet_name.title()}.")

describe_pet('hamster', 'harry')
describe_pet('dog', 'willie')
```

第二次调用 describe_pet()函数时，向它传递实参'dog'和'willie'。与第一次调用时一样，Python 将实参'dog'关联到形参 animal_type，并将实参'willie'关联到形参 pet_name。

与前面一样，这个函数完成了任务，但打印的是一条名为 Willie 的小狗的信息。至此，有一只名为 Harry 的仓鼠，还有一条名为 Willie 的小狗：

```
I have a hamster.
My hamster's name is Harry.

I have a dog.
My dog's name is Willie.
```

多次调用同一个函数是一种效率极高的工作方式。只需在函数中编写一次描述宠物的代码，每当需要描述新宠物时，就都可以调用这个函数并向它提供新宠物的信息。即便描述宠物的代码增加到了 10 行，依然只需使用一行调用函数的代码，就可以描述一个新宠物。

在函数中，可根据需要使用任意数量的位置实参，Python 将按顺序将函数调用中的实参关联到函数定义中相应的形参。

2. 位置实参的顺序很重要

当使用位置实参来调用函数时，如果实参的顺序不正确，结果可能会出乎意料：

```
def describe_pet(animal_type, pet_name):
    """显示宠物的信息"""
    print(f"\nI have a {animal_type}.")
    print(f"My {animal_type}'s name is {pet_name.title()}.")

describe_pet('harry', 'hamster')
```

在这个函数调用中，先指定名字，再指定动物类型。由于实参'harry'在前，这个值将被赋给形参 animal_type，而后面的'hamster'将被赋给形参 pet_name。结果是有一个名为 Hamster 的 harry：

```
I have a harry.
My harry's name is Hamster.
```

如果你得到的结果像上面一样可笑，请确认函数调用中实参的顺序与函数定义中形参的顺序是否一致。

8.2.2　关键字实参

关键字实参是传递给函数的名值对（name-value pair）。这样会直接在实参中将名称和值关联起来，因此向函数传递实参时就不会混淆了（不会得到名为 Hamster 的 harry 这样的结果）。关键字实参不仅让你无须考虑函数调用中的实参顺序，而且清楚地指出了函数调用中各个值的用途。

下面重新编写 pets.py，在其中使用关键字实参来调用 describe_pet()：

```
def describe_pet(animal_type, pet_name):
    """显示宠物的信息"""
    print(f"\nI have a {animal_type}.")
    print(f"My {animal_type}'s name is {pet_name.title()}.")

describe_pet(animal_type='hamster', pet_name='harry')
```

describe_pet()函数还和之前一样，但这次调用这个函数时，向 Python 明确地指出了各个实参对应的形参。当看到这个函数调用时，Python 知道应该将实参'hamster'和'harry'分别赋给形参 animal_type 和 pet_name。输出正确无误，指出有一只名为 Harry 的仓鼠。

关键字实参的顺序无关紧要，因为 Python 知道各个值该被赋给哪个形参。下面两个函数调用是等效的：

```
describe_pet(animal_type='hamster', pet_name='harry')
describe_pet(pet_name='harry', animal_type='hamster')
```

注意：在使用关键字实参时，务必准确地指定函数定义中的形参名。

8.2.3　默认值

在编写函数时，可以给每个形参指定**默认值**。如果在调用函数中给形参提供了实参，Python 将使用指定的实参值；否则，将使用形参的默认值。因此，给形参指定默认值后，可在函数调用中省略相应的实参。使用默认值不仅能简化函数调用，还能清楚地指出函数的典型用法。

如果你发现在调用 describe_pet() 时，描述的大多是小狗，就可将形参 animal_type 的默认值设置为'dog'。这样，当调用 describe_pet() 来描述小狗时，就可以不提供该信息：

```
def describe_pet(pet_name, animal_type='dog'):
    """显示宠物的信息"""
    print(f"\nI have a {animal_type}.")
    print(f"My {animal_type}'s name is {pet_name.title()}.")

describe_pet(pet_name='willie')
```

这里修改了 describe_pet() 函数的定义，在其中给形参 animal_type 指定了默认值'dog'。这样，在调用这个函数时，如果没有给 animal_type 指定值，Python 将自动把这个形参设置为'dog'：

```
I have a dog.
My dog's name is Willie.
```

请注意，在这个函数的定义中，修改了形参的排列顺序。由于给 animal_type 指定了默认值，无须通过实参来指定动物类型，因此函数调用只包含一个实参——宠物的名字。然而，Python 依然将这个实参视为位置实参，如果函数调用只包含宠物的名字，这个实参将被关联到函数定义中的第一个形参。这就是需要将 pet_name 放在形参列表开头的原因。

现在，使用这个函数的最简单方式是，在函数调用中只提供小狗的名字：

```
describe_pet('willie')
```

这个函数调用的输出与前一个示例相同。只提供了一个实参'willie'，这个实参将被关联到函数定义中的第一个形参 pet_name。由于没有给 animal_type 提供实参，因此 Python 使用默认值'dog'。

如果要描述的动物不是小狗，可使用类似于下面的函数调用：

```
describe_pet(pet_name='harry', animal_type='hamster')
```

由于显式地给 animal_type 提供了实参，Python 将忽略这个形参的默认值。

注意： 当使用默认值时，必须在形参列表中先列出没有默认值的形参，再列出有默认值的形参。这让 Python 依然能够正确地解读位置实参。

8.2.4   等效的函数调用

鉴于可混合使用位置实参、关键字实参和默认值，通常有多种等效的函数调用方式。请看 describe_pet() 函数的如下定义，其中给一个形参提供了默认值：

```
def describe_pet(pet_name, animal_type='dog'):
```

基于这种定义，在任何情况下都必须给 pet_name 提供实参。在指定该实参时，既可以使用位置实参，也可以使用关键字实参。如果要描述的动物不是小狗，还必须在函数调用中给 animal_type 提供实参。同样，在指定该实参时，既可以使用位置实参，也可以使用关键字实参。

下面对这个函数的所有调用都可行：

```
# 一条名为 Willie 的小狗
describe_pet('willie')
describe_pet(pet_name='willie')

# 一只名为 Harry 的仓鼠
describe_pet('harry', 'hamster')
describe_pet(pet_name='harry', animal_type='hamster')
describe_pet(animal_type='hamster', pet_name='harry')
```

这些函数调用的输出与前面的示例相同。

使用哪种调用方式无关紧要。可以使用对你来说最容易理解的调用方式，只要函数调用能生成你期望的输出就好。

8.2.5 避免实参错误

等你开始使用函数后，也许会遇到实参不匹配错误。当你提供的实参多于或少于函数完成工作所需的实参数量时，将出现实参不匹配错误。如果在调用 describe_pet()函数时没有指定任何实参，结果将如何呢？

```
def describe_pet(animal_type, pet_name):
    """显示宠物的信息"""
    print(f"\nI have a {animal_type}.")
    print(f"My {animal_type}'s name is {pet_name.title()}.")

describe_pet()
```

Python 发现该函数调用缺少必要的信息，并用 traceback 指出了这一点：

```
Traceback (most recent call last):
❶   File "pets.py", line 6, in <module>
❷     describe_pet()
      ^^^^^^^^^^^^^^
❸ TypeError: describe_pet() missing 2 required positional arguments:
      'animal_type' and 'pet_name'
```

traceback 首先指出问题出在什么地方（见❶），让我们能够回过头去找出函数调用中的错误。然后，指出导致问题的函数调用（见❷）。最后，traceback 指出该函数调用缺少两个实参，并指出了相应形参的名称（见❸）。如果这个函数存储在一个独立的文件中，我们也许无须打开这个文件并查看函数的代码，就能重新正确地编写函数调用。

Python 能读取函数的代码，并指出需要为哪些形参提供实参，这为我们提供了极大的帮助。这是应该给变量和函数指定描述性名称的另一个原因：如果这样做了，那么无论对于你，还是可能使用你编写的代码的其他任何人来说，Python 提供的错误消息都将更有帮助性。

如果提供的实参太多，将出现类似的 traceback，帮助你确保函数调用和函数定义匹配。

动手试一试

练习 8.3：T 恤　编写一个名为 make_shirt() 的函数，它接受一个尺码以及要印到 T 恤上的字样。这个函数应该打印一个句子，简要地说明 T 恤的尺码和字样。

先使用位置实参调用这个函数来制作一件 T 恤，再使用关键字实参来调用这个函数。

练习 8.4：大号 T 恤　修改 make_shirt() 函数，使其在默认情况下制作一件印有 "I love Python" 字样的大号 T 恤。调用这个函数分别制作一件印有默认字样的大号 T 恤，一件印有默认字样的中号 T 恤，以及一件印有其他字样的 T 恤（尺码无关紧要）。

练习 8.5：城市　编写一个名为 describe_city() 的函数，它接受一座城市的名字以及该城市所属的国家。这个函数应该打印一个像下面这样简单的句子。

Reykjavik is in Iceland.

给用于存储国家的形参指定默认值。为三座不同的城市调用这个函数，其中至少有一座城市不属于默认的国家。

8.3　返回值

函数并非总是直接显示输出，它还可以处理一些数据，并返回一个或一组值。函数返回的值称为**返回值**。在函数中，可以使用 return 语句将值返回到调用函数的那行代码。返回值让你能够将程序的大部分繁重工作移到函数中完成，从而简化主程序。

8.3.1　返回简单的值

下面来看一个函数，它接受名和姓并返回标准格式的姓名：

*formatted_*
name.py

```
       def get_formatted_name(first_name, last_name):
           """返回标准格式的姓名"""
   ❶      full_name = f"{first_name} {last_name}"
   ❷      return full_name.title()
```

```
❸ musician = get_formatted_name('jimi', 'hendrix')
  print(musician)
```

　　get_formatted_name()函数的定义通过形参接受名和姓。它将名和姓合在一起，在中间加上一个空格，并将结果赋给变量 full_name（见❶）。然后，它将 full_name 的值转换为首字母大写的格式，并将结果返回函数调用行（见❷）。

　　在调用可以返回值的函数时，需要提供一个变量，以便将返回的值赋给它。这里将返回值赋给了变量 musician（见❸）。输出为标准格式的姓名：

```
Jimi Hendrix
```

　　原本只需编写下面的代码就可以输出这个标准格式的姓名，前面做的工作好像太多了：

```
print("Jimi Hendrix")
```

　　你要知道，在需要分别存储大量名和姓的大型程序中，像 get_formatted_name()这样的函数非常有用。你可以分别存储名和姓，每当需要显示姓名时就调用这个函数。

8.3.2　让实参变成可选的

　　有时候，需要让实参变成可选的，以便使用函数的人只在必要时才提供额外的信息。可以使用默认值来让实参变成可选的。

　　假设要扩展 get_formatted_name()函数，使其除了名和姓之外还可以处理中间名。为此，可将其修改成类似这样：

```
def get_formatted_name(first_name, middle_name, last_name):
    """返回标准格式的姓名"""
    full_name = f"{first_name} {middle_name} {last_name}"
    return full_name.title()

musician = get_formatted_name('john', 'lee', 'hooker')
print(musician)
```

　　只要同时提供名、中间名和姓，这个函数就能正确运行。它根据这三部分创建一个字符串，在适当的地方加上空格，并将结果转换为首字母大写的格式：

```
John Lee Hooker
```

　　然而，并非所有人都有中间名。如果调用这个函数时只提供了名和姓，它将不能正确地运行。为让中间名变成可选的，可给形参 middle_name 指定默认值（空字符串），在用户不提供中间名时不使用这个形参。为了让 get_formatted_name()在没有提供中间名时依然正确运行，可给形参

middle_name 指定默认值（空字符串），并将其移到形参列表的末尾：

```
    def get_formatted_name(first_name, last_name, middle_name=''):
        """返回标准格式的姓名"""
❶      if middle_name:
            full_name = f"{first_name} {middle_name} {last_name}"
❷      else:
            full_name = f"{first_name} {last_name}"
        return full_name.title()

    musician = get_formatted_name('jimi', 'hendrix')
    print(musician)

❸   musician = get_formatted_name('john', 'hooker', 'lee')
    print(musician)
```

在这个示例中，姓名是根据三个可能提供的部分创建的。每个人都有名和姓，因此在函数定义中首先列出了这两个形参。中间名是可选的，因此在函数定义中最后列出该形参，并将其默认值设置为空字符串。

在函数体中，检查是否提供了中间名。Python 将非空字符串解读为 True，如果在函数调用中提供了中间名，条件测试 if middle_name 将为 True（见❶）。如果提供了中间名，就将名、中间名和姓合并为姓名，再将其修改为首字母大写的格式，并将结果返回函数调用行。在函数调用行，将返回的值赋给变量 musician。最后，这个变量的值被打印了出来。如果没有提供中间名，middle_name 将为空字符串，导致 if 测试未通过，进而执行 else 代码块（见❷）：只使用名和姓来生成姓名，并将设置好格式的姓名返回函数调用行。在函数调用行，将返回的值赋给变量 musician。最后，这个变量的值被打印了出来。

在调用这个函数时，如果只想指定名和姓，调用起来将非常简单。如果还要指定中间名，就必须确保它是最后一个实参，这样 Python 才能正确地将位置实参关联到形参（见❸）。

这个修改后的版本不仅适用于只有名和姓的人，也适用于还有中间名的人：

```
Jimi Hendrix
John Lee Hooker
```

可选值在让函数能够处理各种不同情形的同时，确保函数调用尽可能简单。

8.3.3 返回字典

函数可返回任何类型的值，包括列表和字典等较为复杂的数据结构。例如，下面的函数接受姓名的组成部分，并返回一个表示人的字典：

person.py
```
def build_person(first_name, last_name):
    """返回一个字典，其中包含有关一个人的信息"""
```

```
❶      person = {'first': first_name, 'last': last_name}
❷      return person

    musician = build_person('jimi', 'hendrix')
❸ print(musician)
```

build_person()函数接受名和姓，并将这些值放在字典中（见❶）。在存储 first_name 的值时，使用的键为'first'，而在存储 last_name 的值时，使用的键为'last'。然后，返回表示人的整个字典（见❷）。在❸处，打印这个被返回的值。此时，原来的两项文本信息存储在一个字典中：

```
{'first': 'jimi', 'last': 'hendrix'}
```

这个函数接受简单的文本信息，并将其放在一个更合适的数据结构中，让你不仅能打印这些信息，还能以其他方式处理它们。当前，字符串'jimi'和'hendrix'分别被标记为名和姓。你可以轻松地扩展这个函数，使其接受可选值，如中间名、年龄、职业或其他任何要存储的信息。例如，下面的修改能让你存储年龄：

```
def build_person(first_name, last_name, age=None):
    """返回一个字典，其中包含有关一个人的信息"""
    person = {'first': first_name, 'last': last_name}
    if age:
        person['age'] = age
    return person

musician = build_person('jimi', 'hendrix', age=27)
print(musician)
```

在函数定义中，新增了一个可选形参 age，其默认值被设置为特殊值 None（表示变量没有值）。可将 None 视为占位值。在条件测试中，None 相当于 False。如果函数调用中包含形参 age 的值，这个值将被存储到字典中。在任何情况下，这个函数都会存储一个人的姓名，并且可以修改它，使其同时存储有关这个人的其他信息。

8.3.4　结合使用函数和 while 循环

可将函数与本书前面介绍的所有 Python 结构结合起来使用。例如，下面将结合使用 get_formatted_name()函数和 while 循环，以更正规的方式问候用户。下面尝试使用名和姓跟用户打招呼：

greeter.py
```
def get_formatted_name(first_name, last_name):
    """返回规范格式的姓名"""
    full_name = f"{first_name} {last_name}"
    return full_name.title()

# 这是一个无限循环!
while True:
```

❶
```
    print("\nPlease tell me your name:")
    f_name = input("First name: ")
    l_name = input("Last name: ")

    formatted_name = get_formatted_name(f_name, l_name)
    print(f"\nHello, {formatted_name}!")
```

在这个示例中，使用的是 get_formatted_name() 的简单版本，不涉及中间名。while 循环让用户输入姓名：提示用户依次输入名和姓（见 ❶ ）。

但这个 while 循环存在一个问题：没有定义退出条件。在请用户进行一系列输入时，该在什么地方提供退出途径呢？我们要让用户能够尽可能容易地退出，因此在每次提示用户输入时，都应提供退出途径。使用 break 语句可以在每次提示用户输入时提供退出循环的简单途径：

```
def get_formatted_name(first_name, last_name):
    """返回规范格式的姓名"""
    full_name = f"{first_name} {last_name}"
    return full_name.title()

while True:
    print("\nPlease tell me your name:")
    print("(enter 'q' at any time to quit)")

    f_name = input("First name: ")
    if f_name == 'q':
        break

    l_name = input("Last name: ")
    if l_name == 'q':
        break

    formatted_name = get_formatted_name(f_name, l_name)
    print(f"\nHello, {formatted_name}!")
```

我们添加了一条消息来告诉用户如何退出。然后在每次提示用户输入时，都检查他输入的是否是退出值。如果是，就退出循环。现在，这个程序将不断地发出问候，直到用户输入的姓或名为 'q'：

```
Please tell me your name:
(enter 'q' at any time to quit)
First name: eric
Last name: matthes

Hello, Eric Matthes!

Please tell me your name:
(enter 'q' at any time to quit)
First name: q
```

动手试一试

练习 8.6：城市名　编写一个名为 city_country() 的函数，它接受城市的名称及其所属的国家。这个函数应返回一个格式类似于下面的字符串：

"Santiago, Chile"

至少使用三个城市-国家对调用这个函数，并打印它返回的值。

练习 8.7：专辑　编写一个名为 make_album() 的函数，它创建一个描述音乐专辑的字典。这个函数应接受歌手名和专辑名，并返回一个包含这两项信息的字典。使用这个函数创建三个表示不同专辑的字典，并打印每个返回的值，以核实字典正确地存储了专辑的信息。

给 make_album() 函数添加一个默认值为 None 的可选形参，以便存储专辑包含的歌曲数。如果调用这个函数时指定了歌曲数，就将这个值添加到表示专辑的字典中。调用这个函数，并至少在一次调用中指定专辑包含的歌曲数。

练习 8.8：用户的专辑　在为练习 8.7 编写的程序中，编写一个 while 循环，让用户输入歌手名和专辑名。获取这些信息后，使用它们来调用 make_album() 函数并将创建的字典打印出来。在这个 while 循环中，务必提供退出途径。

8.4　传递列表

你经常会发现，向函数传递列表很有用，可能是名字列表、数值列表或更复杂的对象列表（如字典）。将列表传递给函数后，函数就能直接访问其内容。下面使用函数来提高处理列表的效率。

假设有一个用户列表，而我们要向其中的每个用户发出问候。下面的示例将一个名字列表传递给一个名为 greet_users() 的函数，这个函数会向列表中的每个人发出问候：

greet_users.py
```python
def greet_users(names):
    """向列表中的每个用户发出简单的问候"""
    for name in names:
        msg = f"Hello, {name.title()}!"
        print(msg)

usernames = ['hannah', 'ty', 'margot']
greet_users(usernames)
```

我们将 greet_users() 定义成接受一个名字列表，并将其赋给形参 names。这个函数遍历收到的列表，并对其中的每个用户打印一条问候语。在函数外，先定义一个用户列表 usernames，再调用 greet_users() 并将这个列表传递给它：

```
Hello, Hannah!
Hello, Ty!
Hello, Margot!
```

输出完全符合预期。每个用户都看到了一条个性化的问候语。每当需要问候一组用户时，都可调用这个函数。

8.4.1   在函数中修改列表

将列表传递给函数后，函数就可以对其进行修改了。在函数中对这个列表所做的任何修改都是永久的，这让你能够高效地处理大量数据。

来看一家为用户提交的设计制作 3D 打印模型的公司。需要打印的设计事先存储在一个列表中，打印后将被移到另一个列表中。下面是在不使用函数的情况下模拟这个过程的代码：

*printing_*
models.py
```
# 首先创建一个列表，其中包含一些要打印的设计
unprinted_designs = ['phone case', 'robot pendant', 'dodecahedron']
completed_models = []

# 模拟打印每个设计，直到没有未打印的设计为止
# 打印每个设计后，都将其移到列表 completed_models 中
while unprinted_designs:
    current_design = unprinted_designs.pop()
    print(f"Printing model: {current_design}")
    completed_models.append(current_design)

# 显示打印好的所有模型
print("\nThe following models have been printed:")
for completed_model in completed_models:
    print(completed_model)
```

这个程序首先创建一个需要打印的设计列表，以及一个名为 completed_models 的空列表，打印每个设计后都将其移到这个空列表中。只要列表 unprinted_designs 中还有设计，while 循环就模拟打印设计的过程：从该列表末尾删除一个设计，将其赋给变量 current_design，并显示一条消息，指出正在打印当前的设计，再将该设计加入列表 completed_models。循环结束后，显示已打印的所有设计：

```
Printing model: dodecahedron
Printing model: robot pendant
Printing model: phone case

The following models have been printed:
dodecahedron
robot pendant
phone case
```

可以重新组织这些代码，编写两个函数，让每个都做一件具体的工作。大部分代码与原来相同，只是结构更为合理。第一个函数负责处理打印设计的工作，第二个概述打印了哪些设计：

```
❶ def print_models(unprinted_designs, completed_models):
      """
      模拟打印每个设计，直到没有未打印的设计为止
      打印每个设计后，都将其移到列表 completed_models 中
      """
      while unprinted_designs:
          current_design = unprinted_designs.pop()
          print(f"Printing model: {current_design}")
          completed_models.append(current_design)

❷ def show_completed_models(completed_models):
      """显示打印好的所有模型"""
      print("\nThe following models have been printed:")
      for completed_model in completed_models:
          print(completed_model)

  unprinted_designs = ['phone case', 'robot pendant', 'dodecahedron']
  completed_models = []

  print_models(unprinted_designs, completed_models)
  show_completed_models(completed_models)
```

首先，定义函数 print_models()，它包含两个形参：一个需要打印的设计列表和一个打印好的模型列表（见❶）。给定这两个列表，这个函数模拟打印每个设计的过程：将设计逐个从未打印的设计列表中取出，并加入打印好的模型列表。然后，定义函数 show_completed_models()，它包含一个形参：打印好的模型列表（见❷）。给定这个列表，函数 show_completed_models()显示打印出来的每个模型的名称。

虽然这个程序的输出与未使用函数的版本相同，但是代码更有条理。完成大部分工作的代码被移到了两个函数中，让主程序很容易理解。只要看看主程序，你就能轻松地知道这个程序的功能：

```
unprinted_designs = ['phone case', 'robot pendant', 'dodecahedron']
completed_models = []

print_models(unprinted_designs, completed_models)
show_completed_models(completed_models)
```

我们创建了一个未打印的设计列表，以及一个空列表，后者用于存储打印好的模型。接下来，由于已经定义了两个函数，因此只需要调用它们并传入正确的实参即可。我们调用 print_models()并向它传递两个列表。像预期的一样，print_models()模拟了打印设计的过程。接下来，调用 show_completed_models()，并将打印好的模型列表传递给它，让它能够指出打印了哪些模型。描述性的函数名让阅读这些代码的人也能一目了然，虽然其中没有任何注释。

相比于没有使用函数的版本，这个程序更容易扩展和维护。如果以后需要打印其他设计，只需再次调用 print_models() 即可。如果发现需要对模拟打印的代码进行修改，只需修改这些代码一次，就将影响所有调用该函数的地方。与必须分别修改程序的多个地方相比，这种修改的效率更高。

这个程序还演示了一种理念：每个函数都应只负责一项具体工作。用第一个函数打印每个设计，用第二个函数显示打印好的模型，优于使用一个函数完成这两项工作。在编写函数时，如果发现它执行的任务太多，请尝试将这些代码划分到两个函数中。别忘了，总是可以在一个函数中调用另一个函数，这有助于将复杂的任务分解成一系列步骤。

8.4.2　禁止函数修改列表

有时候，需要禁止函数修改列表。假设像前一个示例那样，你有一个未打印的设计列表，并且编写了一个将这些设计移到打印好的模型列表中的函数。你可能会做出这样的决定：即便打印了所有的设计，也要保留原来的未打印的设计列表，作为存档。但由于你将所有的设计都移出了 unprinted_designs，这个列表变成了空的——原来的列表没有了。为了解决这个问题，可向函数传递列表的副本而不是原始列表。这样，函数所做的任何修改都只影响副本，而丝毫不影响原始列表。

要将列表的副本传递给函数，可以像下面这样做：

```
function_name(list_name[:])
```

切片表示法 [:] 创建列表的副本。在 printing_models.py 中，如果不想清空未打印的设计列表，可像下面这样调用 print_models()：

```
print_models(unprinted_designs[:], completed_models)
```

print_models() 函数依然能够完成其工作，因为它获得了所有未打印的设计的名称，但它这次使用的是列表 unprinted_designs 的副本，而不是列表 unprinted_designs 本身。像以前一样，列表 completed_models 将包含打印好的模型的名称，但函数所做的修改不会影响列表 unprinted_designs。

虽然向函数传递列表的副本可保留原始列表的内容，但除非有充分的理由，否则还是应该将原始列表传递给函数。这是因为，让函数使用现成的列表可避免花时间和内存创建副本，从而提高效率，在处理大型列表时尤其如此。

动手试一试

练习 8.9：消息 创建一个列表，其中包含一系列简短的文本消息。将这个列表传递给一个名为 show_messages() 的函数，这个函数会打印列表中的每条文本消息。

练习 8.10：发送消息 在为练习 8.9 编写的程序中，编写一个名为 send_messages() 的函数，将每条消息都打印出来并移到一个名为 sent_messages 的列表中。调用 send_messages() 函数，再将两个列表都打印出来，确认把消息移到了正确的列表中。

练习 8.11：消息归档 修改为练习 8.10 编写的程序，在调用函数 send_messages() 时，向它传递消息列表的副本。调用 send_messages() 函数后，将两个列表都打印出来，确认原始列表保留了所有的消息。

8.5 传递任意数量的实参

有时候，你预先不知道函数需要接受多少个实参，好在 Python 允许函数从调用语句中收集任意数量的实参。

例如一个制作比萨的函数，它需要接受很多配料，但无法预先确定顾客要点多少种配料。下面的函数只有一个形参 *toppings，不管调用语句提供了多少实参，这个形参都会将其收入囊中：

```
def make_pizza(*toppings):
    """打印顾客点的所有配料"""
    print(toppings)

make_pizza('pepperoni')
make_pizza('mushrooms', 'green peppers', 'extra cheese')
```

pizza.py

形参名 *toppings 中的星号让 Python 创建一个名为 toppings 的元组，该元组包含函数收到的所有值。函数体调用函数 print() 生成了输出，证明此时 Python 不仅能处理使用一个值调用函数的情形，也能处理使用三个值调用函数的情形。这也让我们知道，print() 函数是能够处理元组的。注意，Python 会将实参封装到一个元组中，即便函数只收到一个值也是如此：

```
('pepperoni',)
('mushrooms', 'green peppers', 'extra cheese')
```

现在，可以将函数调用 print() 替换为一个循环，遍历配料列表并对顾客点的比萨进行描述：

```
def make_pizza(*toppings):
    """概述要制作的比萨"""
    print("\nMaking a pizza with the following toppings:")
```

```
    for topping in toppings:
        print(f"- {topping}")

make_pizza('pepperoni')
make_pizza('mushrooms', 'green peppers', 'extra cheese')
```

不管收到一个值还是三个值，这个函数都能妥善地处理：

```
Making a pizza with the following toppings:
- pepperoni

Making a pizza with the following toppings:
- mushrooms
- green peppers
- extra cheese
```

不管函数收到多少个实参，这种语法都管用。

8.5.1　结合使用位置实参和任意数量的实参

如果要让函数接受不同类型的实参，必须在函数定义中将接受任意数量实参的形参放在最后。Python 先匹配位置实参和关键字实参，再将余下的实参都收集到最后一个形参中。

例如，如果前面的函数还需要一个表示比萨尺寸的形参，必须将该形参放在形参 *toppings 的前面：

```
def make_pizza(size, *toppings):
    """概述要制作的比萨"""
    print(f"\nMaking a {size}-inch pizza with the following toppings:")
    for topping in toppings:
        print(f"- {topping}")

make_pizza(16, 'pepperoni')
make_pizza(12, 'mushrooms', 'green peppers', 'extra cheese')
```

基于上述函数定义，Python 将收到的第一个值赋给形参 size，将其他所有的值都存储在元组 toppings 中。在函数调用中，首先指定表示比萨尺寸的实参，再根据需要指定任意数量的配料。

现在，每个比萨都有了尺寸和一系列配料，而且这些信息被按正确的顺序打印出来了——首先是尺寸，然后是配料：

```
Making a 16-inch pizza with the following toppings:
- pepperoni

Making a 12-inch pizza with the following toppings:
- mushrooms
- green peppers
- extra cheese
```

注意：你经常会看到通用形参名 *args，它也这样收集任意数量的位置实参。

8.5.2　使用任意数量的关键字实参

　　有时候，你需要接受任意数量的实参，但预先不知道传递给函数的会是什么样的信息。在这种情况下，可将函数编写成能够接受任意数量的键值对——调用语句提供了多少就接受多少。一个这样的示例是创建用户简介：你知道将收到有关用户的信息，但不确定是什么样的信息。在下面的示例中，build_profile()函数不仅接受名和姓，还接受任意数量的关键字实参：

---

user_profile.py

```
def build_profile(first, last, **user_info):
    """创建一个字典，其中包含我们知道的有关用户的一切"""
❶   user_info['first_name'] = first
    user_info['last_name'] = last
    return user_info

user_profile = build_profile('albert', 'einstein',
                             location='princeton',
                             field='physics')
print(user_profile)
```

---

　　build_profile()函数的定义要求提供名和姓，同时允许根据需要提供任意数量的名值对。形参 **user_info 中的两个星号让 Python 创建一个名为 user_info 的字典，该字典包含函数收到的其他所有名值对。在这个函数中，可以像访问其他字典那样访问 user_info 中的名值对。

　　在 build_profile()的函数体内，将名和姓加入字典 user_info（见❶），因为总是会从用户那里收到这两项信息，而这两项信息还没被放在字典中。接下来，将字典 user_info 返回函数调用行。

　　我们调用 build_profile()，向它传递名（'albert'）、姓（'einstein'）和两个键值对（location='princeton'和 field='physics'），并将返回的 user_info 赋给变量 user_profile，再打印这个变量：

```
{'location': 'princeton', 'field': 'physics',
'first_name': 'albert', 'last_name': 'einstein'}
```

　　在这里，返回的字典包含用户的名和姓，还有居住地和研究领域。在调用这个函数时，不管额外提供多少个键值对，它都能正确地处理。

　　在编写函数时，可以用各种方式混合使用位置实参、关键字实参和任意数量的实参。知道这些实参类型大有裨益，因为你在阅读别人编写的代码时经常会见到它们。要正确地使用这些类型的实参并知道使用它们的时机，需要一定的练习。就目前而言，牢记使用最简单的方法来完成任务就好了。继续往下阅读，你就会知道在各种情况下使用哪种方法的效率最高。

注意：你经常会看到名为 **kwargs 的形参，它用于收集任意数量的关键字实参。

动手试一试

练习 8.12：三明治　编写一个函数，它接受顾客要在三明治中添加的一系列食材。这个函数只有一个形参（它收集函数调用中提供的所有食材），并打印一条消息，对顾客点的三明治进行概述。调用这个函数三次，每次都提供不同数量的实参。

练习 8.13：用户简介　复制前面的程序 user_profile.py，在其中调用 build_profile() 来创建有关你的简介。在调用这个函数时，指定你的名和姓，以及三个用来描述你的键值对。

练习 8.14：汽车　编写一个函数，将一辆汽车的信息存储在字典中。这个函数总是接受制造商和型号，还接受任意数量的关键字实参。在调用这个函数时，提供必不可少的信息，以及两个名值对，如颜色和选装配件。这个函数必须能够像下面这样调用：

```
car = make_car('subaru', 'outback', color='blue', tow_package=True)
```

打印返回的字典，确认正确地处理了所有的信息。

8.6　将函数存储在模块中

使用函数的优点之一是可将代码块与主程序分离。通过给函数指定描述性名称，能让程序容易理解得多。你还可以更进一步，将函数存储在称为**模块**的独立文件中，再将模块导入（import）主程序。import 语句可让你在当前运行的程序文件中使用模块中的代码。

通过将函数存储在独立的文件中，可隐藏程序代码的细节，将重点放在程序的高层逻辑上。这还能让你在众多不同的程序中复用函数。将函数存储在独立文件中后，可与其他程序员共享这些文件而不是整个程序。知道如何导入函数还能让你使用其他程序员编写的函数库。

导入模块的方法有好几种，下面对每种都做简要的介绍。

8.6.1　导入整个模块

要让函数是可导入的，得先创建模块。**模块**是扩展名为 .py 的文件，包含要导入程序的代码。下面来创建一个包含 make_pizza() 函数的模块。为此，将文件 pizza.py 中除了函数 make_pizza() 之外的代码删除：

pizza.py
```
def make_pizza(size, *toppings):
    """概述要制作的比萨"""
    print(f"\nMaking a {size}-inch pizza with the following toppings:")
    for topping in toppings:
        print(f"- {topping}")
```

接下来，在 pizza.py 所在的目录中创建一个名为 making_pizzas.py 的文件。这个文件先导入刚创建的模块，再调用 make_pizza() 两次：

*making_*
pizzas.py
```
import pizza

❶ pizza.make_pizza(16, 'pepperoni')
pizza.make_pizza(12, 'mushrooms', 'green peppers', 'extra cheese')
```

当 Python 读取这个文件时，代码行 import pizza 会让 Python 打开文件 pizza.py，并将其中的所有函数都复制到这个程序中。你看不到复制代码的过程，因为 Python 会在程序即将运行时在幕后复制这些代码。你只需要知道，在 making_pizzas.py 中，可使用 pizza.py 中定义的所有函数。

要调用被导入模块中的函数，可指定被导入模块的名称 pizza 和函数名 make_pizza()，并用句点隔开（见❶）。这些代码的输出与没有导入模块的原始程序相同：

```
Making a 16-inch pizza with the following toppings:
- pepperoni

Making a 12-inch pizza with the following toppings:
- mushrooms
- green peppers
- extra cheese
```

这就是一种导入方法：只需编写一条 import 语句并在其中指定模块名，就可在程序中使用该模块中的所有函数。如果使用这种 import 语句导入了名为 module_name.py 的整个模块，就可使用下面的语法来使用其中的任意一个函数：

```
module_name.function_name()
```

8.6.2　导入特定的函数

还可以只导入模块中的特定函数，语法如下：

```
from module_name import function_name
```

用逗号分隔函数名，可根据需要从模块中导入任意数量的函数：

```
from module_name import function_0, function_1, function_2
```

对于前面的 making_pizzas.py 示例，如果只想导入要使用的函数，代码将类似于下面这样：

```
from pizza import make_pizza

make_pizza(16, 'pepperoni')
make_pizza(12, 'mushrooms', 'green peppers', 'extra cheese')
```

如果使用这种语法，在调用函数时则无须使用句点。由于在 import 语句中显式地导入了 make_pizza()函数，因此在调用时只需指定其名称即可。

8.6.3　使用 as 给函数指定别名

如果要导入的函数的名称太长或者可能与程序中既有的名称冲突，可指定简短而独一无二的**别名**（alias）：函数的另一个名称，类似于外号。要给函数指定这种特殊的外号，需要在导入时这样做。

下面给 make_pizza()函数指定了别名 mp()。这是在 import 语句中使用 make_pizza as mp 实现的，关键字 as 将函数重命名为指定的别名：

```
from pizza import make_pizza as mp

mp(16, 'pepperoni')
mp(12, 'mushrooms', 'green peppers', 'extra cheese')
```

上面的 import 语句将函数 make_pizza()重命名为 mp()。在这个程序中，每当需要调用 pizza 模块的 make_pizza()时，都需要使用其别名 mp()。Python 将运行 make_pizza()中的代码，同时避免与程序可能包含的 make_pizza()函数混淆。

指定别名的通用语法如下：

```
from module_name import function_name as fn
```

8.6.4　使用 as 给模块指定别名

还可以给模块指定别名。通过给模块指定简短的别名（如给 pizza 模块指定别名 p），你能够更轻松地调用模块中的函数。相比于 pizza.make_pizza()，p.make_pizza()显然更加简洁：

```
import pizza as p

p.make_pizza(16, 'pepperoni')
p.make_pizza(12, 'mushrooms', 'green peppers', 'extra cheese')
```

上述 import 语句给 pizza 模块指定了别名 p，但该模块中所有函数的名称都没变。要调用

make_pizza()函数，需要将其写为 p.make_pizza()而不是 pizza.make_pizza()。这样不仅让代码更加简洁，还让你不用再关注模块名，只专注于描述性的函数名。这些函数名明确地指出了函数的功能，对于理解代码来说，它们比模块名更重要。

给模块指定别名的通用语法如下：

```
import module_name as mn
```

8.6.5　导入模块中的所有函数

使用星号（*）运算符可让 Python 导入模块中的所有函数：

```
from pizza import *

make_pizza(16, 'pepperoni')
make_pizza(12, 'mushrooms', 'green peppers', 'extra cheese')
```

8

import 语句中的星号让 Python 将模块 pizza 中的每个函数都复制到这个程序文件中。由于导入了每个函数，可通过名称来调用每个函数，无须使用点号（dot notation）。然而，在使用并非自己编写的大型模块时，最好不要使用这种导入方法，因为如果模块中有函数的名称与当前项目中既有的名称相同，可能导致意想不到的结果：Python 可能会因为遇到多个名称相同的函数或变量而覆盖函数，而不是分别导入所有的函数。

最佳的做法是，要么只导入需要使用的函数，要么导入整个模块并使用点号。这都能让代码更清晰，更容易阅读和理解。这里之所以介绍导入模块中所有函数的方法，只是想让你在阅读别人编写的代码时，能够理解类似于下面的 import 语句：

```
from module_name import *
```

8.7　函数编写指南

在编写函数时，需要牢记几个细节。应给函数指定描述性名称，且只使用小写字母和下划线。描述性名称可帮助你和别人明白代码想要做什么。在给模块命名时也应遵循上述约定。

每个函数都应包含简要阐述其功能的注释。该注释应紧跟在函数定义后面，并采用文档字符串的格式。这样，其他程序员只需阅读文档字符串中的描述就能够使用它：他们完全可以相信代码会如描述的那样运行，并且只要知道函数名、需要的实参以及返回值的类型，就能在自己的程序中使用它。

在给形参指定默认值时，等号两边不要有空格：

```
def function_name(parameter_0, parameter_1='default value')
```

函数调用中的关键字实参也应遵循这种约定：

```
function_name(value_0, parameter_1='value')
```

PEP 8 建议代码行的长度不要超过 79 个字符。这样，只要编辑器窗口适中，就能看到整行代码。如果形参很多，导致函数定义的长度超过了 79 个字符，可在函数定义中输入左括号后按回车键，并在下一行连按两次制表符键，从而将形参列表和只缩进一层的函数体区分开来。

大多数编辑器会自动对齐后续参数列表行，使其缩进程度与你给第一个参数列表行指定的缩进程度相同：

```
def function_name(
        parameter_0, parameter_1, parameter_2,
        parameter_3, parameter_4, parameter_5):
    function body...
```

如果程序或模块包含多个函数，可使用两个空行将相邻的函数分开。这样将更容易知道前一个函数到什么地方结束，下一个函数从什么地方开始。

所有的 import 语句都应放在文件开头。唯一的例外是，你要在文件开头使用注释来描述整个程序。

动手试一试

练习 8.15：打印模型　将示例 printing_models.py 中的函数放在一个名为 printing_functions.py 的文件中。在 printing_models.py 的开头编写一条 import 语句，并修改这个文件以使用导入的函数。

练习 8.16：导入　选择一个你编写的且只包含一个函数的程序，将这个函数放在另一个文件中。在主程序文件中，使用下述各种方法导入这个函数，再调用它：

```
import module_name
from module_name import function_name
from module_name import function_name as fn
import module_name as mn
from module_name import *
```

练习 8.17：函数编写指南　选择你在本章编写的三个程序，确保它们遵循了本节介绍的函数编写指南。

8.8　小结

在本章中，你首先学习了如何编写函数，以及如何传递实参，让函数能够访问完成工作所需的信息。然后学习了如何使用位置实参和关键字实参，以及如何接受任意数量的实参。你见识了显示输出的函数和返回值的函数，知道了如何将函数与列表、字典、if 语句和 while 循环结合起来使用，以及如何将函数存储在称为模块的独立文件中，让程序文件更简单、更易于理解。最后，你了解了函数编写指南，遵循这些指南可让程序始终保持良好的结构，对你和其他人来说都易于阅读。

程序员的目标之一是编写简单的代码来完成任务，而函数有助于实现这样的目标。使用它们，你在编写好一个个代码块并确定其能够正确运行后，就可不必在上面花更多精力。确定函数能够正确地完成工作后，你就可以接着投身于下一个编程任务，因为你知道它们以后也不会出问题。

函数让你在编写一次代码后，可以复用它们任意多次。当需要运行函数中的代码时，只需编写一行函数调用代码，就能让函数完成其工作。当需要修改函数的行为时，只需修改一个代码块，你所做的修改就将影响调用这个函数的每个地方。

使用函数让程序更容易阅读，而良好的函数名概述了程序各个部分的作用。相比于阅读一系列代码块，阅读一系列函数调用让你能够更快地明白程序的作用。

函数还让代码更容易测试和调试。如果程序使用一系列函数来完成任务，其中的每个函数都完成一项具体工作，那么程序测试和维护起来将容易得多：可编写分别调用每个函数的程序，并测试每个函数是否在可能的各种情形下都能正确地运行。经过这样的测试，你就能深信每次调用这些函数时，它们都将正确地运行。

在第 9 章中，你将学习编写类。类将函数和数据整洁地封装起来，让你能够灵活而高效地使用它们。

第 9 章

类

面向对象编程（object-oriented programming，OOP）是最有效的软件编写方法之一。在面向对象编程中，你编写表示现实世界中的事物和情景的**类**（class），并基于这些类来创建**对象**（object）。在编写类时，你要定义一批对象都具备的通用行为。在基于类创建对象时，每个对象都自动具备这种通用行为。然后，你可根据需要赋予每个对象独特的个性。使用面向对象编程可模拟现实情景，逼真程度到达了令人惊讶的地步。

根据类来创建对象称为**实例化**，这让你能够使用类的**实例**（instance）。在本章中，你将编写一些类并创建其实例。你将指定可在实例中存储什么信息，定义可对这些实例执行哪些操作。你还将编写一些类来扩展既有类的功能，让相似的类能够共享功能，从而使用更少的代码做更多的事情。你将把自己编写的类存储在模块中，并在自己的程序文件中导入其他程序员编写的类。

学习面向对象编程有助于你像程序员那样看世界，并且真正明白自己编写的代码：不仅是各行代码的作用，还有代码背后更宏大的概念。了解类背后的概念可培养逻辑思维能力，让你能够通过编写程序来解决遇到的几乎任何问题。

随着面临的挑战日益严峻，类还能减轻你以及与你合作的其他程序员的负担。如果你与其他程序员基于同样的逻辑来编写代码，你们就能明白彼此所做的工作。你编写的程序将能被合作者理解，每个人都能事半功倍。

9.1 创建和使用类

使用类几乎可以模拟任何东西。下面来编写一个表示小狗的简单类 Dog——它表示的不是特定的小狗，而是任何小狗。对于大多数宠物狗，我们都知道些什么呢？它们都有名字和年龄。我们还知道，大多数小狗还会坐下和打滚。由于大多数小狗具备上述两项信息（名字和年龄）和两种行为（坐下和打滚），我们的 Dog 类将包含它们。这个类让 Python 知道如何创建表示小狗的对象。编写这个类后，我们将使用它来创建表示特定小狗的实例。

9.1.1　创建 Dog 类

根据 Dog 类创建的每个实例都将存储名字和年龄，而且我们会赋予每条小狗坐下（sit()）和打滚（roll_over()）的能力：

```
dog.py  ❶ class Dog:
             """一次模拟小狗的简单尝试"""

        ❷     def __init__(self, name, age):
                 """初始化属性 name 和 age"""
        ❸         self.name = name
                 self.age = age

        ❹     def sit(self):
                 """模拟小狗收到命令时坐下"""
                 print(f"{self.name} is now sitting.")

             def roll_over(self):
                 """模拟小狗收到命令时打滚"""
                 print(f"{self.name} rolled over!")
```

虽然这里需要注意的地方很多，但也不用担心。这样的结构在本章随处可见，你有很多熟悉它的机会。首先，定义一个名为 Dog 的类（见❶）。根据约定，在 Python 中，首字母大写的名称指的是类。因为这是我们创建的全新的类，所以定义时不加括号。然后是一个文档字符串，对这个类的功能做了描述。

__init__()方法

类中的函数称为**方法**。你在前面学到的有关函数的一切都适用于方法，就目前而言，唯一重要的差别是调用方法的方式。__init__()（见❷）是一个特殊方法，每当你根据 Dog 类创建新实例时，Python 都会自动运行它。在这个方法的名称中，开头和末尾各有两个下划线，这是一种约定，旨在避免 Python 默认方法与普通方法发生名称冲突。务必确保__init__()的两边都有两个下划线，否则当你使用类来创建实例时，将不会自动调用这个方法，进而引发难以发现的错误。

我们将 __init__()方法定义成包含三个形参：self、name 和 age。在这个方法的定义中，形参 self 必不可少，而且必须位于其他形参的前面。为何必须在方法定义中包含形参 self 呢？因为当 Python 调用这个方法来创建 Dog 实例时，将自动传入实参 self。每个与实例相关联的方法调用都会自动传递实参 self，该实参是一个指向实例本身的引用，让实例能够访问类中的属性和方法。当我们创建 Dog 实例时，Python 将调用 Dog 类的 __init__()方法。我们将通过实参向 Dog() 传递名字和年龄；self 则会自动传递，因此不需要我们来传递。每当我们根据 Dog 类创建实例时，都只需给最后两个形参（name 和 age）提供值。

在 __init__()方法内定义的两个变量都有前缀 self（见❸）。以 self 为前缀的变量可供类中的所有方法使用，可以通过类的任意实例来访问。self.name = name 获取与形参 name 相关联的值，并将其赋给变量 name，然后该变量被关联到当前创建的实例。self.age = age 的作用与此类似。像这样可通过实例访问的变量称为**属性**（attribute）。

Dog 类还定义了另外两个方法：sit()和 roll_over()（见❹）。由于这些方法执行时不需要额外的信息，因此只有一个形参 self。稍后将创建的实例能够访问这些方法，换句话说，它们都会坐下和打滚。当前，sit()和 roll_over()所做的有限，只是打印一条消息，指出小狗正在坐下或打滚。但是可以扩展这些方法以模拟实际情况：如果这个类属于一个计算机游戏，那么这些方法将包含创建小狗坐下和打滚动画效果的代码；如果这个类是用于控制机器狗的，那么这些方法将让机器狗做出坐下和打滚的动作。

9.1.2　根据类创建实例

可以将类视为有关如何创建实例的说明。例如，Dog 类就是一系列说明，让 Python 知道如何创建表示特定小狗的实例。

下面创建一个表示特定小狗的实例：

```
class Dog:
    --snip--

❶ my_dog = Dog('Willie', 6)

❷ print(f"My dog's name is {my_dog.name}.")
❸ print(f"My dog is {my_dog.age} years old.")
```

这里使用的是上一个示例中编写的 Dog 类。我们让 Python 创建一条名字为'Willie'、年龄为 6 的小狗（见❶）。在处理这行代码时，Python 调用 Dog 类的 __init__()方法，并传入实参'Willie'和 6。__init__()方法创建一个表示特定小狗的实例，并且使用提供的值设置属性 name 和 age。接下来，Python 返回一个表示这条小狗的实例，而我们将这个实例赋给变量 my_dog。在这里，命名约定很有用：通常可以认为首字母大写的名称（如 Dog）指的是类，而全小写的名称（如 my_dog）指的是根据类创建的实例。

1. 访问属性

要访问实例的属性，可使用点号。在❷处，编写如下代码来访问 my_dog 的属性 name 的值：

```
my_dog.name
```

点号在 Python 中很常用，这种语法演示了 Python 如何获取属性的值。在这里，Python 先找到实例 my_dog，再查找与这个实例相关联的属性 name。在 Dog 类中引用这个属性时，使用的是 self.name。在❸处，我们用同样的方法来获取属性 age 的值。

输出是有关 my_dog 的摘要：

```
My dog's name is Willie.
My dog is 6 years old.
```

2. 调用方法

根据 Dog 类创建实例后，就能使用点号来调用 Dog 类中定义的任何方法了。下面让小狗坐下和打滚：

```
class Dog:
    --snip--

my_dog = Dog('Willie', 6)
my_dog.sit()
my_dog.roll_over()
```

要调用方法，需指定实例名（这里是 my_dog）和想调用的方法，并用句点分隔。在遇到代码 my_dog.sit() 时，Python 在类 Dog 中查找方法 sit() 并运行其代码。Python 还会以同样的方式解读代码 my_dog.roll_over()。

现在，Willie 按我们的命令做了：

```
Willie is now sitting.
Willie rolled over!
```

这种语法很有用。如果给属性和方法指定了合适的描述性名称，如 name、age、sit() 和 roll_over()，即便对于从未见过的代码块，我们也能够轻松地推断出它是做什么的。

3. 创建多个实例

可按需求根据类创建任意数量的实例。下面再创建一个名为 your_dog 的小狗实例：

```
class Dog:
    --snip--

my_dog = Dog('Willie', 6)
your_dog = Dog('Lucy', 3)

print(f"My dog's name is {my_dog.name}.")
print(f"My dog is {my_dog.age} years old.")
my_dog.sit()

print(f"\nYour dog's name is {your_dog.name}.")
print(f"Your dog is {your_dog.age} years old.")
your_dog.sit()
```

我们在这个示例中创建了两条小狗，分别名为 Willie 和 Lucy。每条小狗都是一个独立的实例，有自己的一组属性，能够执行相同的操作：

```
My dog's name is Willie.
My dog is 6 years old.
Willie is now sitting.

Your dog's name is Lucy.
Your dog is 3 years old.
Lucy is now sitting.
```

即使给第二条小狗指定同样的名字和年龄，Python 也会根据 Dog 类创建另一个实例。你可以按需求根据一个类创建任意数量的实例，只要你能给每个实例起一个独特的变量名，或者让它在列表或字典中占有一席之地就行。

动手试一试

　　练习 9.1：餐馆　创建一个名为 Restaurant 的类，为其 __init__()方法设置两个属性：restaurant_name 和 cuisine_type。创建一个名为 describe_restaurant()的方法和一个名为 open_restaurant()的方法，其中前者打印前述两项信息，而后者打印一条消息，指出餐馆正在营业。

　　根据这个类创建一个名为 restaurant 的实例，分别打印其两个属性，再调用前述两个方法。

　　练习 9.2：三家餐馆　根据为练习 9.1 编写的类创建三个实例，并对每个实例调用 describe_restaurant()方法。

　　练习 9.3：用户　创建一个名为 User 的类，其中包含属性 first_name 和 last_name，还有用户简介中通常会有的其他几个属性。在类 User 中定义一个名为 describe_user()的方法，用于打印用户信息摘要。再定义一个名为 greet_user()的方法，用于向用户发出个性化的问候。

　　创建多个表示不同用户的实例，并对每个实例调用上述两个方法。

9.2　使用类和实例

可以使用类来模拟现实世界中的很多情景。类编写好后，你的大部分时间将花在使用根据类创建的实例上。你需要完成的首要任务之一是，修改实例的属性。既可以直接修改实例的属性，也可以编写方法以特定的方式进行修改。

9.2.1　Car 类

下面编写一个表示汽车的类，它存储了有关汽车的信息，并提供了一个汇总这些信息的方法：

```
car.py   class Car:
             """一次模拟汽车的简单尝试"""

❶        def __init__(self, make, model, year):
             """初始化描述汽车的属性"""
             self.make = make
             self.model = model
             self.year = year

❷        def get_descriptive_name(self):
             """返回格式规范的描述性信息"""
             long_name = f"{self.year} {self.make} {self.model}"
             return long_name.title()

❸   my_new_car = Car('audi', 'a4', 2024)
    print(my_new_car.get_descriptive_name())
```

在❶处，定义 __init__() 方法。与前面的 Dog 类中一样，这个方法的第一个形参为 self。此外，这个方法还包含三个形参：make、model 和 year。__init__() 方法接受这些形参的值，并将它们赋给根据这个类创建的实例的属性。在创建新的 Car 实例时，需要指定其制造商、型号和生产年份。

在❷处，定义一个名为 get_descriptive_name() 的方法，它使用属性 year、make 和 model 创建一个对汽车进行描述的字符串，让我们无须分别打印每个属性的值。为了在这个方法中访问属性的值，使用了 self.make、self.model 和 self.year。

在❸处，根据 Car 类创建一个实例，并将其赋给变量 my_new_car。接下来，调用 get_descriptive_name() 方法，指出我们拥有一辆什么样的汽车：

```
2024 Audi A4
```

为了让这个类更有趣，下面给它添加一个随时间变化的属性，用于存储汽车的行驶里程。

9.2.2 给属性指定默认值

有些属性无须通过形参来定义，可以在 __init__() 方法中为其指定默认值。

下面来添加一个名为 odometer_reading 的属性，其初始值总是为 0。我们还添加了一个名为 read_odometer() 的方法，用于读取汽车的里程表：

```
class Car:

    def __init__(self, make, model, year):
        """初始化描述汽车的属性"""
        self.make = make
        self.model = model
        self.year = year
```

❶　　　　　　self.odometer_reading = 0

　　　　def get_descriptive_name(self):
　　　　　　--snip--

❷　　　def read_odometer(self):
　　　　　　"""打印一条指出汽车行驶里程的消息"""
　　　　　　print(f"This car has {self.odometer_reading} miles on it.")

my_new_car = Car('audi', 'a4', 2024)
print(my_new_car.get_descriptive_name())
my_new_car.read_odometer()

现在，当 Python 调用 __init__()方法创建新实例时，将像上一个示例一样以属性的方式存储制造商、型号和生产年份。接下来，Python 创建一个名为 odometer_reading 的属性，并将其初始值设置为 0（见❶）。在❷处，定义一个名为 read_odometer()的方法，让你能够轻松地知道汽车的行驶里程[①]。

一开始，汽车的行驶里程为 0：

2024 Audi A4
This car has 0 miles on it.

出售时里程表读数为 0 的汽车不多，因此需要修改该属性。

9.2.3　修改属性的值

可以用三种不同的方式修改属性的值：直接通过实例修改，通过方法设置，以及通过方法递增（增加特定的值）。下面依次介绍这些方式。

1. 直接修改属性的值

要修改属性的值，最简单的方式是通过实例直接访问它。下面的代码直接将里程表读数设置为 23：

class Car:
　　--snip--

my_new_car = Car('audi', 'a4', 2024)
print(my_new_car.get_descriptive_name())

my_new_car.odometer_reading = 23
my_new_car.read_odometer()

---

① 此处里程的单位为英里（mile），1 英里 ≈ 1.6 千米。——编者注

这里使用点号直接访问并设置汽车的属性 odometer_reading。这行代码让 Python 在实例 my_new_car 中找到属性 odometer_reading，并将其值设置为 23：

```
2024 Audi A4
This car has 23 miles on it.
```

有时候需要像这样直接访问属性，但其他时候需要编写方法来替你更新属性。

2. 通过方法修改属性的值

有一个替你更新属性的方法大有裨益。这样就无须直接访问属性了，而是可将值传递给方法，由它在内部进行更新。

下面的示例演示了一个名为 update_odometer() 的方法：

```
class Car:
    --snip--

    def update_odometer(self, mileage):
        """将里程表读数设置为指定的值"""
        self.odometer_reading = mileage

my_new_car = Car('audi', 'a4', 2024)
print(my_new_car.get_descriptive_name())

❶ my_new_car.update_odometer(23)
my_new_car.read_odometer()
```

对 Car 类所做的唯一修改是，添加了 update_odometer() 方法。这个方法接受一个里程值，并将其赋给 self.odometer_reading。在❶处，通过实例 my_new_car 调用 update_odometer()，并向它提供了实参 23（该实参对应于方法定义中的形参 mileage）。这将里程表读数设置为 23。read_odometer() 方法会打印该读数：

```
2024 Audi A4
This car has 23 miles on it.
```

还可以对 update_odometer() 方法进行扩展，使其在修改里程表读数时做些额外的工作。下面来添加一些逻辑，禁止将里程表读数往回调：

```
class Car:
    --snip--

    def update_odometer(self, mileage):
        """
        将里程表读数设置为指定的值
        禁止将里程表读数往回调
        """
```

```
❶        if mileage >= self.odometer_reading:
             self.odometer_reading = mileage
         else:
❷            print("You can't roll back an odometer!")
```

现在，update_odometer() 会在修改属性前检查指定的读数是否合理。如果给 mileage 指定的值大于或等于原来的行驶里程（self.odometer_reading），就将里程表读数改为新指定的行驶里程（见❶）；否则发出警告，指出不能将里程表往回调（见❷）。

3. 通过方法让属性的值递增

有时候需要将属性值递增特定的量，而不是将其设置为全新的值。假设我们购买了一辆二手车，从购买到登记期间增加了 100 英里的里程。下面的方法让我们能够传递这个增量，并相应地增大里程表读数：

```
class Car:
    --snip--

    def update_odometer(self, mileage):
        --snip--

    def increment_odometer(self, miles):
        """让里程表读数增加指定的量"""
        self.odometer_reading += miles

❶ my_used_car = Car('subaru', 'outback', 2019)
   print(my_used_car.get_descriptive_name())

❷ my_used_car.update_odometer(23_500)
   my_used_car.read_odometer()

❸ my_used_car.increment_odometer(100)
   my_used_car.read_odometer()
```

新增的方法 increment_odometer() 接受一个单位为英里的数，并将其加到 self.odometer_reading 上。首先，创建一辆二手车 my_used_car（见❶）。然后，调用 update_odometer() 方法并传入 23_500，将这辆二手车的里程表读数设置为 23 500（见❷）。最后，调用 increment_odometer() 并传入 100，以增加从购买到登记期间行驶的 100 英里（见❸）：

```
2019 Subaru Outback
This car has 23500 miles on it.
This car has 23600 miles on it.
```

我们可以修改这个方法，以禁止增量为负值，从而防止有人利用它把里程表往回调。

注意：虽然可以使用类似于上面的方法来控制用户修改属性值（如里程表读数）的方式，但能够访问程序的人都能直接访问属性将里程表修改为任意的值。要确保安全，除了进行类似于前面的基本检查以外，还需要极度关注细节。

动手试一试

练习 9.4：就餐人数　在为练习 9.1 编写的程序中，添加一个名为 number_served 的属性，并将其默认值设置为 0。根据这个类创建一个名为 restaurant 的实例。打印有多少人在这家餐馆就餐过，然后修改这个值并再次打印。

添加一个名为 set_number_served() 的方法，用来设置就餐人数。调用这个方法并向它传递新的就餐人数，然后再次打印这个值。

添加一个名为 increment_number_served() 的方法，用来让就餐人数递增。调用这个方法并向它传递一个这样的值：你认为这家餐馆每天可能接待的就餐人数。

练习 9.5：尝试登录次数　在为练习 9.3 编写的 User 类中，添加一个名为 login_attempts 的属性。编写一个名为 increment_login_attempts() 的方法，用来将属性 login_attempts 的值加 1。再编写一个名为 reset_login_attempts() 的方法，用来将属性 login_attempts 的值重置为 0。

根据 User 类创建一个实例，再调用 increment_login_attempts() 方法多次。打印属性 login_attempts 的值，确认它正确地递增了。然后，调用方法 reset_login_attempts()，并再次打印属性 login_attempts 的值，确认它被重置为 0。

9.3　继承

在编写类时，并非总是要从头开始。如果要编写的类是一个既有的类的特殊版本，可使用**继承**（inheritance）。当一个类继承另一个类时，将自动获得后者的所有属性和方法。原有的类称为**父类**（parent class），而新类称为**子类**（child class）。子类不仅可以继承父类的所有属性和方法，还可以定义自己的属性和方法。

9.3.1　子类的 __init__() 方法

在既有的类的基础上编写新类，通常要调用父类的 __init__() 方法。这将初始化在父类的 __init__() 方法中定义的所有属性，从而让子类也可以使用这些属性。

例如，下面来模拟电动汽车。电动汽车是一种特殊的汽车，因此可在之前 Car 类的基础上创建新类 ElectricCar。这样，只需为电动汽车特有的属性和行为编写代码即可。

下面创建 ElectricCar 类的一个简单版本，它具备 Car 类的所有功能：

electric_ ❶
car.py

```
class Car:
    """一次模拟汽车的简单尝试"""

    def __init__(self, make, model, year):
        """初始化描述汽车的属性"""
        self.make = make
        self.model = model
        self.year = year
        self.odometer_reading = 0

    def get_descriptive_name(self):
        """返回格式规范的描述性名称"""
        long_name = f"{self.year} {self.make} {self.model}"
        return long_name.title()

    def read_odometer(self):
        """打印一个句子，指出汽车的行驶里程"""
        print(f"This car has {self.odometer_reading} miles on it.")

    def update_odometer(self, mileage):
        """将里程表读数设置为给定的值"""
        if mileage >= self.odometer_reading:
            self.odometer_reading = mileage
        else:
            print("You can't roll back an odometer!")

    def increment_odometer(self, miles):
        """让里程表读数增加给定的量"""
        self.odometer_reading += miles


class ElectricCar(Car):
    """电动汽车的独特之处"""

    def __init__(self, make, model, year):
        """初始化父类的属性"""
        super().__init__(make, model, year)


my_leaf = ElectricCar('nissan', 'leaf', 2024)
print(my_leaf.get_descriptive_name())
```

❷ `class ElectricCar(Car):`

❸ `def __init__(self, make, model, year):`

❹ `super().__init__(make, model, year)`

❺ `my_leaf = ElectricCar('nissan', 'leaf', 2024)`

首先是 Car 类的代码（见❶）。在创建子类时，父类必须包含在当前文件中，且位于子类前面。接下来，定义子类 ElectricCar（见❷）。在定义子类时，必须在括号内指定父类的名称。__init__()方法接受创建 Car 实例所需的信息（见❸）。

super()是一个特殊的函数，让你能够调用父类的方法（见❹）。这行代码让 Python 调用 Car 类的__init__()方法，从而让 ElectricCar 实例包含这个方法定义的所有属性。父类也称为**超类**（superclass），函数名 super 由此得名。

为了测试继承能够正确地发挥作用，我们尝试创建一辆电动汽车，但提供的信息与创建燃油汽车时相同。在❺处，创建 ElectricCar 类的一个实例，并将其赋给变量 my_leaf。这行代码调用 ElectricCar 类中定义的 __init__() 方法，后者让 Python 调用父类 Car 中定义的 __init__() 方法。我们提供了实参 'nissan'、'leaf' 和 2024。

除了 __init__() 方法以外，电动汽车还没有特有的属性和方法。当前，我们只想确认电动汽车的一些行为与燃油汽车一致：

```
2024 Nissan Leaf
```

ElectricCar 实例的行为与 Car 实例一样，现在可以开始定义电动汽车特有的属性和方法了。

9.3.2 给子类定义属性和方法

让一个类继承另一个类后，就可以添加区分子类和父类所需的新属性和新方法了。

下面添加一个电动汽车特有的属性（电池），以及一个描述该属性的方法。我们将存储电池容量，并编写一个方法打印对电池的描述：

```python
class Car:
    --snip--

class ElectricCar(Car):
    """电动汽车的独特之处"""

    def __init__(self, make, model, year):
        """
        先初始化父类的属性，再初始化电动汽车特有的属性
        """
        super().__init__(make, model, year)
❶       self.battery_size = 40

❷   def describe_battery(self):
        """打印一条描述电池容量的消息"""
        print(f"This car has a {self.battery_size}-kWh battery.")

my_leaf = ElectricCar('nissan', 'leaf', 2024)
print(my_leaf.get_descriptive_name())
my_leaf.describe_battery()
```

在❶处，添加新属性 self.battery_size，并设置其初始值（40）。根据 ElectricCar 类创建的所有实例都将包含这个属性，但所有的 Car 实例都不包含它。在❷处，还添加了一个名为 describe_battery() 的方法，用来打印有关电池的信息。在调用这个方法时，可以看到一条电动汽车特有的描述：

```
2024 Nissan Leaf
This car has a 40-kWh battery.
```

对于 ElectricCar 类的特殊程度没有任何限制，在模拟电动汽车时，可根据所需的准确程度添加任意数量的属性和方法。如果一个属性或方法是所有汽车都有的，而不是电动汽车特有的，就应将其加入 Car 类而不是 ElectricCar 类。这样，使用 Car 类的成员将获得相应的功能，而 ElectricCar 类只包含处理电动汽车特有属性和行为的代码。

9.3.3　重写父类中的方法

在使用子类模拟的实物的行为时，如果父类中的一些方法不能满足子类的需求，就可以用下面的办法重写：在子类中定义一个与要重写的父类方法同名的方法。这样，Python 将忽略这个父类方法，只关注你在子类中定义的相应方法。

假设 Car 类有一个名为 fill_gas_tank() 的方法，它对电动汽车来说毫无意义，因此你可能想重写它。下面演示了一种重写方式：

```
class ElectricCar(Car):
    --snip--

    def fill_gas_tank(self):
        """电动汽车没有油箱"""
        print("This car doesn't have a gas tank!")
```

现在，如果有人对电动汽车调用 fill_gas_tank() 方法，Python 将忽略 Car 类中的 fill_gas_tank() 方法，转而运行上述代码。在使用继承时，可让子类保留从父类那里继承的"精华"，重写不需要的"糟粕"。

9.3.4　将实例用作属性

在使用代码模拟实物时，你可能会发现自己给类添加了太多细节：属性和方法越来越多，文件越来越长。在这种情况下，可能需要将类的一部分提取出来，作为一个独立的类。将大型类拆分成多个协同工作的小类，这种方法称为**组合**（composition）。

例如，在不断给 ElectricCar 类添加细节时，我们可能会发现其中包含很多专门针对汽车电池的属性和方法。在这种情况下，可将这些属性和方法提取出来，放到一个名为 Battery 的类中，并将一个 Battery 实例作为 ElectricCar 类的属性：

```
class Car:
    --snip--

class Battery:
    """一次模拟电动汽车电池的简单尝试"""
```

```
❶      def __init__(self, battery_size=40):
           """初始化电池的属性"""
           self.battery_size = battery_size

❷      def describe_battery(self):
           """打印一条描述电池容量的消息"""
           print(f"This car has a {self.battery_size}-kWh battery.")

   class ElectricCar(Car):
       """电动汽车的独特之处"""

       def __init__(self, make, model, year):
           """
           先初始化父类的属性，再初始化电动汽车特有的属性
           """
           super().__init__(make, model, year)
❸          self.battery = Battery()

   my_leaf = ElectricCar('nissan', 'leaf', 2024)
   print(my_leaf.get_descriptive_name())
   my_leaf.battery.describe_battery()
```

我们定义了一个名为 Battery 的新类，它没有继承任何类（见❶）。__init__()方法在 self 之外还有一个形参 battery_size。这个形参是可选的：如果没有给它提供值，电池容量将被设置为 40。describe_battery()方法也被移到了这个类中（见❷）。

在 ElectricCar 类中，添加一个名为 self.battery 的属性（见❸）。这行代码让 Python 创建一个新的 Battery 实例（因为没有指定容量，所以为默认值 40），并将该实例赋给属性 self.battery。每当__init__()方法被调用时，都将执行该操作，因此现在每个 ElectricCar 实例都包含一个自动创建的 Battery 实例。

我们创建一辆电动汽车，并将其赋给变量 my_leaf。在描述电池时，需要使用电动汽车的属性 battery：

```
my_leaf.battery.describe_battery()
```

这行代码让 Python 在实例 my_leaf 中查找属性 battery，并对存储在该属性中的 Battery 实例调用 describe_battery()方法。

输出与你在前面看到的相同：

```
2024 Nissan Leaf
This car has a 40-kWh battery.
```

这看似做了很多额外的工作，但是现在想多详细地描述电池都可以，且不会导致 ElectricCar 类混乱不堪。下面再给 Battery 类添加一个方法，它根据电池容量报告汽车的续航里程：

```
class Car:
    --snip--

class Battery:
    --snip--

    def get_range(self):
        """打印一条消息，指出电池的续航里程"""
        if self.battery_size == 40:
            range = 150
        elif self.battery_size == 65:
            range = 225

        print(f"This car can go about {range} miles on a full charge.")

class ElectricCar(Car):
    --snip--

my_leaf = ElectricCar('nissan', 'leaf', 2024)
print(my_leaf.get_descriptive_name())
my_leaf.battery.describe_battery()
❶ my_leaf.battery.get_range()
```

新增的方法 get_range() 做了一些简单的分析：如果电池的容量为 40 千瓦时，就将续航里程设置为 150 英里；如果容量为 65 千瓦时，就将续航里程设置为 225 英里。然后，它会报告这个值。为了使用这个方法，也需要通过汽车的属性 battery 来调用（见❶）。

输出已经可以根据电池的容量显示对应的续航里程了：

```
2024 Nissan Leaf
This car has a 40-kWh battery.
This car can go about 150 miles on a full charge.
```

9.3.5　模拟实物

在模拟较复杂的事物（如电动汽车）时，需要思考一些有趣的问题。续航里程是电池的属性还是汽车的属性呢？如果只描述一辆汽车，将 get_range() 方法放在 Battery 类中也许是合适的，但如果要描述一家汽车制造商的整条产品线，也许应该将 get_range() 方法移到 ElectricCar 类中。在这种情况下，get_range() 依然根据电池容量来确定续航里程，但报告的是一款汽车的续航里程。也可以这样做：仍将 get_range() 方法留在 Battery 类中，但向它传递一个参数，如 car_model。此时，get_range() 方法将根据电池容量和汽车型号报告续航里程。

这让你进入了程序员的另一个境界：在解决上述问题时，从较高的逻辑层面（而不是语法层面）思考。你考虑的不是 Python，而是如何使用代码来表示实际事物。达到这种境界后，你会经常发现，对现实世界的建模方法没有对错之分。有些方法的效率更高，但要找出效率最高的表示法，需要一定的实践。只要代码能够像你希望的那样运行，就说明你已经做得很好了！即便发现自己不得不多次尝试使用不同的方法来重写类，也不必气馁。要编写出高效、准确的代码，这是必经之路。

动手试一试

练习 9.6：冰激凌小店　冰激凌小店是一种特殊的餐馆。编写一个名为 IceCreamStand 的类，让它继承你为练习 9.1 或练习 9.4 编写的 Restaurant 类。这两个版本的 Restaurant 类都可以，挑选你更喜欢的那个即可。添加一个名为 flavors 的属性，用于存储一个由各种口味的冰激凌组成的列表。编写一个显示这些冰激凌口味的方法。创建一个 IceCreamStand 实例，并调用这个方法。

练习 9.7：管理员　管理员是一种特殊的用户。编写一个名为 Admin 的类，让它继承你为练习 9.3 或练习 9.5 完成编写的 User 类。添加一个名为 privileges 的属性，用来存储一个由字符串（如"can add post"、"can delete post"、"can ban user"等）组成的列表。编写一个名为 show_privileges() 的方法，显示管理员的权限。创建一个 Admin 实例，并调用这个方法。

练习 9.8：权限　编写一个名为 Privileges 的类，它只有一个属性 privileges，其中存储了练习 9.7 所述的字符串列表。将方法 show_privileges() 移到这个类中。在 Admin 类中，将一个 Privileges 实例用作其属性。创建一个 Admin 实例，并使用方法 show_privileges() 来显示权限。

练习 9.9：电池升级　在本节最后一个 electric_car.py 版本中，给 Battery 类添加一个名为 upgrade_battery() 的方法。这个方法检查电池容量，如果电池容量不是 65，就设置为 65。创建一辆电池容量为默认值的电动汽车，调用方法 get_range()，然后对电池进行升级，并再次调用 get_range()。你将看到这辆汽车的续航里程增加了。

9.4　导入类

随着不断地给类添加功能，文件可能变得很长，即便妥善地使用了继承和组合亦如此。遵循 Python 的整体理念，应该让文件尽量整洁。Python 在这方面提供了帮助，允许你将类存储在模块中，然后在主程序中导入所需的模块。

9.4.1　导入单个类

下面创建一个只包含 Car 类的模块。有一个微妙的命名问题：在本章中，已经有一个名为 car.py 的文件，但这个模块也应命名为 car.py，因为它包含表示汽车的代码。我们将这样解决这个命名问题：将 Car 类存储在一个名为 car.py 的模块中，该模块将覆盖前面的文件 car.py。从现在开始，使用该模块的程序都必须使用更具体的文件名，如 my_car.py。下面是模块 car.py，其中只包含 Car 类的代码：

car.py ❶
```python
"""一个用来表示汽车的类"""

class Car:
    """一次模拟汽车的简单尝试"""

    def __init__(self, make, model, year):
        """初始化描述汽车的属性"""
        self.make = make
        self.model = model
        self.year = year
        self.odometer_reading = 0

    def get_descriptive_name(self):
        """返回格式规范的描述性名称"""
        long_name = f"{self.year} {self.make} {self.model}"
        return long_name.title()

    def read_odometer(self):
        """打印一条消息，指出汽车的行驶里程"""
        print(f"This car has {self.odometer_reading} miles on it.")

    def update_odometer(self, mileage):
        """
        将里程表读数设置为指定的值
        拒绝将里程表往回调
        """
        if mileage >= self.odometer_reading:
            self.odometer_reading = mileage
        else:
            print("You can't roll back an odometer!")

    def increment_odometer(self, miles):
        """让里程表读数增加指定的量"""
        self.odometer_reading += miles
```

❶处是一个模块级文档字符串，对该模块的内容做了简要的描述。你应该为自己创建的每个模块编写文档字符串。

下面来创建另一个文件——my_car.py，在其中导入 Car 类并创建其实例：

my_car.py ❶
```python
from car import Car

my_new_car = Car('audi', 'a4', 2024)
print(my_new_car.get_descriptive_name())

my_new_car.odometer_reading = 23
my_new_car.read_odometer()
```

import 语句（见❶）让 Python 打开模块 car 并导入其中的 Car 类。这样，我们就可以使用 Car 类，就像它是在当前文件中定义的一样。输出与你在前面看到的一样：

```
2024 Audi A4
This car has 23 miles on it.
```

导入类是一种高效的编程方式。如果这个程序包含整个 Class 类，它该有多长啊！通过将这个类移到一个模块中并导入该模块，依然可使用其所有功能，但主程序文件变得整洁易读了。这还让你能够将大部分逻辑存储在独立的文件中。在确定类能像你希望的那样工作后，就可以不管这些文件，专注于主程序的高级逻辑了。

9.4.2　在一个模块中存储多个类

尽管同一个模块中的类之间应该存在某种相关性，但其实可以根据需要在一个模块中存储任意数量的类。Battery 类和 ElectricCar 类都可帮助模拟汽车，下面将它们都加入模块 car.py：

car.py
```python
"""一组用于表示燃油汽车和电动汽车的类"""

class Car:
    --snip--

class Battery:
    """一次模拟电动汽车电瓶的简单尝试"""

    def __init__(self, battery_size=40):
        """初始化电池的属性"""
        self.battery_size = battery_size

    def describe_battery(self):
        """打印一条描述电池容量的消息"""
        print(f"This car has a {self.battery_size}-kWh battery.")

    def get_range(self):
        """打印一条描述电池续航里程的消息"""
        if self.battery_size == 40:
            range = 150
        elif self.battery_size == 65:
            range = 225

        print(f"This car can go about {range} miles on a full charge.")

class ElectricCar(Car):
    """模拟电动汽车的独特之处"""

    def __init__(self, make, model, year):
        """
        先初始化父类的属性，再初始化电动汽车特有的属性
        """
        super().__init__(make, model, year)
        self.battery = Battery()
```

现在，可以新建一个名为 my_electric_car.py 的文件，导入 ElectricCar 类，并创建一辆电动汽车了：

*my_electric_*
car.py

```
from car import ElectricCar

my_leaf = ElectricCar('nissan', 'leaf', 2024)
print(my_leaf.get_descriptive_name())
my_leaf.battery.describe_battery()
my_leaf.battery.get_range()
```

输出与你在前面看到的相同，但大部分逻辑隐藏在一个模块中：

```
2024 Nissan Leaf
This car has a 40-kWh battery.
This car can go about 150 miles on a full charge.
```

9.4.3   从一个模块中导入多个类

可以根据需要在程序文件中导入任意数量的类。如果要在同一个程序中创建燃油汽车和电动汽车，就需要将 Car 类和 ElectricCar 类都导入：

my_cars.py

```
❶ from car import Car, ElectricCar

❷ my_mustang = Car('ford', 'mustang', 2024)
   print(my_mustang.get_descriptive_name())
❸ my_leaf = ElectricCar('nissan', 'leaf', 2024)
   print(my_leaf.get_descriptive_name())
```

当从一个模块中导入多个类时，用逗号分隔各个类（见❶）。导入必要的类后，就可根据需要创建每个类的任意数量的实例了。

在这个示例中，创建了一辆福特野马燃油汽车（见❷）和一辆日产聆风电动汽车（见❸）：

```
2024 Ford Mustang
2024 Nissan Leaf
```

9.4.4   导入整个模块

还可以先导入整个模块，再使用点号访问需要的类。这种导入方法很简单，代码也易读。由于创建类实例的代码都包含模块名，因此不会与当前文件使用的任何名称发生冲突。

下面的代码导入整个 car 模块，并创建一辆燃油汽车和一辆电动汽车：

my_cars.py

```
❶ import car
```

❷ my_mustang = car.Car('ford', 'mustang', 2024)
  print(my_mustang.get_descriptive_name())

❸ my_leaf = car.ElectricCar('nissan', 'leaf', 2024)
  print(my_leaf.get_descriptive_name())

首先，导入整个 car 模块（见❶）。接下来，使用语法 module_name.classname 访问需要的类。像前面一样，我们创建了一辆福特野马燃油汽车（见❷）和一辆日产聆风电动汽车（见❸）。

9.4.5　导入模块中的所有类

要导入模块中的每个类，可使用下面的语法：

```
from module_name import *
```

不推荐这种导入方式，原因有二。第一，最好只需要看一下文件开头的 import 语句，就能清楚地知道程序使用了哪些类。但这种导入方式没有明确地指出使用了模块中的哪些类。第二，这种导入方式还可能引发名称方面的迷惑。如果不小心导入了一个与程序文件中的其他东西同名的类，将引发难以诊断的错误。这里之所以介绍这种导入方式，是因为虽然不推荐，但你可能在别人编写的代码中见到它。

当需要从一个模块中导入很多类时，还是最好在导入整个模块之后使用 *module_name.classname* 语法来访问这些类。这样，虽然文件开头并没有列出用到的所有类，但是你清楚地知道在程序的哪些地方使用了导入的模块。此外，这还避免了导入模块中的每个类可能引发的名称冲突。

9.4.6　在一个模块中导入另一个模块

有时候，需要将类分散到多个模块中，以免模块太大或者在同一个模块中存储不相关的类。在将类存储在多个模块中时，你可能会发现一个模块中的类依赖于另一个模块中的类。在这种情况下，可在前一个模块中导入必要的类。

下面将 Car 类存储在一个模块中，并将 ElectricCar 和 Battery 类存储在另一个模块中。将第二个模块命名为 electric_car.py（这将覆盖前面创建的文件 electric_car.py），并将 Battery 类和 ElectricCar 类复制到这个模块中：

electric_car.py
```
"""一组可用于表示电动汽车的类"""

from car import Car

class Battery:
    --snip--

class ElectricCar(Car):
    --snip--
```

ElectricCar 类需要访问其父类 Car，因此直接将 Car 类导入该模块。如果忘记了这行代码，Python 将在我们试图创建 ElectricCar 实例时报错。还需更新 car 模块，使其只包含 Car 类：

car.py
```
"""一个可用于表示汽车的类"""

class Car:
    --snip--
```

现在可分别从每个模块中导入类，以根据需要创建任意类型的汽车了：

my_cars.py
```
from car import Car
from electric_car import ElectricCar

my_mustang = Car('ford', 'mustang', 2024)
print(my_mustang.get_descriptive_name())

my_leaf = ElectricCar('nissan', 'leaf', 2024)
print(my_leaf.get_descriptive_name())
```

我们从 car 模块中导入了 Car 类，并从 electric_car 模块中导入了 ElectricCar 类。接下来，创建一辆燃油汽车和一辆电动汽车。这两种汽车都被正确地创建了：

```
2024 Ford Mustang
2024 Nissan Leaf
```

9.4.7　使用别名

第 8 章说过，当使用模块来组织项目代码时，别名能发挥很大的作用。在导入类时，也可以给它指定别名。

假设要在程序中创建大量电动汽车实例，需要反复输入 ElectricCar，非常烦琐。为了避免这种烦恼，可在 import 语句中给 ElectricCar 指定一个别名：

```
from electric_car import ElectricCar as EC
```

现在每当需要创建电动汽车实例时，都可使用这个别名：

```
my_leaf = EC('nissan', 'leaf', 2024)
```

还可以给模块指定别名。下面导入模块 electric_car 并给它指定了别名：

```
import electric_car as ec
```

现在可以结合使用模块别名和完整的类名了：

```
my_leaf = ec.ElectricCar('nissan', 'leaf', 2024)
```

9.4.8　找到合适的工作流程

如你所见，在组织大型项目的代码方面，Python 提供了很多选项。熟悉所有这些选项很重要，这样才能确定哪种项目组织方式是最佳的，才能理解别人开发的项目。

一开始应让代码结构尽量简单。首先尝试在一个文件中完成所有的工作，确定一切都能正确运行后，再将类移到独立的模块中。如果你喜欢模块和文件的交互方式，可在项目开始时就尝试将类存储到模块中。先找出让你能够编写出可行代码的方式，再尝试让代码更加整洁。

动手试一试

　　练习 9.10：导入 Restaurant 类　将最新的 Restaurant 类存储在一个模块中。在另一个文件中导入 Restaurant 类，创建一个 Restaurant 实例，并调用 Restaurant 的一个方法，以确认 import 语句正确无误。

　　练习 9.11：导入 Admin 类　以为完成练习 9.8 而做的工作为基础。将 User 类、Privileges 类和 Admin 类存储在一个模块中，再创建一个文件，在其中创建一个 Admin 实例并对其调用 show_privileges()方法，以确认一切都能正确地运行。

　　练习 9.12：多个模块　将 User 类存储在一个模块中，并将 Privileges 类和 Admin 类存储在另一个模块中。再创建一个文件，在其中创建一个 Admin 实例并对其调用 show_privileges()方法，以确认一切依然能够正确地运行。

9.5　Python 标准库

Python 标准库是一组模块，在安装 Python 时已经包含在内。你现在已经对函数和类的工作原理有了大致的了解，可以开始使用其他程序员编写好的模块了。你可以使用标准库中的任何函数和类，只需在程序开头添加一条简单的 import 语句即可。下面来看看模块 random，它在你模拟很多现实情况时很有用。

在这个模块中，一个有趣的函数是 randint()。它将两个整数作为参数，并随机返回一个位于这两个整数之间（含）的整数。下面演示了如何生成一个位于 1 和 6 之间的随机整数：

```
>>> from random import randint
>>> randint(1, 6)
3
```

在模块 random 中，另一个很有用的函数是 choice()。它将一个列表或元组作为参数，并随机返回其中的一个元素：

```
>>> from random import choice
>>> players = ['charles', 'martina', 'michael', 'florence', 'eli']
>>> first_up = choice(players)
>>> first_up
'florence'
```

在创建与安全相关的应用程序时，不要使用模块 random，但它能用来创建众多有趣的项目。

注意：还可以从其他地方下载外部模块。第二部分的每个项目都需要使用外部模块，届时你将看到很多这样的示例。

动手试一试

练习 9.13：骰子 创建一个 Die 类，它包含一个名为 sides 的属性，该属性的默认值为 6。编写一个名为 roll_die() 的方法，它打印位于 1 和骰子面数之间的随机数。创建一个 6 面的骰子并掷 10 次。

创建一个 10 面的骰子和一个 20 面的骰子，再分别掷 10 次。

练习 9.14：彩票 创建一个列表或元素，其中包含 10 个数和 5 个字母。从这个列表或元组中随机选择 4 个数或字母，并打印一条消息，指出只要彩票上是这 4 个数或字母，就中大奖了。

练习 9.15：彩票分析 可以使用一个循环来理解中前述彩票大奖有多难。为此，创建一个名为 my_ticket 的列表或元组，再编写一个循环，不断地随机选择数或字母，直到中大奖为止。请打印一条消息，报告执行多少次循环才中了大奖。

练习 9.16：Python 3 Module of the Week 要了解 Python 标准库，一个很不错的资源是网站 Python 3 Module of the Week。请访问该网站并查看其中的目录，找一个你感兴趣的模块进行探索，从模块 random 开始可能是个不错的选择。

9.6 类的编程风格

你必须熟悉有些与类相关的编程风格问题，在编写的程序较复杂时尤其如此。

类名应采用**大驼峰式命名法**，即将类名中的每个单词的首字母都大写，并且不使用下划线。实例名和模块名都采用全小写格式，并在单词之间加上下划线。

　　对于每个类，都应在类定义后面紧跟一个文档字符串。这种文档字符串简要地描述类的功能，你应该遵循编写函数的文档字符串时采用的格式约定。每个模块也都应包含一个文档字符串，对其中的类可用来做什么进行描述。

　　可以使用空行来组织代码，但不宜过多。在类中，可以使用一个空行来分隔方法；而在模块中，可以使用两个空行来分隔类。

　　当需要同时导入标准库中的模块和你编写的模块时，先编写导入标准库模块的 import 语句，再添加一个空行，然后编写导入你自己编写的模块的 import 语句。在包含多条 import 语句的程序中，这种做法让人更容易明白程序使用的各个模块来自哪里。

9.7　小结

　　在本章中，你首先学习了如何编写类，如何使用属性在类中存储信息，以及如何编写方法让类具备所需的行为。然后学习了如何编写 __init__()方法，以便根据类创建包含所需属性的实例。你了解了如何修改实例的属性，包括直接修改以及通过方法修改。你还了解到，使用继承可简化相关类的创建工作，将一个类的实例用作另一个类的属性能让类更简洁。

　　接着，你明白了，通过将类存储在模块中，并在需要使用这些类的文件中导入它们，可让项目变得整洁。你开始了解 Python 标准库，还看到了一个使用 random 模块的示例。最后，你学习了在编写类时应遵循的 Python 约定。

　　在第 10 章中，你将学习如何使用文件，从而保存你在程序中所做的工作，以及你让用户做的工作。你还将学习（捕获并处理）异常，这是一种特殊的 Python 类，可帮助你在错误发生时采取相应的措施。

文件和异常

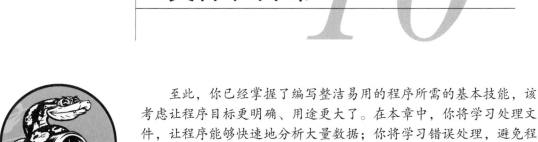

至此，你已经掌握了编写整洁易用的程序所需的基本技能，该考虑让程序目标更明确、用途更大了。在本章中，你将学习处理文件，让程序能够快速地分析大量数据；你将学习错误处理，避免程序在面对意外情况时崩溃；你将学习异常，它们是 Python 创建的特殊对象，用于管理程序运行时出现的错误；你还将学习使用 json 模块保存用户数据，以免这些数据在程序结束运行后丢失。

学习处理文件和保存数据能让你的程序更易于使用：用户能够选择输入什么样的数据以及在什么时候输入；用户使用程序做完一些工作后，可先将程序关闭，以后再接着往下做。学习处理异常可帮助你应对文件不存在等情况，以及处理其他可能导致程序崩溃的问题。这让程序在面对错误的数据时更稳健——不管这些错误数据源自无意的错误，还是出于破坏程序的恶意企图。你在本章学习的技能可提高程序的适用性、可用性和稳定性。

10.1　读取文件

文本文件可存储的数据多得令人难以置信：天气数据、交通数据、社会经济数据、文学作品，等等。每当需要分析或修改存储在文件中的信息时，读取文件都很有用，对数据分析应用程序来说尤其如此。例如，可以编写一个程序来读取文本文件的内容，并且以新的格式重写该文件，让浏览器能够显示。

要使用文本文件中的信息，首先需要将信息读取到内存中。既可以一次性读取文件的全部内容，也可以逐行读取。

10.1.1　读取文件的全部内容

要读取文件，需要一个包含若干行文本的文件。下面来创建一个文件，它包含精确到小数点后 30 位的圆周率值，且在小数点后每 10 位处换行：

pi_digits.txt
```
3.1415926535
  8979323846
  2643383279
```

要动手尝试后续示例，既可以在编辑器中输入这些数据行，并将文件保存为 pi_digits.txt，也可以从本书主页下载。请将这个文件保存到本章程序所在的目录中。

下面的程序打开并读取这个文件，再将其内容显示到屏幕上：

file_reader.py
```
from pathlib import Path

❶ path = Path('pi_digits.txt')
❷ contents = path.read_text()
   print(contents)
```

要使用文件的内容，需要将其路径告知 Python。**路径**（path）指的是文件或文件夹在系统中的准确位置。Python 提供了 pathlib 模块，让你能够更轻松地在各种操作系统中处理文件和目录。提供特定功能的模块通常称为**库**（library）。这就是这个模块被命名为 pathlib 的原因所在。

这里首先从 pathlib 模块导入 Path 类。Path 对象指向一个文件，可用来做很多事情。例如，让你在使用文件前核实它是否存在，读取文件的内容，以及将新数据写入文件。这里创建了一个表示文件 pi_digits.txt 的 Path 对象，并将其赋给了变量 path（见❶）。由于这个文件与当前编写的.py 文件位于同一个目录中，因此 Path 只需要知道其文件名就能访问它。

10

> **注意：** VS Code 会在最近打开的文件夹中查找文件，因此如果你使用的是 VS Code，请先打开本章程序所在的文件夹。假如你将本章的程序文件存储在文件夹 chapter_10 中，请按 Ctrl + O（在 macOS 中为 Command + O），并打开这个文件夹。

创建表示文件 pi_digits.txt 的 Path 对象后，使用 read_text()方法来读取这个文件的全部内容（见❷）。read_text()将该文件的全部内容作为一个字符串返回，而我们将这个字符串赋给了变量 contents。在打印 contents 的值时，将显示这个文本文件的全部内容：

```
3.1415926535
  8979323846
  2643383279
```

相比于原始文件，该输出唯一不同的地方是末尾多了一个空行。为何会多出这个空行呢？因为 read_text()在到达文件末尾时会返回一个空字符串，而这个空字符串会被显示为一个空行。

要删除这个多出来的空行，可对字符串变量 contents 调用 rstrip()：

```
from pathlib import Path

path = Path('pi_digits.txt')
contents = path.read_text()
contents = contents.rstrip()
print(contents)
```

第 2 章介绍过，Python 方法 rstrip()能删除字符串末尾的空白。现在，输出与原始文件的内容完全一致了：

```
3.1415926535
  8979323846
  2643383279
```

要在读取文件内容时删除末尾的换行符，可在调用 read_text()后直接调用方法 rstrip()：

```
contents = path.read_text().rstrip()
```

这行代码先让 Python 对当前处理的文件调用 read_text()方法，再对 read_text()返回的字符串调用 rstrip()方法，然后将整理好的字符串赋给变量 contents。这种做法称为**方法链式调用**（method chaining），在编程时很常用。

10.1.2   相对文件路径和绝对文件路径

当将类似于 pi_digits.txt 这样的简单文件名传递给 Path 时，Python 将在当前执行的文件（即 .py 程序文件）所在的目录中查找。

根据你组织文件的方式，有时可能要打开不在程序文件所属目录中的文件。例如，你可能将程序文件存储在了文件夹 python_work 中，并且在文件夹 python_work 中创建了一个名为 text_files 的文件夹，用于存储程序文件要操作的文本文件。虽然文件夹 text_files 在文件夹 python_work 中，但仅向 Path 传递文件夹 text_files 中的文件的名称也是不可行的，因为 Python 只在文件夹 python_work 中查找，而不会在其子文件夹 text_files 中查找。要让 Python 打开不与程序文件位于同一个目录中的文件，需要提供正确的路径。

在编程中，指定路径的方式有两种。首先，**相对文件路径**让 Python 到相对于当前运行程序的所在目录的指定位置去查找。由于文件夹 text_files 位于文件夹 python_work 中，因此需要创建一个以 text_files 打头并以文件名结尾的路径，如下所示：

```
path = Path('text_files/filename.txt')
```

其次，可以将文件在计算机中的准确位置告诉 Python，这样就不用管当前运行的程序存储在什么地方了。这称为**绝对文件路径**。在相对路径行不通时，可使用绝对路径。假如 text_files 并不在文件夹 python_work 中，则仅向 Path 传递路径'text_files/filename.txt'是行不通的，因为

Python 只在文件夹 python_work 中查找该位置。为了明确地指出希望 Python 到哪里去查找，需要提供绝对路径。

绝对路径通常比相对路径长，因为它们以系统的根文件夹为起点：

```
path = Path('/home/eric/data_files/text_files/filename.txt')
```

使用绝对路径，可读取系统中任何地方的文件。就目前而言，最简单的做法是，要么将数据文件存储在程序文件所在的目录中，要么将其存储在程序文件所在目录下的一个文件夹（如 text_files）中。

> **注意：** 在显示文件路径时，Windows 系统使用反斜杠（\）而不是斜杠（/）。但是你在代码中应该始终使用斜杠，即便在 Windows 系统中也是如此。在与你或其他用户的系统交互时，pathlib 库会自动使用正确的路径表示方法。

10.1.3 访问文件中的各行

在使用文件时，经常需要检查其中的每一行：可能要在文件中查找特定的信息，或者以某种方式修改文件中的文本。例如，在分析天气时，可能要遍历一个包含天气数据的文件，并使用天气描述中包含 sunny 字样的行；在新闻报道中，可能要查找包含标记 <headline> 的行，并按特定的格式改写它。

你可以使用 splitlines() 方法将冗长的字符串转换为一系列行，再使用 for 循环以每次一行的方式检查文件中的各行：

file_reader.py
```
from pathlib import Path

path = Path('pi_digits.txt')
❶ contents = path.read_text()

❷ lines = contents.splitlines()
for line in lines:
    print(line)
```

与前面一样，首先读取文件的全部内容（见❶）。如果要处理文件中的各行，就无须在读取文件时删除任何空白。splitlines() 方法返回一个列表，其中包含文件中所有的行，而我们将这个列表赋给了变量 lines（见❷）。然后，遍历这些行并打印它们：

```
3.1415926535
  8979323846
  2643383279
```

由于没有修改这些行，因此输出与原始文件完全一致。

10.1.4　使用文件的内容

将文件的内容读取到内存中后，就能以任意方式使用这些数据了。下面以简单的方式使用圆周率的值。首先，创建一个字符串，它包含文件中存储的所有数字，不包含空格：

```python
from pathlib import Path

path = Path('pi_digits.txt')
contents = path.read_text()

lines = contents.splitlines()
pi_string = ''
for line in lines:
    pi_string += line

print(pi_string)
print(len(pi_string))
```

pi_string.py

❶

像上一个示例一样，首先读取文件，并将其中的所有行都存储在一个列表中。然后，创建变量 pi_string，用于存储圆周率的值。接下来，使用循环将各行加入 pi_string（见❶）。最后，打印这个字符串及其长度：

```
3.1415926535  8979323846  2643383279
36
```

变量 pi_string 存储的字符串包含原来位于每行左端的空格。要删除这些空格，可对每行调用 lstrip()：

```python
--snip--
for line in lines:
    pi_string += line.lstrip()

print(pi_string)
print(len(pi_string))
```

这样就获得了一个字符串，其中包含准确到 30 位小数的圆周率值。这个字符串的长度是 32 个字符，因为它还包含整数部分的 3 和小数点：

```
3.14159265358979323846264338327 9
32
```

> **注意：**在读取文本文件时，Python 将其中的所有文本都解释为字符串。如果读取的是数，并且要将其作为数值使用，就必须使用 int() 函数将其转换为整数，或者使用 float() 函数将其转换为浮点数。

10.1.5　包含 100 万位的大型文件

尽管前面分析的都是一个只有三行的文本文件，但是这些代码示例也可以处理比它大得多的文件。如果一个文本文件包含精确到小数点后 1 000 000 位而不是 30 位的圆周率值，也可以创建一个包含所有这些数字的字符串。无须对前面的程序做任何修改，只需将这个文件传递给它即可。在这里，只打印到小数点后 50 位，以免终端花太多时间滚动显示全部的 1 000 000 位数字：

pi_string.py
```
from pathlib import Path

path = Path('pi_million_digits.txt')
contents = path.read_text()

lines = contents.splitlines()
pi_string = ''
for line in lines:
    pi_string += line.lstrip()

print(f"{pi_string[:52]}...")
print(len(pi_string))
```

输出表明，创建的字符串确实包含精确到小数点后 1 000 000 位的圆周率值：

```
3.14159265358979323846264338327950288419716939937510...
1000002
```

在可处理的数据量方面，Python 没有任何限制。只要系统的内存足够大，你想处理多少数据就可以处理多少数据。

注意：要运行这个程序（以及后面的众多示例），需要从本书主页下载相关的资源。

10.1.6　圆周率值中包含你的生日吗

我一直想知道自己的生日是否包含在圆周率值中。下面来扩展刚才编写的程序，以确定某个人的生日是否包含在圆周率值的前 1 000 000 位中。为此，可先将生日表示为一个由数字组成的字符串，再检查这个字符串是否在 pi_string 中：

pi_birthday.py
```
--snip--
for line in lines:
    pi_string += line.strip()

birthday = input("Enter your birthday, in the form mmddyy: ")
if birthday in pi_string:
    print("Your birthday appears in the first million digits of pi!")
else:
    print("Your birthday does not appear in the first million digits of pi.")
```

首先提示用户输入其生日，再检查这个字符串是否在 pi_string 中。运行这个程序：

```
Enter your birthdate, in the form mmddyy: 120372
Your birthday appears in the first million digits of pi!
```

我的生日确实出现在了圆周率值中！读取文件的内容后，就能以任意方式对其进行分析了。

动手试一试

　　练习 10.1：Python 学习笔记　在文本编辑器中新建一个文件，写几句话来总结一下你至此学到的 Python 知识，其中每一行都以"In Python you can"打头。将这个文件命名为 learning_python.txt，并存储到为完成本章练习而编写的程序所在的目录中。编写一个程序，读取这个文件，并将你所写的内容打印两次：第一次打印时读取整个文件；第二次打印时先将所有行都存储在一个列表中，再遍历列表中的各行。

　　练习 10.2：C 语言学习笔记　可使用 replace()方法将字符串中的特定单词替换为另一个单词。下面是一个简单的示例，演示了如何将句子中的'dog'替换为'cat'：

```
>>> message = "I really like dogs."
>>> message.replace('dog', 'cat')
'I really like cats.'
```

　　读取你刚创建的文件 learning_python.txt 中的每一行，将其中的 Python 都替换为另一门语言的名称，如 C。将修改后的各行都打印到屏幕上。

　　练习 10.3：简化代码　本节前面的程序 file_reader.py 中使用了一个临时变量 lines，来说明 splitlines()的工作原理。可省略这个临时变量，直接遍历 splitlines()返回的列表：

```
for line in contents.splitlines():
```

　　对于本节的每个程序，都删除其中的临时变量，让代码更简洁。

10.2　写入文件

　　保存数据的最简单的方式之一是将其写入文件。通过将输出写入文件，即便关闭包含程序输出的终端窗口，这些输出也依然存在：既可以在程序结束运行后查看这些输出，也可以与他人共享输出文件，还可以编写程序来将这些输出读取到内存中并进行处理。

10.2.1 写入一行

定义一个文件的路径后，就可使用 write_text() 将数据写入该文件了。为明白其中的工作原理，下面将一条简单的消息存储到文件中，而不将其打印到屏幕上：

write_message.py

```
from pathlib import Path

path = Path('programming.txt')
path.write_text("I love programming.")
```

write_text() 方法接受单个实参，即要写入文件的字符串。这个程序没有终端输出，但你如果打开文件 programming.txt，将看到如下一行内容：

programming.txt

```
I love programming.
```

这个文件与计算机中的其他文件没有什么不同。你可以打开它，在其中输入新文本，复制其内容，将内容粘贴到其中，等等。

注意： Python 只能将字符串写入文本文件。如果要将数值数据存储到文本文件中，必须先使用函数 str() 将其转换为字符串格式。

10.2.2 写入多行

write_text() 方法会在幕后完成几项工作。首先，如果 path 变量对应的路径指向的文件不存在，就创建它。其次，将字符串写入文件后，它会确保文件得以妥善地关闭。如果没有妥善地关闭文件，可能会导致数据丢失或受损。

要将多行写入文件，需要先创建一个字符串（其中包含要写入文件的全部内容），再调用write_text() 并将这个字符串传递给它。下面将多行内容写入文件 programming.txt：

```
from pathlib import Path

contents = "I love programming.\n"
contents += "I love creating new games.\n"
contents += "I also love working with data.\n"

path = Path('programming.txt')
path.write_text(contents)
```

首先定义变量 contents，用于存储要写入文件的所有内容。接下来，使用运算符 += 在该变量中追加这个字符串。可根据需要执行这种操作任意多次，以创建任意长度的字符串。这里在每行末尾都添加了换行符，让每个句子都占一行。

如果你运行这个程序，再打开文件 programming.txt，将发现上述每一行都在这个文本文件中：

```
I love programming.
I love creating new games.
I also love working with data.
```

也可以通过添加空格、制表符和空行来设置输出的格式，就像处理基于终端的输出那样。对于字符串的长度没有任何限制。计算机生成的很多文件就是这样创建的。

注意：在对 path 对象调用 write_text() 方法时，务必谨慎。如果指定的文件已存在，write_text() 将删除其内容，并将指定的内容写入其中。本章后面将介绍如何使用 pathlib 检查指定的文件是否存在。

动手试一试

练习 10.4：访客　编写一个程序，提示用户输入其名字。在用户做出响应后，将其名字写入文件 guest.txt。

练习 10.5：访客簿　编写一个 while 循环，提示用户输入其名字。收集用户输入的所有名字，将其写入 guest_book.txt，并确保这个文件中的每条记录都独占一行。

10.3   异常

Python 使用称为**异常**（exception）的特殊对象来管理程序执行期间发生的错误。每当发生让 Python 不知所措的错误时，它都会创建一个异常对象。如果你编写了处理该异常的代码，程序将继续运行；如果你未对异常进行处理，程序将停止，并显示一个 traceback，其中包含有关异常的报告。

异常是使用 try-except 代码块处理的。try-except 代码块让 Python 执行指定的操作，同时告诉 Python 在发生异常时应该怎么办。在使用 try-except 代码块时，即便出现异常，程序也将继续运行：显示你编写的友好的错误消息，而不是令用户迷惑的 traceback。

10.3.1   处理 ZeroDivisionError 异常

下面来看一种导致 Python 引发异常的简单错误。你可能知道不能将数除以 0，但还是让 Python 试试看吧：

```
print(5/0)
```
*division_
calculator.py*

Python 无法这样做，因此你将看到一个 traceback：

```
Traceback (most recent call last):
  File "division_calculator.py", line 1, in <module>
    print(5/0)
          ~^~
❶ ZeroDivisionError: division by zero
```

上述 traceback 给出了 ZeroDivisionError 这个异常对象的描述信息（见❶）。Python 在无法按你的要求做时，就会创建这种对象。在这种情况下，Python 将停止运行程序，并指出引发了哪种异常，而我们可根据这些信息对程序进行修改。下面将告诉 Python，在发生这种错误时该怎么办。这样，如果再次发生这样的错误，我们就有所准备了。

10.3.2 使用 try-except 代码块

当你认为可能发生错误时，可编写一个 try-except 代码块来处理可能引发的异常。你让 Python 尝试运行特定的代码，并告诉它如果这些代码引发了指定的异常，该怎么办。

处理 ZeroDivisionError 异常的 try-except 代码块类似于下面这样：

```
try:
    print(5/0)
except ZeroDivisionError:
    print("You can't divide by zero!")
```

这里将导致错误的代码行 print(5/0)放在一个 try 代码块中。如果 try 代码块中的代码运行起来没有问题，Python 将跳过 except 代码块；如果 try 代码块中的代码导致错误，Python 将查找与之匹配的 except 代码块并运行其中的代码。

在这个示例中，try 代码块中的代码引发了 ZeroDivisionError 异常，因此 Python 查找指出了该怎么办的 except 代码块，并运行其中的代码。这样，用户看到的是一条友好的错误消息，而不是 traceback：

```
You can't divide by zero!
```

如果 try-except 代码块后面还有其他代码，程序将继续运行，因为 Python 已经知道了如何处理错误。下面来看一个在捕获错误后让程序继续运行的示例。

10.3.3 使用异常避免崩溃

如果在错误发生时，程序还有工作没有完成，妥善地处理错误就显得尤其重要。这种情况经常出现在要求用户提供输入的程序中。如果程序能够妥善地处理无效输入，就能提示用户提供有效输入，而不至于崩溃。

下面来创建一个只执行除法运算的简单计算器：

*division_
calculator.py*

```
print("Give me two numbers, and I'll divide them.")
print("Enter 'q' to quit.")

while True:
❶    first_number = input("\nFirst number: ")
    if first_number == 'q':
        break
❷    second_number = input("Second number: ")
    if second_number == 'q':
        break
❸    answer = int(first_number) / int(second_number)
    print(answer)
```

在❶处，程序提示用户输入一个数，并将其赋给变量 first_number。如果用户输入的不是表示退出的 q，就再提示用户输入一个数，并将其赋给变量 second_number（见❷）。接下来，计算这两个数的商（见❸）。这个程序没有采取任何处理错误的措施，因此在执行除数为 0 的除法运算时，它将崩溃：

```
Give me two numbers, and I'll divide them.
Enter 'q' to quit.

First number: 5
Second number: 0
Traceback (most recent call last):
  File "division_calculator.py", line 11, in <module>
    answer = int(first_number) / int(second_number)
             ~~~~~~~~~~~~~~~~~~~^~~~~~~~~~~~~~~~~~~~~~
ZeroDivisionError: division by zero
```

程序崩溃可不好，让用户看到 traceback 也不是个好主意。不懂技术的用户会感到糊涂，怀有恶意的用户还能通过 traceback 获悉你不想让他们知道的信息。例如，他们将知道你的程序文件的名称，还将看到部分不能正确运行的代码。有时候，训练有素的攻击者可根据这些信息判断出可对你的代码发起什么样的攻击。

10.3.4   else 代码块

通过将可能引发错误的代码放在 try-except 代码块中，可提高程序抵御错误的能力。因为错误是执行除法运算的代码行导致的，所以需要将它放到 try-except 代码块中。这个示例还包含一个 else 代码块，只有 try 代码块成功执行才需要继续执行的代码，都应放到 else 代码块中：

```
    --snip--
    while True:
        --snip--
        if second_number == 'q':
            break
❶       try:
            answer = int(first_number) / int(second_number)
❷       except ZeroDivisionError:
            print("You can't divide by 0!")
❸       else:
            print(answer)
```

我们让 Python 尝试执行 try 代码块中的除法运算（见❶），这个代码块只包含可能导致错误的代码。依赖 try 代码块成功执行的代码都被放在 else 代码块中。在这个示例中，如果除法运算成功，就使用 else 代码块来打印结果（见❸）。

except 代码块告诉 Python，在出现 ZeroDivisionError 异常时该怎么办（见❷）。如果 try 代码块因零除错误而失败，就打印一条友好的消息，告诉用户如何避免这种错误。程序会继续运行，而用户根本看不到 traceback：

```
Give me two numbers, and I'll divide them.
Enter 'q' to quit.

First number: 5
Second number: 0
You can't divide by 0!

First number: 5
Second number: 2
2.5

First number: q
```

只有可能引发异常的代码才需要放在 try 语句中。有时候，有一些仅在 try 代码块成功执行时才需要运行的代码，这些代码应放在 else 代码块中。except 代码块告诉 Python，如果在尝试运行 try 代码块中的代码时引发了指定的异常该怎么办。

通过预测可能发生错误的代码，可编写稳健的程序。它们即便面临无效数据或缺少资源，也能继续运行，不受无意的用户错误和恶意攻击的影响。

10.3.5 处理 FileNotFoundError 异常

在使用文件时，一种常见的问题是找不到文件：要查找的文件可能在其他地方，文件名可能不正确，或者这个文件根本就不存在。对于所有这些情况，都可使用 try-except 代码块来处理。

我们来尝试读取一个不存在的文件。下面的程序尝试读取文件 alice.txt 的内容，但这个文件并没有被存储在 alice.py 所在的目录中：

alice.py
```
from pathlib import Path

path = Path('alice.txt')
contents = path.read_text(encoding='utf-8')
```

请注意，这里使用 read_text()的方式与前面稍有不同。如果系统的默认编码与要读取的文件的编码不一致，参数 encoding 必不可少。如果要读取的文件不是在你的系统中创建的，这种情况更容易发生。

Python 无法读取不存在的文件，因此引发了一个异常：

```
     Traceback (most recent call last):
❶      File "alice.py", line 4, in <module>
❷        contents = path.read_text(encoding='utf-8')
                   ^^^^^^^^^^^^^^^^^^^^^^^^^^^^^^^
       File "/.../pathlib.py", line 1056, in read_text
         with self.open(mode='r', encoding=encoding, errors=errors) as f:
              ^^^^^^^^^^^^^^^^^^^^^^^^^^^^^^^^^^^^^^^^^^^^^^^^^^
       File "/.../pathlib.py", line 1042, in open
         return io.open(self, mode, buffering, encoding, errors, newline)
                ^^^^^^^^^^^^^^^^^^^^^^^^^^^^^^^^^^^^^^^^^^^^^^
❸    FileNotFoundError: [Errno 2] No such file or directory: 'alice.txt'
```

这里的 traceback 比前面的那些都长，因此下面介绍如何看懂复杂的 traceback。通常最好从 traceback 的末尾着手。从最后一行可知，引发了异常 FileNotFoundError（见❸）。这一点很重要，它让我们知道应该在要编写的 except 代码块中使用哪种异常。

回头看看 traceback 开头附近（见❶），从这里可知，错误发生在文件 alice.py 的第四行。接下来的一行列出了导致错误的代码行（见❷）。traceback 的其余部分列出了一些代码，它们来自打开和读取文件涉及的库。通常，不需要详细阅读和理解 traceback 中的这些内容。

为了处理这个异常，应将 traceback 指出的存在问题的代码行放到 try 代码块中。这里，存在问题的是包含 read_text()的代码行：

```
     from pathlib import Path

     path = Path('alice.txt')
     try:
         contents = path.read_text(encoding='utf-8')
❶    except FileNotFoundError:
         print(f"Sorry, the file {path} does not exist.")
```

在这个示例中，try 代码块中的代码引发了 FileNotFoundError 异常，因此要编写一个与该异常匹配的 except 代码块（见❶）。这样，当找不到文件时，Python 将运行 except 代码块中的代码，从而显示一条友好的错误消息，而不是 traceback：

```
Sorry, the file alice.txt does not exist.
```

如果文件不存在，这个程序就什么也做不了，因此上面就是这个程序的全部输出。下面来扩展这个示例，看看当你使用多个文件时，异常处理可提供什么样的帮助。

10.3.6 分析文本

你可以分析包含整本书的文本文件。很多经典文学作品是以简单的文本文件的方式提供的，因为它们不受版权限制。本节使用的文本来自古登堡计划，该计划提供了一系列不受版权限制的文学作品。如果你要在编程项目中使用文学文本，这是一个很不错的资源。

下面来提取童话 *Alice in Wonderland*（《爱丽丝漫游奇境记》）的文本，并尝试计算它包含多少个单词。我们将使用 split()方法，它默认以空白为分隔符将字符串拆分成多个部分：

```
from pathlib import Path

path = Path('alice.txt')
try:
    contents = path.read_text(encoding='utf-8')
except FileNotFoundError:
    print(f"Sorry, the file {path} does not exist.")
else:
    #计算文件大致包含多少个单词
❶   words = contents.split()
❷   num_words = len(words)
    print(f"The file {path} has about {num_words} words.")
```

我将文件 alice.txt 移到了正确的目录中，让 try 代码块能够成功地执行。对变量 contents（它现在是一个长长的字符串，包含童话 *Alice in Wonderland* 的全部文本）调用 split()方法，生成一个列表，其中包含这部童话中的所有单词（见❶）。通过对这个列表调用 len()，可知道原始字符串大致包含多少个单词（见❷）。最后，打印一条消息，指出文件包含多少个单词。这些代码都放在 else 代码块中，因为仅当 try 代码块成功执行时才会执行它们。输出指出了文件 alice.txt 包含多少个单词：

```
The file alice.txt has about 29594 words.
```

这个数略微偏大，因为这里使用的文本文件包含出版商提供的额外信息，但它与童话 *Alice in Wonderland* 的长度基本一致。

10.3.7 使用多个文件

下面多分析几本书。先将这个程序的大部分代码移到一个名为 count_words()的函数中，这

样对多本书进行分析会更容易:

word_count.py
```python
from pathlib import Path

def count_words(path):
    """计算一个文件大致包含多少个单词"""
    try:
        contents = path.read_text(encoding='utf-8')
    except FileNotFoundError:
        print(f"Sorry, the file {path} does not exist.")
    else:
        # 计算文件大致包含多少个单词
        words = contents.split()
        num_words = len(words)
        print(f"The file {path} has about {num_words} words.")

path = Path('alice.txt')
count_words(path)
```

这些代码大多与原来一样, 只是被移到了函数 count_words() 中, 并且增加了缩进量。在修改程序的同时更新注释是个不错的习惯, 因此我们将注释改成了文档字符串, 并稍微调整了一下措辞 (见❶)。

现在可以编写一个简短的循环, 计算要分析的任何文本包含多少个单词了。为此, 我们把要分析的文件的名称存储在一个列表中, 然后对列表中的每个文件都调用 count_words()。我们将尝试计算 *Alice in Wonderland*、*Siddhartha* (《悉达多》)、*Moby Dick* (《白鲸》) 和 *Little Women* (《小妇人》) 分别包含多少个单词, 它们都不受版权限制。我故意没有将 siddhartha.txt 放到 word_count.py 所在的目录中, 以便展示这个程序在文件不存在时应对得如何:

```python
from pathlib import Path

def count_words(path):
    --snip--

filenames = ['alice.txt', 'siddhartha.txt', 'moby_dick.txt',
        'little_women.txt']
for filename in filenames:
    path = Path(filename)
    count_words(path)
```

先将文件名存储为简单字符串, 然后将每个字符串转换为 Path 对象 (见❶), 再调用 count_words()。虽然文件 siddhartha.txt 不存在, 但这丝毫不影响这个程序处理其他文件:

```
The file alice.txt has about 29594 words.
Sorry, the file siddhartha.txt does not exist.
The file moby_dick.txt has about 215864 words.
The file little_women.txt has about 189142 words.
```

在这个示例中，使用 try-except 代码块有两个重要的优点：一是避免用户看到 traceback，二是让程序可以继续分析能够找到的其他文件。如果不捕获因找不到 siddhartha.txt 而引发的 FileNotFoundError 异常，用户将看到完整的 traceback，而程序将在尝试分析 *Siddhartha* 后停止运行——根本不分析 *Moby Dick* 和 *Little Women*。

10.3.8 静默失败

在上一个示例中，我们告诉用户有一个文件找不到。但并非每次捕获异常都需要告诉用户，你有时候希望程序在发生异常时保持静默，就像什么都没有发生一样继续运行。要让程序静默失败，可像通常那样编写 try 代码块，但在 except 代码块中明确地告诉 Python 什么都不要做。Python 有一个 pass 语句，可在代码块中使用它来让 Python 什么都不做：

```
def count_words(path):
    """计算一个文件大致包含多少个单词"""
    try:
        --snip--
    except FileNotFoundError:
        pass
    else:
        --snip--
```

相比于上一个程序，这个程序唯一的不同之处是，except 代码块包含一条 pass 语句。现在，当出现 FileNotFoundError 异常时，虽然仍将执行 except 代码块中的代码，但什么都不会发生。当这种错误发生时，既不会出现 traceback，也没有任何输出。用户将看到存在的每个文件包含多少个单词，但没有任何迹象表明有一个文件未找到：

```
The file alice.txt has about 29594 words.
The file moby_dick.txt has about 215864 words.
The file little_women.txt has about 189142 words.
```

pass 语句还充当了占位符，提醒你在程序的某个地方什么都没有做，而且以后也许要在这里做些什么。例如，在这个程序中，我们可能决定将找不到的文件的名称写入文件 missing_files.txt。虽然用户看不到这个文件，但我们可以读取它，进而处理所有找不到文件的问题。

10.3.9 决定报告哪些错误

该在什么情况下向用户报告错误？又该在什么情况下静默失败呢？如果用户知道要分析哪些文件，他们可能希望在有文件未被分析时出现一条消息来告知原因。如果用户只想看到结果，并不知道要分析哪些文件，可能就无须在有些文件不存在时告知他们。向用户显示他们不想看到的信息可能会降低程序的可用性。Python 的错误处理结构让你能够细致地控制与用户共享错误信息的程度，要共享多少信息由你决定。

编写得很好且经过恰当测试的代码不容易出现内部错误，如语法错误和逻辑错误，但只要程序依赖于外部因素，如用户输入、是否存在指定的文件、是否有网络连接，就有可能出现异常。凭借经验可判断该在程序的什么地方包含异常处理块，以及出现错误时该向用户提供多少相关的信息。

动手试一试

练习 10.6：加法运算　在提示用户提供数值输入时，常出现的一个问题是，用户提供的是文本而不是数。在这种情况下，当你尝试将输入转换为整数时，将引发 ValueError 异常。编写一个程序，提示用户输入两个数，再将它们相加并打印结果。在用户输入的任意一个值不是数时都捕获 ValueError 异常，并打印一条友好的错误消息。对你编写的程序进行测试：先输入两个数，再输入一些文本而不是数。

练习 10.7：加法计算器　将为练习 10.6 编写的代码放在一个 while 循环中，让用户在犯错（输入的是文本而不是数）后能够继续输入数。

练习 10.8：猫和狗　创建文件 cats.txt 和 dogs.txt，在第一个文件中至少存储三只猫的名字，在第二个文件中至少存储三条狗的名字。编写一个程序，尝试读取这些文件，并将其内容打印到屏幕上。将这些代码放在一个 try-except 代码块中，以便在文件不存在时捕获 FileNotFoundError 异常，并显示一条友好的消息。将任意一个文件移到另一个地方，并确认 except 代码块中的代码将正确地执行。

练习 10.9：静默的猫和狗　修改你在练习 10.8 中编写的 except 代码块，让程序在文件不存在时静默失败。

练习 10.10：常见单词　访问古登堡计划，找一些你想分析的图书。下载这些作品的文本文件或将浏览器中的原始文本复制到文本文件中。

可以使用方法 count() 来确定特定的单词或短语在字符串中出现了多少次。例如，下面的代码计算'row'在一个字符串中出现了多少次：

```
>>> line = "Row, row, row your boat"
>>> line.count('row')
2
>>> line.lower().count('row')
3
```

请注意，通过使用 lower() 将字符串转换为全小写的，可捕捉要查找的单词的各种格式，而不管其大小写如何。

编写一个程序，读取你在古登堡计划中获取的文件，并计算单词'the'在每个文件中分别出现了多少次。这里计算得到的结果并不准确，因为诸如'then'和'there'等单词也被计算在内了。请尝试计算'the '（包含空格）出现的次数，看看结果相差多少。

10.4　存储数据

很多程序要求用户输入某种信息，比如让用户存储游戏首选项或提供要可视化的数据。不管专注点是什么，程序都会把用户提供的信息存储在列表和字典等数据结构中。当用户关闭程序时，几乎总是要保存他们提供的信息。一种简单的方式是使用模块 json 来存储数据。

模块 json 让你能够将简单的 Python 数据结构转换为 JSON 格式的字符串，并在程序再次运行时从文件中加载数据。你还可以使用 json 在 Python 程序之间共享数据。更重要的是，JSON 数据格式并不是 Python 专用的，这让你能够将以 JSON 格式存储的数据与使用其他编程语言的人共享。这是一种轻量级数据格式，不仅很有用，也易于学习。

注意： JSON（JavaScript Object Notation）格式最初是为 JavaScript 开发的，但随后成了一种通用的格式，被包括 Python 在内的众多语言采用。

10.4.1　使用 json.dumps()和 json.loads()

下面先编写一个存储一组数的简短程序，再编写一个将这些数读取到内存中的程序。第一个程序将使用 json.dumps()来存储这组数，而第二个程序将使用 json.loads()来读取它们。

json.dumps()函数接受一个实参，即要转换为 JSON 格式的数据。这个函数返回一个字符串，这样你就可将其写入数据文件了：

---

*number_*
writer.py

```
from pathlib import Path
import json

numbers = [2, 3, 5, 7, 11, 13]

❶ path = Path('numbers.json')
❷ contents = json.dumps(numbers)
path.write_text(contents)
```

首先导入模块 json，并创建一个数值列表。然后选择一个文件名，指定要将该数值列表存储到哪个文件中（见❶）。通常使用文件扩展名.json 来指出文件存储的数据为 JSON 格式。接下来，使用 json.dumps()函数生成一个字符串（见❷），它包含我们要存储的数据的 JSON 表示形式。生成这个字符串后，像本章前面一样，使用 write_text()方法将其写入文件。

这个程序没有输出，我们打开文件 numbers.json 一探究竟。该文件中数据的存储格式看起来与 Python 中一样：

```
[2, 3, 5, 7, 11, 13]
```

下面再编写一个程序，使用 json.loads()将这个列表读取到内存中：

```
from pathlib import Path
import json
```

number_
reader.py

```
❶ path = Path('numbers.json')
❷ contents = path.read_text()
❸ numbers = json.loads(contents)

  print(numbers)
```

在❶处，确保读取的是前面写入的文件。这个数据文件是使用特殊格式的文本文件，因此可使用 read_text()方法来读取它（见❷）。然后将这个文件的内容传递给 json.loads()（见❸）。这个函数将一个 JSON 格式的字符串作为参数，并返回一个 Python 对象（这里是一个列表），而我们将这个对象赋给了变量 numbers。最后，打印恢复的数值列表，看看是否与 number_writer.py 中创建的数值列表相同：

```
[2, 3, 5, 7, 11, 13]
```

这是一种在程序之间共享数据的简单方式。

10.4.2　保存和读取用户生成的数据

使用 json 保存用户生成的数据很有必要，因为如果不以某种方式进行存储，用户的信息就会在程序停止运行时丢失。下面来看一个这样的例子：提示用户在首次运行程序时输入自己的名字，并且在他再次运行程序时仍然记得他。

先来存储用户的名字：

```
from pathlib import Path
import json
```

remember_
me.py

```
❶ username = input("What is your name? ")

❷ path = Path('username.json')
  contents = json.dumps(username)
  path.write_text(contents)

❸ print(f"We'll remember you when you come back, {username}!")
```

首先，提示用户输入名字（见❶）。接下来，将收集到的数据写入文件 username.json（见❷）。然后，打印一条消息，指出存储了用户输入的信息（见❸）：

```
What is your name? Eric
We'll remember you when you come back, Eric!
```

现在再编写一个程序，向名字已被存储的用户发出问候：

```
greet_user.py    from pathlib import Path
                 import json

            ❶    path = Path('username.json')
                 contents = path.read_text()
            ❷    username = json.loads(contents)

                 print(f"Welcome back, {username}!")
```

我们读取数据文件的内容（见❶），并使用 json.loads()将恢复的数据赋给变量 username（见❷）。有了已恢复的用户名，就可以使用个性化的问候语欢迎用户回来了：

```
Welcome back, Eric!
```

需要将这两个程序合并到一个程序（remember_me.py）中。在这个程序运行时，将尝试从内存中获取用户的用户名。如果没有找到，就提示用户输入用户名，并将其存储到文件 username.json 中，以供下次使用。这里原本可以编写一个 try-except 代码块，以便在文件 username.json 不存在时采取合适的措施，但我们没有这样做，而是使用了 pathlib 模块提供的一个便利方法：

```
remember_    from pathlib import Path
   me.py     import json

             path = Path('username.json')
         ❶   if path.exists():
                 contents = path.read_text()
                 username = json.loads(contents)
                 print(f"Welcome back, {username}!")
         ❷   else:
                 username = input("What is your name? ")
                 contents = json.dumps(username)
                 path.write_text(contents)
                 print(f"We'll remember you when you come back, {username}!")
```

Path 类提供了很多很有用的方法。如果指定的文件或文件夹存在，exists()方法返回 True，否则返回 False。这里使用 path.exists()来确定是否存储了用户名（见❶）。如果文件 username.json 存在，就加载其中的用户名，并向用户发出个性化问候。

如果文件 username.json 不存在（见❷），就提示用户输入用户名，并存储用户输入的值。此外，还会打印一条消息，指出当用户再回来时我们还会记得他。

无论执行的是哪个代码块，都将显示用户名和合适的问候语。如果这是程序首次运行，输出将如下所示：

```
What is your name? Eric
We'll remember you when you come back, Eric!
```

否则，输出将如下所示：

```
Welcome back, Eric!
```

这是程序之前至少运行了一次时的输出。虽然这里存储的数据只是单个字符串，但这个程序可处理所有可转换为 JSON 格式字符串的数据。

10.4.3　重构

你经常会遇到这样的情况：虽然代码能够正确地运行，但还可以将其划分为一系列完成具体工作的函数来进行改进。这样的过程称为**重构**。重构让代码更清晰、更易于理解、更容易扩展。

要重构 remember_me.py，可将其大部分逻辑放到一个或多个函数中。remember_me.py 的重点是问候用户，因此将其所有代码都放到一个名为 greet_user() 的函数中：

remember_
me.py
```
from pathlib import Path
import json

def greet_user():
❶    """问候用户，并指出其名字"""
    path = Path('username.json')
    if path.exists():
        contents = path.read_text()
        username = json.loads(contents)
        print(f"Welcome back, {username}!")
    else:
        username = input("What is your name? ")
        contents = json.dumps(username)
        path.write_text(contents)
        print(f"We'll remember you when you come back, {username}!")

greet_user()
```

考虑到现在使用了一个函数，我们删除注释，转而使用一个文档字符串来指出程序的作用（见❶）。这个程序更加清晰，但 greet_user() 函数所做的不仅是问候用户，还在存储了用户名时获取它，在没有存储用户名时提示用户输入。

下面重构 greet_user()，不让它执行这么多任务。首先将获取已存储用户名的代码移到另一个函数中：

```
from pathlib import Path
import json

def get_stored_username(path):
❶    """如果存储了用户名，就获取它"""
    if path.exists():
        contents = path.read_text()
        username = json.loads(contents)
        return username
```

```
          else:
❷             return None

   def greet_user():
       """问候用户，并指出其名字"""
       path = Path('username.json')
       username = get_stored_username(path)
❸     if username:
           print(f"Welcome back, {username}!")
       else:
           username = input("What is your name? ")
           contents = json.dumps(username)
           path.write_text(contents)
           print(f"We'll remember you when you come back, {username}!")

   greet_user()
```

新增的 get_stored_username() 函数目标明确，文档字符串（见❶）指出了这一点。如果存储了用户名，就获取并返回它；如果传递给 get_stored_username() 的路径不存在，就返回 None（见❷）。这是一种不错的做法：函数要么返回预期的值，要么返回 None。这让我们能够使用函数的返回值做简单的测试。如果成功地获取了用户名（见❸），就打印一条欢迎用户回来的消息，否则提示用户输入用户名。

还需要将 greet_user() 中的另一个代码块提取出来，将在没有存储用户名时提示用户输入的代码放在一个独立的函数中：

```
   from pathlib import Path
   import json

   def get_stored_username(path):
       """如果存储了用户名，就获取它"""
       --snip--

   def get_new_username(path):
       """提示用户输入用户名"""
       username = input("What is your name? ")
       contents = json.dumps(username)
       path.write_text(contents)
       return username

   def greet_user():
       """问候用户，并指出其名字"""
       path = Path('username.json')
❶     username = get_stored_username(path)
       if username:
           print(f"Welcome back, {username}!")
       else:
❷         username = get_new_username(path)
           print(f"We'll remember you when you come back, {username}!")

   greet_user()
```

在 remember_me.py 的这个最终版本中，每个函数都执行单一而清晰的任务。我们调用 greet_user()，它打印一条合适的消息：要么欢迎老用户回来，要么问候新用户。为此，它首先调用 get_stored_username()（见❶），这个函数只负责获取已存储的用户名（如果存储了），再在必要时调用 get_new_username()（见❷），这个函数只负责获取并存储新用户的用户名。要编写出清晰且易于维护和扩展的代码，这种划分必不可少。

动手试一试

练习 10.11：喜欢的数　编写一个程序，提示用户输入自己喜欢的数，并使用 json.dumps() 将这个数存储在文件中。再编写一个程序，从文件中读取这个值，并打印如下消息。

　　　　I know your favorite number! It's _____.

练习 10.12：记住喜欢的数　将你在完成练习 10.11 时编写的两个程序合而为一。如果存储了用户喜欢的数，就向用户显示它，否则提示用户输入自己喜欢的数并将其存储在文件中。运行这个程序两次，看看它是否像预期的那样工作。

练习 10.13：用户字典　示例 remember_me.py 只存储了一项信息——用户名。请扩展该示例，让用户同时提供另外两项信息，再将收集到的所有信息存储到一个字典中。使用 json.dumps() 将这个字典写入文件，并使用 json.loads() 从文件中读取它。打印一条摘要消息，指出程序记住了有关用户的哪些信息。

练习 10.14：验证用户　最后一个 remember_me.py 版本假设用户要么已输入其用户名，要么是首次运行该程序。我们应修改这个程序，以防当前用户并非上次运行该程序的用户。

为此，在 greet_user() 中打印欢迎用户回来的消息之前，询问他用户名是否是对的。如果不对，就调用 get_new_username() 让用户输入正确的用户名。

10.5　小结

在本章中，你首先学习了如何使用文件，包括如何读取整个文件，如何读取文件中的各行，以及如何根据需要将任意数量的文本写入文件。然后学习了异常，以及如何处理程序可能引发的异常。最后，你学习了如何存储 Python 数据结构，以保存用户提供的信息，避免让用户在每次运行程序时都重新提供。

在第 11 章中，你将学习高效的代码测试方式。这不仅能帮助你确定代码正确无误，还有助于发现扩展既有程序时可能引入的 bug。

<table>
<tr><td>第 11 章</td></tr>
</table>

测试代码

11

在编写函数或类时，还可为其编写测试。通过测试，可确定代码面对各种输入都能够按要求工作。测试让你坚信，无论有多少人使用你的程序，它都将正确地工作。在程序中添加新代码时，也可对其进行测试，确认它们不会破坏程序既有的行为。程序员都会犯错，因此每个程序员都必须经常测试自己的代码，先于用户发现问题。

在本章中，你将学习如何使用 pytest 来测试代码。pytest 库是一组工具，不仅能帮助你快速而轻松地编写测试，而且能持续支持随项目增大而变得复杂的测试。Python 默认不包含 pytest，因此你将学习如何安装外部库。知道如何安装外部库让你能够使用各种设计良好的代码。这些库还极大地增加了你可开发的项目类型。

你将学习编写测试用例，核实一系列输入都将得到预期的输出。你将看到测试通过了是什么样子的，测试未通过又是什么样子的，还将知道测试未通过如何有助于改进代码。你将学习如何测试函数和类，以及该为项目编写多少个测试。

11.1 使用 pip 安装 pytest

虽然 Python 通过标准库提供了大量的功能，但 Python 开发人员还是需要频繁用到第三方包。**第三方包**（third-party package）指的是独立于 Python 核心的库。有些深受欢迎的第三方包最终会被纳入标准库，并从此随 Python 一起被安装。通常，能被纳入标准库的包在消除最初的 bug 后不会发生太多变化，它们在被纳入后只能与 Python 语言同步演进。

然而，很多包并未被纳入标准库，因此得以独立于 Python 语言本身的更新计划。相较于纳入标准库，独立的第三方包的更新频率往往更高，pytest 和本书第二部分将使用的大部分库属于这种情况。虽然不应盲目信任所有的第三方包，但也不要因噎废食，因为很多重要的功能是使用第三方包实现的。

11.1.1　更新 pip

Python 提供了一款名为 pip 的工具，可用来安装第三方包。因为 pip 帮我们安装来自外部的包，所以更新频繁，以消除潜在的安全问题。有鉴于此，我们先来更新 pip。

打开一个终端窗口，执行如下命令：

```
$ python -m pip install --upgrade pip
❶ Requirement already satisfied: pip in /.../python3.11/site-packages (22.0.4)
  --snip--
❷ Successfully installed pip-22.1.2
```

这个命令的第一部分（python -m pip）让 Python 运行 pip 模块；第二部分（install --upgrade）让 pip 更新一个已安装的包；而最后一部分（pip）指定要更新哪个第三方包。输出表明，当前的 pip 版本（22.0.4）（见❶）被替换成了最新的版本（本书编写期间为 22.1.2）（见❷）。

可使用下面的命令更新系统中安装的任何包：

```
$ python -m pip install --upgrade package_name
```

> **注意**：如果你使用的是 Linux，在安装 Python 时可能不会自动安装 pip。如果在你试图更新 pip 时出现错误消息，请参阅附录 A 提供的说明。

11.1.2　安装 pytest

将 pip 升级到最新版本后，就可以安装 pytest 了：

```
$ python -m pip install --user pytest
Collecting pytest
  --snip--
Successfully installed attrs-21.4.0 iniconfig-1.1.1 ...pytest-7.x.x
```

这里使用的核心命令也是 pip install，但指定的标志不是 --upgrade，而是 --user。这个标志让 Python 只为当前用户安装指定的包。输出表明，成功地安装了最新版本的 pytest，以及 pytest 运行所需的多个其他包。

可使用下面的命令安装众多的第三方包：

```
$ python -m pip install --user package_name
```

> **注意**：如果在执行这个命令时遇到麻烦，可尝试在不指定标志 --user 的情况下再次执行它。

11.2　测试函数

要学习测试，必须有要测试的代码。下面是一个简单的函数，它接受名和姓并返回格式规范的姓名：

*name_
function.py*
```
def get_formatted_name(first, last):
    """生成格式规范的姓名"""
    full_name = f"{first} {last}"
    return full_name.title()
```

get_formatted_name()函数将名和姓合并成姓名，在名和姓之间加上一个空格并将首字母大写，然后返回结果。为了核实 get_formatted_name()会像期望的那样工作，我们编写一个使用这个函数的程序。程序 names.py 让用户输入名和姓，并显示格式规范的姓名：

names.py
```
from name_function import get_formatted_name

print("Enter 'q' at any time to quit.")
while True:
    first = input("\nPlease give me a first name: ")
    if first == 'q':
        break
    last = input("Please give me a last name: ")
    if last == 'q':
        break

    formatted_name = get_formatted_name(first, last)
    print(f"\tNeatly formatted name: {formatted_name}.")
```

这个程序从 name_function.py 中导入 get_formatted_name()。用户可输入一系列名和姓，并看到格式规范的姓名：

```
Enter 'q' at any time to quit.

Please give me a first name: janis
Please give me a last name: joplin
    Neatly formatted name: Janis Joplin.

Please give me a first name: bob
Please give me a last name: dylan
    Neatly formatted name: Bob Dylan.

Please give me a first name: q
```

从上述输出可知，合并得到的姓名正确无误。现在假设要修改 get_formatted_name()，使其还能够处理中间名。在添加这项功能时，要确保不破坏这个函数处理只有名和姓的姓名的方式。为此，可在每次修改 get_formatted_name()后都进行测试：运行程序 names.py，并输入像 Janis Joplin 这样的姓名。不过这太烦琐了。所幸 pytest 提供了一种自动测试函数输出的高效方式。

倘若对 get_formatted_name()进行自动测试，我们就能始终确信，当给这个函数提供测试过的姓名时，它都能正确地工作。

11.2.1　单元测试和测试用例

软件的测试方法多种多样。一种最简单的测试是**单元测试**（unit test），用于核实函数的某个方面没有问题。**测试用例**（test case）是一组单元测试，这些单元测试一道核实函数在各种情况下的行为都符合要求。

良好的测试用例考虑到了函数可能收到的各种输入，包含针对所有这些情况的测试。**全覆盖**（full coverage）测试用例包含一整套单元测试，涵盖了各种可能的函数使用方式。对于大型项目，要进行全覆盖测试可能很难。通常，最初只要针对代码的重要行为编写测试即可，等项目被广泛使用时再考虑全覆盖。

11.2.2　可通过的测试

使用 pytest 进行测试，会让单元测试编写起来非常简单。我们将编写一个测试函数，它会调用要测试的函数，并做出有关返回值的断言。如果断言正确，表示测试通过；如果断言不正确，表示测试未通过。

这个针对 get_formatted_name()函数的测试如下：

test_name_function.py

```
from name_function import get_formatted_name

❶ def test_first_last_name():
    """能够正确地处理像 Janis Joplin 这样的姓名吗？"""
❷   formatted_name = get_formatted_name('janis', 'joplin')
❸   assert formatted_name == 'Janis Joplin'
```

在运行这个测试前，先来仔细观察一下。测试文件的名称很重要，必须以 test_打头。当你让 pytest 运行测试时，它将查找以 test_打头的文件，并运行其中的所有测试。

在这个测试文件中，首先导入要测试的 get_formatted_name()函数。然后，定义一个测试函数 test_first_last_name()（见❶）。这个函数名比以前使用的都长，原因有二。第一，测试函数必须以 test_打头。在测试过程中，pytest 将找出并运行所有以 test_打头的函数。第二，测试函数的名称应该比典型的函数名更长，更具描述性。你自己不会调用测试函数，而是由 pytest 替你查找并运行它们。因此，测试函数的名称应足够长，让你在测试报告中看到它们时，能清楚地知道它们测试的是哪些行为。

接下来，调用要测试的函数（见❷）。像运行 names.py 时一样，这里在调用 get_formatted_name()函数时向它传递了实参'janis'和'joplin'。将这个函数的返回值赋给变量 formatted_name。

最后，做出一个断言（见❸）。**断言**（assertion）就是声称满足特定的条件：这里声称 formatted_name 的值为'Janis Joplin'。

11.2.3　运行测试

如果直接运行文件 test_name_function.py，将不会有任何输出，因为我们没有调用这个测试函数。相反，应该让 pytest 替我们运行这个测试文件。

为此，打开一个终端窗口，并切换到这个测试文件所在的文件夹。如果你使用的是 VS Code，可打开测试文件所在的文件夹，并使用该编辑器内嵌的终端。在终端窗口中执行命令 pytest，你将看到如下输出：

```
$ pytest
========================= test session starts =========================
❶ platform darwin -- Python 3.x.x, pytest-7.x.x, pluggy-1.x.x
❷ rootdir: /.../python_work/chapter_11
❸ collected 1 item

❹ test_name_function.py .                                        [100%]
========================= 1 passed in 0.00s =========================
```

下面来尝试解读这些输出。首先，我们看到了一些有关运行测试的系统的信息（见❶）。我是在 macOS 系统中运行该测试的，因此你看到的输出可能与这里显示的不同。最重要的是要注意，输出指出了用来运行该测试的 Python、pytest 和其他包的版本。

接下来，可以看到该测试是从哪个目录运行的（见❷），这里是 python_work/chapter_11。如你所见，pytest 找到了一个测试（见❸），并指出了运行的是哪个测试文件（见❹）。文件名后面的句点表明有一个测试通过了，而 100% 指出运行了所有的测试。在可能有数百乃至数千个测试的大型项目中，句点和完成百分比有助于监控测试的运行进度。

最后一行指出有一个测试通过了，运行该测试花费的时间不到 0.01 秒。

上述输出表明，在给定包含名和姓的姓名时，get_formatted_name()函数总是能正确地处理。修改 get_formatted_name()后，可再次运行这个测试。如果它通过了，就表明在给定 Janis Joplin 这样的姓名时，这个函数依然能够正确地处理。

注意： 如果不知道如何在终端窗口中切换到正确的文件夹，请参阅 1.5 节。另外，如果出现一条消息，提示没有找到命令 pytest，请执行命令 python -m pytest。

11.2.4　未通过的测试

测试未通过时的结果是什么样的呢？我们来修改 get_formatted_name()，使其能够处理中间名，但同时故意让这个函数无法正确地处理像 Janis Joplin 这样只有名和姓的姓名。

下面是 get_formatted_name()函数的新版本，它要求通过一个实参指定中间名：

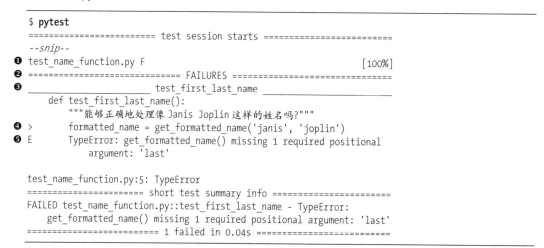

```
name_     def get_formatted_name(first, middle, last):
function.py     """生成格式规范的姓名"""
              full_name = f"{first} {middle} {last}"
              return full_name.title()
```

这个版本应该能够正确地处理包含中间名的姓名，但对其进行测试时，我们发现它不再能正确地处理只有名和姓的姓名了。

这次运行 pytest 时，输出如下：

```
$ pytest
======================== test session starts ========================
--snip--
❶ test_name_function.py F                                    [100%]
❷ =============================== FAILURES ===============================
❸ _____ test_first_last_name _____
       def test_first_last_name():
           """能够正确地处理像 Janis Joplin 这样的姓名吗?"""
❹ >         formatted_name = get_formatted_name('janis', 'joplin')
❺ E         TypeError: get_formatted_name() missing 1 required positional
                   argument: 'last'

test_name_function.py:5: TypeError
===================== short test summary info =====================
FAILED test_name_function.py::test_first_last_name - TypeError:
    get_formatted_name() missing 1 required positional argument: 'last'
======================== 1 failed in 0.04s ========================
```

这里的信息很多，因为在测试未通过时，需要你知道的事情可能有很多。首先，输出中有一个字母 F（见❶），表明有一个测试未通过。然后是 FAILURES 部分（见❷），这是关注的焦点，因为在运行测试时，通常应该关注未通过的测试。接下来，指出未通过的测试函数是 test_first_last_name()（见❸）。右尖括号（见❹）指出了导致测试未能通过的代码行。下一行中的 E（见❺）指出了导致测试未通过的具体错误：缺少必不可少的位置实参 'last'，导致 TypeError。在末尾的简短小结中，再次列出了最重要的信息。这样，即使你运行了很多测试，也可快速获悉哪些测试未通过以及测试未通过的原因。

11.2.5 在测试未通过时怎么办

在测试未通过时，该怎么办呢？如果检查的条件没错，那么测试通过意味着函数的行为是对的，而测试未通过意味着你编写的新代码有错。因此，在测试未通过时，不要修改测试。因为如果你这样做，即便能让测试通过，像测试那样调用函数的代码也将突然崩溃。相反，应修复导致测试不能通过的代码：检查刚刚对函数所做的修改，找出这些修改是如何导致函数行为不符合预期的。

在这个示例中，get_formatted_name() 以前只需要名和姓这两个实参，但现在要求提供名、中间名和姓，而且新增的中间名参数是必不可少的。这导致 get_formatted_name() 的行为与原来不同。就这里而言，最佳的选择是让中间名变为可选的。这样，不仅在使用类似于 Janis Joplin

的姓名进行测试时可以通过，而且这个函数还能接受中间名。下面来修改 get_formatted_name()，将中间名设置为可选的，然后再次运行这个测试用例。如果通过，就接着确认这个函数是否能够妥善地处理中间名。

要将中间名设置为可选的，可在函数定义中将形参 middle 移到形参列表末尾，并将其默认值指定为一个空字符串。还需要添加一个 if 测试，以便根据是否提供了中间名相应地创建姓名：

name_function.py

```
def get_formatted_name(first, last, middle=''):
    """生成格式规范的姓名"""
    if middle:
        full_name = f"{first} {middle} {last}"
    else:
        full_name = f"{first} {last}"
    return full_name.title()
```

在 get_formatted_name() 的这个新版本中，中间名是可选的。如果向这个函数传递了中间名，姓名将包含名、中间名和姓，否则将只包含名和姓。现在，对于这两种不同的姓名，这个函数应该都能够正确地处理了。为了确定这个函数依然能够正确地处理像 Janis Joplin 这样的姓名，再次运行测试：

```
$ pytest
========================= test session starts =========================
--snip--
test_name_function.py .                                         [100%]
========================= 1 passed in 0.00s =========================
```

测试通过了。太好了，这意味着这个函数又能正确地处理像 Janis Joplin 这样的姓名了，无须手动测试这个函数。因为未通过的测试帮我们识别出了新代码是如何破坏函数原有行为的，所以函数的修复工作变得更容易了。

11.2.6 添加新测试

确定 get_formatted_name() 又能正确地处理简单的姓名后，我们再编写一个测试，用于测试包含中间名的姓名。为此，在文件 test_name_function.py 中添加一个测试函数：

test_name_function.py

```
from name_function import get_formatted_name

def test_first_last_name():
    --snip--

def test_first_last_middle_name():
    """能够正确地处理像 Wolfgang Amadeus Mozart 这样的姓名吗？"""
❶   formatted_name = get_formatted_name(
        'wolfgang', 'mozart', 'amadeus')
❷   assert formatted_name == 'Wolfgang Amadeus Mozart'
```

我们将这个新函数命名为 test_first_last_middle_name()。记住，函数名必须以 test_ 打头，这样该函数才会在我们运行 pytest 时自动运行。这个函数名清楚地指出了它测试的是 get_formatted_name()的哪个行为，如果该测试未通过，我们就能马上知道受影响的是哪种类型的姓名。

为测试 get_formatted_name()函数，我们先使用名、姓和中间名调用它（见❶），再断言返回的姓名与预期的姓名（名、中间名和姓）一致（见❷）。再次运行 pytest，两个测试都通过了：

```
$ pytest
========================= test session starts =========================
--snip--
collected 2 items

❶ test_name_function.py ..                                    [100%]
========================= 2 passed in 0.01s =========================
```

❶处的两个点号表明有两个测试通过了，最后一行输出也清楚地指出了这一点。太好了！现在我们知道，这个函数又能正确地处理像 Janis Joplin 这样的姓名了，而且确定它也能够正确地处理像 Wolfgang Amadeus Mozart 这样的姓名。

动手试一试

练习 11.1：城市和国家　编写一个函数，它接受两个形参：一个城市名和一个国家名。这个函数返回一个格式为 *City, Country* 的字符串，如 Santiago, Chile。将这个函数存储在一个名为 city_functions.py 的模块中，并将这个文件存储在一个新的文件夹中，以免 pytest 在运行时，尝试运行之前编写的测试。

创建一个名为 test_cities.py 的程序，对刚编写的函数进行测试。编写一个名为 test_city_country()的函数，核实在使用类似于'santiago'和'chile'这样的值来调用该函数时，得到的字符串是正确的。运行测试，确认 test_city_country()通过了。

练习 11.2：人口数量　修改前面的函数，使其包含第三个必不可少的形参 population，并返回一个格式为 *City, Country – population xxx* 的字符串，如 Santiago, Chile – population 5000000。运行测试，确认 test_city_country()未通过。

修改上述函数，将形参 population 设置为可选的。再次运行测试，确认 test_city_country()又通过了。

再编写一个名为 test_city_country_population()的测试，核实可以使用类似于'santiago'、'chile'和'population=5000000'这样的值来调用这个函数。再次运行测试，确认 test_city_country_population()通过了。

11.3　测试类

在本章的前半部分，你编写了针对单个函数的测试，下面来编写针对类的测试。很多程序会用到类，因此证明类能够正确地工作十分必要。如果针对类的测试通过了，你就能确信对类所做的改进没有意外地破坏其原有的行为。

11.3.1　各种断言

到目前为止，我们只介绍了一种断言：声称一个字符串变量取预期的值。在编写测试时，可做出任何可表示为条件语句的断言。如果该条件确实成立，你对程序行为的假设就得到了确认，可以确信其中没有错误。如果你认为应该满足的条件实际上并不满足，测试就不能通过，让你知道代码存在需要解决的问题。表 11-1 列出了可在测试中包含的一些有用的断言。

表 11-1　测试中常用的断言语句

断　　言	用　　途
assert a == b	断言两个值相等
assert a != b	断言两个值不等
assert a	断言 a 的布尔求值为 True
assert not a	断言 a 的布尔求值为 False
assert *element* in *list*	断言元素在列表中
assert *element* not in *list*	断言元素不在列表中

这里列出的只是九牛一毛，测试能包含任意可用条件语句表示的断言。

11.3.2　一个要测试的类

类的测试与函数的测试相似，所做的大部分工作是测试类中方法的行为。然而，二者还是存在一些不同之处。下面来编写一个要测试的类，这是一个帮助管理匿名调查的类：

survey.py
```
class AnonymousSurvey:
    """收集匿名调查问卷的答案"""

❶   def __init__(self, question):
        """存储一个问题，并为存储答案做准备"""
        self.question = question
        self.responses = []

❷   def show_question(self):
        """显示调查问卷"""
        print(self.question)

❸   def store_response(self, new_response):
        """存储单份调查答卷"""
```

```
            self.responses.append(new_response)
❹       def show_results(self):
            """显示收集到的所有答卷"""
            print("Survey results:")
            for response in self.responses:
                print(f"- {response}")
```

这个类首先存储一个调查问题（见❶），并创建了一个空列表，用于存储答案。这个类包含打印调查问题的方法（见❷），在答案列表中添加新答案的方法（见❸），以及将存储在列表中的答案打印出来的方法（见❹）。要创建这个类的实例，只需提供一个问题即可。有了表示调查的实例，就可以使用 show_question() 来显示其中的问题，使用 store_response() 来存储答案，并使用 show_results() 来显示调查结果了。

为了证明 AnonymousSurvey 类能够正确地工作，编写一个使用它的程序：

language_
survey.py

```
from survey import AnonymousSurvey

# 定义一个问题，并创建一个表示调查的 AnonymousSurvey 对象
question = "What language did you first learn to speak?"
language_survey = AnonymousSurvey(question)

# 显示问题并存储答案
language_survey.show_question()
print("Enter 'q' at any time to quit.\n")
while True:
    response = input("Language: ")
    if response == 'q':
        break
    language_survey.store_response(response)

# 显示调查结果
print("\nThank you to everyone who participated in the survey!")
language_survey.show_results()
```

这个程序定义了一个问题（"What language did you first learn to speak?"），并使用这个问题创建了一个 AnonymousSurvey 对象。接下来，这个程序调用 show_question() 来显示问题，并提示用户输入答案。它会在收到每个答案的同时将其存储起来。用户输入所有答案（输入 q 要求退出）后，调用 show_results() 来打印调查结果：

```
What language did you first learn to speak?
Enter 'q' at any time to quit.

Language: English
Language: Spanish
Language: English
Language: Mandarin
Language: q
```

```
Thank you to everyone who participated in the survey!
Survey results:
- English
- Spanish
- English
- Mandarin
```

AnonymousSurvey 类可用于进行简单的匿名调查。假设我们将它放在了 survey 模块中，并想进行改进：让每个用户都可输入多个答案；编写一个方法，只列出不同的答案并指出每个答案出现了多少次；或者再编写一个类，用于管理非匿名调查。

进行上述修改存在风险，可能会影响 AnonymousSurvey 类的当前行为。例如，在允许每个用户输入多个答案时，可能不小心修改了处理单个答案的方式。要确认在开发这个模块时没有破坏既有的行为，可编写针对这个类的测试。

11.3.3　测试 AnonymousSurvey 类

下面来编写一个测试，对 AnonymousSurvey 类的行为的一个方面进行验证。我们要验证的是，如果用户在面对调查问题时只提供一个答案，这个答案也能被妥善地存储：

test_survey.py

```
    from survey import AnonymousSurvey

❶  def test_store_single_response():
        """测试单个答案会被妥善地存储"""
        question = "What language did you first learn to speak?"
❷      language_survey = AnonymousSurvey(question)
        language_survey.store_response('English')
❸      assert 'English' in language_survey.responses
```

首先，导入要测试的 AnonymousSurvey 类。第一个测试函数验证：调查问题的单个答案被存储后，它会包含在调查结果列表中。对于这个测试函数，一个不错的描述性名称是 test_store_single_response()（见❶）。如果这个测试未通过，我们就能通过测试小结中的函数名得知，在存储单个调查答案方面存在问题。

要测试类的行为，需要创建其实例。在❷处，使用问题"What language did you first learn to speak?"创建一个名为 language_survey 的实例，然后使用 store_response()方法存储单个答案 English。接下来，通过断言 English 在列表 language_survey.responses 中，核实这个答案被妥善地存储了（见❸）。

如果在执行命令 pytest 时没有指定任何参数，pytest 将运行它在当前目录中找到的所有测试。为了专注于一个测试文件，可将该测试文件的名称作为参数传递给 pytest。下面运行为 AnonymousSurvey 编写的测试：

```
$ pytest test_survey.py
========================= test session starts =========================
--snip--
test_survey.py .                                          [100%]
========================= 1 passed in 0.01s =========================
```

这开了一个好头，但只能收集一个答案的调查用途不大。下面来核实，当用户提供三个答案时，它们都将被妥善地存储。为此，再添加一个测试函数：

```
from survey import AnonymousSurvey

def test_store_single_response():
    --snip--

def test_store_three_responses():
    """测试三个答案会被妥善地存储"""
    question = "What language did you first learn to speak?"
    language_survey = AnonymousSurvey(question)
❶    responses = ['English', 'Spanish', 'Mandarin']
    for response in responses:
        language_survey.store_response(response)

❷    for response in responses:
        assert response in language_survey.responses
```

我们将这个新函数命名为 test_store_three_responses()，并像 test_store_single_response() 一样，在其中创建一个调查对象。先定义一个包含三个不同答案的列表（见❶），再对其中的每个答案都调用 store_response()。存储这些答案后，使用一个循环来断言每个答案都包含在 language_survey.responses 中（见❷）。

再次运行这个测试文件，两个测试（针对单个答案的测试和针对三个答案的测试）都通过了：

```
$ pytest test_survey.py
========================= test session starts =========================
--snip--
test_survey.py ..                                         [100%]
========================= 2 passed in 0.01s =========================
```

前述做法的效果很好，但这些测试有重复的地方。下面使用 pytest 的另一项功能来提高效率。

11.3.4　使用夹具

在前面的 test_survey.py 中，我们在每个测试函数中都创建了一个 AnonymousSurvey 实例。虽然这对于这个简单的示例来说不是问题，但在包含数十乃至数百个测试的项目中是个大问题。

在测试中，**夹具**（fixture）可帮助我们搭建测试环境。这通常意味着创建供多个测试使用的资源。在 pytest 中，要创建夹具，可编写一个使用装饰器 @pytest.fixture 装饰的函数。**装饰器**

（decorator）是放在函数定义前面的指令。在运行函数前，Python 将该指令应用于函数，以修改函数代码的行为。这听起来很复杂，但是不用担心：即便没有学习如何编写装饰器，也可使用第三方包中的装饰器。

下面使用夹具创建一个 AnonymousSurvey 实例，让 test_survey.py 中的两个测试函数都可使用它：

```
import pytest
from survey import AnonymousSurvey

❶ @pytest.fixture
❷ def language_survey():
       """一个可供所有测试函数使用的 AnonymousSurvey 实例"""
       question = "What language did you first learn to speak?"
       language_survey = AnonymousSurvey(question)
       return language_survey

❸ def test_store_single_response(language_survey):
       """测试单个答案会被妥善地存储"""
❹     language_survey.store_response('English')
       assert 'English' in language_survey.responses

❺ def test_store_three_responses(language_survey):
       """测试三个答案会被妥善地存储"""
       responses = ['English', 'Spanish', 'Mandarin']
       for response in responses:
❻         language_survey.store_response(response)

       for response in responses:
           assert response in language_survey.responses
```

现在需要导入 pytest，因为我们使用了其中定义的一个装饰器。我们将装饰器 @pytest.fixture（见❶）应用于新函数 language_survey()（见❷）。这个函数创建并返回一个 AnonymousSurvey 对象。

请注意，两个测试函数的定义都变了（见❸和❺）：都有一个名为 language_survey 的形参。当测试函数的一个形参与应用了装饰器 @pytest.fixture 的函数（夹具）同名时，将自动运行夹具，并将夹具返回的值传递给测试函数。在这个示例中，language_survey()函数向 test_store_single_response()和 test_store_three_responses()提供了一个 language_survey 实例。

两个测试函数都没有新增代码，而且都删除了两行代码（见❹和❻）：定义问题的代码行，以及创建 AnonymousSurvey 对象的代码行。

再次运行这个测试文件，这两个测试也都通过了。如果要扩展 AnonymousSurvey，使其允许每个用户输入多个答案，这些测试将很有用：修改代码以接受多个答案后，你可运行这些测试，确认存储单个答案或一系列答案的行为未受影响。

上述代码的结构看起来很复杂，包含一些非常抽象的代码。你并非一定要马上使用夹具，即使编写包含大量重复代码的测试也胜过根本不编写测试。你只需知道下面一点就好：如果编写的测试包含大量重复的代码，有一种已得到验证的方式可用来消除重复的代码。另外，对于简单的测试，使用夹具并不一定能让代码更简洁、更容易理解；但在项目包含大量测试或需要使用很多行代码来创建供多个测试使用的资源的情况下，使用夹具可极大地改善测试代码的质量。

在想要使用夹具时，可编写一个函数来生成供多个测试函数使用的资源，再对这个函数应用装饰器 @pytest.fixture，并让使用该资源的每个测试函数都接受一个与该函数同名的形参。这样，测试将更简洁，编写和维护起来也将更容易。

动手试一试

练习 11.3：雇员　编写一个名为 Employee 的类，其 __init__() 方法接受名、姓和年薪，并将它们都存储在属性中。编写一个名为 give_raise() 的方法，它默认将年薪增加 5000 美元，同时能够接受其他的年薪增加量。

为 Employee 类编写一个测试文件，其中包含两个测试函数：test_give_default_raise() 和 test_give_custom_raise()。在不使用夹具的情况下编写这两个测试，并确保它们都通过了。然后，编写一个夹具，以免在每个测试函数中都创建一个 Employee 对象。重新运行测试，确认两个测试都通过了。

11.4　小结

在本章中，你学习了如何使用 pytest 模块中的工具来为函数和类编写测试。不仅学习了如何编写测试函数，以核实函数和类的行为符合预期，而且学习了如何使用夹具来高效地创建可在测试文件中的多个测试函数中使用的资源。

测试是很多初学者并不熟悉的主题。作为初学者，你并非必须为自己尝试的所有项目编写测试。但是，在参与工作量较大的项目时，应该对自己编写的函数和类的重要行为进行测试。这样就能够确信，自己所做的工作不会破坏项目的其他部分，让你能够随心所欲地改进既有的代码。如果不小心破坏了原来的功能，你马上就会知道，从而能够轻松地修复问题。比起等到不满意的用户报告 bug 后再采取措施，在测试未通过时采取措施要容易得多。

如果你在项目中纳入了测试，其他程序员将更敬佩你。他们不仅能够更得心应手地使用你编写的代码，也更愿意与你合作开发项目。要给其他程序员开发的项目贡献代码，就必须证明你编写的代码通过了既有的测试，而且通常需要为你添加的新行为编写测试。

请通过多多开展测试来熟悉代码测试过程。对于自己编写的函数和类，请编写针对其重要行为的测试。但在早期的项目中，不必以编写全覆盖测试用例为目标，除非有充分的理由。

Part 2

第二部分

项 目

祝贺你！你现在已经对 Python 有足够的认识，可以开始开发有意思的交互式项目了。通过动手开发项目，你不仅能学到新技能，还能更深入地理解第一部分中介绍的概念。

第二部分包含三个不同类型的项目，你可以选择完成其中的任意或全部项目，完成这些项目的顺序无关紧要。下面简要地描述每个项目，帮助你决定先完成哪一个。

外星人入侵

在项目"外星人入侵"（第 12 ~ 14 章）中，你将使用 Pygame 包开发一款 2D 游戏，它在玩家每消灭一个向下移动的外星舰队后，让玩家提高一个等级。等级越高，游戏的节奏越快，难度越大。完成这个项目后，你将获得自己动手使用 Pygame 开发 2D 游戏所需的技能。

数据可视化

"数据可视化"项目始于第 15 章，你将在这一章中学习如何使用 Matplotlib 和 Plotly 来生成数据，以及根据这些数据创建实用而漂亮的图形。第 16 章介绍如何从网上获取数据，并将其提供给可视化包以创建天气图和世界地震活动散点图。最后，第 17 章介绍如何编写自动下载数据并对其进行可视化的程序。学习可视化让你能够探索数据科学领域，这是当前最热门的编程技能应用领域之一。

Web 应用程序

在"Web 应用程序"项目（第 18 ~ 20 章）中，你将使用 Django 包来创建一个简单的 Web应用程序，让用户能够记录所学的不同主题。用户将通过指定用户名和密码来创建账户，输入主题，并编写条目来记录学习的内容。你还将把该应用程序部署到远程服务器上，让所有人都能够访问它。

完成这个项目后，你将能够自己动手创建简单的 Web 应用程序，并能够深入学习其他有关如何使用 Django 开发应用程序的资源。

项目 1　外星人入侵

武装飞船

我们来开发一个名为《外星人入侵》的游戏吧！为此，我们将使用 Pygame 这个功能强大而且非常有趣的模块，它可以管理游戏制中用到的图像、动画甚至声音，让你能够更轻松地开发复杂的游戏。使用 Pygame 来处理在屏幕上绘制图像等任务，有助于你将重心放在设计游戏的高级逻辑上。

在本章中，你将安装 Pygame，然后创建一艘能够根据用户输入左右移动和射击的武装飞船。在接下来的两章中，你将创建一个作为射击目标的外星舰队，并改进这款游戏：限制玩家可使用的飞船数，以及添加记分牌。

在开发这款游戏的过程中，你还将学习如何管理包含多个文件的大型项目。你将学习如何通过重构代码和管理文件内容，来创建代码整洁且高效的项目。

开发游戏是趣学语言的一种理想方式。看别人玩你编写的游戏能获得满足感，编写简单的游戏也有助于你明白专业人员是如何开发游戏的。在阅读本章的过程中，请动手输入并运行代码，理解各个代码块对整个游戏的贡献。另外，请尝试不同的值和设置，以便更好地理解如何提升游戏的交互性。

> **注意：** 游戏《外星人入侵》包含很多不同的文件，因此请在系统中新建一个名为 alien_invasion 的文件夹，并将这个项目的所有文件都存储到该文件夹中。这样，相关的 import 语句才能正确工作。
>
> 如果你熟悉版本控制，可以将其用于这个项目；如果你没有使用过版本控制，请参阅附录 D 的概述。

12.1 规划项目

在开发大型项目时，先制定好规划再动手编写代码很重要。规划可确保你不偏离轨道，提高项目成功的可能性。

下面来为游戏《外星人入侵》编写大概的玩法说明，其中虽然没有涵盖这款游戏的所有细节，但能让你清楚地知道该如何动手开发它：

> 在游戏《外星人入侵》中，玩家控制着一艘最初出现在屏幕底部中央的武装飞船。玩家可以使用方向键左右移动飞船，使用空格键进行射击。当游戏开始时，一个外星舰队出现在天空中，并向屏幕下方移动。玩家的任务是消灭这些外星人。玩家将外星人消灭干净后，将出现一个新的外星舰队，其移动速度更快。只要有外星人撞到玩家的飞船或到达屏幕下边缘，玩家就损失一艘飞船。玩家损失三艘飞船后，游戏结束。

在开发的第一个阶段，我们将创建一艘飞船，这艘飞船在用户按方向键时能够左右移动，并在用户按空格键时开火。设置这种行为后，就可以创建外星人以提高游戏的可玩性了。

12.2   安装 Pygame

开始写程序前，需要安装 Pygame。这里将像第 11 章安装 pytest 那样安装 Pygame——使用 pip。如果你跳过了第 11 章，或者需要复习 pip 的用法，请参阅 11.1 节。

通过如下终端命令即可安装 Pygame：

```
$ python -m pip install --user pygame
```

如果你在运行程序或启动终端会话时使用的命令不是 python，而是 python3，务必将上述命令中的 python 替换为 python3。

12.3   开始游戏项目

现在开始开发游戏《外星人入侵》。首先创建一个空的 Pygame 窗口，稍后将在其中绘制游戏元素，如飞船和外星人。之后，我们还将让这个游戏响应用户输入，设置背景色，以及加载飞船图像。

12.3.1   创建 Pygame 窗口及响应用户输入

下面创建一个表示游戏的类，以创建空的 Pygame 窗口。在文本编辑器中新建一个文件，将其保存为 alien_invasion.py，再在其中输入如下代码：

alien_invasion.py

```
import sys

import pygame

class AlienInvasion:
    """管理游戏资源和行为的类"""
```

```
    def __init__(self):
        """初始化游戏并创建游戏资源"""
❶       pygame.init()

❷       self.screen = pygame.display.set_mode((1200, 800))
        pygame.display.set_caption("Alien Invasion")

    def run_game(self):
        """开始游戏的主循环"""
❸       while True:
            # 侦听键盘和鼠标事件
❹           for event in pygame.event.get():
❺               if event.type == pygame.QUIT:
                    sys.exit()

            # 让最近绘制的屏幕可见
❻           pygame.display.flip()

if __name__ == '__main__':
    # 创建游戏实例并运行游戏
    ai = AlienInvasion()
    ai.run_game()
```

首先，导入模块 sys 和 pygame。pygame 模块包含开发游戏所需的功能。当玩家退出时，我们将使用 sys 模块中的工具来退出游戏。

为开发游戏《外星人入侵》，首先创建一个名为 AlienInvasion 的类。在这个类的 __init__()方法中，调用 pygame.init()函数来初始化背景，让 Pygame 能够正确地工作（见❶）。然后，调用 pygame.display.set_mode()创建一个显示窗口（见❷），这个游戏的所有图形元素都将在其中绘制。实参(1200, 800)是一个元组，指定了游戏窗口的尺寸——宽 1200 像素、高 800 像素（你可以根据自己的显示器尺寸调整）。将这个显示窗口赋给属性 self.screen，让这个类的所有方法都能够使用它。

赋给属性 self.screen 的对象是一个 surface。在 Pygame 中，surface 是屏幕的一部分，用于显示游戏元素。在这个游戏中，每个元素（如外星人或飞船）都是一个 surface。display.set_mode()返回的 surface 表示整个游戏窗口，激活游戏的动画循环后，每经过一次循环都将自动重绘这个 surface，将用户输入触发的所有变化都反映出来。

这个游戏由 run_game()方法控制。该方法包含一个不断运行的 while 循环（见❸），而这个循环包含一个事件循环以及管理屏幕更新的代码。**事件**是用户玩游戏时执行的操作，如按键或移动鼠标。为了让程序能够响应事件，可编写一个**事件循环**，以**侦听**事件并根据发生的事件类型执行适当的任务。嵌套在 while 循环中的 for 循环（见❹）就是一个事件循环。

我们使用 pygame.event.get()函数来访问 Pygame 检测到的事件。这个函数返回一个列表，其中包含它在上一次调用后发生的所有事件。所有键盘和鼠标事件都将导致这个 for 循环运行。在这个循环中，我们将编写一系列 if 语句来检测并响应特定的事件。例如，当玩家单击游戏窗口的关闭按钮时，将检测到 pygame.QUIT 事件，进而调用 sys.exit() 来退出游戏（见❺）。

❻处调用了 pygame.display.flip()，命令 Pygame 让最近绘制的屏幕可见。这里，它在每次执行 while 循环时都绘制一个空屏幕，并擦去旧屏幕，使得只有新的空屏幕可见。我们在移动游戏元素时，pygame.display.flip() 将不断更新屏幕，以显示新位置上的元素并隐藏原来位置上的元素，从而营造平滑移动的效果。

在这个文件末尾，创建一个游戏实例并调用 run_game()。这些代码被放在一个 if 代码块中，仅当直接运行该文件时，它们才会执行。如果此时运行 alien_invasion.py，将看到一个空的 Pygame 窗口。

12.3.2   控制帧率

理想情况下，游戏在所有的系统中都应以相同的速度（**帧率**）运行。对于可在多种系统中运行的游戏，控制帧率是个复杂的问题，好在 Pygame 提供了一种相对简单的方式来达成这个目标。我们将创建一个时钟（clock），并确保它在主循环每次通过后都进行计时（tick）。当这个循环的通过速度超过我们定义的帧率时，Pygame 会计算需要暂停多长时间，以便游戏的运行速度保持一致。

我们在 __init__() 方法中定义这个时钟：

*alien_*
invasion.py

```
def __init__(self):
    """初始化游戏并创建游戏资源"""
    pygame.init()
    self.clock = pygame.time.Clock()
    --snip--
```

初始化 pygame 后，创建 pygame.time 模块中的 Clock 类的一个实例，然后在 run_game() 的 while 循环末尾让这个时钟进行计时：

```
def run_game(self):
    """开始游戏的主循环"""
    while True:
        --snip--
        pygame.display.flip()
        self.clock.tick(60)
```

tick() 方法接受一个参数：游戏的帧率。这里使用的值为 60，Pygame 将尽可能确保这个循环每秒恰好运行 60 次。

注意：在大多数系统中，使用 Pygame 提供的时钟有助于确保游戏的运行速度保持一致。如果在你的系统中，使用时钟导致游戏运行速度的一致性变差，可尝试不同的帧率值。如果找不到合适的帧率值，可不使用时钟，直接通过调整游戏的设置来让游戏在你的系统中平稳地运行。

12.3.3 设置背景色

Pygame 默认创建一个黑色屏幕，这太乏味了。下面在 __init__()方法末尾将背景设置为另一种颜色：

alien_invasion.py

```
def __init__(self):
    --snip--
    pygame.display.set_caption("Alien Invasion")

    # 设置背景色
❶   self.bg_color = (230, 230, 230)

def run_game(self):
    --snip--
        for event in pygame.event.get():
            if event.type == pygame.QUIT:
                sys.exit()

        # 每次循环时都重绘屏幕
❷       self.screen.fill(self.bg_color)

        # 让最近绘制的屏幕可见
        pygame.display.flip()
        self.clock.tick(60)
```

在 Pygame 中，颜色是以 RGB 值指定的。这种色彩模式由红色（R）、绿色（G）和蓝色（B）值组成，其中每个值的可能取值范围都是 0 ~ 255。颜色值(255, 0, 0)表示红色，(0, 255, 0)表示绿色，(0, 0, 255)表示蓝色。通过组合不同的 RGB 值，可创建超过 1600 万种颜色。在颜色值(230, 230, 230)中，红色、绿色和蓝色的量相同，呈现出一种浅灰色。我们将这种颜色赋给 self.bg_color（见❶）。

在❷处，调用 fill()方法用这种背景色填充屏幕。fill()方法用于处理 surface，只接受一个表示颜色的实参。

12.3.4 创建 Settings 类

每次给游戏添加新功能时，通常会引入一些新设置。下面来编写一个名为 settings 的模块，其中包含一个名为 Settings 的类，用于将所有设置都存储在一个地方，以免在代码中到处添加设置。这样，每当需要访问设置时，只需使用一个 settings 对象。在项目规模增大时，这还让游戏的外观和行为修改起来更加容易：在（接下来将创建的）settings.py 中修改一些相关的值即可，无须查找散布在项目中的各种设置。

在文件夹 alien_invasion 中，新建一个名为 settings.py 的文件，并在其中添加如下 Settings 类：

settings.py

```
class Settings:
    """存储游戏《外星人入侵》中所有设置的类"""
```

```
    def __init__(self):
        """初始化游戏的设置"""
        # 屏幕设置
        self.screen_width = 1200
        self.screen_height = 800
        self.bg_color = (230, 230, 230)
```

为了在项目中创建 Settings 实例,并使用它来访问设置,需要将 alien_invasion.py 修改成下面这样:

alien_invasion.py

```
--snip--
import pygame

from settings import Settings

class AlienInvasion:
    """管理游戏资源和行为的类"""

    def __init__(self):
        """初始化游戏并创建游戏资源"""
        pygame.init()
        self.clock = pygame.time.Clock()
❶       self.settings = Settings()

❷       self.screen = pygame.display.set_mode(
            (self.settings.screen_width, self.settings.screen_height))
        pygame.display.set_caption("Alien Invasion")

    def run_game(self):
        --snip--
        # 每次循环时都重绘屏幕
❸       self.screen.fill(self.settings.bg_color)

        # 让最近绘制的屏幕可见
        pygame.display.flip()
        self.clock.tick(60)
--snip--
```

在主程序文件中,首先导入 Settings 类,并在调用 pygame.init()后创建一个 Settings 实例,这个实例被赋给 self.settings(见❶)。在创建屏幕时(见❷),使用了 self.settings 的属性 screen_width 和 screen_height 来获取屏幕的宽度和高度;在接下来填充屏幕时,也使用了 self.settings 来获取背景色(见❸)。

如果此时运行 alien_invasion.py,结果不会有任何不同,因为我们只是将设置移到了不同的地方。现在可以在屏幕上添加新元素了。

12.4　添加飞船图像

下面将飞船加入游戏。为了在屏幕上绘制玩家的飞船,需要先加载一幅图像,再使用 Pygame

blit()方法绘制它。

　　在为游戏选择素材时，务必注意是否有版权许可。最安全、成本最低的方式是使用 OpenGameArt 等网站提供的免费图形，这些素材无须授权许可即可使用和修改。

　　在游戏中，可以使用几乎任意类型的图像文件，但使用位图（.bmp）文件最为简单，因为 Pygame 默认加载位图。虽然可配置 Pygame 以使用其他文件类型，但有些文件类型要求你在计算机上安装相应的图像库。网上的大多数图像是 .jpg 和 .png 格式的，不过可以使用 Photoshop、GIMP 和 Paint 等工具将其转换为位图。

　　在选择图像时，要特别注意背景色。请尽可能选择背景为透明或纯色的图像，以便使用图像编辑器将背景改成任意颜色。当图像的背景色与游戏的背景色一致时，游戏看起来最漂亮。简单起见，也可以直接将游戏的背景色设置成图像的背景色。

　　就游戏《外星人入侵》而言，飞船图像可使用文件 ship.bmp（如图 12-1 所示），它可在本书的源代码文件中找到（chapter_12/adding_ship_image/images/ship.bmp）。这个文件的背景色与项目使用的设置相同。请在项目文件夹（alien_invasion）中新建一个名为 images 的文件夹，并将文件 ship.bmp 保存在其中。

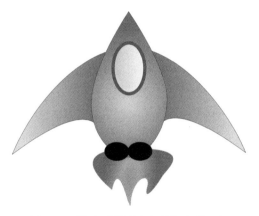

图 12-1　游戏《外星人入侵》中的飞船

12.4.1　创建 Ship 类

　　选择好用于表示飞船的图像后，需要将其显示到屏幕上。我们创建一个名为 ship 的模块，其中包含 Ship 类，负责管理飞船的大部分行为：

ship.py
```
import pygame

class Ship:
    """管理飞船的类"""
```

```
      def __init__(self, ai_game):
          """初始化飞船并设置其初始位置"""
❶        self.screen = ai_game.screen
❷        self.screen_rect = ai_game.screen.get_rect()

          # 加载飞船图像并获取其外接矩形
❸        self.image = pygame.image.load('images/ship.bmp')
          self.rect = self.image.get_rect()

          # 每艘新飞船都放在屏幕底部的中央
❹        self.rect.midbottom = self.screen_rect.midbottom

❺    def blitme(self):
          """在指定位置绘制飞船"""
          self.screen.blit(self.image, self.rect)
```

Pygame 之所以高效，是因为它让你能够把所有的游戏元素当作矩形（rect 对象）来处理，即便它们的形状并非矩形也一样。而把游戏元素当作矩形来处理之所以高效，是因为矩形是简单的几何形状。例如，通过将游戏元素视为矩形，Pygame 能够更快地判断出它们是否发生了碰撞。这种做法的效果通常很好，游戏玩家几乎注意不到我们处理的不是游戏元素的实际形状。在这个类中，我们将把飞船和屏幕作为矩形进行处理。

定义这个类之前，导入模块 pygame。Ship 的 __init__()方法接受两个参数：除了 self 引用，还有一个指向当前 AlienInvasion 实例的引用。这让 Ship 能够访问 AlienInvasion 中定义的所有游戏资源。在❶处，将屏幕赋给 Ship 的一个属性，这样可在这个类的所有方法中轻松地访问它。在❷处，使用 get_rect()方法访问屏幕的 rect 属性，并将其赋给 self.screen_rect，这让我们能够将飞船放到屏幕的正确位置上。

为了加载图像，我们调用 pygame.image.load()，并将飞船图像的位置传递给它（见❸）。这个函数返回一个表示飞船的 surface，而我们将这个 surface 赋给了 self.image。加载图像后，调用 get_rect()获取相应 surface 的属性 rect，以便将来使用它来指定飞船的位置。

在处理 rect 对象时，可使用矩形的四个角及中心的 x 坐标和 y 坐标，通过设置这些值来指定矩形的位置。如果要将游戏元素居中，可设置相应 rect 对象的属性 center、centerx 或 centery；要让游戏元素与屏幕边缘对齐，可设置属性 top、bottom、left 或 right。除此之外，还有一些组合属性，如 midbottom、midtop、midleft 和 midright。要调整游戏元素的水平或垂直位置，可使用属性 x 和 y，它们分别是相应矩形左上角的 x 坐标和 y 坐标。这些属性让你无须去做游戏开发人员原本需要手动完成的计算，因此很常用。

注意：在 Pygame 中，原点(0, 0)位于屏幕的左上角，当一个点向右下方移动时，它的坐标值将增大。在 1200×800 的屏幕上，原点位于左上角，右下角的坐标为(1200, 800)。这些坐标对应的是游戏窗口，而不是物理屏幕。

因为我们要将飞船放在屏幕底部的中央，所以将 self.rect.midbottom 设置为表示屏幕的矩形的属性 midbottom（见❹）。Pygame 将使用这些 rect 属性来放置飞船图像，使其与屏幕下边缘对齐并水平居中。

最后，定义 blitme() 方法（见❺），它会将图像绘制到 self.rect 指定的位置。

12.4.2 在屏幕上绘制飞船

下面更新 alien_invasion.py，创建一艘飞船并调用其方法 blitme()：

*alien_*
invasion.py

```
--snip--
from settings import Settings
from ship import Ship

class AlienInvasion:
    """管理游戏资源和行为的类"""

    def __init__(self):
        --snip--
        pygame.display.set_caption("Alien Invasion")

❶       self.ship = Ship(self)

    def run_game(self):
        --snip--
            # 每次循环时都重绘屏幕
            self.screen.fill(self.settings.bg_color)
❷           self.ship.blitme()

            # 让最近绘制的屏幕可见
            pygame.display.flip()
            self.clock.tick(60)
--snip--
```

我们导入 Ship 类，并在创建屏幕后创建一个 Ship 实例（见❶）。在调用 Ship() 时，必须提供一个参数：一个 AlienInvasion 实例。在这里，self 指向的是当前的 AlienInvasion 实例。这个参数让 Ship 能够访问游戏资源，如对象 screen。我们将这个 Ship 实例赋给了 self.ship。

填充背景后，调用 ship.blitme() 将飞船绘制到屏幕上，确保它出现在背景的前面（见❷）。

现在运行 alien_invasion.py，将看到飞船位于游戏屏幕底部的中央，如图 12-2 所示。

图 12-2　游戏《外星人入侵》屏幕底部的中央有一艘飞船

12.5　重构：_check_events()方法和_update_screen()方法

在大型项目中，经常需要在添加新代码前重构既有的代码。重构旨在简化既有代码的结构，使其更容易扩展。本节将把越来越长的 run_game()方法拆分成两个辅助方法。**辅助方法**（helper method）一般只在类中调用，不会在类外调用。在 Python 中，辅助方法的名称以单下划线打头。

12.5.1　_check_events()方法

我们将把管理事件的代码移到一个名为_check_events()的方法中，以简化 run_game()并隔离事件循环。通过隔离事件循环，可将事件管理与游戏的其他方面（如更新屏幕）分离。

下面是新增_check_events()方法后的 AlienInvasion 类，只有 run_game()的代码受到了影响：

alien_ invasion.py

```
     def run_game(self):
         """开始游戏的主循环"""
         while True:
❶          self._check_events()

             # 每次循环时都重绘屏幕
             --snip--

❷   def _check_events(self):
         """响应按键和鼠标事件"""
         for event in pygame.event.get():
             if event.type == pygame.QUIT:
                 sys.exit()
```

我们新增了_check_events()方法（见❷），并将检查玩家是否单击了关闭窗口按钮的代码移到这个方法中。

要调用当前类的方法，可使用点号，并指定变量名 self 和要调用的方法的名称（见❶）。我们在 run_game()的 while 循环中调用了这个新增的方法。

12.5.2　_update_screen()方法

为了进一步简化 run_game()，我们把更新屏幕的代码移到一个名为_update_screen()的方法中：

*alien_*
invasion.py

```python
def run_game(self):
    """开始游戏的主循环"""
    while True:
        self._check_events()
        self._update_screen()
        self.clock.tick(60)

def _check_events(self):
    --snip--

def _update_screen(self):
    """更新屏幕上的图像，并切换到新屏幕"""
    self.screen.fill(self.settings.bg_color)
    self.ship.blitme()

    pygame.display.flip()
```

这将绘制背景和飞船以及切换屏幕的代码移到了_update_screen()方法中。现在，run_game()中的主循环简单多了，很容易看出在每次循环中都会检测新发生的事件、更新屏幕并让时钟计时。

如果你开发过很多游戏，可能早就开始像这样将代码放到不同的方法中了；但如果你从未开发过这样的项目，可能在一开始不知道应该如何组织代码。这里采用的做法是，先编写尽量简单、可行的代码，再在代码越来越复杂时进行重构——这就是现实中的开发过程。

对代码进行重构使其更容易扩展后，就可以开始让游戏"动起来"了！

12

动手试一试

练习 12.1：蓝色的天空　创建一个背景为蓝色的 Pygame 窗口。

练习 12.2：游戏角色　找一幅你喜欢的游戏角色的位图图像或将一幅图像转换为位图。创建一个类，将该角色绘制到屏幕中央，并将该图像的背景色设置为屏幕的背景色或将屏幕的背景色设置为该图像的背景色。

12.6　驾驶飞船

下面来让玩家能够左右移动飞船。你将编写代码，在用户按左右方向键时做出响应。先看看如何向右移动，再以同样的方式控制飞船向左移动。通过这样做，你将学会移动屏幕上的图像以及响应用户输入。

12.6.1　响应按键

在 Pygame 中，事件都是通过 pygame.event.get()方法获取的，因此需要在_check_events()方法中指定要检查的事件类型。每当用户按键时，都将在 Pygame 中产生一个 KEYDOWN 事件。

在检测到 KEYDOWN 事件时，需要检查按下的是否是触发行动的键。如果玩家按下的是右方向键，就增大飞船的 rect.x 值，使飞船向右移动：

alien_invasion.py

```
    def _check_events(self):
        """响应按键和鼠标事件"""
        for event in pygame.event.get():
            if event.type == pygame.QUIT:
                sys.exit()
❶          elif event.type == pygame.KEYDOWN:
❷              if event.key == pygame.K_RIGHT:
                    # 向右移动飞船
❸                  self.ship.rect.x += 1
```

在_check_events()方法中，为事件循环添加一个 elif 代码块，以便在 Pygame 检测到 KEYDOWN 事件时做出响应（见❶）。我们检查按下的键（event.key）是否是右方向键（pygame.K_RIGHT）（见❷）。如果是，就将 self.ship.rect.x 的值加 1，从而使飞船向右移动（见❸）。

如果现在运行 alien_invasion.py，那么每按一次右方向键，飞船都将向右移动 1 像素。这只是一个开端，并非控制飞船的高效方式。下面来改进控制方式，允许飞船持续移动。

12.6.2　允许持续移动

当玩家按住右方向键不放时，我们希望飞船持续向右移动，直到玩家释放该键为止。我们将让游戏检测 pygame.KEYUP 事件，以便知道玩家何时释放右方向键。然后，将结合使用 KEYDOWN 和 KEYUP 事件以及一个名为 moving_right 的标志来实现持续移动。

当标志 moving_right 为 False 时，飞船不会移动。当玩家按下右方向键时，我们将这个标志设置为 True；当玩家释放该键时，将这个标志重新设置为 False。

飞船的属性都由 Ship 类控制，因此要给这个类添加一个名为 moving_right 的属性和一个名为 update()的方法。update()方法检查标志 moving_right 的状态。如果这个标志为 True，就调整飞船的位置。我们将在每次通过 while 循环时调用一次这个方法，以更新飞船的位置。

下面是对 Ship 类所做的修改：

ship.py

```
class Ship:
    """管理飞船的类"""

    def __init__(self, ai_game):
        --snip--
        # 每艘新飞船都放在屏幕底部的中央
        self.rect.midbottom = self.screen_rect.midbottom

        # 移动标志（飞船一开始不移动）
❶       self.moving_right = False

❷   def update(self):
        """根据移动标志调整飞船的位置"""
        if self.moving_right:
            self.rect.x += 1

    def blitme(self):
        --snip--
```

在 __init__()方法中，添加属性 self.moving_right，并将其初始值设置为 False（见❶）。接下来，添加 update()方法，它在前述标志为 True 时向右移动飞船（见❷）。update()方法将被从类外调用，因此不是辅助方法。

接下来，需要修改 _check_events()，使其在玩家按下右方向键时将 moving_right 设置为 True，并在玩家释放时将 moving_right 设置为 False：

alien_invasion.py

```
    def _check_events(self):
        """响应按键和鼠标事件"""
        for event in pygame.event.get():
            --snip--
            elif event.type == pygame.KEYDOWN:
                if event.key == pygame.K_RIGHT:
❶                   self.ship.moving_right = True
❷           elif event.type == pygame.KEYUP:
                if event.key == pygame.K_RIGHT:
                    self.ship.moving_right = False
```

在❶处，修改游戏在玩家按下右方向键时响应的方式：不直接调整飞船的位置，只是将 moving_right 设置为 True。在❷处，添加一个新的 elif 代码块，用于响应 KEYUP 事件：当玩家释放右方向键（K_RIGHT）时，将 moving_right 设置为 False。

最后，需要修改 run_game()中的 while 循环，以便在每次执行循环时都调用飞船的 update()方法：

alien_invasion.py

```
    def run_game(self):
        """开始游戏的主循环。"""
```

```
while True:
    self._check_events()
    self.ship.update()
    self._update_screen()
    self.clock.tick(60)
```

飞船的位置将在检测到键盘事件后（但在更新屏幕前）更新。这样能让飞船的位置根据玩家输入进行更新，并确保使用更新后的位置将飞船绘制到屏幕上。

如果现在运行 alien_invasion.py 并按下右方向键，飞船将持续向右移动，直到释放右方向键为止。

12.6.3　左右移动

在飞船能够持续向右移动后，添加向左移动的逻辑很容易。我们再次修改 Ship 类和_check_events()方法。下面显示了对 Ship 类的__init__()方法和 update()方法所做的相关修改：

ship.py
```
    def __init__(self, ai_game):
        --snip--
        # 移动标志（飞船一开始不移动）
        self.moving_right = False
        self.moving_left = False

    def update(self):
        """根据移动标志调整飞船的位置"""
        if self.moving_right:
            self.rect.x += 1
        if self.moving_left:
            self.rect.x -= 1
```

在__init__()方法中，添加标志 self.moving_left。在 update()方法中，添加一个 if 代码块，而不是 elif 代码块。这样，如果玩家同时按下左右方向键，将先增大再减小飞船的 rect.x 值，即飞船的位置保持不变。如果使用一个 elif 代码块来处理向左移动的情况，右方向键将始终处于优先地位。在改变飞船的移动方向时，玩家可能会同时按住左右方向键，此时使用两个 if 块能让移动更准确。

还需对_check_events()做两处调整：

alien_invasion.py
```
    def _check_events(self):
        """响应按键和鼠标事件"""
        for event in pygame.event.get():
            --snip--
            elif event.type == pygame.KEYDOWN:
                if event.key == pygame.K_RIGHT:
                    self.ship.moving_right = True
                elif event.key == pygame.K_LEFT:
                    self.ship.moving_left = True
```

```
        elif event.type == pygame.KEYUP:
            if event.key == pygame.K_RIGHT:
                self.ship.moving_right = False
            elif event.key == pygame.K_LEFT:
                self.ship.moving_left = False
```

　　如果因玩家按下 K_LEFT 键而触发了 KEYDOWN 事件，就将 moving_left 设置为 True；如果因玩家释放 K_LEFT 键而触发了 KEYUP 事件，就将 moving_left 设置为 False。这里之所以可以使用 elif 代码块，是因为每个事件都只与一个键相关联——如果玩家同时按下左右方向键，将检测到两个不同的事件。

　　如果此时运行 alien_invasion.py，将能够持续地左右移动飞船。如果同时按住左右方向键，飞船将纹丝不动。

　　下面来进一步优化飞船的移动方式：一是调整飞船的速度，二是限制飞船的移动距离，以免因移到屏幕外而消失。

12.6.4　调整飞船的速度

　　当前，每次执行 while 循环时，飞船都移动 1 像素。但是，可以在 Settings 类中添加属性 ship_speed，用于控制飞船的速度。我们将根据这个属性决定飞船在每次循环时最多移动多远。下面演示了如何在 settings.py 中添加这个新属性：

settings.py
```
class Settings:
    """存储游戏《外星人入侵》中所有设置的类"""

    def __init__(self):
        --snip--

        # 飞船的设置
        self.ship_speed = 1.5
```

　　这里将 ship_speed 的初始值设置成 1.5。现在在移动飞船时，每次循环将移动 1.5 像素而不是 1 像素。

　　通过将速度设置指定为浮点数，可在稍后加快游戏的节奏时更细致地控制飞船的速度。然而，rect 的 x 等属性只能存储整数值，因此需要对 Ship 类做些修改：

ship.py
```
class Ship:
    """管理飞船的类"""

    def __init__(self, ai_game):
        """初始化飞船并设置其初始位置"""
        self.screen = ai_game.screen
❶       self.settings = ai_game.settings
        --snip--
```

12

```
         # 每艘新飞船都放在屏幕底部的中央
         self.rect.midbottom = self.screen_rect.midbottom

❷       # 在飞船的属性 x 中存储一个浮点数
         self.x = float(self.rect.x)

         # 移动标志 (飞船一开始不移动)
         self.moving_right = False
         self.moving_left = False

    def update(self):
         """根据移动标志调整飞船的位置"""
         # 更新飞船的属性 x 的值, 而不是其外接矩形的属性 x 的值
         if self.moving_right:
❸            self.x += self.settings.ship_speed
         if self.moving_left:
             self.x -= self.settings.ship_speed

         # 根据 self.x 更新 rect 对象
❹       self.rect.x = self.x

    def blitme(self):
         --snip--
```

在❶处, 给 Ship 类添加属性 settings, 以便能够在 update()中便捷地使用它。鉴于在调整飞船的位置时, 将增减小数像素, 因此需要将位置赋给一个能够存储浮点数的变量。虽然可以使用浮点数来设置 rect 的属性, 但 rect 将只保留这个值的整数部分。为了准确地存储飞船的位置, 定义一个可存储浮点数的新属性 self.x (见❷)。我们使用 float()函数将 self.rect.x 的值转换为浮点数, 并将结果赋给 self.x。

现在在 update()中调整飞船的位置, self.x 的值会增减 settings.ship_speed 的值 (见❸)。更新 self.x 后, 再根据它来更新控制飞船位置的 self.rect.x(见❹)。self.rect.x 只存储 self.x 的整数部分, 但对于显示飞船而言, 问题不大。

现在可以修改 ship_speed 的值了。只要它的值大于 1, 飞船的移动速度就会比以前更快。这有助于让飞船有足够快的反应速度, 以便消灭外星人, 还让我们能够随着游戏的进行加快节奏。

12.6.5   限制飞船的活动范围

当前, 如果玩家按住方向键的时间足够长, 飞船将移到屏幕之外, 消失得无影无踪。下面来修复这个问题, 让飞船到达屏幕边缘后停止移动。为此, 将修改 Ship 类的 update()方法:

ship.py
```
    def update(self):
         """根据移动标志调整飞船的位置"""
         # 更新飞船而不是 rect 对象的 x 值
❶       if self.moving_right and self.rect.right < self.screen_rect.right:
             self.x += self.settings.ship_speed
```

```
❷        if self.moving_left and self.rect.left > 0:
             self.x -= self.settings.ship_speed

         # 根据 self.x 更新 rect 对象
         self.rect.x = self.x
```

上述代码在修改 self.x 的值之前检查飞船的位置。self.rect.right 返回飞船外接矩形的右边缘的 x 坐标，如果这个值小于 self.screen_rect.right 的值，就说明飞船未触及屏幕右边缘（见❶）。左边缘的情况与此类似：如果 rect 的左边缘的 x 坐标大于零，就说明飞船未触及屏幕左边缘（见❷）。这确保仅当飞船在屏幕内时，才调整 self.x 的值。

如果此时运行 alien_invasion.py，飞船将在触及屏幕左边缘或右边缘后停止移动。真是太神奇了！只在 if 语句中添加一个条件测试，就能让飞船在到达屏幕左右边缘后像被墙挡住一样。

12.6.6 重构 _check_events()

随着游戏的开发，_check_events() 方法将越来越长。因此我们将其部分代码放在两个方法中，其中一个处理 KEYDOWN 事件，另一个处理 KEYUP 事件：

alien_invasion.py

```
def _check_events(self):
    """响应鼠标和按键事件"""
    for event in pygame.event.get():
        if event.type == pygame.QUIT:
            sys.exit()
        elif event.type == pygame.KEYDOWN:
            self._check_keydown_events(event)
        elif event.type == pygame.KEYUP:
            self._check_keyup_events(event)

def _check_keydown_events(self, event):
    """响应按下"""
    if event.key == pygame.K_RIGHT:
        self.ship.moving_right = True
    elif event.key == pygame.K_LEFT:
        self.ship.moving_left = True

def _check_keyup_events(self, event):
    """响应释放"""
    if event.key == pygame.K_RIGHT:
        self.ship.moving_right = False
    elif event.key == pygame.K_LEFT:
        self.ship.moving_left = False
```

这里创建两个新的辅助方法：_check_keydown_events() 和 _check_keyup_events()，它们都包含形参 self 和 event。这两个方法的代码是从 _check_events() 中复制而来的，因此 _check_events() 方法中相应的代码被替换成了对这两个方法的调用。现在，_check_events() 方法更简单了，代码结构也更清晰了，使程序能更容易地对玩家输入做出进一步的响应。

12.6.7 按 Q 键退出

能够高效地响应按键后，我们来添加一种退出游戏的方式。当前，每次测试新功能时，都需要单击游戏窗口顶部的 X 按钮来结束游戏，实在是太麻烦了。因此，我们来添加一个结束游戏的键盘快捷键——Q 键：

*alien_
invasion.py*
```
def _check_keydown_events(self, event):
    --snip--
    elif event.key == pygame.K_LEFT:
        self.ship.moving_left = True
    elif event.key == pygame.K_q:
        sys.exit()
```

在_check_keydown_events()中添加一个 elif 代码块，用于在玩家按 Q 键时结束游戏。现在测试这款游戏时，你可以直接按 Q 键来结束游戏，无须使用鼠标关闭窗口了。

12.6.8 在全屏模式下运行游戏

Pygame 支持全屏模式，相比于常规窗口，你可能更喜欢在这种模式下运行游戏。有些游戏在全屏模式下看起来更舒服，而且在一些系统中，游戏在全屏模式下可能有性能上的提升。

要在全屏模式下运行这款游戏，可在 __init__()中做如下修改：

*alien_
invasion.py*
```
def __init__(self):
    """初始化游戏并创建游戏资源"""
    pygame.init()
    self.settings = Settings()

❶   self.screen = pygame.display.set_mode((0, 0), pygame.FULLSCREEN)
❷   self.settings.screen_width = self.screen.get_rect().width
    self.settings.screen_height = self.screen.get_rect().height
    pygame.display.set_caption("Alien Invasion")
```

在创建屏幕时，传入尺寸(0, 0)以及参数 pygame.FULLSCREEN（见❶），这让 Pygame 生成一个覆盖整个显示器的屏幕。由于无法预先知道屏幕的宽度和高度，要在创建屏幕后更新这些设置（见❷）：使用屏幕的 rect 的属性 width 和 height 来更新对象 settings。

如果你喜欢这款游戏在全屏模式下的外观和行为，请保留这些设置；如果你更喜欢这款游戏在独立的窗口中运行，可恢复成原来的方法——将屏幕尺寸设置为特定的值。

注意： 在全屏模式下运行这款游戏前，请确认能够按 Q 键退出，因为 Pygame 不提供在全屏模式下退出游戏的默认方式。

12.7 简单回顾

下一节将添加射击功能，为此需要新增一个名为 bullet.py 的文件，并修改一些既有的文件。当前有三个文件，其中包含很多类和方法。在添加其他功能前，先来回顾一下这些文件，以便对这个项目的组织结构有清楚的认识。

12.7.1 alien_invasion.py

主文件 alien_invasion.py 包含 AlienInvasion 类，这个类创建在游戏的很多地方会用到的一系列属性：赋给 settings 的设置，赋给 self.screen 的主显示 surface，以及一个飞船实例。这个模块还包含游戏的主循环，即一个调用 _check_events()、ship.update() 和 _update_screen() 的 while 循环。它还在每次通过循环后让时钟按键计时。

_check_events() 方法检测相关的事件（如按下和释放），并通过调用 _check_keydown_events() 方法和 _check_keyup_events() 方法处理这些事件。当前，这些方法负责管理飞船的移动。AlienInvasion 类还包含 _update_screen() 方法，这个方法在每次主循环中重绘屏幕。

要开始游戏《外星人入侵》，只需运行文件 alien_invasion.py，其他文件（settings.py 和 ship.py）包含的代码会被导入这个文件。

12.7.2 settings.py

文件 settings.py 包含 Settings 类，这个类只包含 __init__() 方法，用于初始化控制游戏外观和飞船速度的属性。

12.7.3 ship.py

文件 ship.py 包含 Ship 类，这个类包含 __init__() 方法、管理飞船位置的 update() 方法和在屏幕上绘制飞船的 blitme() 方法。表示飞船的图像 ship.bmp 存储在文件夹 images 中。

动手试一试

练习 12.3：Pygame 文档　经过一段时间的游戏开发实践，你可能想看看 Pygame 的文档（可在 Pygame 主页中找到）。目前，只需大致浏览一下文档即可。在完成本章项目的过程中，不需要参阅这些文档，但如果你想修改游戏《外星人入侵》或编写自己的游戏，这些文档会有所帮助。

练习 12.4：火箭　编写一个游戏，它在屏幕中央显示一艘火箭，而玩家可使用上下左右四个方向键移动火箭。务必确保火箭不会移动到屏幕之外。

12

> **练习 12.5：按键** 编写一个创建空屏幕的 Pygame 文件。在事件循环中，每当检测到 pygame.KEYDOWN 事件时都打印属性 event.key。运行这个程序并按下不同的键，看看控制台窗口的输出，以便了解 Pygame 会如何响应。

12.8　射击

下面来添加射击功能。我们将编写在玩家按空格键时发射子弹（用小矩形表示）的代码。子弹将在屏幕中直线上升，并在抵达屏幕上边缘后消失。

12.8.1　添加子弹设置

首先，更新 settings.py，在 __init__()方法末尾存储新类 Bullet 所需的值：

settings.py
```
def __init__(self):
    --snip--
    # 子弹设置
    self.bullet_speed = 2.0
    self.bullet_width = 3
    self.bullet_height = 15
    self.bullet_color = (60, 60, 60)
```

这些设置创建了宽 3 像素、高 15 像素的深灰色子弹。子弹的速度比飞船稍快。

12.8.2　创建 Bullet 类

下面来创建存储 Bullet 类的文件 bullet.py，其前半部分如下：

bullet.py
```
import pygame
from pygame.sprite import Sprite

class Bullet(Sprite):
    """管理飞船所发射子弹的类"""

    def __init__(self, ai_game):
        """在飞船的当前位置创建一个子弹对象"""
        super().__init__()
        self.screen = ai_game.screen
        self.settings = ai_game.settings
        self.color = self.settings.bullet_color

        # 在(0,0)处创建一个表示子弹的矩形，再设置正确的位置
❶       self.rect = pygame.Rect(0, 0, self.settings.bullet_width,
            self.settings.bullet_height)
❷       self.rect.midtop = ai_game.ship.rect.midtop
```

```
                # 存储用浮点数表示的子弹位置
❸               self.y = float(self.rect.y)
```

Bullet 类继承了从模块 pygame.sprite 导入的 Sprite 类。通过使用精灵（sprite），可将游戏中相关的元素编组，进而同时操作编组中的所有元素。为了创建子弹实例，__init__()需要当前的 AlienInvasion 实例，因此调用 super()来继承 Sprite。另外，还定义了用于存储屏幕和设置对象以及表示子弹颜色的属性。

在❶处，创建子弹的属性 rect。子弹并非基于图像文件的，因此必须使用 pygame.Rect()类从头开始创建一个矩形。在创建这个类的实例时，必须提供矩形左上角的 x 坐标和 y 坐标，还有矩形的宽度和高度。我们在(0, 0)处创建这个矩形，而下一行代码将其移到了正确的位置，因为子弹的初始位置取决于飞船当前的位置。子弹的宽度和高度是从 self.settings 中获取的。

在❷处，将子弹的 rect.midtop 设置为飞船的 rect.midtop，这样子弹将出现在飞船顶部，看起来像是飞船发射出来的。我们将子弹的 y 坐标存储为浮点数，以便能够微调子弹的速度（见❸）。

下面是 bullet.py 的后半部分，包括 update()方法和 draw_bullet()方法：

```
bullet.py   def update(self):
                """向上移动子弹"""
                # 更新子弹的准确位置
❶               self.y -= self.settings.bullet_speed
                # 更新表示子弹的 rect 的位置
❷               self.rect.y = self.y

            def draw_bullet(self):
                """在屏幕上绘制子弹"""
❸               pygame.draw.rect(self.screen, self.color, self.rect)
```

update()方法管理子弹的位置。发射之后，子弹向上移动，这意味着 y 坐标将不断减小。为了更新子弹的位置，从 self.y 中减去 settings.bullet_speed 的值（见❶）。接下来，将 self.rect.y 设置为 self.y 的值（见❷）。

属性 bullet_speed 让我们能够随着游戏的进行或根据需要加快子弹的速度，以调整游戏的行为。子弹发射后，其 x 坐标始终不变，因此子弹将沿直线垂直上升。

在需要绘制子弹时，我们调用 draw_bullet()。draw.rect()使用存储在 self.color 中的颜色值，填充表示子弹的 rect 占据的那部分屏幕（见❸）。

12.8.3　将子弹存储到编组中

在定义 Bullet 类和必要的设置后，便可编写代码在玩家每次按空格键时都发射一颗子弹了。我们将在 AlienInvasion 中创建一个编组（group），用于存储所有有效的子弹，以便管理发射出去的所有子弹。这个编组是 Group 类（来自 pygame.sprite 模块）的一个实例。Group 类类似于列表，但提供了有助于开发游戏的额外功能。在主循环中，将使用这个编组在屏幕上绘制子弹，以及更新每颗子弹的位置。

首先，导入新的 Bullet 类：

*alien_*
invasion.py

```
--snip--
from ship import Ship
from bullet import Bullet
```

接下来，在 __init__()中创建用于存储子弹的编组：

*alien_*
invasion.py

```
def __init__(self):
    --snip--
    self.ship = Ship(self)
    self.bullets = pygame.sprite.Group()
```

然后在 while 循环中更新子弹的位置：

*alien_*
invasion.py

```
def run_game(self):
    """开始游戏的主循环。"""
    while True:
        self._check_events()
        self.ship.update()
        self.bullets.update()
        self._update_screen()
        self.clock.tick(60)
```

在对编组调用 update()时，编组会自动对其中的每个精灵调用 update()，因此 self.bullets.update()将为 bullets 编组中的每颗子弹调用 bullet.update()。

12.8.4　开火

在 AlienInvasion 中，需要修改_check_keydown_events()，以便在玩家按空格键时发射一颗子弹。无须修改_check_keyup_events()，因为在玩家释放空格键时不需要做任何操作。还需修改_update_screen()，确保在调用 flip()前在屏幕上重绘每颗子弹。

为了发射子弹，需要做的工作不少，因此编写一个新方法_fire_bullet()来完成这项任务：

*alien_*
invasion.py

```
def _check_keydown_events(self, event):
    --snip--
    elif event.key == pygame.K_q:
        sys.exit()
```
❶
```
    elif event.key == pygame.K_SPACE:
        self._fire_bullet()

def _check_keyup_events(self, event):
    --snip--
```

```
      def _fire_bullet(self):
          """创建一颗子弹，并将其加入编组 bullets """
❷         new_bullet = Bullet(self)
❸         self.bullets.add(new_bullet)

      def _update_screen(self):
          """更新屏幕上的图像，并切换到新屏幕"""
          self.screen.fill(self.settings.bg_color)
❹         for bullet in self.bullets.sprites():
              bullet.draw_bullet()
          self.ship.blitme()

          pygame.display.flip()
--snip--
```

当玩家按空格键时，我们调用 _fire_bullet()（见❶）。在 _fire_bullet()中，创建一个 Bullet 实例并将其赋给 new_bullet（见❷），再使用 add()方法将其加入编组 bullets（见❸）。add()方法类似于列表的 append()方法，不过是专门为 Pygame 编组编写的。

bullets.sprites()方法返回一个列表，其中包含 bullets 编组中的所有精灵。为了在屏幕上绘制发射出的所有子弹，遍历 bullets 编组中的精灵，并对每个精灵都调用 draw_bullet()（见❹）。我们将这个循环放在绘制飞船的代码行前面，以防子弹出现在飞船上。

如果此时运行 alien_invasion.py，将能够左右移动飞船，并发射任意数量的子弹。子弹在屏幕上直线上升，抵达屏幕上边缘后消失，如图 12-3 所示。子弹的尺寸、颜色和速度可以在 settings.py 中修改。

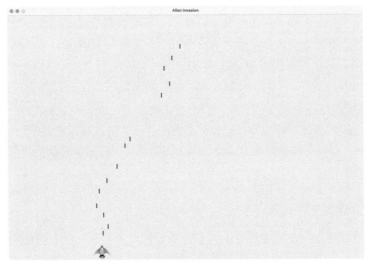

图 12-3　飞船发射一系列子弹后的《外星人入侵》游戏

12.8.5　删除已消失的子弹

当前，虽然子弹会在抵达屏幕上边缘后消失，但这仅仅是因为 Pygame 无法在屏幕外绘制它们。这些子弹实际上依然存在，它们的 y 坐标为负数且越来越小。这是个问题，因为它们将继续消耗系统的内存和处理能力。

我们需要将这些已消失的子弹删除，否则游戏所做的无谓工作将越来越多，进而变得越来越慢。为此，需要检测表示子弹的 rect 的 bottom 属性是否为零。如果是，就表明子弹已飞过屏幕上边缘：

alien_invasion.py

```
    def run_game(self):
        """开始游戏的主循环"""
        while True:
            self._check_events()
            self.ship.update()
            self.bullets.update()

            # 删除已消失的子弹
❶          for bullet in self.bullets.copy():
❷              if bullet.rect.bottom <= 0:
❸                  self.bullets.remove(bullet)
❹          print(len(self.bullets))

            self._update_screen()
            self.clock.tick(60)
```

在使用 for 循环遍历列表（或 Pygame 编组）时，Python 要求该列表的长度在整个循环中保持不变。这意味着不能从 for 循环遍历的列表或编组中删除元素，因此必须遍历编组的副本。使用方法 copy() 来作为 for 循环的遍历对象（见❶），让我们能够在循环中修改原始编组 bullets。我们检查每颗子弹，看看它是否从屏幕上边缘消失了（见❷）。如果是，就将其从 bullets 中删除（见❸）。在❹处，使用函数调用 print() 显示当前还有多少颗子弹，以核实确实删除了已消失的子弹。

如果这些代码没有问题，我们在发射子弹后查看终端窗口时，将发现随着子弹一颗颗地在屏幕上边缘消失，子弹数将逐渐降为零。运行这个游戏并确认子弹被正确地删除后，请将 print() 删除。如果不删除，游戏的速度将大大减慢，因为将输出写入终端的时间比将图形绘制到游戏窗口的时间还多。

12.8.6　限制子弹数量

很多射击游戏对可同时出现在屏幕上的子弹数量进行了限制，以鼓励玩家有目标地射击。在游戏《外星人入侵》中也可以做这样的限制。

首先，将允许同时出现的子弹数存储在 settings.py 中：

settings.py
```
# 子弹设置
--snip--
self.bullet_color = (60, 60, 60)
self.bullets_allowed = 3
```

这将未消失的子弹数限制为三颗。在 AlienInvasion 的 _fire_bullet() 中，会在创建新子弹前检查未消失的子弹数是否小于该设置：

alien_
invasion.py
```
def _fire_bullet(self):
    """创建新子弹并将其加入编组 bullets"""
    if len(self.bullets) < self.settings.bullets_allowed:
        new_bullet = Bullet(self)
        self.bullets.add(new_bullet)
```

在玩家按空格键时，我们检查 bullets 的长度。如果 len(self.bullets) 小于 3，就创建一颗新子弹；但如果已经有三颗未消失的子弹，则什么都不做。现在运行这个游戏，屏幕上最多只能有三颗子弹。

12.8.7 创建 _update_bullets() 方法

编写并检查子弹管理代码后，可将这些代码移到一个独立的方法中，以确保 AlienInvasion 类整洁。为此，创建一个名为 _update_bullets() 的新方法，并将其放在 _update_screen() 前面：

alien_
invasion.py
```
def _update_bullets(self):
    """更新子弹的位置并删除已消失的子弹"""
    # 更新子弹的位置
    self.bullets.update()

    # 删除已消失的子弹
    for bullet in self.bullets.copy():
        if bullet.rect.bottom <= 0:
            self.bullets.remove(bullet)
```

_update_bullets() 的代码是从 run_game() 剪切粘贴而来的，这里只是添加了清晰注释。

run_game() 中的 while 循环又变得简单了：

alien_
invasion.py
```
while True:
    self._check_events()
    self.ship.update()
    self._update_bullets()
    self._update_screen()
    self.clock.tick(60)
```

我们让主循环包含尽可能少的代码，这样只要看方法名就能迅速知道游戏中发生的情况了。主循环检查玩家的输入，并更新飞船的位置和所有未消失的子弹的位置。然后，在每次循环末尾，都使用更新后的位置来绘制新屏幕，并让时钟计时。

请再次运行 alien_invasion.py，确认发射子弹时没有错误。

动手试一试

练习 12.6：《横向射击》   编写一个游戏，将一艘飞船放在屏幕左侧，并允许玩家上下移动飞船。在玩家按空格键时，让飞船发射一颗在屏幕中向右飞行的子弹，并在子弹从屏幕中消失后将其删除。

12.9   小结

在本章中，你首先学习了游戏开发计划的制定以及使用 Pygame 编写的游戏的基本结构。接着学习了如何设置背景色，以及如何将设置存储在独立的类中，以便将来可以轻松地调整。然后学习了如何在屏幕上绘制图像，以及如何让玩家控制游戏元素的移动。你不仅创建了能自动移动的元素，如在屏幕中直线上升的子弹，还删除了不再需要的对象。最后，你学习了经常性重构是如何为项目的后续开发提供便利的。

在第 13 章中，我们将在游戏《外星人入侵》中添加外星人。学完这一章，你将能够击落外星人——但愿是在其撞到飞船之前！

外 星 人 *13*

本章将为游戏《外星人入侵》添加外星人。我们将先在屏幕的上边缘附近添加一个外星人，再生成一个外星舰队。然后让这群外星人向两侧和向下移动，并删除被子弹击中的外星人。最后，显示玩家拥有的飞船数量，并在玩家的飞船用完后结束游戏。

通过阅读本章，你将更深入地了解 Pygame 和大型项目的管理，还将学习如何检测游戏元素之间的碰撞，如子弹和外星人之间的碰撞。检测碰撞有助于定义游戏元素之间的交互。例如，可以将角色限制在迷宫的墙壁之间或让两个角色相互传球。我们将不时地查看游戏开发计划，确保编程工作不偏离轨道。

着手编写在屏幕上添加外星舰队的代码前，不妨回顾一下这个项目，并更新开发计划。

13.1 项目回顾

在开发大型项目时，进入每个开发阶段前都要回顾一下开发计划，牢记接下来要通过编写代码完成哪些任务。本章将完成以下开发计划。

❑ 在屏幕左上角添加一个外星人，并指定合适的边距。

❑ 沿屏幕上边缘添加一行外星人，再不断地添加成行的外星人，直到填满屏幕的上半部分。

❑ 让外星人向两侧和向下移动，直到外星舰队被全部击落、有外星人撞到飞船或有外星人抵达屏幕的下边缘。如果外星舰队都被击落，将再创建一个外星舰队；如果有外星人撞到飞船或抵达屏幕的下边缘，就销毁飞船并再创建一个外星舰队。

❑ 限制玩家可用的飞船数量，分配的飞船被用完后，游戏将结束。

我们将在实现功能的同时完善这个计划，但就目前而言，计划已足够详尽，可以开始编写代码了。

在项目中添加新功能前，还应审核既有的代码。每进入一个新阶段，项目通常会更复杂，因此最好对混乱或低效的代码进行清理。因为我们一直在不断重构，所以当前没有需要重构的代码。

13.2   创建第一个外星人

在屏幕上放置外星人与放置飞船类似。每个外星人的行为都由 Alien 类控制，我们将像创建 Ship 类那样创建这个类。简单起见，这里还是使用位图来表示外星人。你既可以自己寻找表示外星人的图像，也可使用图 13-1 所示的图像，它可在本书的源代码文件中找到（chapter_13/creating_first_alien/images/alien.bmp）。这幅图像的背景为灰色，与屏幕的背景色一致。请务必将选择的图像文件保存到文件夹 images 中。

图 13-1   将用来创建外星舰队的外星人图像

13.2.1   创建 Alien 类

下面来编写 Alien 类并将其保存为文件 alien.py：

alien.py
```
import pygame
from pygame.sprite import Sprite

class Alien(Sprite):
    """表示单个外星人的类"""

    def __init__(self, ai_game):
        """初始化外星人并设置其起始位置"""
        super().__init__()
        self.screen = ai_game.screen

        # 加载外星人图像并设置其 rect 属性
        self.image = pygame.image.load('images/alien.bmp')
        self.rect = self.image.get_rect()

        # 每个外星人最初都在屏幕的左上角附近
❶        self.rect.x = self.rect.width
        self.rect.y = self.rect.height

        # 存储外星人的精确水平位置
❷        self.x = float(self.rect.x)
```

除了位置不同以外，这个类的大部分代码与 Ship 类相似。每个外星人最初都位于屏幕的左上角附近。将每个外星人的左边距都设置为外星人的宽度，并将上边距设置为外星人的高度（❶），这样较为美观。我们主要关心的是外星人的水平移动速度，因此精确地记录了每个外星人的水平位置（❷）。

Alien 类不需要在屏幕上绘制外星人的方法，因为我们将使用一个 Pygame 编组方法，自动地在屏幕上绘制编组中的所有元素。

13.2.2　创建 Alien 实例

要让第一个外星人在屏幕上现身，需要创建一个 Alien 实例。这属于初始化工作之一，因此需要把这些代码放在 AlienInvasion 类的 __init__() 方法末尾。我们最终会创建一个外星舰队，涉及的工作量不少，因此将新建一个名为 _create_fleet() 的辅助方法。

在类中，方法的定义顺序无关紧要，只要按统一的标准排列就行。我们将把 _create_fleet() 放在 _update_screen() 前面，但其实放在 AlienInvasion 类的任何地方都行。首先，需要导入 Alien 类。

下面是 alien_invasion.py 中修改后的导入语句：

alien_invasion.py
```
--snip--
from bullet import Bullet
from alien import Alien
```

下面是修改后的 __init__() 方法：

alien_invasion.py
```
def __init__(self):
    --snip--
    self.ship = Ship(self)
    self.bullets = pygame.sprite.Group()
    self.aliens = pygame.sprite.Group()

    self._create_fleet()
```

这创建了一个用于存储外星舰队的编组，还调用了接下来将编写的 _create_fleet() 方法。

下面是新编写的 _create_fleet() 方法：

alien_invasion.py
```
def _create_fleet(self):
    """创建一个外星舰队"""
    # 创建一个外星人
    alien = Alien(self)
    self.aliens.add(alien)
```

在这个方法中，先创建一个 Alien 实例，再将其添加到用于存储外星舰队的编组中。外星人默认被放在屏幕的左上角附近。

要让外星人现身，需要在_update_screen()中对外星人编组调用 draw()方法：

*alien_*
invasion.py

```
def _update_screen(self):
    --snip--
    self.ship.blitme()
    self.aliens.draw(self.screen)

    pygame.display.flip()
```

当对编组调用 draw()时，Pygame 将把编组中的每个元素绘制到属性 rect 指定的位置上。方法 draw()接受一个参数，这个参数指定了要将编组中的元素绘制到哪个 surface 上。图 13-2 显示了在屏幕上现身的第一个外星人。

图 13-2　第一个外星人现身

第一个外星人已经被正确地绘制在屏幕上了，下面来编写绘制一个外星舰队的代码。

13.3 创建外星舰队

要绘制外星舰队，需要确定如何使用外星人填充屏幕的上半部分，同时避免游戏窗口过于拥挤。实现这个目标的方式有很多，我们将采取如下方法：沿屏幕上边缘水平向右不断地添加外星人，直到填满一整行；然后重复这个过程，直到没有足够的垂直空间供我们再添加一行为止。

13.3.1 创建一行外星人

现在可以创建一整行外星人了。我们首先创建一个外星人，以便能够访问其宽度。然后在屏幕的左上角放置一个外星人，再不断添加，直到没有空间添加外星人为止：

```
def _create_fleet(self):
    """创建一个外星舰队"""
    # 创建一个外星人，再不断添加，直到没有空间添加外星人为止
    # 外星人的间距为外星人的宽度
    alien = Alien(self)
    alien_width = alien.rect.width

❶  current_x = alien_width
❷  while current_x < (self.settings.screen_width - 2 * alien_width):
❸      new_alien = Alien(self)
❹      new_alien.x = current_x
        new_alien.rect.x = new_alien.x
        self.aliens.add(new_alien)
❺      current_x += 2 * alien_width
```

alien_invasion.py

获取第一个外星人对象的宽度，再定义一个名为 current_x 的变量（见❶）。这个变量表示我们要在屏幕上放置的下一个外星人的水平位置。我们将这个变量的初始值设置为外星人的宽度，以免第一个外星人紧贴屏幕的左边缘。

接下来是一个 while 循环（见❷），它不断地添加外星人，直到没有足够的空间再放下一个外星人为止。为了确定是否有足够的空间再放置一个外星人，我们将 current_x 与一个最大值进行比较。在第一次尝试时，这个 while 循环可能类似于下面这样：

```
while current_x < self.settings.screen_width:
```

这看似可行，但将导致行尾的外星人超出屏幕的右边缘。因此，我们在屏幕的右边缘处留出一点儿空间：只要余下的空间超过外星人宽度的两倍，就继续执行循环，再添加一个外星人。

只要余下的水平空间足够，循环就会不断执行。在循环中，我们要做两件事：一是在正确的位置创建一个外星人，二是定义当前行中下一个外星人的水平位置。我们创建一个外星人，并将其赋给变量 new_alien（见❸）。然后，将该外星人的水平位置设置为 current_x 的当前值（见❹）。同时，将该外星人的 rect 的 x 值也设置为 current_x 的当前值，并将该外星人添加到编组 self.aliens 中。

最后，递增 current_x 的值（见❺）：将其值加上外星人宽度的两倍，从而越过刚添加的外星人，并在外星人之间留下一些空间。回到 while 循环的开头后，Python 将重新对循环条件进行判断，确定是否有足够的空间再添加一个外星人。如果没有足够的空间，循环结束，第一行外星人也就创建好了。

现在运行这个游戏，将看到第一行外星人，如图 13-3 所示。

图 13-3　第一行外星人

注意：对于像本节中这样的循环，并非总是一眼就能看出该如何编写。编程的一个有趣之处在于，并不要求在一开始就找到解决问题的正确方法：即使这个循环最初导致最后一个外星人离屏幕右边缘太远也没关系，你可对其进行修改，直到最后一个外星人与屏幕右边缘的距离合适为止。

13.3.2　重构_create_fleet()

倘若只需使用前面的代码就能创建一个外星舰队，也许应该让_create_fleet()保持原样，但鉴于创建外星舰队的工作还未完成，我们稍微整理一下这个方法。为此，添加辅助方法_create_alien()，并在_create_fleet()中调用它：

*alien_*
invasion.py

```
      def _create_fleet(self):
          --snip--
          while current_x < (self.settings.screen_width - 2 * alien_width):
              self._create_alien(current_x)
              current_x += 2 * alien_width

❶     def _create_alien(self, x_position):
          """创建一个外星人并将其放在当前行中"""
          new_alien = Alien(self)
          new_alien.x = x_position
          new_alien.rect.x = x_position
          self.aliens.add(new_alien)
```

除了 self，_create_alien()方法还接受一个参数：指定外星人水平位置的值（见❶）。方法

_create_alien()的代码与原来放在_create_fleet()中的代码相同，只是current_x被替换成了参数 x_position。这样重构后，将更容易添加新行，进而创建整个外星舰队。

13.3.3　添加多行外星人

为了创建一个外星舰队，我们需要不断添加外星人，直到没有足够的空间再添加一行为止。我们将使用一个嵌套循环：将当前循环放在另一个 while 循环中。里面的循环负责沿水平方向添加外星人，关注的是外星人的 x 值；而外面的循环沿垂直方向添加外星人，关注的是外星人的 y 值。我们将在到达屏幕底部附近后停止添加外星人，以避免覆盖飞船，并且在飞船和外星舰队之间留下一些空间，让玩家有足够的时间去击落外星人。

下面演示了如何在_create_fleet()中嵌套两个 while 循环：

```
    def _create_fleet(self):
        """创建一个外星舰队"""
        # 创建一个外星人，再不断添加，直到没有空间再添加外星人为止
        # 外星人的间距为外星人的宽度和外星人的高度
        alien = Alien(self)
❶      alien_width, alien_height = alien.rect.size

❷      current_x, current_y = alien_width, alien_height
❸      while current_y < (self.settings.screen_height - 3 * alien_height):
            while current_x < (self.settings.screen_width - 2 * alien_width):
❹              self._create_alien(current_x, current_y)
                current_x += 2 * alien_width

❺          # 添加一行外星人后，重置 x 值并递增 y 值
            current_x = alien_width
            current_y += 2 * alien_height
```

为了确定下一行外星人的位置，需要知道单个外星人的高度，因此我们从外星人的属性 rect.size 中获取外星人的宽度和高度（见❶）。属性 rect.size 是一个元组，包含外星人的宽度和高度。

接下来，我们设置 x 坐标和 y 坐标的初始值，以指定外星舰队中第一个外星人的位置（见❷）：它与屏幕左边缘和上边缘之间的距离分别为外星人的宽度和高度。然后，定义一个 while 循环，它决定在屏幕上放置多少行外星人（见❸）。只要下一行外星人的 y 值小于屏幕高度减去三个外星人高度的差，就继续添加外星人（如果这样留下的空间不合适，可进行调整）。

我们调用_create_alien()，并将外星人的 x 值和 y 值传递给它（见❹）。稍后将修改_create_alien()。

请注意最后两行代码的缩进位置（见❺）。它们属于外部循环，不属于内部循环，因此将在内部循环结束后运行，即每创建一行外星人运行一次。每添加一行外星人后，都重置 current_x 的值，确保下一行的第一个外星人与前面各行的第一个外星人对齐。然后，将 current_y 的值加上外星人高度的两倍，确保下一行外星人离屏幕下边缘更近。在这里，缩进非常重要。如果你在

本节末尾运行 alien_invasion.py 时看到的外星舰队有问题，请检查这些嵌套循环中代码行的缩进是否正确。

需要修改_create_alien()，以正确地设置外星人的垂直位置：

```python
def _create_alien(self, x_position, y_position):
    """创建一个外星人，并将其加入外星舰队"""
    new_alien = Alien(self)
    new_alien.x = x_position
    new_alien.rect.x = x_position
    new_alien.rect.y = y_position
    self.aliens.add(new_alien)
```

我们修改了这个方法的定义，使其将待创建的外星人的 y 值作为参数，并在这个方法中设置新创建的外星人的 rect 的垂直位置。

现在运行这个游戏，可以看到一个外星舰队，如图 13-4 所示。

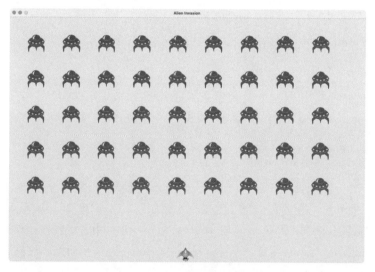

图 13-4　整个外星舰队都现身了

下一节，我们将让外星舰队移动起来！

动手试一试

练习 13.1：星星　找一幅星星图像，并在屏幕上显示一系列排列整齐的星星。

练习 13.2：更逼真的星星　为让星星的分布更逼真，可随机地放置星星。第 9 章说过，可像下面这样生成随机数：

```
from random import randint
random_number = randint(-10, 10)
```

上述代码返回一个-10和10之间的随机整数。在为练习13.1编写的程序中，使用该方法随机地调整每颗星星的位置吧。

13.4 让外星舰队移动

下面来让外星舰队在屏幕上向右移动，到达屏幕右边缘后下移一定的距离，再向左移动，依此类推。这样不断地移动所有的外星人，直到外星人都被击落、有外星人撞上飞船或有外星人抵达屏幕的下边缘。下面先来让外星人向右移动。

13.4.1 向右移动外星舰队

移动外星舰队需要使用 alien.py 中的 update()方法。对于外星舰队中的每个外星人，都要调用它。首先，添加一个控制外星人速度的设置：

settings.py
```
def __init__(self):
    --snip--
    # 外星人设置
    self.alien_speed = 1.0
```

然后，在 alien.py 中使用这个设置来实现 update()：

alien.py
```
    def __init__(self, ai_game):
        """初始化外星人并设置其初始位置"""
        super().__init__()
        self.screen = ai_game.screen
        self.settings = ai_game.settings
        --snip--

    def update(self):
        """向右移动外星人"""
❶       self.x += self.settings.alien_speed
❷       self.rect.x = self.x
```

在__init__()中添加属性 settings，以便能够在 update()中获取外星人的速度。每次更新外星人时，都将它向右移动，移动量为 alien_speed 的值。我们使用属性 self.x 跟踪每个外星人的精确位置，这个属性可存储浮点数（见❶）。然后，使用 self.x 的值来更新外星人的 rect 的水平位置（见❷）。

在主 while 循环中，我们已调用了更新飞船和子弹的方法，现在还要调用更新每个外星人位置的方法。

需要编写一些代码来管理外星舰队的移动，因此新建一个名为_update_aliens()的方法。我们在更新子弹后更新外星人的位置，因为稍后要检查是否有子弹击中了外星人：

alien_invasion.py

```
while True:
    self._check_events()
    self.ship.update()
    self._update_bullets()
    self._update_aliens()
    self._update_screen()
    self.clock.tick(60)
```

只要缩进正确，将这个方法定义在模块的什么地方无关紧要，但为了确保代码有条理，我将它放在_update_bullets()方法的后面，以便与 while 循环中的调用顺序保持一致。下面是我们编写的第一版_update_aliens()：

alien_invasion.py

```
def _update_aliens(self):
    """更新外星舰队中所有外星人的位置"""
    self.aliens.update()
```

对 aliens 编组调用 update()方法，将自动对每个外星人调用 update()方法。现在运行这个游戏，将看到外星舰队向右移动，并在屏幕右边缘处消失。

13.4.2　创建表示外星舰队移动方向的设置

下面来创建让外星人到达屏幕右边缘后先向下移动、再向左移动的设置。实现这种行为的代码如下：

settings.py

```
# 外星人设置
self.alien_speed = 1.0
self.fleet_drop_speed = 10
# fleet_direction 为 1 表示向右移动，为-1 表示向左移动
self.fleet_direction = 1
```

设置 fleet_drop_speed 来指定当有外星人到达屏幕边缘时，外星舰队向下移动的速度。将这个速度与水平速度分开是有好处的，便于分别调整。

要实现设置 fleet_direction，可将其设置为文本值，如'left'或'right'，但这样必须编写 if-elif 语句来检查外星舰队的移动方向。鉴于只有两个可能的方向，我们使用值 1 和-1 来表示它们，并在外星舰队改变方向时在这两个值之间切换。（鉴于向右移动时需要增大每个外星人的 x 坐标，而向左移动时需要减小每个外星人的 x 坐标，因此使用这两个数字来表示方向也十分合理。）

13.4.3　检查外星人是否到达了屏幕边缘

现在需要编写一个方法来检查外星人是否到达了屏幕边缘，还需要修改 update()让每个外星人都沿正确的方向移动。这些代码位于 Alien 类中：

alien.py

```
        def check_edges(self):
            """如果外星人位于屏幕边缘，就返回True"""
            screen_rect = self.screen.get_rect()
❶          return (self.rect.right >= screen_rect.right) or (self.rect.left <= 0)

        def update(self):
            """向左或向右移动外星人"""
❷          self.x += self.settings.alien_speed * self.settings.fleet_direction
            self.rect.x = self.x
```

可对任意外星人调用新方法 check_edges()，看看它是否位于屏幕的左边缘或右边缘。如果外星人的 rect 的 right 属性大于或等于屏幕的 rect 的 right 属性，就说明外星人位于屏幕的右边缘；如果外星人的 rect 的 left 属性小于或等于 0，就说明外星人位于屏幕的左边缘（见❶）。这里没有将这个条件测试放在 if 代码块中，而将其直接放在 return 语句中。如果外星人位于屏幕的左边缘或右边缘，这个方法将返回 True，否则返回 False。

修改方法 update()，将移动量设置为外星人的速度和 fleet_direction 的乘积，让外星人向左或向右移动（见❷）。如果 fleet_direction 为 1，就将外星人的当前 x 坐标加上 alien_speed，从而让外星人向右移动；如果 fleet_direction 为 -1，就将外星人的当前 x 坐标减去 alien_speed，从而让外星人向左移动。

13.4.4　向下移动外星舰队并改变移动方向

当有外星人到达屏幕（右/左）边缘时，需要让整个外星舰队向下移动，并改变它们的移动方向（向左/向右）。因此，需要在 AlienInvasion 中添加一些代码，检查是否有外星人到达了左边缘或右边缘。为此，编写方法 _check_fleet_edges()和 _change_fleet_direction()，并修改 _update_aliens()。我把这些新方法放在 _create_alien()后面，不过将其放在 AlienInvasion 类中的什么位置其实也是无关紧要的（只要缩进正确）：

alien_invasion.py

```
        def _check_fleet_edges(self):
            """在有外星人到达边缘时采取相应的措施"""
❶          for alien in self.aliens.sprites():
                if alien.check_edges():
❷                  self._change_fleet_direction()
                    break

        def _change_fleet_direction(self):
            """将整个外星舰队向下移动，并改变它们的方向"""
            for alien in self.aliens.sprites():
❸              alien.rect.y += self.settings.fleet_drop_speed
            self.settings.fleet_direction *= -1
```

在_check_fleet_edges()中，遍历外星舰队并对其中的每个外星人调用 check_edges()（见❶）。如果 check_edges()返回 True，就表明相应的外星人位于屏幕的边缘，需要改变外星舰队的移动方向，因此调用_change_fleet_direction()并退出循环（见❷）。在_change_fleet_direction()中，遍历所有外星人，将每个外星人下移 fleet_drop_speed 的值（见❸）。然后，将 fleet_direction的值改为其当前值与–1 的乘积。调整外星舰队移动方向的代码行不在 for 循环中，因为虽然要调整每个外星人的垂直位置，但只需调整外星舰队的移动方向一次。

下面显示了对_update_aliens()所做的修改：

*alien_*
invasion.py

```
def _update_aliens(self):
    """检查是否有外星人位于屏幕边缘，并更新整个外星舰队的位置"""
    self._check_fleet_edges()
    self.aliens.update()
```

我们将方法_update_aliens()修改成了这样：先调用_check_fleet_edges()，再更新每个外星人的位置。

如果现在运行这个游戏，外星舰队将在屏幕上左右来回移动，并在到达屏幕边缘后向下移动。现在可以开始向外星人射击了，并检查是否有外星人撞到飞船或抵达屏幕的下边缘。

动手试一试

　　练习 13.3：雨滴　寻找一幅雨滴图像，并创建一系列整齐排列的雨滴。让这些雨滴往下落，直到到达屏幕的下边缘后消失。

　　练习 13.4：连绵细雨　修改为练习 11.3 编写的代码，使得当一行雨滴消失在屏幕的下边缘后，在屏幕上边缘附近又出现一行新雨滴，并开始往下落。

13.5　击落外星人

我们创建了飞船和外星舰队，但子弹在击中外星人时，将穿过外星人，因为还没有检查碰撞。在游戏编程中，**碰撞**指的是游戏元素有重叠。为了让子弹能够击落外星人，我们将使用函数sprite.groupcollide()检测两个编组的成员之间的碰撞。

13.5.1　检测子弹和外星人的碰撞

当子弹击中外星人时，我们需要马上知道，以便在碰撞发生后让子弹立即消失。为此，将在更新所有子弹的位置后（绘制子弹前）立即检测碰撞。

sprite.groupcollide()函数将一个编组中每个元素的 rect 与另一个编组中每个元素的 rect 进行比较。在这里，是将每颗子弹的 rect 与每个外星人的 rect 进行比较，并返回一个字典，其中包含发生了碰撞的子弹和外星人。在这个字典中，键表示特定的子弹，而关联的值表示被该子弹击中的外星人（在第 14 章实现记分系统时，也将使用这个字典）。

在_update_bullets()方法末尾，添加如下检查子弹和外星人碰撞的代码：

alien_invasion.py

```
def _update_bullets(self):
    """更新子弹的位置，并删除已消失的子弹"""
    --snip--

    # 检查是否有子弹击中了外星人
    # 如果是，就删除相应的子弹和外星人
    collisions = pygame.sprite.groupcollide(
            self.bullets, self.aliens, True, True)
```

这些新增的代码将 self.bullets 中的所有子弹与 self.aliens 中的所有外星人进行比较，看它们是否重叠了在一起。每当有子弹和外星人的 rect 重叠时，groupcollide()就在返回的字典中添加一个键值对。两个值为 True 的实参告诉 Pygame 在发生碰撞时删除对应的子弹和外星人。［要模拟能够飞到屏幕上边缘的高能子弹（它会消灭击中的每个外星人，但自己不受影响），可将第一个布尔实参设置为 False，并保留第二个布尔实参为 True。这样被击中的外星人将消失，但所有的子弹始终有效，直到抵达屏幕的上边缘后消失。］

此时运行这个游戏，被击中的外星人将消失。如图 13-5 所示，有些外星人已经被击落了。

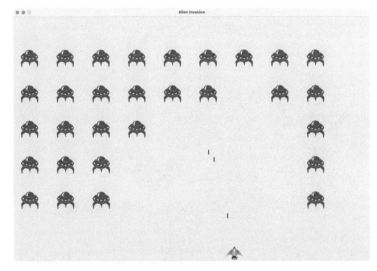

图 13-5 可以击落外星人了

13.5.2   为测试创建大子弹

只需运行这个游戏就可以测试它的很多功能，但有些功能在正常情况下测试起来比较烦琐。例如，要测试代码能否正确地处理外星人编组为空的情形，需要花很长时间将屏幕上的外星人全部击落。

在测试特定的功能时，可以修改游戏的某些设置，以便能够专注于游戏的某个方面。例如，可以缩小屏幕，以减少需要击落的外星人数量；也可以加快子弹的速度，以便能够在单位时间内发射大量子弹。

我喜欢做的一项修改是，增大子弹的尺寸并使其在击中外星人后依然有效，如图 13-6 所示。请尝试将 bullet_width 设置为 300 乃至 3000，看看将外星人全部击落有多快！

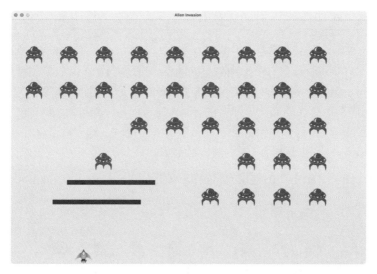

图 13-6   威力超强的子弹让游戏的有些方法测试起来更容易

这样做不仅可以提高测试效率，也许还能启发你为游戏设计出威力更大的武器。完成测试后，别忘了将设置恢复正常。

13.5.3   生成新的外星舰队

这个游戏的一个重要特点是，外星人无穷无尽：一个外星舰队被击落后，又会出现另一个外星舰队。

要在一个外星舰队被击落后显示另一个外星舰队，首先需要检查编组 aliens 是否为空。如果是，就调用_create_fleet()。我们将在_update_bullets()末尾执行这项任务，因为外星人都是在这里被击落的：

```
def _update_bullets(self):
    --snip--
❶  if not self.aliens:
        # 删除现有的子弹并创建一个新的外星舰队
❷      self.bullets.empty()
        self._create_fleet()
```

alien_ invasion.py 在 ❶ 处，检查 aliens 编组是否为空。空编组相当于 False，因此这是一种检查编组是否为空的简单方式。如果 aliens 编组为空，就使用 empty() 方法删除 bullets 编组中余下的所有精灵，从而删除现有的所有子弹（见 ❷）。另外，还调用了 _create_fleet()，在屏幕上重新生成一个外星舰队。

现在，当前外星人群被全部击落后，将立刻出现一个新的外星舰队。

13.5.4 加快子弹的速度

如果现在尝试在游戏中击落外星人，可能会发现子弹的速度不太合适（有点快或有点慢），游戏感不好。当前，可通过修改设置让这款游戏更有意思。别忘了，这个游戏的节奏会逐渐加快，因此不要在一开始就让节奏太快。

要修改子弹的速度，可调整 settings.py 中 bullet_speed 的值。我在自己的程序中把 bullet_speed 的值调整到了 2.5，让子弹的速度更快一些：

settings.py
```
# 子弹设置
self.bullet_speed = 2.5
self.bullet_width = 3
--snip--
```

这项设置的最佳值取决于你玩游戏的感受，请找出适合你的值。此外，还可以调整其他设置。

13.5.5 重构_update_bullets()

下面来重构 _update_bullets()，使其不再执行那么多任务。为此，将处理子弹和外星人碰撞的代码移到一个独立的方法中：

alien_ invasion.py
```
def _update_bullets(self):
    --snip--
    # 删除已消失的子弹
    for bullet in self.bullets.copy():
        if bullet.rect.bottom <= 0:
            self.bullets.remove(bullet)

    self._check_bullet_alien_collisions()

def _check_bullet_alien_collisions(self):
```

13

```
"""响应子弹和外星人的碰撞"""
# 删除发生碰撞的子弹和外星人
collisions = pygame.sprite.groupcollide(
        self.bullets, self.aliens, True, True)

if not self.aliens:
    # 删除现有的所有子弹，并创建一个新的外星舰队
    self.bullets.empty()
    self._create_fleet()
```

这里创建了一个新方法_check_bullet_alien_collisions()，用于检测子弹和外星人之间的碰撞，以及在整个外星舰队被全部击落时采取相应的措施。这能避免_update_bullets()过长，简化后续的开发工作。

动手试一试

练习 13.5：改进版《横向射击》   完成练习 12.6 后，我们给游戏《外星人入侵》添加了很多功能。在本练习中，请尝试给《横向射击》添加类似的功能。添加一个外星舰队（或让外星人的位置随机），并让其向飞船移动。另外，编写让被子弹击中的外星人消失的代码。

13.6 结束游戏

如果玩家根本不会输，游戏还有什么趣味和挑战性可言？因此，如果玩家没能在足够短的时间内将整个外星舰队全部击落，导致有外星人撞到了飞船或到达屏幕的下边缘，飞船将被摧毁。与此同时，我们还会限制玩家可使用的飞船数。在玩家用光所有的飞船后，游戏将结束。

13.6.1 检测外星人和飞船的碰撞

首先检查外星人和飞船之间的碰撞，以便能够在外星人撞上飞船时做出合适的响应。为此，在 AlienInvasion 中更新每个外星人的位置后，立即检测外星人和飞船之间的碰撞。

*alien_*
invasion.py
```
def _update_aliens(self):
    --snip--
    self.aliens.update()

    # 检测外星人和飞船之间的碰撞
❶   if pygame.sprite.spritecollideany(self.ship, self.aliens):
❷       print("Ship hit!!!")
```

spritecollideany()函数接受两个实参：一个精灵和一个编组。它检查编组是否有成员与精灵发生了碰撞，并在找到与精灵发生碰撞的成员后停止遍历编组。这里，它遍历 aliens 编组，

并返回找到的第一个与飞船发生碰撞的外星人。

如果没有发生碰撞，spritecollideany()将返回 None，因此❶处的 if 代码块不会执行。如果找到了与飞船发生碰撞的外星人，它就返回这个外星人，因此 if 代码块将执行：打印 Ship hit!!!（见❷）。当有外星人撞到飞船时，需要执行一系列操作：删除余下的外星人和子弹，让飞船重新居中，以及创建一个新的外星舰队。编写完成这些任务的代码前，需要确定检测外星人和飞船碰撞的方法是否可行，而最简单的方式就是调用函数 print()。

现在运行这个游戏，每当有外星人撞到飞船时，终端窗口都将显示 "Ship hit!!!"。在测试这项功能时，请将 fleet_drop_speed 设置为较大的值，如 50 或 100，这样外星人将更快地撞到飞船。

13.6.2　响应外星人和飞船的碰撞

现在需要确定，当外星人与飞船发生碰撞时，该做些什么。我们不是销毁 Ship 实例再创建一个新的，而是通过跟踪游戏的统计信息来记录飞船被撞了多少次（跟踪统计信息还有助于记分）。

下面来编写一个用于跟踪游戏统计信息的新类 GameStats，并将其保存为文件 game_stats.py：

game_stats.py
```
class GameStats:
    """跟踪游戏的统计信息"""

    def __init__(self, ai_game):
        """初始化统计信息"""
        self.settings = ai_game.settings
❶       self.reset_stats()

    def reset_stats(self):
        """初始化在游戏运行期间可能变化的统计信息"""
        self.ships_left = self.settings.ship_limit
```

在游戏运行期间，只创建一个 GameStats 实例，但每当玩家开始新游戏时，都需要重置一些统计信息。为此，在 reset_stats()方法中初始化大部分统计信息，而不是在__init__()中直接初始化。然后在__init__()中调用这个方法，这样在创建 GameStats 实例时将妥善地设置这些统计信息（见❶）。在玩家开始新游戏时，也能调用 reset_stats()。

当前，只有一项统计信息 ships_left，其值将在游戏运行期间不断变化。玩家在一开始拥有的飞船数存储在 settings 类的 ship_limit 属性中：

settings.py
```
# 飞船设置
self.ship_speed = 1.5
self.ship_limit = 3
```

还需对 alien_invasion.py 做些修改，以创建一个 GameStats 实例。首先，更新这个文件开头的 import 语句：

```
alien_          import sys
invasion.py     from time import sleep

                import pygame

                from settings import Settings
                from game_stats import GameStats
                from ship import Ship
                --snip--
```

从 Python 标准库的模块 time 中导入 sleep() 函数，以便能够在飞船被外星人撞到后让游戏暂停一会儿。此外，还导入了 GameStats。

接下来，在 __init__() 中创建一个 GameStats 实例：

```
alien_          def __init__(self):
invasion.py         --snip--
                    self.screen = pygame.display.set_mode(
                        (self.settings.screen_width, self.settings.screen_height))
                    pygame.display.set_caption("Alien Invasion")

                    # 创建一个用于存储游戏统计信息的实例
                    self.stats = GameStats(self)

                    self.ship = Ship(self)
                    --snip-
```

在创建游戏窗口后（但在定义诸如飞船等其他游戏元素之前），创建一个 GameStats 实例。

当有外星人撞到飞船时，将余下的飞船数减 1，创建一个新的外星舰队，并将飞船重新放在屏幕底部的中央。另外，让游戏暂停一会儿，让玩家意识到发生了碰撞，并在创建新的外星舰队前重整旗鼓。

下面将实现这些功能的大部分代码都放到新方法 _ship_hit() 中（我们会在 _update_aliens() 中调用它，在有外星人撞到飞船时执行其中的代码）：

```
alien_          def _ship_hit(self):
invasion.py         """响应飞船和外星人的碰撞"""
                    # 将 ships_left 减 1
❶                   self.stats.ships_left -= 1

                    # 清空外星人列表和子弹列表
❷                   self.bullets.empty()
                    self.aliens.empty()

                    # 创建一个新的外星舰队，并将飞船放在屏幕底部的中央
❸                   self._create_fleet()
                    self.ship.center_ship()

                    # 暂停
❹                   sleep(0.5)
```

新方法_ship_hit()会在飞船被外星人撞到时做出响应。在这个方法中，先将余下的飞船数减 1（见❶），再清空编组 aliens 和 bullets（见❷）。

接下来，创建一个新的外星舰队，并将飞船居中（见❸）。（稍后将在 Ship 类中添加 center_ship()方法。）在更新所有元素后（但在将修改显示到屏幕之前）暂停，让玩家知道飞船被撞到了（见❹）。这里的函数调用 sleep()让游戏暂停半秒，让玩家能够看到外星人撞到了飞船。sleep()函数执行完毕后，将接着执行_update_screen()方法，将新的外星舰队绘制到屏幕上。

在_update_aliens()中，在有外星人撞到飞船时，不调用 print()函数，而是调用_ship_hit()：

*alien_
invasion.py*

```
def _update_aliens(self):
    --snip--
    if pygame.sprite.spritecollideany(self.ship, self.aliens):
        self._ship_hit()
```

下面是新方法 center_ship()，请将其添加到 ship.py 中：

ship.py

```
def center_ship(self):
    """将飞船放在屏幕底部的中央"""
    self.rect.midbottom = self.screen_rect.midbottom
    self.x = float(self.rect.x)
```

这里像__init__()中那样将飞船放在屏幕底部的中央，随后重置用于跟踪飞船确切位置的属性 self.x。

> **注意：** 我们根本没有创建多艘飞船。在整个游戏运行期间，只创建了一个飞船实例，并在该飞船被撞到时将其居中。统计信息 ships_left 指出玩家是否用完了所有的飞船。

请运行这个游戏，击落几个外星人，并让一个外星人撞到飞船。游戏暂停一会儿后，将出现一个新的外星舰队，而飞船将重新出现在屏幕底部的中央。

13.6.3　有外星人到达屏幕下边缘

如果有外星人到达屏幕的下边缘，游戏应该像有外星人撞到飞船那样做出响应。为了检测这种情况，在 alien_invasion.py 中添加一个新方法：

*alien_
invasion.py*

❶

```
def _check_aliens_bottom(self):
    """检查是否有外星人到达了屏幕的下边缘"""
    for alien in self.aliens.sprites():
        if alien.rect.bottom >= self.settings.screen_height:
            # 像飞船被撞到一样进行处理
            self._ship_hit()
            break
```

_check_aliens_bottom()方法检查是否有外星人到达了屏幕下边缘：到达屏幕的下边缘后，外星人的 rect.bottom 属性会大于或等于屏幕高度（见❶）。如果有外星人到达屏幕的下边缘，就调用_ship_hit()。只要检测到一个外星人到达屏幕下边缘，就无须检查其他外星人了，因此在调用_ship_hit()后退出循环。

我们在_update_aliens()中调用_check_aliens_bottom()：

alien_invasion.py
```python
def _update_aliens(self):
    --snip--
    # 检查是否有外星人撞到飞船
    if pygame.sprite.spritecollideany(self.ship, self.aliens):
        self._ship_hit()

    # 检查是否有外星人到达了屏幕的下边缘
    self._check_aliens_bottom()
```

在更新所有外星人的位置并检测是否有外星人和飞船发生碰撞后调用_check_aliens_bottom()。现在，每当有外星人撞到飞船或抵达屏幕的下边缘时，都将出现一个新的外星舰队。

13.6.4　游戏结束

现在这个游戏看起来更完整了，但它永远都不会结束——ships_left 只会不断地变成越来越小的负数。下面添加标志game_active，以便在玩家的飞船用完后结束游戏。首先，在 AlienInvasion 类的方法 __init__()末尾设置这个标志：

alien_invasion.py
```python
def __init__(self):
    --snip--
    # 游戏启动后处于活动状态
    self.game_active = True
```

接下来在_ship_hit()中添加代码，在玩家的飞船用完后将 game_active 设置为 False：

alien_invasion.py
```python
def _ship_hit(self):
    """响应飞船和外星人的碰撞"""
    if self.stats.ships_left > 0:
        # 将 ships_left 减 1
        self.stats.ships_left -= 1
        --snip--
        # 暂停
        sleep(0.5)
    else:
        self.game_active = False
```

_ship_hit()的大部分代码没有变。原来的代码被移到了一个 if 语句块中，这条 if 语句会检查玩家是否至少还有一艘飞船。如果是，就创建一个新的外星舰队，暂停一会儿，再接着往下执行。如果玩家没有了飞船，就将 game_active 设置为 False。

13.7 确定应运行游戏的哪些部分

我们需要确定游戏的哪些部分在所有情况下都应运行，哪些部分仅在游戏处于活动状态时才运行：

alien_invasion.py

```
def run_game(self):
    """开始游戏的主循环"""
    while True:
        self._check_events()

        if self.game_active:
            self.ship.update()
            self._update_bullets()
            self._update_aliens()

        self._update_screen()
        self.clock.tick(60)
```

在主循环中，在所有情况下都需要调用_check_events()，即便游戏处于非活动状态也是如此。例如，程序需要知道玩家是否按了 Q 键以退出游戏或单击了关闭窗口的按钮；还需要在等待玩家重新开始游戏时持续更新屏幕，以便显示这期间的更改（比如提供一个等待动画）。其他的方法仅在游戏处于活动状态时才需要调用，因为当游戏处于非活动状态时，不用更新游戏元素的位置。

现在运行这个游戏时，它将在飞船用完后停止不动。

动手试一试

练习 13.6：游戏结束 在游戏《横向射击》中，记录飞船被撞到了多少次以及有多少个外星人被击落了。确定合适的游戏结束条件，并在满足该条件后结束游戏。

13

13.8 小结

在本章中，你首先通过创建外星舰队学习了如何在游戏中添加大量相同的元素，如何使用嵌套循环来创建成行成列的整齐元素，以及如何通过调用每个元素的 update()方法移动大量的元素。接着学习了如何控制对象在屏幕上的移动方向，以及如何响应特定的情形，如有外星人到达屏幕边缘。然后学习了如何检测并响应子弹和外星人的碰撞以及外星人和飞船的碰撞。最后，你学习了如何在游戏中跟踪统计信息，以及如何使用标志 game_active 来判断游戏是否结束。

在与这个项目相关的最后一章中，我们将添加一个 Play 按钮，让玩家能够开始游戏，以及在游戏结束后重玩。每当玩家消灭一个外星舰队后，游戏的节奏都将加快。此外，还将添加一个记分系统。这会让这款游戏极具可玩性！

第 14 章

记分 14

本章将结束游戏《外星人入侵》的开发。我们会添加一个 Play 按钮，用于根据需要启动游戏以及在游戏结束后重启游戏，还会修改这个游戏，使其随玩家等级的提高而加快节奏，并实现一个记分系统。阅读本章后，你将掌握足够多的知识，能够开始编写随玩家等级的提高而逐渐加大难度且显示得分的游戏了。

14.1　添加 Play 按钮

本节将添加一个 Play 按钮，它在游戏开始前出现，并在游戏结束后再次出现，让玩家能够开始新游戏。

当前，这个游戏在玩家运行 alien_invasion.py 时就开始了。下面让游戏在一开始处于非活动状态，并提示玩家单击 Play 按钮来开始游戏。为此，像下面这样修改 AlienInvasion 类的 __init__() 方法：

*alien_*
invasion.py
```
def __init__(self):
    """初始化统计信息"""
    pygame.init()
    --snip--

    # 让游戏在一开始处于非活动状态
    self.game_active = False
```

现在，游戏在一开始处于非活动状态，等玩家单击我们创建的 Play 按钮后，才能开始游戏。

14.1.1　创建 Button 类

由于 Pygame 没有内置创建按钮的方法，我们将编写一个 Button 类，用于创建带标签的实心矩形。你可在游戏中使用这些代码来创建任意按钮。下面是 Button 类的第一部分，请将这个类保存为文件 button.py：

```
button.py   import pygame.font

            class Button:
                """为游戏创建按钮的类"""

❶              def __init__(self, ai_game, msg):
                    """初始化按钮的属性"""
                    self.screen = ai_game.screen
                    self.screen_rect = self.screen.get_rect()

                    # 设置按钮的尺寸和其他属性
❷                  self.width, self.height = 200, 50
                    self.button_color = (0, 135, 0)
                    self.text_color = (255, 255, 255)
❸                  self.font = pygame.font.SysFont(None, 48)

                    # 创建按钮的 rect 对象，并使其居中
❹                  self.rect = pygame.Rect(0, 0, self.width, self.height)
                    self.rect.center = self.screen_rect.center

                    # 按钮的标签只需创建一次
❺                  self._prep_msg(msg)
```

首先，导入 pygame.font 模块，它让 Pygame 能够将文本渲染到屏幕上。__init__()方法接受参数 self、对象 ai_game 和 msg，其中 msg 是要在按钮中显示的文本（见❶）。我们设置按钮的尺寸（见❷），再通过设置 button_color 让按钮的 rect 对象为深绿色的，并通过设置 text_color 让文本为白色的。

接下来，指定使用什么字体来渲染文本（见❸）。实参 None 让 Pygame 使用默认字体，而 48 指定了文本的字号。为让按钮在屏幕上居中，创建一个表示按钮的 rect 对象（见❹），并将其 center 属性设置为屏幕的 center 属性。

Pygame 处理文本的方式是，将要显示的字符串渲染为图像。最后，调用_prep_msg()来处理这样的渲染（见❺）。

_prep_msg()的代码如下：

```
button.py       def _prep_msg(self, msg):
                    """将 msg 渲染为图像，并使其在按钮上居中"""
❶                  self.msg_image = self.font.render(msg, True, self.text_color,
                        self.button_color)
❷                  self.msg_image_rect = self.msg_image.get_rect()
                    self.msg_image_rect.center = self.rect.center
```

_prep_msg()方法接受实参 self 以及要渲染为图像的文本（msg）。我们在其中调用 font.render() 将存储在 msg 中的文本转换为图像，再将该图像存储在 self.msg_image 中（见❶）。font.render()

方法还接受一个布尔实参，该实参指定是否开启反锯齿功能（**反锯齿**让文本的边缘更平滑）。余下的两个实参分别是文本颜色和背景色。我们开启反锯齿功能，并将文本的背景色设置为按钮的颜色（如果没有指定背景色，Pygame 在渲染文本时将使用透明的背景）。

在❷处，让文本图像在按钮上居中：根据文本图像创建一个 rect，并将其 center 属性设置为按钮的 center 属性。

最后，创建 draw_button()方法，用来将这个按钮显示到屏幕上：

button.py
```
def draw_button(self):
    """绘制一个用颜色填充的按钮，再绘制文本"""
    self.screen.fill(self.button_color, self.rect)
    self.screen.blit(self.msg_image, self.msg_image_rect)
```

调用 screen.fill()来绘制表示按钮的矩形，再调用 screen.blit()来向它传递一幅图像以及与该图像相关联的 rect，从而在屏幕上绘制文本图像。至此，Button 类便创建好了。

14.1.2　在屏幕上绘制按钮

将在 AlienInvasion 中使用 Button 类来创建一个 Play 按钮。首先，更新 import 语句：

alien_invasion.py
```
--snip--
from game_stats import GameStats
from button import Button
```

由于只需要一个 Play 按钮，因此在 AlienInvasion 类的 __init__()方法中创建它。可以将这些代码放在 __init__()方法的末尾：

alien_invasion.py
```
def __init__(self):
    --snip--
    self.game_active = False

    # 创建 Play 按钮
    self.play_button = Button(self, "Play")
```

这些代码创建一个标签为 Play 的 Button 实例，但没有将它显示到屏幕上。要显示这个按钮，在_update_screen()中对这个按钮调用 draw_button()方法：

alien_invasion.py
```
def _update_screen(self):
    --snip--
    self.aliens.draw(self.screen)

    # 如果游戏处于非活动状态，就绘制 Play 按钮
    if not self.game_active:
        self.play_button.draw_button()

    pygame.display.flip()
```

为了让 Play 按钮显示在屏幕上其他所有元素之上，要在绘制其他所有元素后再绘制这个按钮，然后切换到新屏幕。将这些代码放在一个 if 代码块中，让按钮仅在游戏处于非活动状态时才出现。

现在运行这个游戏，将在屏幕中央看到一个 Play 按钮，如图 14-1 所示。

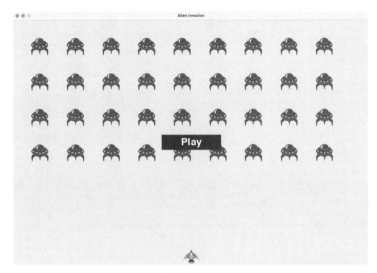

图 14-1　当游戏处于非活动状态时出现的 Play 按钮

14.1.3　开始游戏

为了在玩家单击 Play 按钮时开始新游戏，在 _check_events() 末尾添加如下 elif 代码块，以监视与这个按钮相关的鼠标事件：

alien_invasion.py

```
    def _check_events(self):
        """响应按键和鼠标事件"""
        for event in pygame.event.get():
            if event.type == pygame.QUIT:
                --snip--
❶           elif event.type == pygame.MOUSEBUTTONDOWN:
❷               mouse_pos = pygame.mouse.get_pos()
❸               self._check_play_button(mouse_pos)
```

无论玩家单击屏幕的什么地方，Pygame 都将检测到一个 MOUSEBUTTONDOWN 事件（见❶），但我们只想让这个游戏在玩家单击 Play 按钮时做出响应。为此，使用 pygame.mouse.get_pos()，它返回一个元组，其中包含玩家单击鼠标时光标的 *x* 坐标和 *y* 坐标（见❷）。我们将这个元组传递给新方法 _check_play_button()（见❸）。

_check_play_button() 的代码如下，放在 _check_events() 后面：

*alien_
invasion.py*

❶

```python
    def _check_play_button(self, mouse_pos):
        """在玩家单击 Play 按钮时开始新游戏"""
        if self.play_button.rect.collidepoint(mouse_pos):
            self.game_active = True
```

这里使用 rect 的 collidepoint() 方法检查鼠标的单击位置是否在 Play 按钮的 rect 内（见❶）。如果是，就将 game_active 设置为 True，让游戏开始。

至此，现在应该能够开始这个游戏了。游戏结束时，game_active 会被设置为 False，从而重新显示 Play 按钮。

14.1.4　重置游戏

前面编写的代码只处理了玩家第一次单击 Play 按钮的情况，没有处理游戏结束的情况，因为还没有重置导致游戏结束的条件。

为了在玩家每次单击 Play 按钮时都重置游戏，需要重置统计信息、删除现有的外星人和子弹、创建一个新的外星舰队并让飞船居中，如下所示：

*alien_
invasion.py*

❶

❷

❸

```python
    def _check_play_button(self, mouse_pos):
        """在玩家单击 Play 按钮时开始新游戏"""
        if self.play_button.rect.collidepoint(mouse_pos):
            # 重置游戏的统计信息
            self.stats.reset_stats()
            self.game_active = True

            # 清空外星人列表和子弹列表
            self.bullets.empty()
            self.aliens.empty()

            # 创建一个新的外星舰队，并将飞船放在屏幕底部的中央
            self._create_fleet()
            self.ship.center_ship()
```

在❶处，重置游戏的统计信息，给玩家提供三艘新飞船。接下来，将 game_active 设置为 True（这样，只要这个方法的代码执行完毕，游戏就将开始），清空编组 aliens 和 bullets（见❷），创建一个新的外星舰队并将飞船居中（见❸）。

现在，每当玩家单击 Play 按钮时，这个游戏都将正确地重置，让玩家想玩多少次就玩多少次。

14.1.5　将 Play 按钮切换到非活动状态

当前存在一个问题：即便 Play 按钮不可见，当玩家单击其原来所在的区域时，游戏也依然会做出响应。游戏开始后，如果玩家不小心单击了 Play 按钮原来所处的区域，游戏将重新开始。

为了修复这个问题，可让游戏仅在 game_active 为 False 时才开始：

*alien_*
invasion.py
❶
❷

```
def _check_play_button(self, mouse_pos):
    """在玩家单击 Play 按钮时开始新游戏"""
    button_clicked = self.play_button.rect.collidepoint(mouse_pos)
    if button_clicked and not self.game_active:
        # 重置游戏的统计信息
        self.stats.reset_stats()
        --snip--
```

标志 button_clicked 的值为 True 或 False（见❶）。仅当玩家单击了 Play 按钮且游戏当前处于非活动状态时，游戏才会重新开始（见❷）。要测试这种行为，可开始新游戏，并不断地单击 Play 按钮原来所在的区域。如果一切正常，单击 Play 按钮原来所处的区域应该没有任何影响。

14.1.6　隐藏光标

当游戏处于非活动状态时，我们要让光标可见，但游戏开始后，光标只会添乱。为了修复这个问题，需要在游戏处于活动状态时让光标不可见。可在 _check_play_button() 方法末尾的 if 代码块中完成这项任务：

*alien_*
invasion.py

```
def _check_play_button(self, mouse_pos):
    """在玩家单击 Play 按钮时开始新游戏"""
    button_clicked = self.play_button.rect.collidepoint(mouse_pos)
    if button_clicked and not self.game_active:
        --snip--
        # 隐藏光标
        pygame.mouse.set_visible(False)
```

通过向 set_visible() 传递 False，让 Pygame 在光标位于游戏窗口内时将其隐藏起来。

游戏结束后，将重新显示光标，让玩家能够单击 Play 按钮来开始新游戏。相关的代码如下：

*alien_*
invasion.py

```
def _ship_hit(self):
    """响应飞船和外星人的碰撞"""
    if self.stats.ships_left > 0:
        --snip--
    else:
        self.game_active = False
        pygame.mouse.set_visible(True)
```

在 _ship_hit() 中，我们在游戏进入非活动状态后，立即让光标可见。关注这样的细节既让游戏显得更专业，也让玩家能够专注于玩游戏而不是去费力理解用户界面。

动手试一试

练习 14.1：按 P 键开始新游戏 鉴于游戏《外星人入侵》使用键盘来控制飞船，最好让玩家也能够通过按键来开始游戏。请添加在玩家按 P 键时开始游戏的代码。也许这样做会有所帮助：将_check_play_button()的一些代码提取出来，放到一个名为_start_game()的方法中，并在_check_play_button()和_check_keydown_events()中调用这个方法。

练习 14.2：射击练习 创建一个矩形，让它在屏幕右边缘以固定的速度上下移动。然后，在屏幕左边缘创建一艘飞船，玩家可上下移动飞船并射击前述矩形目标。添加一个用于开始游戏的 Play 按钮，在玩家三次未击中目标时结束游戏，并重新显示 Play 按钮，让玩家能够单击该按钮来重新开始游戏。

14.2 提高难度

当前，整个外星舰队被全部击落后，玩家将提高一个等级，但游戏的难度不变。下面来增加一点儿趣味性：每当玩家将屏幕上的外星人全部击落后，都加快游戏的节奏，让游戏玩起来更难。

14.2.1 修改速度设置

首先重新组织 Settings 类，将游戏设置划分成两组：静态的和动态的。对于随着游戏进行而变化的设置，还要确保在开始新游戏时重置。settings.py 的 __init__()方法如下：

settings.py

```
def __init__(self):
    """初始化游戏的静态设置"""
    # 屏幕设置
    self.screen_width = 1200
    self.screen_height = 800
    self.bg_color = (230, 230, 230)

    # 飞船设置
    self.ship_limit = 3

    # 子弹设置
    self.bullet_width = 3
    self.bullet_height = 15
    self.bullet_color = 60, 60, 60
    self.bullets_allowed = 3

    # 外星人设置
    self.fleet_drop_speed = 10
```

```
      # 以什么速度加快游戏的节奏
❶     self.speedup_scale = 1.1

❷     self.initialize_dynamic_settings()
```

依然在 __init__() 中初始化静态设置。在❶处，添加设置 speedup_scale，用来控制游戏节奏的加快速度：2 表示玩家每提高一个等级，游戏的节奏就翻一倍；1 表示游戏的节奏始终不变。将这个值设置为 1.1 既可以不断加快游戏的节奏，又可以避免因难度提升过快而玩不下去。最后，调用 initialize_dynamic_settings() 初始化随游戏进行而变化的属性（见❷）。

initialize_dynamic_settings() 的代码如下：

settings.py
```
def initialize_dynamic_settings(self):
    """初始化随游戏进行而变化的设置"""
    self.ship_speed = 1.5
    self.bullet_speed = 2.5
    self.alien_speed = 1.0

    # fleet_direction 为 1 表示向右，为 -1 表示向左
    self.fleet_direction = 1
```

这个方法设置飞船、子弹和外星人的初始速度。随着游戏的进行，这些速度都将逐渐加快。每当玩家开始新游戏时，都将重置这些速度。在这个方法中，还设置了 fleet_direction，使得在游戏刚开始时，外星人总是向右移动。不需要增大 fleet_drop_speed 的值，因为外星人移动的速度越快，到达屏幕下边缘所需的时间就已经越短了。

为了在玩家的等级提高时加快飞船、子弹和外星人的速度，编写一个名为 increase_speed() 的新方法：

settings.py
```
def increase_speed(self):
    """提高速度设置的值"""
    self.ship_speed *= self.speedup_scale
    self.bullet_speed *= self.speedup_scale
    self.alien_speed *= self.speedup_scale
```

为了加快这些游戏元素的速度，将每个速度设置都乘以 speedup_scale 的值。

在 _check_bullet_alien_collisions() 中，在整个外星舰队被全部击落后调用 increase_speed() 来加快游戏的节奏：

alien_invasion.py
```
def _check_bullet_alien_collisions(self):
    --snip--
    if not self.aliens:
        # 删除现有的子弹并创建一个新的外星舰队
        self.bullets.empty()
        self._create_fleet()
        self.settings.increase_speed()
```

通过修改速度设置 ship_speed、alien_speed 和 bullet_speed 的值，足以加快整个游戏的节奏。

14.2.2　重置速度

每当玩家开始新游戏时，都需要将发生了变化的设置还原为初始值，否则新游戏将沿用上一轮已经调整了的速度参数：

alien_
invasion.py

```
def _check_play_button(self, mouse_pos):
    """在玩家单击 Play 按钮时开始新游戏"""
    button_clicked = self.play_button.rect.collidepoint(mouse_pos)
    if button_clicked and not self.game_active:
        # 还原游戏设置
        self.settings.initialize_dynamic_settings()
        --snip--
```

现在，游戏《外星人入侵》玩起来更有趣，也更有挑战性了。每当玩家将屏幕上的外星人全部击落后，游戏都将加快节奏，因此难度会越来越大。如果游戏的难度提高得太快，可减小 settings.speedup_scale 的值；如果游戏的挑战性不足，可稍微增大这个设置的值。找出这个设置的最佳值，让难度的提高速度相对合理：一开始的几群外星舰队很容易全部击落；接下来的几群消灭起来有一定难度，但也不是不可能；而要将之后的外星舰队全部击落则几乎不可能。

> ### 动手试一试
>
> **练习 14.3：有一定难度的射击练习**　以你为完成练习 14.2 而做的工作为基础，让标靶的移动速度随游戏进行而加快，并在玩家单击 Play 按钮时将其重置为初始值。
>
> **练习 14.4：难度等级**　在游戏《外星人入侵》中创建一组按钮，让玩家选择起始难度等级。每个按钮都给 Settings 中的属性指定合适的值，以实现相应的难度等级。

14.3　记分

下面来实现记分系统，以实时地跟踪玩家的得分，并显示最高分、等级和余下的飞船数。

得分是游戏的一项统计信息，因此在 GameStats 中添加一个 score 属性：

game_
stats.py

```
class GameStats:
    --snip--
    def reset_stats(self):
        """初始化随游戏进行可能变化的统计信息"""
        self.ships_left = self.ai_settings.ship_limit
        self.score = 0
```

为了在每次开始游戏时都重置得分，在 reset_stats() 而不是 __init__() 中初始化 score。

14.3.1　显示得分

为了在屏幕上显示得分，首先创建一个新类 Scoreboard。当前，这个类只显示当前得分，但后面也将用来显示最高分、等级和余下的飞船数。下面是这个类的前半部分，它被保存为文件 scoreboard.py：

scoreboard.py
```
import pygame.font

class Scoreboard:
    """显示得分信息的类"""

❶   def __init__(self, ai_game):
        """初始化显示得分涉及的属性"""
        self.screen = ai_game.screen
        self.screen_rect = self.screen.get_rect()
        self.settings = ai_game.settings
        self.stats = ai_game.stats

        # 显示得分信息时使用的字体设置
❷       self.text_color = (30, 30, 30)
❸       self.font = pygame.font.SysFont(None, 48)

        # 准备初始得分图像
❹       self.prep_score()
```

因为 Scoreboard 需要在屏幕上显示文本，所以首先导入模块 pygame.font。接下来，为了获取我们跟踪的值，在 __init__()中包含形参 ai_game，以便访问游戏中的对象 settings、screen 和 stats（见❶）。然后，设置文本颜色（见❷）并实例化一个字体对象（见❸）。

为了将要显示的文本转换为图像，调用 prep_score()（见❹），其定义如下：

scoreboard.py
```
    def prep_score(self):
        """将得分渲染为图像"""
❶       score_str = str(self.stats.score)
❷       self.score_image = self.font.render(score_str, True,
                self.text_color, self.settings.bg_color)

        # 在屏幕右上角显示得分
❸       self.score_rect = self.score_image.get_rect()
❹       self.score_rect.right = self.screen_rect.right - 20
❺       self.score_rect.top = 20
```

在 prep_score()中，将数值 stats.score 转换为字符串（见❶），再将这个字符串传递给创建图像的 render()（见❷）。为了在屏幕上清晰地显示得分，向 render()传递并设置屏幕的背景色和文本颜色。

得分放在屏幕的右上角，当位数增加导致数更宽时，它会向左延伸。为了确保得分始终锚定在屏幕的右上角，创建一个名为 score_rect 的 rect（见❸），让其右边缘与屏幕右边缘相距 20

像素（见❹），并让其上边缘与屏幕上边缘也相距 20 像素（见❺）。

接下来，创建 show_score()方法，用于显示渲染好的得分图像：

scoreboard.py

```
def show_score(self):
    """在屏幕上显示得分"""
    self.screen.blit(self.score_image, self.score_rect)
```

这个方法将在屏幕上显示得分图像，并将其放在 score_rect 指定的位置上。

14.3.2　创建记分牌

为了显示得分，在 AlienInvasion 中创建一个 Scoreboard 实例。先来更新 import 语句：

alien_invasion.py

```
--snip--
from game_stats import GameStats
from scoreboard import Scoreboard
--snip--
```

接下来，在__init__()方法中创建一个 Scoreboard 实例：

alien_invasion.py

```
def __init__(self):
    --snip--
    pygame.display.set_caption("Alien Invasion")

    # 创建存储游戏统计信息的实例，并创建记分牌
    self.stats = GameStats(self)
    self.sb = Scoreboard(self)
    --snip--
```

然后，在_update_screen()中将记分牌绘制到屏幕上：

alien_invasion.py

```
def _update_screen(self):
    --snip--
    self.aliens.draw(self.screen)

    # 显示得分
    self.sb.show_score()

    # 如果游戏处于非活动状态，就显示 Play 按钮
    --snip--
```

在显示 Play 按钮前调用 show_score()。

现在运行这个游戏，将在屏幕右上角看到 0。（当前，我们只想在进一步开发记分系统前确认得分出现在了正确的地方。）图 14-2 显示了游戏开始前的得分。

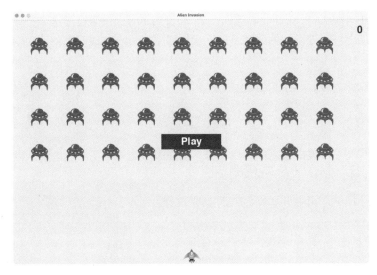

图 14-2　得分出现在屏幕右上角

下面来指定每个外星人值多少分。

14.3.3　在外星人被击落时更新得分

为了在屏幕上实时地显示得分，每当有外星人被击中时，都先更新 stats.score 的值，再调用 prep_score() 更新得分图像。但在此之前，需要指定玩家每击落一个外星人将得到多少分：

settings.py
```
def initialize_dynamic_settings(self):
    --snip--

    # 记分设置
    self.alien_points = 50
```

随着游戏的进行，将提高每个外星人的分数。为了确保每次开始新游戏时这个值都会重置，在 initialize_dynamic_settings() 中设置它。

在 _check_bullet_alien_collisions() 中，每当有外星人被击落时，都更新得分：

alien_invasion.py
```
def _check_bullet_alien_collisions(self):
    """响应子弹和外星人的碰撞"""
    # 删除发生碰撞的子弹和外星人
    collisions = pygame.sprite.groupcollide(
            self.bullets, self.aliens, True, True)

    if collisions:
        self.stats.score += self.settings.alien_points
        self.sb.prep_score()
    --snip--
```

14

当有子弹击中外星人时，Pygame 返回字典 collisions。我们检查这个字典是否存在，如果存在，就将得分加上一个外星人的分数。接下来，调用 prep_score() 来创建一幅包含最新得分的新图像。

现在，运行这个游戏，尽情得分吧！

14.3.4   重置得分

当前，仅在有外星人被击落**之后**生成得分，这在大多数情况下可行，但从开始新游戏到有外星人被击落之间，显示的还是上一局的得分。

为了修复这个问题，可在开始新游戏时生成得分：

alien_
invasion.py

```
def _check_play_button(self, mouse_pos):
    --snip--
    if button_clicked and not self.game_active:
        --snip--
        # 重置游戏的统计信息
        self.stats.reset_stats()
        self.sb.prep_score()
        --snip--
```

在开始新游戏时，我们重置游戏的统计信息再调用 prep_score()。此时生成的记分牌上显示的得分为 0。

14.3.5   将每个被击落的外星人都计入得分

当前的代码可能会遗漏一些被击落的外星人。如果在一次循环中有两颗子弹分别击中了两个外星人，或者因一颗子弹太宽而同时击中了多个外星人，玩家将只能得到一个外星人的分数。为了修复这个问题，我们来调整检测子弹和外星人碰撞的方式。

在_check_bullet_alien_collisions()中，与外星人碰撞的子弹都是字典 collisions 中的一个键，而与每颗子弹相关的的值都是一个列表，其中包含该子弹击中的外星人。我们遍历字典 collisions，确保将每个被击落的外星人都计入得分：

alien_
invasion.py

```
def _check_bullet_alien_collisions(self):
    --snip--
    if collisions:
        for aliens in collisions.values():
            self.stats.score += self.settings.alien_points * len(aliens)
        self.sb.prep_score()
    --snip--
```

如果字典 collisions 存在，就遍历其中的所有值。别忘了，每个值都是一个列表，包含被同一颗子弹击中的所有外星人。对于每个列表，都将其包含的外星人数量乘以一个外星人的分数，并将结果加入当前得分。为了进行测试，可以将子弹的宽度改为 300 像素，并验证用这颗更宽的子弹击中每个外星人都会得分，然后将子弹的宽度恢复到正常值。

14.3.6 提高分数

鉴于玩家每提高一个等级，游戏都会变得更难，因此在处于较高的等级时，外星人的分数应该更高。为了实现这个功能，需要编写在游戏节奏加快时提高分数的代码：

```
settings.py    class Settings:
                   """存储游戏《外星人入侵》的所有设置的类"""

                   def __init__(self):
                       --snip--
                       # 以什么速度加快游戏的节奏
                       self.speedup_scale = 1.1
                       # 外星人分数的提高速度
❶                     self.score_scale = 1.5

                       self.initialize_dynamic_settings()

                   def initialize_dynamic_settings(self):
                       --snip--

                   def increase_speed(self):
                       """提高速度设置的值和外星人分数"""
                       self.ship_speed *= self.speedup_scale
                       self.bullet_speed *= self.speedup_scale
                       self.alien_speed *= self.speedup_scale

❷                     self.alien_points = int(self.alien_points * self.score_scale)
```

我们定义了分数的提高速度，并称之为 score_scale（见❶）。较慢的节奏加快速度（1.1）也能让游戏很快变得极具挑战性，但为了让得分发生显著的变化，需要将分数的提高速度设置为更大的值（1.5）。现在，在加快游戏节奏的同时，还提高了每个外星人的分数（见❷）。为了让外星人的分数为整数，使用函数 int()。

为了显示外星人的分数，在 Settings 的方法 increase_speed()中调用函数 print()：

```
settings.py    def increase_speed(self):
                   --snip--
                   self.alien_points = int(self.alien_points * self.score_scale)
                   print(self.alien_points)
```

现在每提高一个等级，你都将在终端窗口看到新的分数值。

注意： 确认分数在不断增加后，请记得删除调用函数 print()的代码，否则可能影响游戏的性能，分散玩家的注意力。

14.3.7　对得分进行舍入

大多数街机风格的射击游戏将得分显示为 10 的整数倍，下面就让记分系统遵循这个原则。我们还将设置得分的格式，在大数中添加用逗号表示的千位分隔符。在 Scoreboard 中进行这种修改：

scoreboard.py

```python
    def prep_score(self):
        """将得分渲染为图像"""
        rounded_score = round(self.stats.score, -1)
        score_str = f"{rounded_score:,}"
        self.score_image = self.font.render(score_str, True,
                self.text_color, self.settings.bg_color)
        --snip--
```

round()函数通常让浮点数（第一个实参）精确到小数点后某一位，其中的小数位数由第二个实参指定。如果将第二个实参指定为负数，round()会将第一个实参舍入到最近的 10 的整数倍，如 10、100、1000 等。这里的代码让 Python 将 stats.score 的值舍入到最近的 10 的整数倍，并将结果存储到 rounded_score 中。

接下来，在表示得分的 f 字符串中使用一个格式说明符。**格式说明符**是一个特殊的字符序列，用于指定如何显示变量的值。这里使用的字符序列为冒号和逗号（:,），它让 Python 在数值的合适位置插入逗号，生成的字符串类似于 1,000,000（而不是 1000000）。

现在运行这个游戏，看到的得分将是 10 的整数倍，即便得分很高也是如此，如图 14-3 所示。

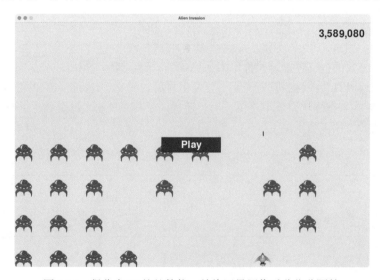

图 14-3　得分为 10 的整数倍，并将逗号用作千分位分隔符

14.3.8 最高分

每个玩家都想超过游戏的最高分记录。下面来跟踪并显示最高分,给玩家提供要超越的目标。我们将最高分存储在 GameStats 中:

game_stats.py
```
def __init__(self, ai_game):
    --snip--
    # 在任何情况下都不应重置最高分
    self.high_score = 0
```

由于在任何情况下都不会重置最高分,因此在 __init__()而不是 reset_stats()中初始化 high_score。

下面来修改 Scoreboard 以显示最高分。先来修改 __init__()方法:

scoreboard.py
```
def __init__(self, ai_game):
    --snip--
    # 准备包含最高分和当前得分的图像
    self.prep_score()
❶   self.prep_high_score()
```

最高分将与当前得分分开显示,因此需要编写一个新方法 prep_high_score(),用于准备包含最高分的图像(见❶)。

prep_high_score()方法的代码如下:

scoreboard.py
```
    def prep_high_score(self):
        """将最高分渲染为图像"""
❶       high_score = round(self.stats.high_score, -1)
        high_score_str = f"{high_score:,}"
❷       self.high_score_image = self.font.render(high_score_str, True,
                self.text_color, self.settings.bg_color)

        # 将最高分放在屏幕顶部的中央
        self.high_score_rect = self.high_score_image.get_rect()
❸       self.high_score_rect.centerx = self.screen_rect.centerx
❹       self.high_score_rect.top = self.score_rect.top
```

首先,将最高分舍入到最近的 10 的整数倍,并添加用逗号表示的千分位分隔符(见❶)。然后,根据最高分生成一幅图像(见❷),使其水平居中(见❸),并将其 top 属性设置为当前得分图像的 top 属性(见❹)。

现在,show_score()方法需要在屏幕右上角显示当前得分,并在屏幕顶部的中央显示最高分:

scoreboard.py
```
    def show_score(self):
        """在屏幕上显示当前得分和最高分"""
        self.screen.blit(self.score_image, self.score_rect)
        self.screen.blit(self.high_score_image, self.high_score_rect)
```

14

为了检查是否诞生了新的最高分，在 Scoreboard 中添加一个新方法 check_high_score()：

scoreboard.py
```
def check_high_score(self):
    """检查是否诞生了新的最高分"""
    if self.stats.score > self.stats.high_score:
        self.stats.high_score = self.stats.score
        self.prep_high_score()
```

check_high_score()方法比较当前得分和最高分：如果当前得分更高，就更新 high_score 的值，并调用 prep_high_score()来更新包含最高分的图像。

在_check_bullet_alien_collisions()中，每当有外星人被击落时，都需要在更新得分后调用 check_high_score()：

alien_invasion.py
```
def _check_bullet_alien_collisions(self):
    --snip--
    if collisions:
        for aliens in collisions.values():
            self.stats.score += self.settings.alien_points * len(aliens)
        self.sb.prep_score()
        self.sb.check_high_score()
    --snip--
```

如果字典 collisions 存在，就根据击落了多少个外星人更新得分，再调用 check_high_score()。

在第一次玩这款游戏时，当前得分就是最高分，因此两个地方显示的都是当前得分。但是再次开始这个游戏时，最高分会出现在屏幕顶部的中央，而当前得分则会出现在屏幕的右上角，如图 14-4 所示。

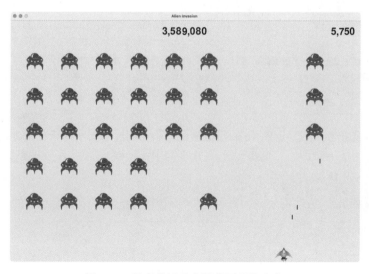

图 14-4　最高分显示在屏幕顶部的中央

14.3.9 显示等级

为了在游戏中显示玩家的等级,首先需要在 GameStats 中添加一个表示当前等级的属性。要确保在每次开始新游戏时都重置等级,我们在 reset_stats()中初始化该属性:

game_stats.py
```python
def reset_stats(self):
    """初始化随游戏进行可能变化的统计信息"""
    self.ships_left = self.settings.ship_limit
    self.score = 0
    self.level = 1
```

为了让 Scoreboard 显示当前等级,在 __init__()中调用一个新方法 prep_level():

scoreboard.py
```python
def __init__(self, ai_game):
    --snip--
    self.prep_high_score()
    self.prep_level()
```

prep_level()的代码如下:

scoreboard.py
```python
    def prep_level(self):
        """将等级渲染为图像"""
        level_str = str(self.stats.level)
❶       self.level_image = self.font.render(level_str, True,
                self.text_color, self.settings.bg_color)

        # 将等级放在得分下方
        self.level_rect = self.level_image.get_rect()
❷       self.level_rect.right = self.score_rect.right
❸       self.level_rect.top = self.score_rect.bottom + 10
```

prep_level()方法会根据存储在 stats.level 中的值创建一幅图像(见❶),并将其 right 属性设置为得分的 right 属性(见❷)。然后,将 top 属性设置得比得分图像的 bottom 属性大 10 像素,在得分和等级之间留出一定的空间(见❸)。

还需要更新 show_score():

scoreboard.py
```python
    def show_score(self):
        """在屏幕上显示得分和等级"""
        self.screen.blit(self.score_image, self.score_rect)
        self.screen.blit(self.high_score_image, self.high_score_rect)
        self.screen.blit(self.level_image, self.level_rect)
```

新增的代码行用于在屏幕上显示等级图像。

接下来,我们在_check_bullet_alien_collisions()中提高等级 stats.level 并更新等级图像:

14

*alien_*
invasion.py

```
def _check_bullet_alien_collisions(self):
    --snip--
    if not self.aliens:
        # 删除现有的子弹并创建一个新的外星舰队
        self.bullets.empty()
        self._create_fleet()
        self.settings.increase_speed()

        # 提高等级
        self.stats.level += 1
        self.sb.prep_level()
```

如果整个外星舰队都被击落，就将 stats.level 的值加 1，并调用 prep_level() 以确保正确地显示了新等级。

为了确保在开始新游戏时更新等级图像，还需在玩家单击按钮 Play 时调用 prep_level()：

*alien_*
invasion.py

```
def _check_play_button(self, mouse_pos):
    --snip--
    if button_clicked and not self.game_active:
        --snip--
        self.sb.prep_score()
        self.sb.prep_level()
        --snip--
```

这里在调用 prep_score() 后立即调用 prep_level()。

现在我们可以知道玩家到了多少级，如图 14-5 所示。

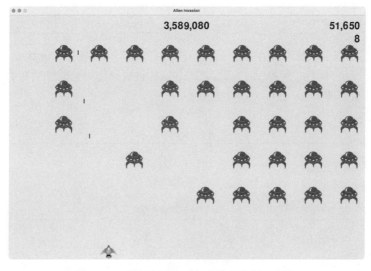

图 14-5　当前等级显示在当前得分的正下方

> 注意：在一些经典游戏中，得分带标签，如 Score、High Score 和 Level。这里没有显示这些标签，因为在游戏开始后，每个数的含义将一目了然。要包含这些标签，只需在 Scoreboard 中调用 font.render() 之前，将它们添加到得分字符串中。

14.3.10　显示余下的飞船数

最后，我们使用图形而不是数来显示玩家还剩多少艘飞船。为此，在屏幕左上角绘制飞船图像来指出还余下多少艘飞船，就像众多经典的街机游戏那样。

首先，需要让 Ship 继承 Sprite，以便能够创建飞船编组：

ship.py
```
      import pygame
      from pygame.sprite import Sprite

❶   class Ship(Sprite):
          """管理飞船的类"""

          def __init__(self, ai_game):
              """初始化飞船并设置其起始位置"""
❷           super().__init__()
              --snip--
```

这里导入了 Sprite，让 Ship 继承 Sprite（见❶），并在 __init__() 的开头调用 super() 以完成精灵的初始化工作（见❷）。

接下来，需要修改 Scoreboard，以创建可供显示的飞船编组。下面是其中的 import 语句：

scoreboard.py
```
      import pygame.font
      from pygame.sprite import Group

      from ship import Ship
```

鉴于需要创建飞船编组，导入 Group 类和 Ship 类。

下面是方法 __init__()：

scoreboard.py
```
      def __init__(self, ai_game):
          """初始化记录得分的属性"""
          self.ai_game = ai_game
          self.screen = ai_game.screen
          --snip--
          self.prep_level()
          self.prep_ships()
```

我们将游戏实例赋给一个属性，因为创建飞船时需要用到它。然后在调用 prep_level() 后调用 prep_ships()。

prep_ships()的代码如下:

scoreboard.py

```
      def prep_ships(self):
          """显示还余下多少艘飞船"""
❶         self.ships = Group()
❷         for ship_number in range(self.stats.ships_left):
              ship = Ship(self.ai_game)
❸             ship.rect.x = 10 + ship_number * ship.rect.width
❹             ship.rect.y = 10
❺             self.ships.add(ship)
```

prep_ships()方法会创建一个空编组 self.ships，用于存储飞船实例（见❶）。根据玩家还有多少艘飞船，以相应的次数运行一个循环，来填充这个编组（见❷）。在这个循环中，我们创建新飞船并设置其 *x* 坐标，让整个飞船编组都位于屏幕左边缘，且每艘飞船的左边距都为 10 像素（见❸）。我们还将飞船的 *y* 坐标设置为距离屏幕上边缘 10 像素，让所有飞船都出现在屏幕的左上角（见❹）。最后，将每艘新飞船都添加到 ships 编组中（见❺）。

现在需要在屏幕上绘制飞船了:

scoreboard.py

```
      def show_score(self):
          """在屏幕上绘制得分、等级和余下的飞船数"""
          self.screen.blit(self.score_image, self.score_rect)
          self.screen.blit(self.high_score_image, self.high_score_rect)
          self.screen.blit(self.level_image, self.level_rect)
          self.ships.draw(self.screen)
```

对编组调用 draw()，Pygame 将在屏幕上绘制每艘飞船。

为了在游戏开始时让玩家知道自己有多少艘飞船，可以在开始新游戏时调用 prep_ships()。因此修改 AlienInvasion 类中的 _check_play_button()方法:

alien_invasion.py

```
      def _check_play_button(self, mouse_pos):
          --snip--
          if button_clicked and not self.game_active:
              --snip--
              self.sb.prep_level()
              self.sb.prep_ships()
              --snip--
```

当然，还要在飞船被外星人撞到时调用 prep_ships()，从而在玩家损失飞船时更新飞船图像:

alien_invasion.py

```
      def _ship_hit(self):
          """响应飞船和外星人的碰撞"""
          if self.stats.ships_left > 0:
              # 将 ships_left 减 1 并更新记分牌
              self.stats.ships_left -= 1
              self.sb.prep_ships()
              --snip--
```

这里在将 ships_left 的值减 1 后调用 prep_ships()。这样每次损失飞船后,显示的剩余飞船数都是正确的。

图 14-6 显示了完整的记分系统,它在屏幕的左上角指出了还余下多少艘飞船。

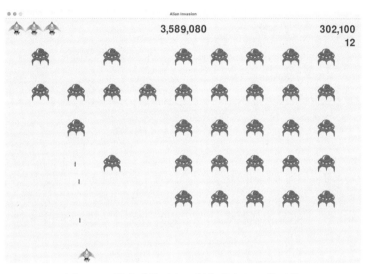

图 14-6 游戏《外星人入侵》的完整记分系统

动手试一试

练习 14.5:历史最高分 每当玩家关闭并重新开始游戏《外星人入侵》时,最高分都将被重置。请这样修复该问题:调用 sys.exit() 前将最高分写入文件,并在 GameStats 中初始化最高分时从文件中读取它。

练习 14.6:重构 找出执行多项任务的方法,对它们进行重构,让代码高效而有序。例如,对于 _check_bullet_alien_collisions(),将在整个外星舰队被全部击落时开始新等级的代码移到一个名为 start_new_level() 的方法中。又例如,对于 Scoreboard 的 __init__() 方法,将调用四个不同方法的代码移到一个名为 prep_images() 的方法中,以缩短 __init__() 方法。如果你重构了 _check_play_button(),prep_images() 方法也可帮助简化 _check_play_button() 和 _start_game()。

注意:重构项目前,请阅读附录 D,了解如果在重构时引入了 bug,如何将项目恢复到可正确运行的状态。

练习 14.7：扩展游戏《外星人入侵》   想想如何扩展游戏《外星人入侵》。例如，让外星人也能够向飞船射击，或者为飞船添加盾牌，使得只有从两边射来的子弹才能摧毁飞船。另外，还可以使用像 pygame.mixer 这样的模块来添加声音效果，如爆炸声和射击声。

练习 14.8：终极版《横向射击》   模仿游戏《外星人入侵》继续开发《横向射击》。添加一个 Play 按钮，在适合的情况下加快游戏的节奏，并开发一个记分系统。在开发过程中，务必重构代码，并寻找机会以本章没有介绍的方式定制这款游戏。

14.4   小结

在本章中，你学习了如何创建用于开始新游戏的 Play 按钮，如何检测鼠标事件，以及如何在游戏处于活动状态时隐藏光标。你可以利用学到的知识在游戏中创建其他按钮，如显示游戏玩法的 Help 按钮。你还学习了如何随游戏的进行调整节奏，如何实现记分系统，以及如何以文本和非文本方式显示信息。

项目 2　数据可视化

第 15 章

生成数据

　　数据可视化指的是通过可视化表示来探索和呈现数据集内的规律。它与**数据分析**紧密相关，而数据分析指的是使用代码来探索数据集内的规律和关联。数据集既可以是用一行代码就能装下的小型数值列表，也可以是数万亿字节、包含多种信息的数据。

　　有效的数据可视化不仅仅是以漂亮的方式呈现数据。重要的是，通过以简单而引人注目的方式呈现数据，让观看者能够明白其含义：发现数据集中原本未知的规律和意义。

　　所幸，即便没有超级计算机，也能够可视化复杂的数据。鉴于 Python 的高效性，使用它在笔记本计算机上就能快速地探索由数百万个数据点组成的数据集。数据点并不一定是数，利用本书第一部分介绍的基本知识，也可对非数值数据进行分析。

　　在遗传学、天气研究、政治和经济分析等众多领域，人们常常使用 Python 来完成数据密集型工作。数据科学家使用 Python 编写了一系列优秀的可视化和分析工具，你可以轻易使用其中的大部分工具。一个流行的工具是 Matplotlib，它是一个数学绘图库。本章将使用它来制作简单的绘图（plot），如折线图和散点图，还将基于随机游走的概念（根据一系列随机决策生成图形）生成一个更有趣的数据集。

　　本章还将使用 Plotly 包来分析掷骰子的结果，这个包生成的图形非常适合在数字设备上显示——不仅能根据显示设备的尺寸自动调整大小，还具备众多交互特性，如在用户将鼠标指向图形的不同区域时，突出显示数据集的相应特征。学习使用 Matplotlib 和 Plotly，有助于你初步掌握数据可视化技巧。

15.1　安装 Matplotlib

　　本章将首先使用 Matplotlib 来生成几个图形，为此需要像第 11 章安装 pytest 那样使用 pip 安装 Matplotlib（请参阅 11.1 节）。

要安装 Matplotlib，请在终端提示符下执行如下命令：

```
$ python -m pip install --user matplotlib
```

如果你在运行程序或启动终端会话时使用的命令不是 python，而是 python3，应使用类似下面的命令来安装 Matplotlib：

```
$ python3 -m pip install --user matplotlib
```

要查看使用 Matplotlib 可绘制的各种图形，请访问 Matplotlib 主页并单击 Examples。通过单击 Plot types 页面中的绘图，就能查看生成它们的代码。

15.2 绘制简单的折线图

下面使用 Matplotlib 绘制一张简单的折线图，再对其进行定制，以实现信息更丰富的数据可视化效果。我们将使用平方数序列 1、4、9、16 和 25 来绘制这个图形。

要创建简单的折线图，只需指定要使用的数，Matplotlib 将完成余下的工作：

*mpl_*
squares.py

```
import matplotlib.pyplot as plt

squares = [1, 4, 9, 16, 25]

❶ fig, ax = plt.subplots()
ax.plot(squares)

plt.show()
```

首先导入 pyplot 模块，并给它指定别名 plt，以免反复输入 pyplot。（在线示例大多这样做，我们也不例外。）pyplot 模块包含很多用于生成图形和绘图的函数。

其次创建一个名为 squares 的列表，在其中存储要用来制作图形的数据。然后，采取 Matplotlib 的另一种常见做法——调用 subplots() 函数（见❶）。这个函数可在一个图形（figure）中绘制一或多个绘图（plot）。变量 fig 表示由生成的一系列绘图构成的整个图形。变量 ax 表示图形中的绘图，在大多数情况下，使用这个变量来定义和定制绘图。

接下来调用 plot() 方法，它将根据给定的数据以有浅显易懂的方式绘制绘图。plt.show() 函数打开 Matplotlib 查看器并显示绘图，如图 15-1 所示。在查看器中，既可缩放和浏览绘图，还可单击磁盘图标将绘图保存起来。

15

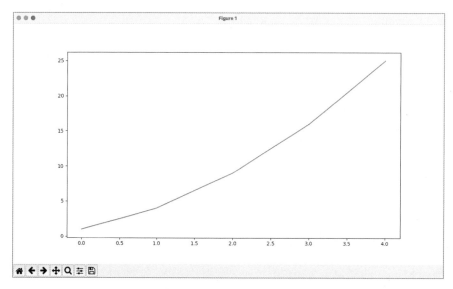

图 15-1　使用 Matplotlib 可绘制的简单绘图

15.2.1　修改标签文字和线条粗细

图 15-1 所示的绘图表明数是越来越大的，但是标签文字太小、线条太细，看不清楚。幸运的是，Matplotlib 让你能够调整可视化的各个方面。

下面通过定制来改善这个绘图的可读性。首先添加图题并给坐标轴加上标签：

```
import matplotlib.pyplot as plt

squares = [1, 4, 9, 16, 25]

fig, ax = plt.subplots()
ax.plot(squares, linewidth=3)

# 设置图题并给坐标轴加上标签
ax.set_title("Square Numbers", fontsize=24)
ax.set_xlabel("Value", fontsize=14)
ax.set_ylabel("Square of Value", fontsize=14)

# 设置刻度标记的样式
ax.tick_params(labelsize=14)

plt.show()
```

*mpl_*
squares.py

❶ `ax.plot(squares, linewidth=3)`

❷ `ax.set_title("Square Numbers", fontsize=24)`

❸ `ax.set_xlabel("Value", fontsize=14)`

❹ `ax.tick_params(labelsize=14)`

参数 linewidth 决定了 plot() 绘制的线条的粗细（见❶）。生成绘图后，可在显示前使用很多方法修改它。set_title() 方法给绘图指定标题（见❷）。在上述代码中，多次出现的参数 fontsize 用于指定图中各种文字的大小。

set_xlabel()方法和 set_ylabel()方法让你能够为每条轴设置标题（见❸）。tick_params()方法设置刻度标记的样式（见❹），它在这里将两条轴上的刻度标记的字号都设置为 14（labelsize=14）。

最终的图阅读起来容易得多，如图 15-2 所示：标签文字更大，线条也更粗了。通常，需要尝试不同的值，才能找到最佳参数生成理想的图。

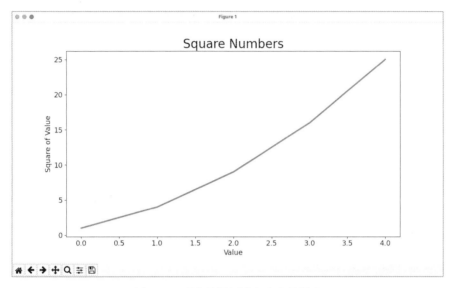

图 15-2　现在的图阅读起来容易得多

15.2.2　校正绘图

图更容易看清后，我们发现数据绘制得并不正确：折线图的终点指出 4.0 的平方为 25。下面来修复这个问题。

在向 plot() 提供一个数值序列时，它假设第一个数据点对应的 x 坐标值为 0，但这里的第一个点对应的 x 坐标值应该为 1。为了改变这种默认行为，可给 plot() 同时提供输入值和输出值：

*mpl_*
squares.py

```
import matplotlib.pyplot as plt

input_values = [1, 2, 3, 4, 5]
squares = [1, 4, 9, 16, 25]

fig, ax = plt.subplots()
ax.plot(input_values, squares, linewidth=3)

# 设置图题并给坐标轴加上标签
--snip--
```

现在，plot() 无须对输出值的生成方式做出假设，因此生成了正确的绘图，如图 15-3 所示。

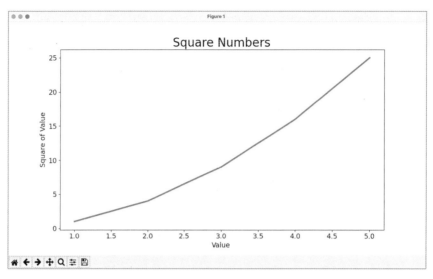

图 15-3   根据数据正确地绘图

不仅可以在使用 plot() 时指定各种实参，还可以在生成绘图后使用众多方法对其进行定制。本章后面在处理更有趣的数据集时，将继续探索这些定制方式。

15.2.3   使用内置样式

Matplotlib 提供了很多已定义好的样式，这些样式包含默认的背景色、网格线、线条粗细、字体、字号等设置，让你无须做太多定制就能生成引人瞩目的可视化效果。要看到能在你的系统中使用的所有样式，可在终端会话中执行如下命令：

```
>>> import matplotlib.pyplot as plt
>>> plt.style.available
['Solarize_Light2', '_classic_test_patch', '_mpl-gallery',
--snip--
```

要使用这些样式，可在调用 subplots() 的代码前添加如下代码行[①]：

mpl_
squares.py
```
import matplotlib.pyplot as plt

input_values = [1, 2, 3, 4, 5]
squares = [1, 4, 9, 16, 25]

plt.style.use('seaborn')
fig, ax = plt.subplots()
--snip--
```

---

① 由于 Seaborn 库的变动，你会看到 MatplotlibDeprecationwarning，这对代码运行和样式都没有影响。如果不想看到这条警告，可以将本书代码中的 seaborn 都替换为 seaborn-v0_8。——编者注

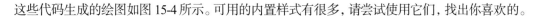

这些代码生成的绘图如图 15-4 所示。可用的内置样式有很多，请尝试使用它们，找出你喜欢的。

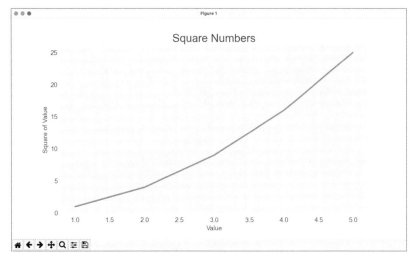

图 15-4　内置样式 seaborn

15.2.4　使用 scatter() 绘制散点图并设置样式

有时候，需要绘制散点图并设置各个数据点的样式。例如，你可能想用一种颜色显示较小的值，用另一种颜色显示较大的值。在绘制大型数据集时，还可先对每个点都设置同样的样式，再使用不同的样式重新绘制某些点，以示突出。

要绘制单个点，可使用 scatter() 方法，并向它传递该点的 x 坐标值和 y 坐标值：

*scatter_*
squares.py

```python
import matplotlib.pyplot as plt

plt.style.use('seaborn')
fig, ax = plt.subplots()
ax.scatter(2, 4)

plt.show()
```

下面来设置图的样式，使其更有趣。我们将添加标题，给坐标轴加上标签，并确保所有文本都足够大、能看清：

```python
import matplotlib.pyplot as plt

plt.style.use('seaborn')
fig, ax = plt.subplots()
❶ ax.scatter(2, 4, s=200)

# 设置图题并给坐标轴加上标签
ax.set_title("Square Numbers", fontsize=24)
```

```
ax.set_xlabel("Value", fontsize=14)
ax.set_ylabel("Square of Value", fontsize=14)

# 设置刻度标记的样式
ax.tick_params(labelsize=14)
```

在❶处，调用 scatter()，并使用参数 s 设置绘图时使用的点的尺寸。如果此时运行 scatter_squares.py，将在图中央看到一个点，如图 15-5 所示。

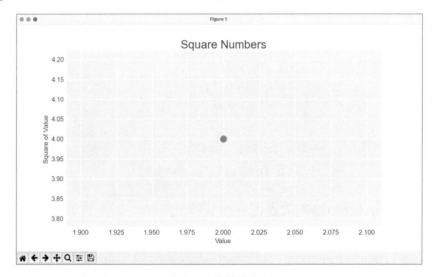

图 15-5　绘制单个点

15.2.5　使用 scatter()绘制一系列点

要绘制一系列点，可向 scatter()传递两个分别包含 *x* 坐标值和 *y* 坐标值的列表，如下所示：

*scatter_*
squares.py
```
import matplotlib.pyplot as plt

x_values = [1, 2, 3, 4, 5]
y_values = [1, 4, 9, 16, 25]

plt.style.use('seaborn')
fig, ax = plt.subplots()
ax.scatter(x_values, y_values, s=100)

# 设置图题并给坐标轴加上标签
--snip--
```

列表 x_values 包含要计算平方值的数，列表 y_values 包含这些数的平方值。在将这两个列表传递给 scatter()时，Matplotlib 会依次从每个列表中读取一个值来绘制一个点。要绘制的点的坐标分别为(1, 1)、(2, 4)、(3, 9)、(4, 16)和(5, 25)，最终的结果如图 15-6 所示。

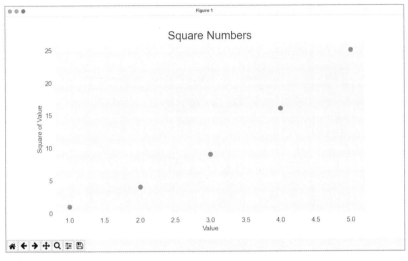

图 15-6　由多个点组成的散点图

15.2.6　自动计算数据

手动指定列表要包含的值效率不高，在需要绘制的点很多时尤其如此。好在可以不指定值，直接使用循环来计算。

下面是绘制 1000 个点的代码：

*scatter_*
squares.py
```
import matplotlib.pyplot as plt

❶ x_values = range(1, 1001)
y_values = [x**2 for x in x_values]

plt.style.use('seaborn')
fig, ax = plt.subplots()
❷ ax.scatter(x_values, y_values, s=10)

# 设置图形标题并给坐标轴加上标签
--snip--

# 设置每个坐标轴的取值范围
❸ ax.axis([0, 1100, 0, 1_100_000])

plt.show()
```

首先创建一个包含 x 坐标值的列表，其中有数 1 ~ 1000（见❶）。接下来，是一个生成 y 坐标值的列表推导式，它遍历 x 坐标值（for x in x_values），计算其平方值（x**2），并将结果赋给列表 y_values。然后，将输入列表和输出列表传递给 scatter()（见❷）。这个数据集很大，因此将点设置得较小。

显示绘图前，使用 axis()方法指定每个坐标轴的取值范围（见❸）。axis()方法要求提供四个值：x轴和y轴各自的最小值和最大值。这里将x轴的取值范围设置为 0 ～ 1100，将y轴的取值范围设置为 0 ～ 1 100 000。结果如图 15-7 所示。

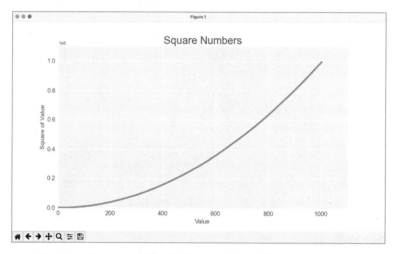

图 15-7　对 Python 来说，绘制 1000 个点与绘制 5 个点一样容易

15.2.7　定制刻度标记

在刻度标记表示的数足够大时，Matplotlib 将默认使用科学记数法。这通常是好事，因为如果使用常规表示法，很大的数将占据很多内存。

几乎每个图形元素都是可定制的，如果你愿意，可让 Matplotlib 始终使用常规表示法：

```
--snip--
# 设置每个坐标轴的取值范围
ax.axis([0, 1100, 0, 1_100_000])
ax.ticklabel_format(style='plain')

plt.show()
```

ticklabel_format()方法让你能够覆盖默认的刻度标记样式。

15.2.8　定制颜色

要修改数据点的颜色，可向 scatter()传递参数 color 并将其设置为要使用的颜色的名称（用引号引起来），如下所示：

```
ax.scatter(x_values, y_values, color='red', s=10)
```

还可以使用 RGB 颜色模式定制颜色。此时传递参数 color，并将其设置为一个元组，其中包含三个 0~1 的浮点数，分别表示红色、绿色和蓝色分量。例如，下面的代码行创建一个由浅绿色的点组成的散点图：

```
ax.scatter(x_values, y_values, color=(0, 0.8, 0), s=10)
```

值越接近 0，指定的颜色越深；值越接近 1，指定的颜色越浅。

15.2.9 使用颜色映射

颜色映射（colormap）是一个从起始颜色渐变到结束颜色的颜色序列。在可视化中，颜色映射用于突出数据的规律。例如，你可能用较浅的颜色来显示较小的值，使用较深的颜色来显示较大的值。使用颜色映射，可根据精心设计的色标（color scale）准确地设置所有点的颜色。

pyplot 模块内置了一组颜色映射。要使用这些颜色映射，需要告诉 pyplot 该如何设置数据集中每个点的颜色。下面演示了如何根据每个点的 y 坐标值来设置其颜色：

*scatter_*
squares.py
```
--snip--
plt.style.use('seaborn')
fig, ax = plt.subplots()
ax.scatter(x_values, y_values, c=y_values, cmap=plt.cm.Blues, s=10)

# 设置图题并给坐标轴加上标签
--snip--
```

参数 c 类似于参数 color，但用于将一系列值关联到颜色映射。这里将参数 c 设置成了一个 y 坐标值列表，并使用参数 cmap 告诉 pyplot 使用哪个颜色映射。这些代码将 y 坐标值较小的点显示为浅蓝色，将 y 坐标值较大的点显示为深蓝色，结果如图 15-8 所示。

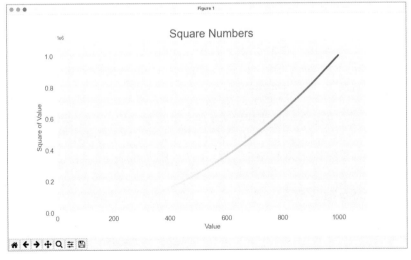

图 15-8 使用颜色映射 Blues 的绘图

注意： 要了解 pyplot 中所有的颜色映射，请访问 Matplotlib 主页并单击 Documentation。在 Learning resources 部分找到 Tutorials 并单击其中的 Introductory tutorials，向下滚动到 Colors，再单击 Choosing Colormaps in Matplotlib。

15.2.10　自动保存绘图

如果要将绘图保存到文件中，而不是在 Matplotlib 查看器中显示它，可将 plt.show()替换为 plt.savefig()：

```
plt.savefig('squares_plot.png', bbox_inches='tight')
```

第一个实参指定要以什么文件名保存绘图，这个文件将被存储到 scatter_squares.py 所在的目录中。第二个实参指定将绘图多余的空白区域裁剪掉。如果要保留绘图周围多余的空白区域，只需省略这个实参即可。你还可以在调用 savefig()时使用 Path 对象，将输出文件存储到系统上的任何地方。

动手试一试

练习 15.1：立方　数的三次方称为立方。请先绘图显示前 5 个正整数的立方值，再绘图显示前 5000 个正整数的立方值。

练习 15.2：彩色立方　给前面绘制的立方图指定颜色映射。

15.3　随机游走

本节将使用 Python 生成随机游走数据，再使用 Matplotlib 以美观的形式将这些数据呈现出来。**随机游走**是由一系列简单的随机决策产生的行走路径。可以将随机游走看作一只晕头转向的蚂蚁每一步都沿随机的方向前行所经过的路径。

在自然界、物理学、生物学、化学和经济学中，随机游走都有实际的用途。例如，漂浮在水滴上的一粒花粉不断受到水分子的挤压而在水滴表面移动，因为水滴中的分子运动是随机的，所以花粉在水面上的运动路径就是随机游走。稍后编写的代码能模拟现实世界中的很多情形。

15.3.1　创建 RandomWalk 类

为了模拟随机游走，我们将创建一个名为 RandomWalk 的类，用来随机地选择前进的方向。这个类需要三个属性：一个是跟踪随机游走次数的变量，另外两个是列表，分别存储随机游走经过的每个点的 x 坐标值和 y 坐标值。

RandomWalk 类只包含两个方法：__init__()和 fill_walk()，后者计算随机游走经过的所有点。先来看看__init__()方法：

*random_*
walk.py

```
❶ from random import choice

class RandomWalk:
    """一个生成随机游走数据的类"""

❷   def __init__(self, num_points=5000):
        """初始化随机游走的属性"""
        self.num_points = num_points

        # 所有随机游走都始于(0, 0)
❸       self.x_values = [0]
        self.y_values = [0]
```

为做出随机决策，将所有可能的选择都存储在一个列表中，并在每次决策时使用 random 模块中的 choice()来决定做出哪种选择（见❶）。接下来，将随机游走包含的默认点数设置为 5000（见❷）。这个数既大到足以生成有趣的模式，同时又足够小，可确保能够快速地模拟随机游走。然后，创建两个用于存储 x 坐标值和 y 坐标值的列表，并让每次游走都从点(0, 0)出发（见❸）。

15.3.2 选择方向

下面使用 fill_walk()方法来生成游走包含的点。请将这个方法添加到刚才创建的 RandomWalk 类之下（别忘了缩进）：

*random_*
walk.py

```
    def fill_walk(self):
        """计算随机游走包含的所有点"""

        # 不断游走，直到列表达到指定的长度
❶       while len(self.x_values) < self.num_points:

            # 决定前进的方向以及沿这个方向前进的距离
❷           x_direction = choice([1, -1])
            x_distance = choice([0, 1, 2, 3, 4])
❸           x_step = x_direction * x_distance

            y_direction = choice([1, -1])
            y_distance = choice([0, 1, 2, 3, 4])
❹           y_step = y_direction * y_distance

            # 拒绝原地踏步
❹           if x_step == 0 and y_step == 0:
                continue

            # 计算下一个点的 x 坐标值和 y 坐标值
❻           x = self.x_values[-1] + x_step
            y = self.y_values[-1] + y_step

            self.x_values.append(x)
            self.y_values.append(y)
```

15

首先建立一个循环，它不断运行，直到获得所有的随机游走点（见❶）。fill_walk()方法的主要部分告诉 Python 如何模拟四种游走决策：向右走还是向左走；沿指定的方向（右或左）走多远；向上走还是向下走；沿选定的方向（上或下）走多远。

使用 choice([1, -1])给 x_direction 选择一个值，结果要么是表示向右走的 1，要么是表示向左走的-1（见❷）。接下来，choice([0, 1, 2, 3, 4])随机地选择沿指定的方向走多远（这个距离被赋给变量 x_distance）。列表中的 0 能够模拟只沿一条轴移动的情况。

在❸和❹处，将移动方向乘以移动距离，确定沿 x 轴和 y 轴移动的距离。如果 x_step 为正，将向右移动；为负将向左移动；为 0 将垂直移动。如果 y_step 为正，将向上移动；为负将向下移动；为 0 将水平移动。如果 x_step 和 y_step 都为 0，则意味着原地踏步。我们拒绝二者都为 0 的情况，接着执行下一次循环（见❺）。

为了获取游走中下一个点的 x 坐标值，将 x_step 与 x_values 中的最后一个值相加（见❻），对 y 坐标值也做相同的处理。获得下一个点的 x 坐标值和 y 坐标值后，将它们分别追加到列表 x_values 和 y_values 的末尾。

15.3.3   绘制随机游走图

下面的代码将随机游走的所有点都绘制出来：

rw_visual.py
```
import matplotlib.pyplot as plt

from random_walk import RandomWalk

# 创建一个 RandomWalk 实例
❶ rw = RandomWalk()
rw.fill_walk()

# 将所有的点都绘制出来
plt.style.use('classic')
fig, ax = plt.subplots()
❷ ax.scatter(rw.x_values, rw.y_values, s=15)
❸ ax.set_aspect('equal')
plt.show()
```

首先导入 pyplot 模块和 RandomWalk 类，再创建一个 RandomWalk 实例并将其存储到 rw 中（见❶），然后调用 fill_walk()。在❷处，将随机游走包含的 x 坐标值和 y 坐标值传递给 scatter()，并选择合适的点的尺寸。默认情况下，Matplotlib 独立地缩放每个轴，而这将水平或垂直拉伸绘图。为避免这种问题，这里使用 set_aspect()指定两条轴上刻度的间距必须相等（见❸）。

图 15-9 显示了包含 5000 个点的随机游走图。（本节的示意图未包含 Matplotlib 查看器的界面，但你在运行 rw_visual.py 时会看到。）

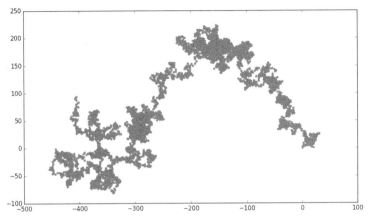

图 15-9　包含 5000 个点的随机游走

15.3.4　模拟多次随机游走

每次随机游走都不同，探索可能生成的各种模式很有趣。要在不运行程序多次的情况下使用前面的代码模拟多次随机游走，一种办法是将这些代码放在一个 while 循环中，如下所示：

rw_visual.py
```
import matplotlib.pyplot as plt

from random_walk import RandomWalk

# 只要程序处于活动状态，就不断地模拟随机游走
while True:
    # 创建一个 RandomWalk 实例
    --snip--
    plt.show()

    keep_running = input("Make another walk? (y/n): ")
    if keep_running == 'n':
        break
```

这些代码每模拟完一次随机游走，都会在 Matplotlib 查看器中显示结果，并在不关闭查看器的情况下暂停。如果关闭查看器，程序将询问是否要再模拟一次随机游走。如果模拟多次，你将发现会生成各种各样的随机游走：集中在起点附近的，沿特定方向远远偏离起点的，点的分布非常不均匀的，等等。要结束程序，请按 N 键。

15.3.5　设置随机游走图的样式

本节将定制绘图，以突出每次游走的重要特征，并让分散注意力的元素不那么显眼。为此，先确定要突出的元素，如游走的起点、终点和经过的路径，再确定不需要那么显眼的元素，如刻度标记和标签。最终的结果是简单的可视化表示，能清楚地指出每次游走经过的路径。

15

1. 给点着色

我们将使用颜色映射来指出游走中各个点的先后顺序，并删除每个点的黑色轮廓，让其颜色更加明显。为了根据游走中各个点的先后顺序进行着色，传递参数 c，并将其设置为一个列表，其中包含各点的先后顺序。由于这些点是按顺序绘制的，因此给参数 c 指定的列表只需包含数 0～4999，如下所示：

```
--snip--
while True:
    # 创建一个 RandomWalk 实例
    rw = RandomWalk()
    rw.fill_walk()

    # 将所有的点都绘制出来
    plt.style.use('classic')
    fig, ax = plt.subplots()
❶   point_numbers = range(rw.num_points)
    ax.scatter(rw.x_values, rw.y_values, c=point_numbers, cmap=plt.cm.Blues,
        edgecolors='none', s=15)
    ax.set_aspect('equal')
    plt.show()
    --snip--
```

rw_visual.py

使用 range()生成一个数值列表，列表长度值等于游走包含的点的个数（见❶）。接下来，将这个列表赋给变量 point_numbers，以便后面使用它来设置每个游走点的颜色。将参数 c 设置为 point_numbers，指定使用颜色映射 Blues，并传递实参 edgecolors='none'以删除每个点的轮廓。最终的随机游走图从浅蓝色渐变为深蓝色，准确地指出从起点游走到终点的路径，如图 15-10 所示。

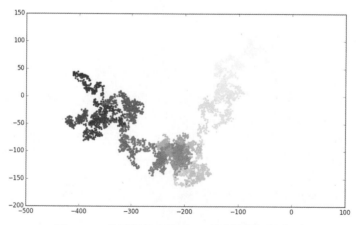

图 15-10　使用颜色映射 Blues 着色的随机游走图

2. 重新绘制起点和终点

除了给随机游走的各个点着色，以指出它们的先后顺序以外，如果还能呈现随机游走的起点和终点就好了。为此，可在绘制随机游走图后重新绘制第一个点和最后一个点。这里让起点和终点比其他点更大并显示为不同的颜色，以示突出：

rw_visual.py
```
--snip--
while True:
    --snip--
    ax.scatter(rw.x_values, rw.y_values, c=point_numbers, cmap=plt.cm.Blues,
        edgecolors='none', s=15)
    ax.set_aspect('equal')

    # 突出起点和终点
    ax.scatter(0, 0, c='green', edgecolors='none', s=100)
    ax.scatter(rw.x_values[-1], rw.y_values[-1], c='red', edgecolors='none',
        s=100)

    plt.show()
    --snip--
```

为了突出起点，使用绿色绘制点(0, 0)，并使其比其他点更大（s=100）。为了突出终点，在游走包含的最后一个 x 坐标值和 y 坐标值处绘制一个点，将其颜色设置为红色，并将尺寸设置为 100。务必将这些代码放在调用 plt.show() 的代码前面，确保在其他点的上面绘制起点和终点。

现在运行这些代码，就能准确地知道每次随机游走的起点和终点了。如果起点和终点不明显，请调整颜色和大小，直到明显为止。

3. 隐藏坐标轴

下面来隐藏绘图的坐标轴，以免分散观看者的注意力。要隐藏坐标轴，可使用如下代码：

rw_visual.py
```
--snip--
while True:
    --snip--
    ax.scatter(rw.x_values[-1], rw.y_values[-1], c='red', edgecolors='none',
        s=100)

    # 隐藏坐标轴
    ax.get_xaxis().set_visible(False)
    ax.get_yaxis().set_visible(False)

    plt.show()
    --snip--
```

先使用 ax.get_xaxis() 方法和 ax.get_yaxis() 方法获取每条坐标轴，再通过链式调用 set_visible() 方法让每条坐标轴都不可见。随着对数据可视化的不断学习和实践，你会经常看到通过方法链式调用来定制不同的可视化效果。

现在运行 rw_visual.py，可以看到一系列绘图，但看不到坐标轴。

4. 增加点的个数

下面来增加随机游走中的点，以提供更多的数据。为此，在创建 RandomWalk 实例时增大 num_points 的值，并在绘图时调整每个点的大小：

```
rw_visual.py    --snip--
                while True:
                    # 创建一个 RandomWalk 实例
                    rw = RandomWalk(50_000)
                    rw.fill_walk()

                    # 将所有的点都绘制出来
                    plt.style.use('classic')
                    fig, ax = plt.subplots()
                    point_numbers = range(rw.num_points)
                    ax.scatter(rw.x_values, rw.y_values, c=point_numbers, cmap=plt.cm.Blues,
                        edgecolors='none', s=1)
                    --snip--
```

这个示例模拟了一次包含 50 000 个点的随机游走，并将每个点的大小都设置为 1。最终的随机游走图像云雾一般，如图 15-11 所示。我们使用简单的散点图制作出了一件艺术品！

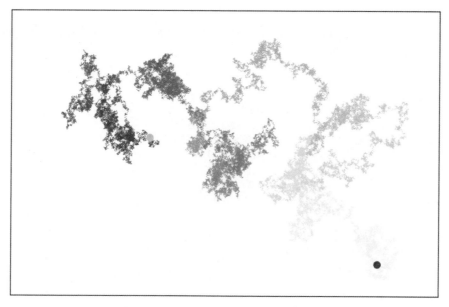

图 15-11　包含 50 000 个点的随机游走

请尝试修改上述代码，看看将游走包含的点增加到多少个以后，程序的运行速度将变得极其缓慢或绘图将变得很难看。

5. 调整尺寸以适应屏幕

当图形适应屏幕的大小时，能更有效地将数据的规律呈现出来。为了让绘图窗口更适应屏幕的大小，可在 subplots() 调用中调整 Matplotlib 输出的尺寸：

```
fig, ax = plt.subplots(figsize=(15, 9))
```

在创建绘图时，可向 subplots() 传递参数 figsize，以指定生成的图形尺寸。参数 figsize 是一个元组，向 Matplotlib 指出绘图窗口的尺寸，单位为英寸。

Matplotlib 假定屏幕的分辨率为每英寸 100 像素。如果上述代码指定的绘图尺寸不合适，可根据需要调整数值。如果知道当前系统的分辨率，可通过参数 dpi 向 plt.subplots() 传递该分辨率：

```
fig, ax = plt.subplots(figsize=(10, 6), dpi=128)
```

这有助于高效地利用屏幕空间。

动手试一试

练习 15.3：分子运动　修改 rw_visual.py，将其中的 ax.scatter() 替换为 ax.plot()。为了模拟花粉在水滴表面的运动路径，向 plt.plot() 传递 rw.x_values 和 rw.y_values，并指定实参 linewidth。请使用 5000 个点而不是 50 000 个点，以免绘图中的点过于密集。

练习 15.4：改进的随机游走　在 RandomWalk 类中，x_step 和 y_step 是根据相同的条件生成的：从列表[1, -1]中随机地选择方向，并从列表[0, 1, 2, 3, 4]中随机地选择距离。请修改这些列表中的值，看看对随机游走路径有何影响。尝试使用更长的距离选择列表（如 0～8），或者将-1 从 x 方向或 y 方向列表中删除。

练习 15.5：重构　fill_walk()方法很长。请新建一个名为 get_step()的方法，用于确定每次游走的距离和方向，并计算这次游走将如何移动。然后，在 fill_walk()中调用 get_step()两次：

```
x_step = self.get_step()
y_step = self.get_step()
```

通过这样的重构，可缩小 fill_walk()方法的规模，让它阅读和理解起来更容易。

15.4 使用 Plotly 模拟掷骰子

本节将使用 Plotly 来生成交互式图形。当需要创建要在浏览器中显示的图形时，Plotly 很有用，因为它生成的图形将自动缩放，以适应观看者的屏幕。Plotly 生成的图形还是交互式的：当用户将鼠标指向特定的元素时，将显示有关该元素的信息。本节将使用 Plotly Express 来创建初始图形。Plotly Express 是 Plotly 的一个子集，致力于让用户使用尽可能少的代码来生成绘图。我们将先使用几行代码生成初始绘图，在确定输出正确后再像使用 Matplotlib 那样对绘图进行定制。

在这个项目中，我们将对掷骰子的结果进行分析。在掷一个 6 面的常规骰子时，可能出现的结果为 1~6 点，且出现每种结果的可能性相同。然而，如果同时掷两个骰子，某些点数出现的可能性将比其他点数大。为了确定哪些点数出现的可能性最大，要生成一个表示掷骰子结果的数据集，并根据结果绘图。

这项工作有助于模拟涉及掷骰子的游戏，其中的核心理念也适用于所有涉及概率的游戏（如扑克牌）。此外，在随机性扮演着重要角色的众多现实场景中，它也能发挥作用。

15.4.1 安装 Plotly

要安装 Plotly，可像本章前面安装 Matplotlib 那样使用 pip：

```
$ python -m pip install --user plotly
$ python -m pip install --user pandas
```

Plotly Express 依赖于 pandas（一个用于高效地处理数据的库），因此需要同时安装 pandas。如果前面在安装 Matplotlib 时，使用的是 python3 之类的命令，这里也要使用同样的命令。

要了解使用 Plotly 可创建什么样的图形，请访问 Plotly 主页并单击 DOCS 下拉菜单中的 GRAPHING LIBRARIES，然后单击 Python 图标或在 Languages 下拉菜单中选择 Python，打开 "Plotly Open Source Graphing Library for Python"。每个示例都包含源代码，让你知道这些图形是如何生成的。

15.4.2 创建 Die 类

为了模拟掷一个骰子的情况，创建下面的类：

die.py

```
from random import randint

class Die:
    """表示一个骰子的类"""

❶   def __init__(self, num_sides=6):
        """骰子默认为 6 面的"""
        self.num_sides = num_sides
```

```
    def roll(self):
        """返回一个介于 1 和骰子面数之间的随机值"""
❷       return randint(1, self.num_sides)
```

__init__()方法接受一个可选参数。创建这个类的实例时，如果没有指定任何实参，面数默认为6；如果指定了实参，则这个值将用于设置骰子的面数（见❶）。骰子是根据面数命名的，6面的骰子名为 D6，8 面的骰子名为 D8，依此类推。

roll()方法使用 randint()函数来返回一个介于 1 和面数之间的随机数（见❷）。这个函数可能返回起始值（1）、终止值（num_sides）或这两个值之间的任意整数。

15.4.3　掷骰子

使用这个类来创建图形前，先来掷一个 D6，将结果打印出来，并确认结果是合理的：

die_visual.py
```
from die import Die

# 创建一个 D6
❶ die = Die()

# 掷几次骰子并将结果存储在一个列表中
results = []
❷ for roll_num in range(100):
    result = die.roll()
    results.append(result)

print(results)
```

首先创建一个 Die 实例，其面数为默认值 6（见❶）。然后掷骰子 100 次，并将每次的结果都存储在列表 results 中（见❷）。下面是一个示例结果集：

```
[4, 6, 5, 6, 1, 5, 6, 3, 5, 3, 5, 3, 2, 2, 1, 3, 1, 5, 3, 6, 3, 6, 5, 4,
1, 1, 4, 2, 3, 6, 4, 2, 6, 4, 1, 3, 2, 5, 6, 3, 6, 2, 1, 1, 3, 4, 1, 4,
3, 5, 1, 4, 5, 5, 2, 3, 3, 1, 2, 3, 5, 6, 2, 5, 6, 1, 3, 2, 1, 1, 1, 6,
5, 5, 2, 2, 6, 4, 1, 4, 5, 1, 1, 1, 4, 5, 3, 3, 1, 3, 5, 4, 5, 6, 5, 4,
1, 5, 1, 2]
```

通过快速浏览这些结果可知，Die 类看起来没有问题。我们看到了 1 和 6，这表明返回了最大和最小的可能值；没有看到 0 或 7，这表明结果都在正确的范围内；还看到了 1～6 的所有数字，这表明所有可能的结果都出现了。下面来确定各个点数都出现了多少次。

15.4.4　分析结果

为了分析掷一个 D6 的结果，计算每个点数出现的次数：

15

```
die_visual.py    --snip--
                 # 掷几次骰子并将结果存储在一个列表中
                 results = []
❶ for roll_num in range(1000):
                     result = die.roll()
                     results.append(result)

                 # 分析结果
                 frequencies = []
❷ poss_results = range(1, die.num_sides+1)
                 for value in poss_results:
❸                     frequency = results.count(value)
❹                     frequencies.append(frequency)

                 print(frequencies)
```

由于不再将结果打印出来，因此可将模拟掷骰子的次数增加到 1000（见❶）。为了分析结果，创建空列表 frequencies，用于存储每个点数出现的次数。然后，生成所有可能的点数（这里为 1 到骰子的面数）（见❷），遍历这些点数并计算每个点数在 results 中出现了多少次（见❸），再将这个值追加到列表 frequencies 的末尾（见❹）。接下来，在可视化之前将这个列表打印出来：

```
[155, 167, 168, 170, 159, 181]
```

结果看起来是合理的：有 6 个值，分别对应掷 D6 时可能出现的每个点数；没有任何点数出现的频率比其他点数高很多。下面来可视化这些结果。

15.4.5　绘制直方图

有了所需的数据，就可以使用 Plotly Express 来创建图形了。只需要几行代码：

```
die_visual.py    import plotly.express as px

                 from die import Die
                 --snip--

                 for value in poss_results:
                     frequency = results.count(value)
                     frequencies.append(frequency)

                 # 对结果进行可视化
                 fig = px.bar(x=poss_results, y=frequencies)
                 fig.show()
```

首先导入模块 plotly.express，并按照惯例给它指定别名 px。然后，使用函数 px.bar() 创建一个直方图。对于这个函数，最简单的用法是只向它传递一组 x 坐标值和一组 y 坐标值。这里传递的 x 坐标值为掷一个骰子可能得到的结果，而 y 坐标值为每种结果出现的次数。

最后一行调用 fig.show()，让 Plotly 将生成的直方图渲染为 HTML 文件，并在一个新的浏览器选项卡中打开这个文件。结果如图 15-12 所示。

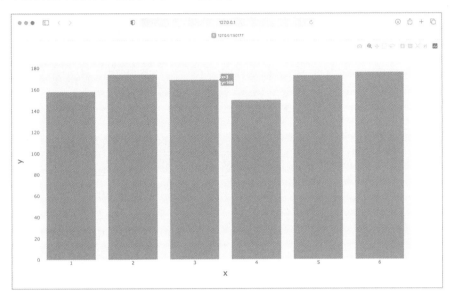

图 15-12　Plotly Express 生成的初始直方图

这个直方图非常简单，但并不完整。然而，这正是 Plotly Express 的用途所在：让你编写几行代码就能查看生成的图，确定它以你希望的方式呈现了数据。如果你对结果大致满意，可进一步定制图形元素，如标签和样式。然而，如果你想使用其他的图表类型，也可马上做出改变，而不用花额外的时间来定制当前的图形。请现在就尝试这样做，比如将 px.bar() 替换为 px.scatter() 或 px.line()。有关完整的图表类型清单，请单击刚才打开的 "Plotly Open Source Graphing Library for Python" 页面中的 Plotly Express。

这个直方图是动态、可交互的。如果你调整浏览器窗口的尺寸，该图将自动调整大小，以适应可用空间。如果你将鼠标指向条形，将显示与该条形相关的数据。

15

15.4.6　定制绘图

确定选择的绘图是你想要的类型且数据得到准确的呈现后，便可专注于添加合适的标签和样式了。

要使用 Plotly 定制绘图，一种方式是在调用生成绘图的函数（这里是 px.bar()）时传递一些可选参数。下面演示了如何指定图题并给每条坐标轴添加标签：

die_visual.py　　*--snip--*
```
# 对结果进行可视化
❶ title = "Results of Rolling One D6 1,000 Times"
```

❷ `labels = {'x': 'Result', 'y': 'Frequency of Result'}`
  `fig = px.bar(x=poss_results, y=frequencies, title=title, labels=labels)`
  `fig.show()`

　　首先定义图题，并将其赋给变量 title（见❶）。为了定义坐标轴标签，创建一个字典（见❷），其中的键是要添加标签的坐标轴，而值是要添加的标签。这里给 x 轴指定标签"Result"，给 y 轴指定标签"Frequency of Result"。现在调用 px.bar() 时，会向它传递可选参数 title 和 labels。

　　现在，生成的直方图将包含标题和坐标轴标签，如图 15-13 所示。

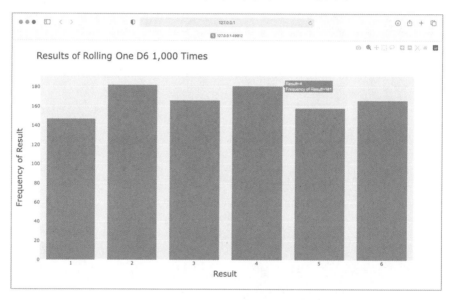

图 15-13　使用 Plotly 创建的简单直方图

15.4.7　同时掷两个骰子

　　同时掷两个骰子时，得到的点数往往更多，结果分布情况也有所不同。下面来修改前面的代码，创建两个 D6 以模拟同时掷两个骰子的情况。每次掷两个骰子时，都将两个骰子的点数相加，并将结果存储在 results 中。请复制 die_visual.py 并将其保存为 dice_visual.py，再做如下修改：

dice_visual.py
```python
import plotly.express as px

from die import Die

# 创建两个 D6
die_1 = Die()
die_2 = Die()

# 掷骰子多次，并将结果存储到一个列表中
results = []
```

```
    for roll_num in range(1000):
❶       result = die_1.roll() + die_2.roll()
        results.append(result)

    # 分析结果
    frequencies = []
❷   max_result = die_1.num_sides + die_2.num_sides
❸   poss_results = range(2, max_result+1)
    for value in poss_results:
        frequency = results.count(value)
        frequencies.append(frequency)

    # 可视化结果
    title = "Results of Rolling Two D6 Dice 1,000 Times"
    labels = {'x': 'Result', 'y': 'Frequency of Result'}
    fig = px.bar(x=poss_results, y=frequencies, title=title, labels=labels)
    fig.show()
```

创建两个 Die 实例后，多次投掷，并计算每次的总点数（见❶）。可能出现的最小总点数为两个骰子的最小可能点数之和（2），可能出现的最大总点数为两个骰子的最大可能点数之和（12），这个值被赋给 max_result（见❷）。使用变量 max_result 让生成 poss_results 的代码容易理解得多（见❸）。我们原本可以使用 range(2, 13)，但这只适用于两个 D6。在模拟现实世界的情形时，最好编写可轻松地模拟各种情形的代码。前面的代码让我们能够模拟掷任意两个骰子的情形，不管这些骰子有多少面。

运行这些代码后，将看到如图 15-14 所示的图形。

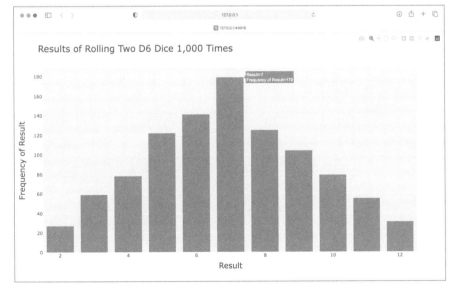

图 15-14　模拟同时掷两个 6 面骰子 1000 次的结果

该图显示了掷两个 D6 得到的大致结果分布情况。如你所见，总点数为 2 或 12 的可能性最小，而总点数为 7 的可能性最大。这是因为在下面 6 种情况下得到的总点数都为 7：1 和 6、2 和 5、3 和 4、4 和 3、5 和 2、6 和 1。

15.4.8　进一步定制

刚才生成的绘图存在一个问题，应予以解决：尽管有 11 个条形，但 x 轴的默认布局设置未给所有条形加上标签。虽然对大多数可视化图形来说，这种默认设置的效果很好，但就这里而言，给所有的条形都加上标签效果更佳。

Plotly 提供了 update_layout()方法，可用来对创建的图形做各种修改。下面演示了如何让 Plotly 给每个条形都加上标签：

dice_visual.py
```
--snip--
fig = px.bar(x=poss_results, y=frequencies, title=title, labels=labels)

# 进一步定制图形
fig.update_layout(xaxis_dtick=1)

fig.show()
```

对表示整张图的 fig 对象调用 update_layout()方法。这里传递了参数 xaxis_dtick，它指定 x 轴上刻度标记的间距。我们将这个间距设置为 1，给每个条形都加上标签。如果你再次运行 dice_visual.py，将发现每个条形都有标签了。

15.4.9　同时掷两个面数不同的骰子

下面来创建一个 6 面骰子和一个 10 面骰子，看看同时掷这两个骰子 50 000 次的结果如何：

dice_visual_d6d10.py
```
import plotly.express as px

from die import Die

# 创建一个 D6 和一个 D10
die_1 = Die()
❶ die_2 = Die(10)

# 掷骰子多次，并将结果存储在一个列表中
results = []
for roll_num in range(50_000):
    result = die_1.roll() + die_2.roll()
    results.append(result)

# 分析结果
--snip--

# 可视化结果
```

❷ title = "Results of Rolling a D6 and a D10 50,000 Times"
labels = {'x': 'Result', 'y': 'Frequency of Result'}
--snip--

为了创建 D10，我们在创建第二个 Die 实例时传递了实参 10（见❶）我们还修改了第一个循环，模拟掷骰子 50 000 次而不是 1000 次。此外，还修改了图题（见❷）。

图 15-15 显示了最终的结果。可能性最大的点数不是一个，而是 5 个。这是因为最小点数和最大点数的组合都只有一种（1 和 1 以及 6 和 10），但面数较少的骰子限制了得到中间点数的组合数：得到总点数 7、8、9、10 和 11 的组合数都是 6 种。因此，这些总点数是最常见的结果，它们出现的可能性相同。

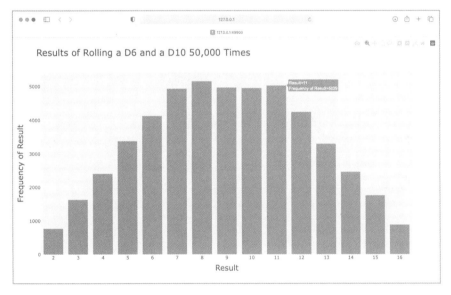

图 15-15　同时掷一个 6 面骰子和一个 10 面骰子 50 000 次的结果

使用 Plotly 来模拟掷骰子的结果，能够非常自由地探索其分布情况。只需几分钟，就可以模拟掷各种骰子很多次。

15.4.10　保存图形

生成你喜欢的图形后，就可以通过浏览器将其保存为 HTML 文件了，不过你也可以用代码完成这项任务。要将图形保存为 HTML 文件，可将 fig.show() 替换为 fig.write_html()：

```
fig.write_html('dice_visual_d6d10.html')
```

write_html() 方法接受一个参数：要写入的文件的名称。如果你只提供了文件名，这个文件将被保存到.py 文件所在的目录中。在调用 write_html() 方法时，还可以向它传递一个 Path 对象，让你能够将输出文件保存到系统中的任何地方。

动手试一试

练习 15.6：两个 D8　编写一个程序，模拟同时掷两个 8 面骰子 1000 次的结果。先想象一下结果会是什么样的，再运行这个程序，看看你的直觉准不准。逐渐增加掷骰子的次数，直到系统不堪重负为止。

练习 15.7：同时掷三个骰子　在同时掷三个 D6 时，可能得到的最小点数为 3，最大点数为 18。请通过可视化展示同时掷三个 D6 的结果。

练习 15.8：将点数相乘　在同时掷两个骰子时，通常将它们的点数相加，下面换个思路。请通过可视化展示将两个骰子的点数相乘的结果。

练习 15.9：改用列表推导式　为清晰起见，本节在模拟掷骰子的结果时，使用的是较长的 for 循环。如果你熟悉列表推导式，可以尝试将这些程序中的一个或两个 for 循环改为列表推导式。

练习 15.10：练习使用 Matplotlib 和 Plotly 这两个库　尝试使用 Matplotlib 通过可视化来模拟掷骰子的情况，并尝试使用 Plotly 通过可视化来模拟随机游走的情况。要完成这个练习，需要查看这两个库的文档。

15.5　小结

在本章中，你学习了如何生成数据集以及如何进行数据可视化，包括如何使用 Matplotlib 创建简单的绘图，以及如何使用散点图来探索随机游走过程。你还学习了如何使用 Plotly 来创建直方图，以及如何使用直方图来探索同时掷两个面数不同的骰子的结果。

使用代码生成数据集是一种有趣而强大的方式，可用于模拟和探索现实世界的各种情形。在完成后面的数据可视化项目时，请注意可使用代码模拟哪些情形。请研究新闻媒体中的可视化案例，看看其中图表的生成方式是否与本章中的项目类似。

在第 16 章中，我们将从网上下载数据，并继续使用 Matplotlib 和 Plotly 来探索这些数据。

下载数据

本章将从网上下载数据，并对其进行可视化。网上的数据多得令人难以置信，其中大多未被仔细研究过。如果能够对这些数据进行分析，就能发现别人没有发现的规律和关联。

我们将接触以两种常见格式（CSV 和 JSON）存储的数据并将其可视化。首先使用 Python 模块 csv 来处理以 CSV 格式存储的天气数据，找出两个截然不同的地区在一段时间内的最高温度和最低温度。然后使用 Matplotlib 根据下载的数据创建图形，展示这两个地区的温度变化。最后使用 json 模块访问以 GeoJSON 格式存储的地震数据，并使用 Plotly 绘制一幅散点图，展示这些地震的位置和强度。

阅读本章后，你将能够处理各种类型和格式的数据集，并对如何创建复杂的图形有更深入的认识。要处理各种真实的数据集，必须能够访问并可视化网络数据。

16.1　CSV 文件格式

要在文本文件中存储数据，最简单的方式是将数据组织为一系列**以逗号分隔的值**（comma-separated values，CSV）并写入文件。这样的文件称为 CSV 文件。例如，下面是一行 CSV 格式的天气数据：

```
"USW00025333","SITKA AIRPORT, AK US","2021-01-01",,"44","40"
```

这是美国阿拉斯加州锡特卡 2021 年 1 月 1 日的天气数据，其中包含当天的最高温度和最低温度，等等。CSV 文件阅读起来比较麻烦，但程序能够快速而准确地提取并处理其中的信息。

我们将首先处理少量 CSV 格式的锡特卡天气数据，这些数据可在本书的源代码文件中找到。请在存储本章程序的文件夹中新建一个名为 weather_data 的文件夹，再将文件 sitka_weather_07-2021_simple.csv 复制到这个文件夹中。（下载本书的源代码文件后，就有了这个项目所需的所有文件。）

注意：这个项目使用的天气数据下载自 NOAA Climate Data Online。

16.1.1　解析 CSV 文件头

csv 模块包含在 Python 标准库中，可用于解析 CSV 文件中的数据行，让我们能够快速提取感兴趣的值。先来查看这个文件的第一行，其中的一系列文件头（file header，CSV 文件的列标题行）指出了后续各行包含的是什么样的信息：

sitka_highs.py
```
from pathlib import Path
import csv
```

❶ `path = Path('weather_data/sitka_weather_07-2021_simple.csv')`
```
lines = path.read_text().splitlines()
```

❷ `reader = csv.reader(lines)`
❸ `header_row = next(reader)`
```
print(header_row)
```

首先，导入 Path 类和 csv 模块。然后，创建一个 Path 对象，它指向文件夹 **weather_data** 中我们要使用的天气数据文件（见 ❶）。我们读取这个文件，并通过把 splitlines()纳入方法链式调用来获取一个包含文件中各行的列表，再将这个列表赋给变量 lines。

接下来，创建一个 reader 对象（见 ❷），用于解析文件的各行。为了创建 reader 对象，调用 csv.reader()函数并将包含 CSV 文件中各行的列表传递给它。

当以 reader 对象为参数时，函数 next()返回文件中的下一行（从文件开头开始）。在上述代码中，只调用了 next()一次，且是首次调用，因此得到的是文件的第一行，其中包含文件头（见 ❸）。接着将返回的数据赋给 header_row。如你所见，header_row 包含与天气相关的文件头，指出了每行都包含哪些数据：

```
['STATION', 'NAME', 'DATE', 'TAVG', 'TMAX', 'TMIN']
```

---

reader 对象处理文件中以逗号分隔的第一行数据，并将每项数据都作为一个元素存储在列表中。文件头 STATION 表示该列中的数据是记录数据的气象站的编码。这个文件头的位置表明，每行的第一个值都是气象站编码。文件头 NAME 指出每行的第二个值都是记录数据的气象站的名称。其他文件头则指出记录了哪些信息。当前，我们最关心的是日期（DATE）、最高温度（TMAX）和最低温度（TMIN）。这是一个简单的数据集，只包含与温度相关的数据。你自己下载天气数据时，可选择包含其他的值，如风速、风向和降水量数据。

16.1.2　打印文件头及其位置

为了让文件头数据更容易理解，我们将列表中的每个文件头及其位置打印出来：

```
sitka_highs.py    --snip--
                  reader = csv.reader(lines)
                  header_row = next(reader)

                  for index, column_header in enumerate(header_row):
                      print(index, column_header)
```

在循环中，对列表调用 enumerate() 来获取每个元素的索引及其值。（请注意，这里删除了代码行 print(header_row)，以显示更详细的版本。）

输出如下，指出了每个文件头的索引：

```
0 STATION
1 NAME
2 DATE
3 TAVG
4 TMAX
5 TMIN
```

从中可知，日期和最高温度分别存储在第 3 列（索引为 2）和第 5 列（索引为 4）中。为了研究这些数据，我们将处理 sitka_weather_07-2021_simple.csv 中的每行数据，并提取索引为 2 和 4 的值。

16.1.3　提取并读取数据

知道需要哪些列中的数据后，我们来读取一些数据。首先，读取每日最高温度：

```
sitka_highs.py    --snip--
                  reader = csv.reader(lines)
                  header_row = next(reader)

                  # 提取最高温度
❶                 highs = []
❷                 for row in reader:
❸                     high = int(row[4])
                      highs.append(high)

                  print(highs)
```

先创建一个名为 highs 的空列表（见❶），再遍历文件中余下的各行（见❷）。reader 对象从刚才中断的地方继续往下读取 CSV 文件，每次都自动返回当前所处位置的下一行。由于已经读取了文件头行，这个循环将从第二行开始——从这行开始才是实际数据。每次执行循环时，都将索引为 4（TMAX 列）的数据追加到 highs 的末尾（见❸）。在文件中，这项数据是以字符串的格式存储的，因此在追加到 highs 的末尾前，要使用函数 int() 将其转换为数值格式，以便使用。

highs 现在存储的数据如下：

```
[61, 60, 66, 60, 65, 59, 58, 58, 57, 60, 60, 60, 57, 58, 60, 61, 63, 63, 70,
 64, 59, 63, 61, 58, 59, 64, 62, 70, 70, 73, 66]
```

提取每日最高温度并将其存储到列表中之后，就可以可视化这些数据了。

16.1.4　绘制温度图

为了可视化这些温度数据，首先使用 Matplotlib 创建一个显示每日最高温度的简单绘图，如下所示：

sitka_highs.py
```
from pathlib import Path
import csv

import matplotlib.pyplot as plt

path = Path('weather_data/sitka_weather_07-2021_simple.csv')
lines = path.read_text().splitlines()
    --snip--

# 根据最高温度绘图
plt.style.use('seaborn')
fig, ax = plt.subplots()
❶ ax.plot(highs, color='red')

# 设置绘图的格式
❷ ax.set_title("Daily High Temperatures, July 2021", fontsize=24)
❸ ax.set_xlabel('', fontsize=16)
ax.set_ylabel("Temperature (F)", fontsize=16)
ax.tick_params(labelsize=16)

plt.show()
```

将最高温度列表传给 plot()（见❶），并传递 color='red'以便将数据点绘制为红色。（这里用红色显示最高温度，用蓝色显示最低温度。）接下来，像第 15 章那样设置一些其他的格式，如标题、字号和标签（见❷）。鉴于还没有添加日期，因此这里没有给 x 轴添加标签，但 ax.set_xlabel() 确实修改了字号，让默认标签更容易看清（见❸）。图 16-1 显示了生成的绘图：一个简单的折线图，显示了阿拉斯加州锡特卡 2021 年 7 月的每日最高温度。

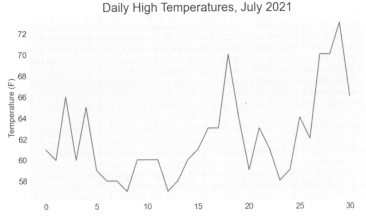

图 16-1　展示阿拉斯加州锡特卡 2021 年 7 月每日最高温度的折线图

16.1.5　datetime 模块

下面学习在图中添加日期，使其更为有用。在天气数据文件中，第一个日期在第二行：

```
"USW00025333","SITKA AIRPORT, AK US","2021-07-01",,"61","53"
```

在读取该数据时，获得的是一个字符串，因此需要想办法将字符串"2021-7-1"转换为一个表示相应日期的对象。为了创建一个表示 2021 年 7 月 1 日的对象，可使用 datetime 模块中的 strptime()方法。我们在终端会话中看看 strptime()的工作原理：

```
>>> from datetime import datetime
>>> first_date = datetime.strptime('2021-07-01', '%Y-%m-%d')
>>> print(first_date)
2021-07-01 00:00:00
```

首先导入 datetime 模块中的 datetime 类，再调用 strptime()方法，并将包含日期的字符串作为第一个实参。第二个实参告诉 Python 如何设置日期的格式。在这里，'%Y-'让 Python 将字符串中第一个连字符前面的部分视为四位数的年份，'%m-'让 Python 将第二个连字符前面的部分视为表示月份的两位数，'%d'让 Python 将字符串的最后一部分视为月份中的一天（1 ~ 31）。

strptime()方法的第二个实参可接受各种以 % 打头的参数，并根据它们来决定如何解读日期。表 16-1 列出了一些这样的参数。

16

表 16-1　datetime 模块中设置日期和时间格式的参数

参　数	含　义
%A	星期几，如 Monday
%B	月份名，如 January
%m	用数表示的月份（01～12）
%d	用数表示的月份中的一天（01～31）
%Y	四位数的年份，如 2019
%y	两位数的年份，如 19
%H	24 小时制的小时数（00～23）
%I	12 小时制的小时数（01～12）
%p	am 或 pm
%M	分钟数（00～59）
%S	秒数（00～61）

16.1.6　在图中添加日期

现在可对温度图进行改进了——提取日期和最高温度，并将日期作为 x 坐标值：

sitka_highs.py

```
from pathlib import Path
import csv
from datetime import datetime

import matplotlib.pyplot as plt

path = Path('weather_data/sitka_weather_07-2021_simple.csv')
lines = path.read_text().splitlines()

reader = csv.reader(lines)
header_row = next(reader)

# 提取日期和最高温度
❶ dates, highs = [], []
for row in reader:
❷     current_date = datetime.strptime(row[2], '%Y-%m-%d')
    high = int(row[4])
    dates.append(current_date)
    highs.append(high)

# 根据数据绘图
plt.style.use('seaborn')
fig, ax = plt.subplots()
❸ ax.plot(dates, highs, color='red')

# 设置绘图的格式
```

```
ax.set_title("Daily High Temperatures, July 2021", fontsize=24)
    ax.set_xlabel('', fontsize=16)
❹ fig.autofmt_xdate()
    ax.set_ylabel("Temperature (F)", fontsize=16)
    ax.tick_params(labelsize=16)

    plt.show()
```

这里创建了两个空列表，用于存储从文件中提取的日期和最高温度（见❶）。然后，将包含日期信息的数据（row[2]）转换为 datetime 对象（见❷），并将其追加到列表 dates 的末尾。在❸处，将日期和最高温度值传递给 plot()。在❹处，调用 fig.autofmt_xdate() 来绘制倾斜的日期标签，以免它们彼此重叠。图 16-2 显示了改进后的图。

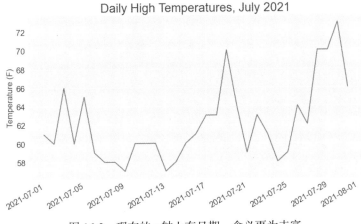

图 16-2　现在的 x 轴上有日期，含义更为丰富

16.1.7　涵盖更长的时间

设置好图形后，我们来添加更多的数据，生成一幅更复杂的锡特卡天气图。请将文件 sitka_weather_2021_simple.csv 复制到本章所用数据所在的文件夹中，该文件包含整年的锡特卡天气数据。

现在可以创建整年的天气图了：

sitka_highs.py
```
--snip--
path = Path('weather_data/sitka_weather_2021_simple.csv')
lines = path.read_text().splitlines()
--snip--
# 设置绘图的格式
ax.set_title("Daily High Temperatures, 2021", fontsize=24)
ax.set_xlabel('', fontsize=16)
--snip--
```

这里修改了文件名，以使用数据文件 sitka_weather_2021_simple.csv，还修改了图题，以反映其内容的变化。图 16-3 显示了生成的绘图。

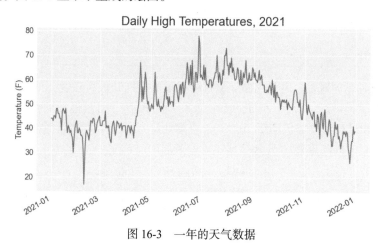

图 16-3　一年的天气数据

16.1.8　再绘制一个数据系列

为了让我们的图更有用，还可以添加最低温度数据。只需要从数据文件中提取最低温度，并将它们添加到图中即可，如下所示：

sitka_highs_
lows.py
```
--snip--
reader = csv.reader(lines)
header_row = next(reader)

# 提取日期、最高温度和最低温度
❶ dates, highs, lows = [], [], []
for row in reader:
    current_date = datetime.strptime(row[2], '%Y-%m-%d')
    high = int(row[4])
❷    low = int(row[5])
    dates.append(current_date)
    highs.append(high)
    lows.append(low)

# 根据数据绘图
plt.style.use('seaborn')
fig, ax = plt.subplots()
ax.plot(dates, highs, color='red')
❸ ax.plot(dates, lows, color='blue')

# 设置绘图的格式
❹ ax.set_title("Daily High and Low Temperatures, 2021", fontsize=24)
--snip--
```

在❶处，添加空列表 lows，用于存储最低温度。接下来，从每行的第 6 列（row[5]）提取最低温度并存储（见❷）。在❸处，添加调用 plot() 的代码，以使用蓝色绘制最低温度。最后，修改图题（见❹）。图 16-4 显示了这样绘制出来的图。

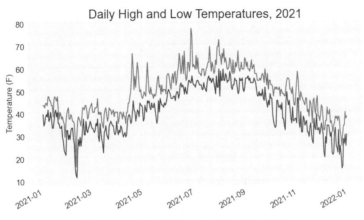

图 16-4　在一张图中包含两个数据系列

16.1.9　给图中区域着色

添加两个数据系列后，就能知道每天的温度范围了。下面来给这张图做最后的修饰，通过着色来呈现每天的温度范围。为此，将使用 fill_between() 方法，它接受一组 *x* 坐标值和两组 *y* 坐标值，并填充两组 *y* 坐标值之间的空间：

*sitka_highs_*
lows.py
```
--snip--
# 根据最低和最高温度绘图
plt.style.use('seaborn')
fig, ax = plt.subplots()
❶ ax.plot(dates, highs, color='red', alpha=0.5)
  ax.plot(dates, lows, color='blue', alpha=0.5)
❷ ax.fill_between(dates, highs, lows, facecolor='blue', alpha=0.1)
--snip--
```

实参 alpha 指定颜色的透明度（见❶）。alpha 值为 0 表示完全透明，为 1（默认设置）表示完全不透明。通过将 alpha 设置为 0.5，可让红色和蓝色折线的颜色看起来更浅。

在❷处，向 fill_between() 传递一组 *x* 坐标值（列表 dates）和两组 *y* 坐标值（highs 和 lows）。实参 facecolor 指定填充区域的颜色，我们还将 alpha 设置成了较小的值 0.1，让填充区域既能将两个数据系列连接起来，又不分散观看者的注意力。图 16-5 显示了最高温度和最低温度之间的区域被填充颜色后的绘图。

16

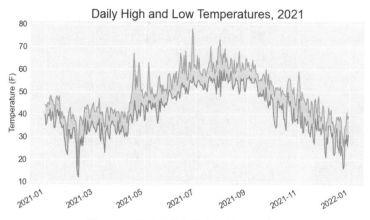

图 16-5 给两个数据集之间的区域着色

着色让两个数据集之间的区域变得更显眼了。

16.1.10 错误检查

我们应该能够使用任何地方的天气数据来运行 sitka_highs_lows.py 中的代码，但有些气象站收集的数据类型有所不同，还有些会偶尔出故障，未能收集部分或全部应收集的数据。缺失数据可能引发异常，如果不妥善处理，还可能会导致程序崩溃。

例如，我们来看看生成美国加利福尼亚州死亡谷的温度图时会出现什么情况。请将文件 death_valley_2021_simple.csv 复制到本章所用数据所在的文件夹中，并将 sitka_highs_lows.py 另存为 death_valley_highs_lows.py。

首先通过编写代码来查看这个数据文件包含的文件头：

*death_valley_*
highs_lows.py
```python
from pathlib import Path
import csv

path = Path('weather_data/death_valley_2021_simple.csv')
lines = path.read_text().splitlines()

reader = csv.reader(lines)
header_row = next(reader)

for index, column_header in enumerate(header_row):
    print(index, column_header)
```

输出如下：

```
0 STATION
1 NAME
2 DATE
3 TMAX
```

```
4 TMIN
5 TOBS
```

与前面一样，日期也在索引 2 处，但最高温度和最低温度分别在索引 3 和 4 处，因此需要修改代码中的索引，以反映这一点。另外，这个气象站没有记录平均温度，而记录了 TOBS，即特定时间点的温度。

下面来修改 death_valley_highs_lows.py，使用前面所说的索引来生成死亡谷的天气图，看看将出现什么状况：

*death_valley_*
highs_lows.py
```
--snip--
path = Path('weather_data/death_valley_2021_simple.csv')
lines = path.read_text().splitlines()
    --snip--
# 提取日期、最高温度和最低温度
dates, highs, lows = [], [], []
for row in reader:
    current_date = datetime.strptime(row[2], '%Y-%m-%d')
    high = int(row[3])
    low = int(row[4])
    dates.append(current_date)
--snip-
```

我们修改了程序，使其读取死亡谷天气数据文件，还修改了索引，使其对应于这个文件中 TMAX 和 TMIN 的位置。

运行这个程序时出现了错误：

```
Traceback (most recent call last):
  File "death_valley_highs_lows.py", line 17, in <module>
    high = int(row[3])
❶ ValueError: invalid literal for int() with base 10: ''
```

该 traceback 指出，Python 无法处理其中一天的最高温度，因为它无法将空字符串（''）转换为整数（见❶）。虽然只要看一下文件 death_valley_2021_simple.csv，就知道缺失了哪一项数据，但这里不这样做，而是直接对缺失数据的情形进行处理。

为此，在从 CSV 文件中读取值时加入错误检查代码，对可能出现的异常进行处理，如下所示：

16

*death_valley_*
highs_lows.py
```
--snip--
for row in reader:
    current_date = datetime.strptime(row[2], '%Y-%m-%d')
❶  try:
        high = int(row[3])
        low = int(row[4])
    except ValueError:
❷      print(f"Missing data for {current_date}")
❸  else:
```

```
        dates.append(current_date)
        highs.append(high)
        lows.append(low)

    # 根据最高温度和最低温度绘图
    --snip--

    # 设置绘图的格式
❹ title = "Daily High and Low Temperatures, 2021\nDeath Valley, CA"
    ax.set_title(title, fontsize=20)
    ax.set_xlabel('', fontsize=16)
    --snip--
```

对于每一行数据，我们都尝试从中提取日期、最高温度和最低温度（见❶）。只要缺失最高温度或最低温度，Python 就会引发 ValueError 异常。我们这样处理异常：打印一条错误消息，指出缺失数据的日期（见❷）。打印错误消息后，循环将接着处理下一行。如果在获取特定日期的所有数据时没有发生错误，就运行 else 代码块，将数据追加到相应列表的末尾（见❸）。这里在绘图时使用的是有关另一个地方的信息，因此修改标题以指出这个地方。因为标题较长，所以我们缩小了字号（见❹）。

如果现在运行 death_valley_highs_lows.py，将发现缺失数据的日期只有一个：

```
Missing data for 2021-05-04 00:00:00
```

妥善地处理错误之后，代码就能够忽略缺失数据的那天并生成绘图。图 16-6 显示了绘制出的图。

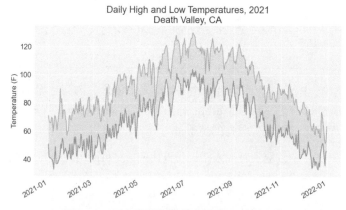

图 16-6　死亡谷的每日最高温度和最低温度

将这张图与锡特卡的图进行比较可知，总体而言，死亡谷比锡特卡热，这符合预期。同时，沙漠中的死亡谷每天的温差也更大——从着色区域的高度可以看出这一点。

你使用的很多数据集可能会有缺失数据、格式不正确或数据本身不正确的问题。对于这些情形，可以使用第一部分介绍的工具来处理。这里使用了一个 try-except-else 代码块来处理数据缺失的问题。在有些情况下，需要使用 continue 跳过一些数据，或者使用 remove()或 del 将已提取的数据删除。可采用任何有效的方法，只要能进行精确而有意义的可视化就好。

动手试一试

练习 16.1：锡特卡的降雨量　锡特卡属于温带雨林，降水量非常丰富。在数据文件 sitka_weather_2021_full.csv 中，文件头 PRCP 表示的是每日降水量，请对这列数据进行可视化。如果你想知道沙漠的降水量有多少，可针对死亡谷完成这个练习。

练习 16.2：比较锡特卡和死亡谷的温度　在有关锡特卡和死亡谷的图中，温度刻度表示的数据范围不同。为了准确地比较锡特卡和死亡谷的温度范围，需要在 y 轴上使用相同的刻度。为此，请修改图 16-5 和图 16-6 所示图形的 y 轴设置，对锡特卡和死亡谷的温度范围进行直接比较（也可对任意两个地方的温度范围进行比较）。

练习 16.3：旧金山　旧金山的温度更接近锡特卡还是死亡谷呢？为了找到答案，可下载一些有关旧金山的温度数据，并据此生成包含最高温度和最低温度的绘图。

练习 16.4：自动索引　本节以硬编码的方式指定了 TMIN 列和 TMAX 列的索引。请根据文件头行确定这些列的索引，让程序同时适用于锡特卡和死亡谷。另外，请根据气象站的名称自动生成图题。

练习 16.5：探索　生成一些图形，对你感兴趣的任何地方的其他天气数据进行研究。

16.2　制作全球地震散点图：GeoJSON 格式

本节将首先下载一个数据集，其中记录了一个月内全球发生的所有地震，然后制作一幅散点图，展示这些地震的位置和震级。这些数据是以 GeoJSON 格式（基于 JSON 的地理空间信息数据交换格式）存储的，因此要使用 json 模块来处理。我们将使用 Plotly 来创建图形，清楚地指出全球的地震分布情况。

16.2.1　地震数据

在用于存储本章程序的文件夹中，新建一个文件夹并将其命名为 eq_data，再将文件 eq_1_day_m1.geojson 复制到这个新建的文件夹中。地震规模通常是以里氏震级度量的，而这个文件记录了在（截至写作本节时）过去 24 小时内全球发生的所有不低于 1 级的地震。

16.2.2　查看 GeoJSON 数据

打开文件 eq_1_day_m1.geojson，我们发现内容密密麻麻，难以阅读：

```
{"type":"FeatureCollection","metadata":{"generated":1649052296000,...
{"type":"Feature","properties":{"mag":1.6,"place":"63 km SE of Ped...
{"type":"Feature","properties":{"mag":2.2,"place":"27 km SSE of Ca...
{"type":"Feature","properties":{"mag":3.7,"place":"102 km SSE of S...
{"type":"Feature","properties":{"mag":2.92000008,"place":"49 km SE...
{"type":"Feature","properties":{"mag":1.4,"place":"44 km NE of Sus...
--snip--
```

这些数据适合机器读取，而不是人来阅读。不过还是可以看到，这个文件包含一些字典，还有一些我们感兴趣的信息，如震级和位置。

json 模块提供了探索和处理 JSON 数据的各种工具，其中一些有助于重新设置这个文件的格式，让我们能够更清楚地查看原始数据，继而决定如何以编程的方式处理它们。

首先加载这些数据并以易于阅读的方式显示它们。这个数据文件很长，因此不打印它，而是将数据写入另一个文件，从而可以打开这个文件并轻松地滚动查看：

*eq_explore_*
data.py

```python
from pathlib import Path
import json

# 将数据作为字符串读取并转换为 Python 对象
path = Path('eq_data/eq_data_1_day_m1.geojson')
contents = path.read_text()
❶ all_eq_data = json.loads(contents)

# 将数据文件转换为更易于阅读的版本
❷ path = Path('eq_data/readable_eq_data.geojson')
❸ readable_contents = json.dumps(all_eq_data, indent=4)
path.write_text(readable_contents)
```

首先将这个数据文件作为字符串进行读取，并使用 json.loads() 将这个文件的字符串表示转换为 Python 对象（见❶）。这里使用的方法与第 10 章中相同。我们将整个数据集转换成一个字典，并将其赋给变量 all_eq_data。然后，定义一个新的 Path 对象，用于以更易于阅读的方式存储这些数据（见❷）。json.dumps() 函数在第 10 章介绍过，它接受可选参数 indent（见❸），指定数据结构中嵌套元素的缩进量。

如果现在查看目录 eq_data 并打开其中的文件 readable_eq_data.geojson，将发现其开头部分像下面这样：

*readable_eq_*
data.geojson
❶

```
{
    "type": "FeatureCollection",
    "metadata": {
        "generated": 1649052296000,
        "url": "https://earthquake.example/earthquakes/.../1.0_day.geojson",
        "title": "USGS Magnitude 1.0+ Earthquakes, Past Day",
        "status": 200,
        "api": "1.10.3",
```

```
            "count": 160
❶      },
❷      "features": [
        --snip--
```

这个文件的开头是一个键为"metadata"的片段（见❶），指出了这个数据文件的生成时间和网址。它还包含适合人类阅读的标题，以及文件中记录了多少次地震：在过去的 24 小时内，发生了 160 次地震。

这个 GeoJSON 文件的结构适合存储基于位置的数据。数据存储在一个与键"features"相关联的列表中（见❷）。这个文件包含的是地震数据，因此列表的每个元素都对应一次地震。这种结构虽然可能有点令人迷惑，但很有用，让地质学家能够将有关每次地震的任意数量的信息存储在一个字典中，再将这些字典放在一个大型列表中。

我们来看看表示特定地震的字典：

```
readable_eq_        --snip--
data.geojson            {
                        "type": "Feature",
❶                      "properties": {
                           "mag": 1.6,
                           --snip--
❷                          "title": "M 1.6 - 27 km NNW of Susitna, Alaska"
                        },
❸                      "geometry": {
                           "type": "Point",
                           "coordinates": [
❹                              -150.7585,
❺                              61.7591,
                               56.3
                           ]
                        },
                        "id": "ak0224bju1jx"
                    },
```

键"properties"关联了大量与特定地震相关的信息（见❶）。我们关心的主要是与键"mag"相关联的地震强度，还有地震的"title"，它很好地概述了地震的震级和位置（见❷）。

键"geometry"指出了地震发生在什么地方（见❸），我们需要根据这项信息将地震在散点图上标出来。在与键"coordinates"相关联的列表中，可以找到地震发生位置的经度（见❹）和纬度（见❺）。

这个文件的嵌套层级比我们编写的代码层级多，即使这让你感到迷惑，也不用担心，Python 将替你处理大部分复杂的工作。我们每次只会处理一两个嵌套层级。我们将首先提取过去 24 小时内发生的每次地震对应的字典。

注意： 在说到位置时，通常先说纬度再说经度，这种习惯形成的原因可能是人类先发现了纬度，
很久后才有经度的概念。然而，很多地质学框架会先列出经度后列出纬度，因为这与数
学约定(*x*, *y*)一致。GeoJSON 格式遵循(经度,纬度)的约定，但在使用其他框架时，遵循相
应的约定很重要。

16.2.3　创建地震列表

首先创建一个列表，其中包含所有地震的各种信息。

```
eq_explore_    from pathlib import Path
data.py        import json

               # 将数据作为字符串读取并转换为 Python 对象
               path = Path('eq_data/eq_data_1_day_m1.geojson')
               contents = path.read_text()
               all_eq_data = json.loads(contents)

               # 查看数据集中的所有地震
               all_eq_dicts = all_eq_data['features']
               print(len(all_eq_dicts))
```

我们从字典 all_eq_data 中提取与键'features'相关联的数据，并将其赋给变量 all_eq_dicts。
我们知道，这个文件记录了 160 次地震。下面的输出表明，我们提取了这个文件记录的所有地震：

```
160
```

注意，我们编写的代码很短。虽然格式良好的文件 readable_eq_data.geojson 包含的内容超过
6000 行，但只需几行代码，就可读取所有的数据并将它们存储到一个 Python 列表中。下面将提
取所有地震的震级。

16.2.4　提取震级

有了这个包含所有地震数据的列表，就可以遍历它，从中提取所需的数据了。下面来提取每
次地震的震级：

```
eq_explore_    --snip--
   data.py     all_eq_dicts = all_eq_data['features']

❶          mags = []
           for eq_dict in all_eq_dicts:
❷              mag = eq_dict['properties']['mag']
               mags.append(mag)

           print(mags[:10])
```

先创建一个空列表，用于存储地震的震级，再遍历列表 all_eq_dicts（见❶）。每次地震的震级都存储在相应字典的'properties'部分的'mag'键下（见❷）。我们依次将地震的震级存储在变量 mag 中，再将这个变量追加到列表 mags 的末尾。

为了确定提取的数据是否正确，打印前 10 次地震的震级：

```
[1.6, 1.6, 2.2, 3.7, 2.92000008, 1.4, 4.6, 4.5, 1.9, 1.8]
```

接下来，只需提取每次地震的位置信息，就可以绘制地震散点图了。

16.2.5　提取位置数据

地震的位置数据存储在"geometry"键下。在"geometry"键关联的字典中, 有一个"coordinates"键，它关联到一个列表，其中的前两个值为经度和纬度。下面演示了如何提取位置数据：

```
eq_explore_     --snip--
data.py         all_eq_dicts = all_eq_data['features']

                mags, titles, lons, lats = [], [], [], []
                for eq_dict in all_eq_dicts:
                    mag = eq_dict['properties']['mag']
❶                   title = eq_dict['properties']['title']
❷                   lon = eq_dict['geometry']['coordinates'][0]
                    lat = eq_dict['geometry']['coordinates'][1]
                    mags.append(mag)
                    titles.append(title)
                    lons.append(lon)
                    lats.append(lat)

                print(mags[:10])
                print(titles[:2])
                print(lons[:5])
                print(lats[:5])
```

我们创建了用于存储位置标题的列表 titles，来提取字典'properties'里的'title'键对应的值（见❶），还创建了用于存储经度和纬度的空列表。代码 eq_dict['geometry']访问与"geometry"键相关联的字典（见❷）。第二个键（'coordinates'）提取与'coordinates'相关联的列表，而索引 0 提取这个列表中的第一个值，即地震发生位置的经度。

打印前 5 个经度和纬度，输出表明提取的数据是正确的：

```
[1.6, 1.6, 2.2, 3.7, 2.92000008, 1.4, 4.6, 4.5, 1.9, 1.8]
['M 1.6 - 27 km NNW of Susitna, Alaska', 'M 1.6 - 63 km SE of Pedro Bay, Alaska']
[-150.7585, -153.4716, -148.7531, -159.6267, -155.248336791992]
[61.7591, 59.3152, 63.1633, 54.5612, 18.7551670074463]
```

有了这些数据，就可绘制地震散点图了。

16.2.6　绘制地震散点图

有了前面提取的数据，就可以绘制简单的散点图了。这个散点图谈不上美观，但这里只确保显示的信息正确无误就好，之后再专注于调整样式和外观。

绘制初始散点图的代码如下：

*eq_world_*
map.py

```
❶ import plotly.express as px
   --snip--
❷ fig = px.scatter(
       x=lons,
       y=lats,
       labels={'x': '经度', 'y': '纬度'},
       range_x=[-200, 200],
       range_y=[-90, 90],
       width=800,
       height=800,
       title='全球地震散点图',
   )
❸ fig.write_html('global_earthquakes.html')
❹ fig.show()
```

就像第 15 章那样，我们导入 plotly.express 并给它指定别名 px（见❶）。然后，调用 px.scatter 函数配置参数，创建一个 fig 实例，分别设置 *x* 轴为经度［范围是[-200, 200]（扩大空间，以便完整显示东西经 180°附近的地震散点）］、*y* 轴为纬度（范围是[-90, 90]），设置散点图显示的宽度和高度均为 800 像素，并设置标题为"全球地震散点图"（见❷）。

只用 14 行代码，简单的散点图就配置完成了，这返回了一个 fig 对象。fig.write_html 方法可以将图形保存为.html 文件。在文件夹中找到 global_earthquakes.html 文件，用浏览器打开即可（见❸）。另外，如果使用 Jupyter Notebook，可以直接使用 fig.show 方法在 notebook 单元格中显示散点图（见❹）。

局部效果如图 16-7 所示。

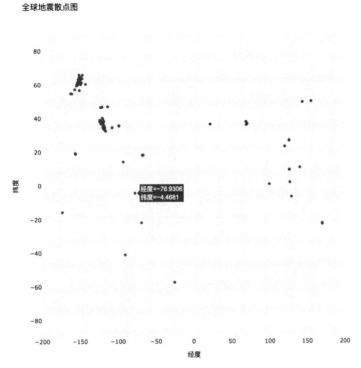

图 16-7　显示 24 小时内所有地震的简单散点图

根据数据集里的信息正确地绘制了散点图后，还可以做大量的修改，使其更有意义、更好懂。

16.2.7　指定数据的另一种方式

在配置这张图前，先来看看指定 Plotly 图形数据的另一种方式。当前，经度和纬度数据是手动配置的：

```
--snip--
    x=lons,
    y=lats,
    labels={'x': '经度', 'y': '纬度'},
--snip--
```

这是在 Plotly Express 中给图形指定数据的最简单的方式之一，但在数据处理中并不是最佳的。下面介绍给图形指定数据的一种等效方式，需要使用 pandas 数据分析工具。首先创建一个 DataFrame，将需要的数据封装起来：

```
import pandas as pd

data = pd.DataFrame(
```

```
    data=zip(lons, lats, titles, mags), columns=['经度', '纬度', '位置', '震级']
)
data.head()
```

然后，将配置参数的方式变更为

```
--snip--
    data,
    x='经度',
    y='纬度',
--snip--
```

这样，相关数据的所有信息都以键值对的形式放在一个字典中。如果在 eq_plot.py 中使用这些代码，生成的绘图是一样的。相比之前的格式，这种格式让我们能够无缝衔接数据分析，并且更轻松地对绘图进行定制。

16.2.8   定制标记的尺寸

在确定如何改进散点图的样式时，应着眼于让要传达的信息更清晰。当前的散点图虽然显示了每次地震的位置，但没有指出震级。最好把图中的点显示为不同的大小，以便观看者迅速发现最严重的地震发生在什么地方。

为此，根据地震的震级设置其标记的尺寸：

*eq_world_*
map.py
```
fig = px.scatter(
    data,
    x='经度',
    y='纬度',
    range_x=[-200, 200],
    range_y=[-90, 90],
    width=800,
    height=800,
    title='全球地震散点图',
❶    size='震级',
❷    size_max=10,
)
fig.write_html('global_earthquakes.html')
fig.show()
```

Plotly Express 支持对数据系列进行定制，这是以设置相应的参数来实现的。这里使用 size 参数来指定散点图中每个标记的尺寸，只需要将前面 data 中的'震级'字段提供给 size 参数即可（见❶）。另外，标记尺寸默认为 20 像素，还可以通过 size_max=10 将最大显示尺寸缩小到 10 像素（见❷）。

如果运行这些代码，将看到类似于图 16-8 所示的散点图。它已经比图 16-7 好多了，但还有很大的改进空间。

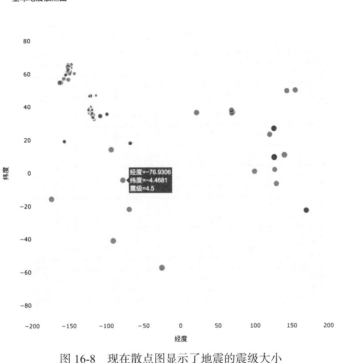

全球地震散点图

图 16-8　现在散点图显示了地震的震级大小

这幅散点图更清晰了，但还可以做进一步的改进，同时使用颜色来表示地震的震级。

16.2.9　定制标记的颜色

我们还可以定制标记的颜色，以呈现地震的严重程度。在执行这些修改之前，将文件 eq_data_30_day_m1.geojson 复制到你的数据目录中，它包含 30 天内的地震数据。使用这个更大的数据集，绘制出来的地震散点图将有趣得多。

下面演示如何利用颜色渐变来呈现地震的震级：

```
eq_world_  ❶ path = Path('eq_data/eq_data_30_day_m1.geojson')
  map.py   ❷ try:
               contents = path.read_text()
           except:
               contents = path.read_text(encoding='utf-8')
           --snip--
           fig = px.scatter(
               data,
               x='经度',
               y='纬度',
               range_x=[-200, 200],
               range_y=[-90, 90],
```

16

```
      width=800,
      height=800,
      title='全球地震散点图',
      size='震级',
      size_max=10,
❸     color='震级',
  )
  --snip--
```

首先修改文件名 eq_data_30_day_m1.geojson 以使用 30 天的数据集（见❶）。该数据集中有些地区名称包含特殊字符，之前的代码 path.read_text() 在 Linux 和 macOS 系统中运行正常，但是在 Windows 系统（默认编码是 GBK）中运行时会出现 UnicodeDecodeError 异常，因此需要通过 try-except 代码块进行异常处理，使用 path.read_text(encoding='utf-8') 支持 UTF-8 编码（见❷）。为了以不同的标记颜色表示震级，只需要配置 color='震级' 即可。视觉映射图例的默认渐变色范围是从蓝色到红色再到黄色，数值越小标记越蓝，而数值越大则标记越黄（见❸）。

现在运行这个程序，看到的散点图将漂亮得多，如图 16-9 所示。图中的颜色指出了地震的严重程度：最严重的地震为浅黄色，在众多颜色较深的点中显得格外醒目。通过在散点图上显示大量的地震，甚至能将板块的边界大致呈现出来。

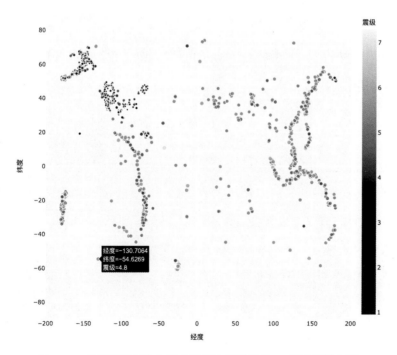

图 16-9   使用不同颜色和尺寸呈现地震震级的 30 天地震散点图

16.2.10　其他渐变

Plotly Express 有大量的渐变可供选择。要知道有哪些渐变可供使用，可在 Python 终端会话中执行下面两行加粗的代码：

```
>>> import plotly.express as px
>>> px.colors.named_colorscales()
['aggrnyl', 'agsunset', 'blackbody', ..., 'mygbm']
```

既可以尝试在这个地震散点图中使用这些渐变，也可以将它们用于连续变化的颜色有助于呈现数据规律的数据集。

16.2.11　添加悬停文本

为了完成这幅散点图的绘制，我们将添加一些说明性文本，在你将鼠标指向表示地震的标记时显示出来。除了默认显示的经度和纬度以外，这还将显示震级以及地震的大致位置：

eq_world_ map.py
```
fig = px.scatter(
    data,
    x='经度',
    y='纬度',
    range_x=[-200, 200],
    range_y=[-90, 90],
    width=800,
    height=800,
    title='全球地震散点图',
    size='震级',
    size_max=10,
    color='震级',
    hover_name='位置',
)
fig.write_html('global_earthquakes.html')
fig.show()
--snip--
```

Plotly Express 的操作非常简单，只需要将 hover_name 参数配置为 data 的'位置'字段即可。

现在运行这个程序，并将鼠标指向标记，将显示该地震发生在什么地方，还有准确的震级，如图 16-10 所示。

16

全球地震散点图

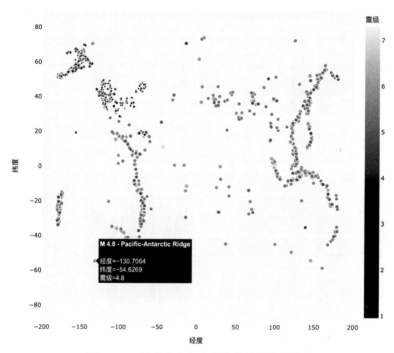

图 16-10   悬停文本包含有关地震的摘要信息

太令人震惊了！通过编写大约 40 行代码，我们就绘制了一幅漂亮的全球地震活动散点图，展示了地球的板块结构。Plotly 提供了众多定制图形外观和行为的方式，使用它提供的众多选项，可让图形准确地显示你所需的信息。

动手试一试

练习 16.6：重构   在从 all_eq_dicts 中提取数据的循环中，使用了变量来存储震级、经度、纬度和标题，再将这些值分别追加到相应列表的末尾。这旨在清晰地演示如何从 GeoJSON 文件中提取数据，但并非必须这样做。你也可以不使用这些临时变量，而是直接从 eq_dict 中提取这些值，并将它们追加到相应的列表末尾。这样做将缩短这个循环的循环体，使其只包含 4 行代码。

练习 16.7：自动生成标题   本节中的图形使用的是通用标题"全球地震散点图"。你也可以不这样做，而是将数据集的名称（title，它位于 GeoJSON 文件的 metadata 部分）用作散点图的标题。为此，可提取这个值并将其赋给变量 title。

练习 16.8：最近发生的地震　可参考本书在线资源下载包含最近 1 小时、1 天、7 天和 30 天内地震信息的数据集。下载一个这样的数据集之后，请绘制一幅散点图来展示最近发生的地震。

练习 16.9：全球火灾　在本章的源代码文件中，有一个名为 world_fires_1_day.csv 的文件，其中包含全球各地的火灾信息，这些信息包括经度、纬度和火灾强度（brightness）。使用 16.1 节介绍的数据处理技术以及本节介绍的散点图绘制技术，绘制一幅散点图展示哪些地方发生了火灾。

16.3　小结

在本章中，你学习了如何使用现实世界中的数据集，包括如何处理 CSV 和 GeoJSON 文件，以及如何提取感兴趣的数据。利用以往的天气数据，你更深入地学习了如何使用 Matplotlib，包括如何使用 datetime 模块，以及如何在同一个图形中绘制多个数据系列。你还学习了如何使用 Plotly 绘制呈现地震数据的散点图，以及如何定制散点图的样式。

有了使用 CSV 和 JSON 文件的经验后，你就几乎能够处理要分析的任何数据了。大多数在线数据集能以这两种格式中的一种或两种下载。熟悉了这两种格式，再学习使用其他格式的数据会更加轻松。

在下一章中，你将编写自动从网上采集数据并对其进行可视化的程序。如果你只是将编程作为业余爱好，学会这些技能可以做很多有趣的事；如果你有志于成为专业程序员，就必须掌握这些技能。

16

使用 API

17

本章介绍如何编写一个独立的程序，对获取的数据进行可视化。这个程序将使用应用程序接口（application program interface，API）自动请求网站的特定信息，并对这些信息进行可视化。这样编写的程序始终使用最新的数据进行可视化，因此即便数据实时更新，图形呈现的信息也是最新的。

17.1 使用 API

API 是网站的一部分，用于与程序进行交互。这些程序使用非常具体的 URL 请求特定的信息，而这种请求称为 **API 调用**。请求的数据将以程序易于处理的格式（如 JSON 或 CSV）返回。使用外部数据源的应用程序（如集成了社交媒体网站的应用程序）大多依赖 API 调用。

17.1.1 Git 和 GitHub

本章会对来自 GitHub 的信息进行可视化。你也许了解，GitHub 是一个让程序员能够协作开发项目的网站。我们将使用 GitHub 的 API 来请求有关该网站中 Python 项目的信息，再使用 Plotly 生成交互式的图形，以呈现这些项目的受欢迎程度。

GitHub 的名字源自 Git，后者是一个分布式版本控制系统，帮助人们管理为项目所做的工作，避免一个人所做的修改影响其他人的工作。当你在项目中实现新功能时，Git 会跟踪你对每个文件所做的修改。确定代码可行后，你可以提交所做的修改，而 Git 将记录项目最新的状态。如果你犯了错，想撤销所做的修改，可借助 Git 轻松地回退到以前的任意一个可行状态。（要更深入地了解如何使用 Git 进行版本控制，请参阅附录 D。）GitHub 上的项目都存储在**仓库**（repository）中，后者包含与项目相关联的一切：代码、项目参与者的信息、问题或 bug 报告，等等。

在 GitHub 上，用户不仅可以给喜欢的项目加星（star）来表示支持，还可以关注自己可能想使用的项目。在本章中，我们将编写一个程序，自动下载 GitHub 上星数最多的 Python 项目的信息，并对这些信息进行可视化。

17.1.2　使用 API 调用请求数据

GitHub 的 API 让你能够通过 API 调用请求各种信息。要知道 API 调用是什么样的，请在浏览器的地址栏中输入如下地址并按回车键：

```
https://api.github.com/search/repositories?q=language:python+sort:stars
```

这个 API 调用返回 GitHub 当前托管了多少个 Python 项目，以及有关最受欢迎的 Python 仓库的信息。下面来仔细地研究这个 API 调用。开头的 https://api.github.com/是 GitHub 的 API 地址。接下来的 search/repositories 让 API 搜索 GitHub 上的所有仓库。

repositories 后面的问号指出需要传递一个参数。参数 q 表示查询，而等号（=）让我们能够开始指定查询（q=）。接着，通过 language:python 指出只想获取主要语言为 Python 的仓库的信息。最后的 +sort:stars 指定将项目按星数排序。

下面显示了响应的前几行。

```
{
❶   "total_count": 8961993,
❷   "incomplete_results": true,
❸   "items": [
      {
        "id": 54346799,
        "node_id": "MDEwOlJlcG9zaXRvcnk1NDM0Njc5OQ==",
        "name": "public-apis",
        "full_name": "public-apis/public-apis",
        --snip--
```

从响应可知，该 URL 并不适合人工输入，因为它采用了适合程序处理的格式。

在本书编写期间，GitHub 总共有将近 900 万个 Python 项目（见❶）。"incomplete_results"的值为 true，表明 GitHub 没有处理完这个查询（见❷）。为确保 API 能够及时地响应所有用户，GitHub 对每个查询的运行时间都进行了限制。在这里，GitHub 找出了一些最受欢迎的 Python 仓库，但由于时间不够，没能找出所有的 Python 仓库，稍后我们将修复这个问题。接下来的列表显示了返回的"items"，其中包含 GitHub 上最受欢迎的 Python 项目的详细信息（见❸）。

17.1.3　安装 Requests

Requests 包让 Python 程序能够轻松地向网站请求信息并检查返回的响应。要安装 Requests，可使用 pip：

```
$ python -m pip install --user requests
```

如果你在运行程序或启动终端会话时使用的是命令 python3，请使用下面的命令来安装 Requests 包：

```
$ python3 -m pip install --user requests
```

17.1.4　处理 API 响应

下面来编写一个程序，自动执行 API 调用并处理结果：

*python_*
repos.py
```
import requests

# 执行 API 调用并查看响应
❶ url = "https://api.github.com/search/repositories"
  url += "?q=language:python+sort:stars+stars:>10000"

❷ headers = {"Accept": "application/vnd.github.v3+json"}
❸ r = requests.get(url, headers=headers)
❹ print(f"Status code: {r.status_code}")

# 将响应转换为字典
❺ response_dict = r.json()

# 处理结果
  print(response_dict.keys())
```

首先，导入 requests 模块。然后，将 API 调用的 URL 赋给变量 url（见❶）。这个 URL 很长，因此分成了两行：第一行是该 URL 的主要部分，第二行是查询字符串。这里在前面使用的查询字符串的基础上添加了条件 stars:>10000，让 GitHub 只查找获得超过 10 000 颗星的 Python 仓库。这应该让 GitHub 有足够的时间返回完整的结果。

最新的 GitHub API 版本为第 3 版，因此通过指定 headers 显式地要求使用这个版本的 API 并返回 JSON 格式的结果（见❷）。然后，使用 requests 调用 API（见❸）。

我们调用 get() 并将变量 url 和 headers 传递给它，再将响应对象存储在变量 r 中。响应对象包含一个名为 status_code 的属性，指出请求是否成功（状态码 200 表示请求成功）。我们打印 status_code，以核实调用是否成功（见❹）。前面已经让这个 API 返回 JSON 格式的信息了，因此使用 json() 方法将这些信息转换为一个 Python 字典（见❺），并将结果赋给变量 response_dict。

最后，打印 response_dict 中的键。输出如下：

```
Status code: 200
dict_keys(['total_count', 'incomplete_results', 'items'])
```

状态码为 200，由此知道请求成功了。响应字典只包含三个键：'total_count'、'incomplete_results' 和 'items'。下面来看看响应字典内部是什么样的。

17.1.5　处理响应字典

　　将 API 调用返回的信息存储到字典里后，就可处理其中的数据了。生成一些概述这些信息的输出是一种不错的方式，可帮助我们确认收到了期望的信息，进而开始研究感兴趣的信息：

python_repos.py

```
import requests

# 执行 API 调用并存储响应
--snip--

# 将响应转换为字典
response_dict = r.json()
❶ print(f"Total repositories: {response_dict['total_count']}")
print(f"Complete results: {not response_dict['incomplete_results']}")

# 探索有关仓库的信息
❷ repo_dicts = response_dict['items']
print(f"Repositories returned: {len(repo_dicts)}")

# 研究第一个仓库
❸ repo_dict = repo_dicts[0]
❹ print(f"\nKeys: {len(repo_dict)}")
❺ for key in sorted(repo_dict.keys()):
    print(key)
```

　　为了探索响应字典，首先打印与'total_count'相关联的值，它指出 API 调用返回了多少个 Python 仓库（见❶）。我们还查看了与'incomplete_results'相关联的值，以便知道 GitHub 是否有足够的时间处理完这个查询。这里没有直接打印这个值，而打印与之相反的值：如果为 True，就表明收到了完整的结果集。

　　与'items'关联的值是个列表，其中包含很多字典，而每个字典都包含有关一个 Python 仓库的信息。我们将这个字典列表赋给 repo_dicts（见❷），再打印 repo_dicts 的长度，以获悉获得了多少个仓库的信息。

　　为更深入地了解返回的有关每个仓库的信息，我们先提取 repo_dicts 中的第一个字典，并将其赋给 repo_dict（见❸），再打印这个字典包含的键数，看看其中有多少项信息（见❹）。最后，打印这个字典的所有键，看看其中包含哪些信息（见❺）。

　　输出让我们对实际包含的数据有更清晰的认识：

```
Status code: 200
❶ Total repositories: 248
❷ Complete results: True
Repositories returned: 30

❸ Keys: 78
allow_forking
archive_url
```

17

```
archived
--snip--
url
visiblity
watchers
watchers_count
```

在本书编写期间，只有 248 个 Python 仓库获得的星星超过 10 000 颗（见❶）。如你所见，GitHub 有足够的时间处理完这个 API 调用（见❷）。在这个响应中，GitHub 返回了前 30 个满足查询条件的仓库的信息。如果要获得更多仓库的信息，可请求额外的数据页。

GitHub 的 API 返回有关仓库的大量信息：repo_dict 包含 78 个键（见❸）。通过仔细查看这些键，能大致知道可提取有关项目的哪些信息。（要准确地获悉 API 将返回哪些信息，要么阅读文档，要么像这里一样使用代码来查看。）

下面来提取 repo_dict 中与一些键相关联的值：

*python_*
repos.py
```
--snip--
# 研究第一个仓库
repo_dict = repo_dicts[0]

print("\nSelected information about first repository:")
❶ print(f"Name: {repo_dict['name']}")
❷ print(f"Owner: {repo_dict['owner']['login']}")
❸ print(f"Stars: {repo_dict['stargazers_count']}")
print(f"Repository: {repo_dict['html_url']}")
❹ print(f"Created: {repo_dict['created_at']}")
❺ print(f"Updated: {repo_dict['updated_at']}")
print(f"Description: {repo_dict['description']}")
```

这里打印了与表示第一个仓库的字典中的很多键相对应的值。首先，打印项目的名称（见❶）。项目所有者由一个字典表示，因此使用键 owner 来访问表示所有者的字典，再使用键 login 来获取所有者的登录名（见❷）。接下来，打印项目获得了多少颗星（见❸），还有项目的 GitHub 仓库的 URL。然后，显示项目的创建时间（见❹）和最后一次更新的时间（见❺）。最后，打印对仓库的描述。

输出类似于下面这样：

```
Status code: 200
Total repositories: 248
Complete results: True
Repositories returned: 30

Selected information about first repository:
Name: public-apis
Owner: public-apis
Stars: 191493
Repository: https://github.com/public-apis/public-apis
```

```
Created: 2016-03-20T23:49:42Z
Updated: 2022-05-12T06:37:11Z
Description: A collective list of free APIs
```

从上述输出可知，在本书编写期间，GitHub 上星数最高的 Python 项目为 public-apis，其所有者是一家名为 public-apis 的组织，有将近 200 000 位 GitHub 用户给这项目加星了。可以看到这个项目的仓库的 URL，项目的创建时间为 2016 年 3 月，且最近更新了。最后，描述指出了项目 public-apis 包含程序员可能感兴趣的一系列免费 API。

17.1.6　概述最受欢迎的仓库

在对这些数据进行可视化时，我们想涵盖多个仓库。下面就来编写一个循环，打印 API 调用返回的每个仓库的特定信息，以便能够在图形中包含这些信息：

*python_*
repos.py
```
--snip--
# 研究有关仓库的信息
repo_dicts = response_dict['items']
print(f"Repositories returned: {len(repo_dicts)}")

❶ print("\nSelected information about each repository:")
❷ for repo_dict in repo_dicts:
    print(f"\nName: {repo_dict['name']}")
    print(f"Owner: {repo_dict['owner']['login']}")
    print(f"Stars: {repo_dict['stargazers_count']}")
    print(f"Repository: {repo_dict['html_url']}")
    print(f"Description: {repo_dict['description']}")
```

首先，打印一条说明性消息（见❶）。然后，遍历 repo_dicts 中的所有字典（见❷）。在这个循环中，打印每个项目的名称、所有者、星数、在 GitHub 上的 URL 以及描述：

```
Status code: 200
Total repositories: 248
Complete results: True
Repositories returned: 30

Selected information about each repository:

Name: public-apis
Owner: public-apis
Stars: 191494
Repository: https://github.com/public-apis/public-apis
Description: A collective list of free APIs

Name: system-design-primer
Owner: donnemartin
Stars: 179952
Repository: https://github.com/donnemartin/system-design-primer
Description: Learn how to design large-scale systems. Prep for the system
```

```
design interview.  Includes Anki flashcards.
--snip--

Name: PayloadsAllTheThings
Owner: swisskyrepo
Stars: 37227
Repository: https://github.com/swisskyrepo/PayloadsAllTheThings
Description: A list of useful payloads and bypass for Web Application Security
  and Pentest/CTF
```

在上述输出中，有些有趣的项目可能值得一看。但不要在输出的内容上花费太多时间，因为即将创建的图形能让你更容易地看清结果。

17.1.7　监控 API 的速率限制

大多数 API 存在速率限制，即在特定时间内可执行的请求数存在限制。要获悉是否接近了 GitHub 的限制，请在浏览器中输入 https://api.github.com/rate_limit，你将看到类似于下面的响应：

```
{
  "resources": {
    --snip--
❶   "search": {
❷     "limit": 10,
❸     "remaining": 9,
❹     "reset": 1652338832,
      "used": 1,
      "resource": "search"
    },
    --snip--
```

我们关心的信息是搜索 API 的速率限制（见❶）。从❷处可知，限值为每分钟 10 个请求，而在当前的这一分钟内，还可执行 9 个请求（见❸）。与键 reset 对应的值是配额将被重置的 Unix 时间或新纪元时间（从 1970 年 1 月 1 日零点开始经过的秒数）（见❹）。在用完配额后，我们将收到一条简单的响应消息，得知已到达 API 的限值。到达限值后，必须等待配额重置。

注意：很多 API 要求，在通过注册获得 API 密钥（访问令牌）后，才能执行 API 调用。在本书编写期间，GitHub 没有这样的要求，但获得访问令牌后，配额将高得多。

17.2　使用 Plotly 可视化仓库

下面使用收集到的数据来创建图形，以展示 GitHub 上 Python 项目的受欢迎程度。我们将创建一个交互式条形图，其中条形的高度表示项目获得了多少颗星，而单击条形将进入相应项目在 GitHub 上的主页。

请复制前面编写的 python_repos_visual.py，并将副本修改成下面这样：

python_repos_
visual.py

```
import requests
import plotly.express as px

# 执行 API 调用并查看响应
url = "https://api.github.com/search/repositories"
url += "?q=language:python+sort:stars+stars:>10000"

headers = {"Accept": "application/vnd.github.v3+json"}
r = requests.get(url, headers=headers)
❶ print(f"Status code: {r.status_code}")

# 处理结果
response_dict = r.json()
❷ print(f"Complete results: {not response_dict['incomplete_results']}")

# 处理有关仓库的信息
repo_dicts = response_dict['items']
❸ repo_names, stars = [], []
for repo_dict in repo_dicts:
    repo_names.append(repo_dict['name'])
    stars.append(repo_dict['stargazers_count'])

# 可视化
❹ fig = px.bar(x=repo_names, y=stars)
fig.show()
```

先导入 Plotly Express，再像前面那样执行 API 调用。然后，打印 API 调用响应的状态，以确定是否出现了问题（见❶）。在处理结果时，我们也打印一条消息，确认收到了完整的结果集（见❷）。然而，其他的 print() 调用都被删除了，这是因为我们确定获得了所需的数据，可跳过探索阶段。

接下来，创建两个空列表，用于存储要在图形中呈现的数据（见❸）。我们需要每个项目的名称（repo_names），用于给条形添加标签，还需要知道项目获得了多少颗星（stars），以确定条形的高度。在循环中，将每个项目的名称和星数分别附加到这两个列表的末尾。

只需要两行代码就可以生成初始图形（见❹），这符合 Plotly Express 的理念：让你能够尽快地看到可视化效果，确定没问题后再改进其外观。这里使用 px.bar() 函数创建了一个条形图。在调用这个函数时，我们将参数 x 和 y 分别设置成了列表 repo_names 和 stars。

生成的图形如图 17-1 所示。从中可知，开头几个项目的受欢迎程度比其他项目高得多，但所有这些项目在 Python 生态系统中都很重要。

17

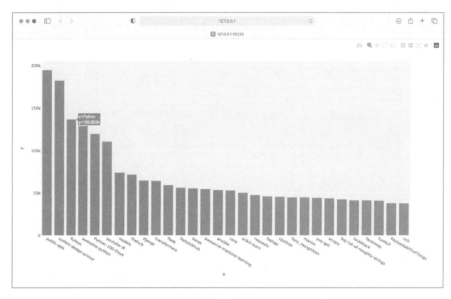

图 17-1   GitHub 上最受欢迎的 Python 项目

17.2.1   设置图形的样式

Plotly 提供了众多定制图形以及设置其样式的方式，可在确定信息被正确地可视化后使用。下面对 px.bar() 调用做些修改，并对创建的 fig 对象做进一步的调整。

首先设置图形的样式——添加图形的标题并给每条坐标轴添加标题：

*python_repos_*
visual.py

```
--snip--
# 可视化
title = "Most-Starred Python Projects on GitHub"
labels = {'x': 'Repository', 'y': 'Stars'}
fig = px.bar(x=repo_names, y=stars, title=title, labels=labels)

❶ fig.update_layout(title_font_size=28, xaxis_title_font_size=20,
        yaxis_title_font_size=20)

  fig.show()
```

像第 15 章和第 16 章一样，我们添加了图形的标题，并给每条坐标轴都添加了标题。然后，使用 fig.update_layout() 方法修改一些图形元素（见❶）。在给图形元素命名时，Plotly 用下划线分隔元素名称的不同部分。熟悉 Plotly 文档后，你将发现，不同的图形元素的命名和修改方式是一致的。这里将图形标题的字号设置成了 28，并将坐标轴标题的字号设置为 20。最终结果如图 17-2 所示。

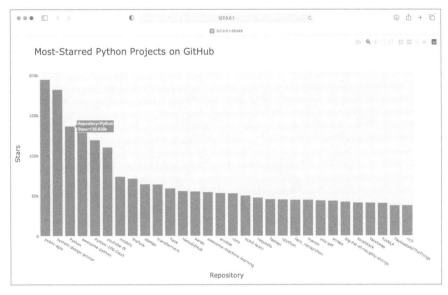

图 17-2　给图形添加了名称，并给坐标轴添加了标签

17.2.2　添加定制工具提示

在 Plotly 中，将鼠标指向条形将显示它表示的信息。这通常称为**工具提示**（tooltip）。在这里，当前显示的是项目获得了多少颗星。下面来添加定制工具提示，以显示项目的描述和所有者。

为生成这样的工具提示，需要再提取一些信息：

*python_repos_*
visual.py

```
--snip--
# 处理有关仓库的信息
repo_dicts = response_dict['items']
❶ repo_names, stars, hover_texts = [], [], []
for repo_dict in repo_dicts:
    repo_names.append(repo_dict['name'])
    stars.append(repo_dict['stargazers_count'])

    # 创建悬停文本
❷    owner = repo_dict['owner']['login']
    description = repo_dict['description']
❸    hover_text = f"{owner}<br />{description}"
    hover_texts.append(hover_text)

# 可视化
title = "Most-Starred Python Projects on GitHub"
labels = {'x': 'Repository', 'y': 'Stars'}
❹ fig = px.bar(x=repo_names, y=stars, title=title, labels=labels,
        hover_name=hover_texts)

fig.update_layout(title_font_size=28, xaxis_title_font_size=20,
```

17

```
    yaxis_title_font_size=20)

fig.show()
```

首先，定义一个新的空列表 hover_texts，用于存储要给各个项目显示的文本（见❶）。在处理数据的循环中，提取每个项目的所有者和描述（见❷）。Plotly 允许在文本元素中使用 HTML 代码，这让我们在创建由项目所有者和描述组成的字符串时，能够在这两部分之间添加换行符（
）（见❸）。然后，我们将这个字符串追加到列表 hover_texts 的末尾。

在 px.bar()调用中，添加参数 hover_name 并将其设置为 hover_texts（见❹）。Plotly 在创建每个条形时，都将提取这个列表中的文本，并在观看者将鼠标指向条形时显示它们。图 17-3 显示了一个定制工具提示。

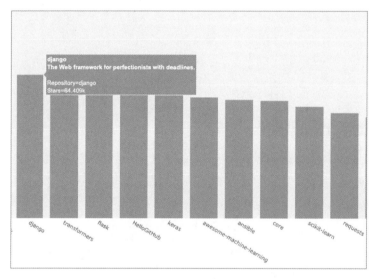

图 17-3　将鼠标指向条形，还将显示项目的描述和所有者

17.2.3　添加可单击的链接

Plotly 允许在文本元素中使用 HTML，这让你能够轻松地在图形中添加链接。下面将 x 轴标签作为链接，让观看者能够访问项目在 GitHub 上的主页。为此，需要提取 URL 并使用它们来生成 x 轴标签：

```
python_repos_    --snip--
    visual.py    # 处理有关仓库的信息
                 repo_dicts = response_dict['items']
              ❶ repo_links, stars, hover_texts = [], [], []
                 for repo_dict in repo_dicts:
                     # 将仓库名转换为链接
                     repo_name = repo_dict['name']
```

```
❷        repo_url = repo_dict['html_url']
❸        repo_link = f"<a href='{repo_url}'>{repo_name}</a>"
         repo_links.append(repo_link)

         stars.append(repo_dict['stargazers_count'])
         --snip--

    # 可视化
    title = "Most-Starred Python Projects on GitHub"
    labels = {'x': 'Repository', 'y': 'Stars'}
    fig = px.bar(x=repo_links, y=stars, title=title, labels=labels,
            hover_name=hover_texts)

    fig.update_layout(title_font_size=28, xaxis_title_font_size=20,
            yaxis_title_font_size=20)

    fig.show()
```

这里修改了列表的名称（从 repo_names 改为 repo_links），更准确地指出了其中存放的是哪种信息（见❶）。然后，从 repo_dict 中提取项目的 URL，并将其赋给临时变量 repo_url（见❷）。接下来，创建一个指向项目的链接（见❸），为此使用了 HTML 标签<a>，其格式为<a href='URL'>link text</a>。然后，将这个链接追加到列表 repo_links 的末尾。

在调用 px.bar()时，将列表 repo_links 用作图形的 x 坐标值。虽然生成的图形与之前相同，但观看者可单击图形底端的项目名，以访问相应项目在 GitHub 上的主页。至此，我们对 API 获取的数据进行了可视化，得到的图形是可交互的，包含丰富的信息！

17.2.4　定制标记颜色

创建图形后，可使用以 update_ 打头的方法来定制其各个方面。前面使用了 update_layout()方法，而 update_traces()则可用来定制图形呈现的数据。

我们将条形改为更深的蓝色并且是半透明的：

```
    --snip--
    fig.update_layout(title_font_size=28, xaxis_title_font_size=20,
            yaxis_title_font_size=20)

    fig.update_traces(marker_color='SteelBlue', marker_opacity=0.6)

    fig.show()
```

在 Plotly 中，trace 指的是图形上的一系列数据。update_traces()方法接受大量的参数，其中以 marker_ 打头的参数都会影响图形上的标记。这里将每个标记的颜色都设置成了'SteelBlue'。你可将参数 marker_color 设置为任何有具体名称的 CSS 颜色。我们还将每个标记的不透明度都设置成了 0.6。不透明度值 1.0 表示完全不透明，而 0 表示完全透明。

17

17.2.5　深入了解 Plotly 和 GitHub API

虽然 Plotly 提供了内容丰富、条理清晰的文档，但是可能让你觉得无从下手。因此，要深入了解 Plotly，最好先阅读文章 *Plotly Express in Python*。这篇文章概述了使用 Plotly Express 可创建的所有图表类型，其中还包含一些链接，指向各种图表的详细介绍。

如果要深入地了解如何定制 Plotly 图形，可阅读文章 *Styling Plotly Express Figures in Python*。这篇文章深入介绍了本书第 15 ~ 17 章提及的定制方式。

要深入地了解 GitHub API，可参阅其文档。这样可知道如何从 GitHub 中提取各种信息。要更深入地了解本章项目介绍的内容，可参阅该文档的 Search 部分。如果有 GitHub 账户，除了其他仓库的公开信息以外，你还可以提取有关自己的信息。

17.3　Hacker News API

为了探索如何使用其他网站的 API 调用，我们来看看 Hacker News 网站。在这个网站上，用户分享编程和技术方面的文章，并就这些文章展开积极的讨论。Hacker News 的 API 让你能够访问有关该网站上所有文章和评论的信息，并且不要求通过注册获得密钥。

下面的 API 调用返回本书编写期间 Hacker News 上最热门文章的信息：

```
https://hacker-news.firebaseio.com/v0/item/31353677.json
```

如果在浏览器中输入这个 URL，你会发现响应的文章信息位于一对花括号内，表明这是一个字典。如果不调整格式，这样的响应信息难以阅读。下面像第 16 章中的地震项目那样，通过 json.dumps()方法来处理这个 URL 的内容，以便对返回的信息进行探索：

hn_article.py
```python
import requests
import json

# 执行 API 调用并存储响应
url = "https://hacker-news.firebaseio.com/v0/item/31353677.json"
r = requests.get(url)
print(f"Status code: {r.status_code}")

# 探索数据的结构
response_dict = r.json()
response_string = json.dumps(response_dict, indent=4)
❶ print(response_string)
```

这里的所有代码都在前两章中使用过，你应该不会感到陌生。主要的差别在于，这里的响应字符串不是很长，因此在设置格式后直接打印（见 ❶），而没有将其写入文件。

输出是一个字典，其中包含有关 ID 为 31353677 的文章的信息：

```
    {
        "by": "sohkamyung",
❶       "descendants": 302,
        "id": 31353677,
❷       "kids": [
            31354987,
            31354235,
            --snip--
        ],
        "score": 785,
        "time": 1652361401,
❸       "title": "Astronomers reveal first image of the black hole
            at the heart of our galaxy",
        "type": "story",
❹       "url": "https://public.nrao.edu/news/.../"
    }
```

这个字典包含很多键。与键'descendants'对应的值是文章被评论的次数（见❶）。与键'kids'对应的值包含文章下所有评论的 ID（见❷）。每个评论本身也可能有评论，因此文章的 descendant 的数量可能比其 kid 的数量多。这个字典中还包含当前文章的标题（见❸）和 URL（见❹）。

下面的 URL 返回一个列表，其中包含 Hacker News 上当前排名靠前的文章的 ID：

```
https://hacker-news.firebaseio.com/v0/topstories.json
```

通过这个调用，可获悉当前有哪些文章位于 Hacker News 主页上，再生成一系列类似于前面的 API 调用。使用这种方法，可概述当前位于 Hacker News 主页上的每篇文章：

*hn_*
submissions.py

```
from operator import itemgetter

import requests

# 执行 API 调用并查看响应
❶ url = "https://hacker-news.firebaseio.com/v0/topstories.json"
r = requests.get(url)
print(f"Status code: {r.status_code}")

# 处理有关每篇文章的信息
❷ submission_ids = r.json()
❸ submission_dicts = []
for submission_id in submission_ids[:5]:
    # 对于每篇文章，都执行一个 API 调用
❹   url = f"https://hacker-news.firebaseio.com/v0/item/{submission_id}.json"
    r = requests.get(url)
    print(f"id: {submission_id}\tstatus: {r.status_code}")
    response_dict = r.json()

    # 对于每篇文章，都创建一个字典
❺   submission_dict = {
        'title': response_dict['title'],
        'hn_link': f"https://news.ycombinator.com/item?id={submission_id}",
        'comments': response_dict['descendants'],
    }
```

17

```
❻    submission_dicts.append(submission_dict)

❼ submission_dicts = sorted(submission_dicts, key=itemgetter('comments'),
                                reverse=True)

❽ for submission_dict in submission_dicts:
      print(f"\nTitle: {submission_dict['title']}")
      print(f"Discussion link: {submission_dict['hn_link']}")
      print(f"Comments: {submission_dict['comments']}")
```

首先，执行一个 API 调用，并打印响应的状态（见❶）。这个 API 调用返回一个列表，其中包含 Hacker News 上当前最热门的 500 篇文章的 ID。接下来，将响应对象转换为 Python 列表（见❷），并将其赋给 submission_ids。后面将使用这些 ID 来创建一系列字典，其中每个字典都包含一篇文章的信息。

我们创建了一个名为 submission_dicts 的空列表，用于存储前面所说的字典（见❸）。接下来，遍历前 30 篇文章的 ID。对于每篇文章，都执行一个 API 调用，其中的 URL 包含 submission_id 的当前值（见❹）。我们打印请求的状态和文章的 ID，以便知道请求是否成功。

接下来，为当前处理的文章创建一个字典（见❺），并在其中存储文章的标题、链接和评论数。然后，将 submission_dict 追加到 submission_dicts 的末尾（见❻）。

Hacker News 上的文章是根据总体得分排名的，而总体得分取决于很多因素，包括被推荐的次数、评论数和发表时间。我们要根据评论数（键'comments'对应的值）对字典列表 submission_dicts 进行排序，为此使用 operator 模块中的函数 itemgetter()（见❼）。我们向这个函数传递了键'comments'，因此它从这个列表的每个字典中提取与键'comments'对应的值。这样，sorted() 函数将根据这些值对列表进行排序。我们将列表按降序排列，即评论最多的文章位于最前面。

对列表排序后遍历它（见❽），并打印每篇热门文章的三项信息：标题、链接和评论数。

```
Status code: 200
id: 31390506    status: 200
id: 31389893    status: 200
id: 31390742    status: 200
--snip--

Title: Fly.io: The reclaimer of Heroku's magic
Discussion link: https://news.ycombinator.com/item?id=31390506
Comments: 134

Title: The weird Hewlett Packard FreeDOS option
Discussion link: https://news.ycombinator.com/item?id=31389893
Comments: 64

Title: Modern JavaScript Tutorial
Discussion link: https://news.ycombinator.com/item?id=31390742
Comments: 20
--snip--
```

无论使用哪个 API 来访问和分析信息，流程都与此类似。有了这些数据，就可以进行可视化，指出最近哪些文章引发了最激烈的讨论。基于这种方式，应用程序能够为用户提供网站（如 Hacker News）的定制化阅读体验。要更深入地了解通过 Hacker News API 可访问哪些信息，请参阅其文档页面。

注意：Hacker News 有时允许一些公司发布特殊的招聘帖子，并禁止对这些帖子进行评论。如果你在运行这里的程序时，遇到这样的帖子，将出现 KeyError 错误。如果这种错误会引发问题，可将创建 submission_dict 的代码放在 try-except 代码块中，从而忽略这样的帖子。

动手试一试

练习 17.1：其他语言 修改 python_repos.py 中的 API 调用，使其在生成的图形中显示其他语言最受欢迎的项目。请尝试语言 JavaScript、Ruby、C、Java、Perl、Haskell 和 Go。

练习 17.2：最活跃的讨论 使用 hn_submissions.py 中的数据，创建一个条形图，显示 Hacker News 上当前哪些文章下的讨论最活跃。条形的高度应对应于文章的评论数。条形的标签应包含文章的标题，并且充当文章的链接。如果创建图形时出现 KeyError 错误，请使用 try-except 代码块来忽略特殊的招聘帖子。

练习 17.3：测试 python_repos.py 在 python_repos.py 中，我们打印了 status_code 的值，以核实 API 调用是否成功。请编写一个名为 test_python_repos.py 的程序，它使用 pytest 来断言 status_code 的值为 200。想想还可做出哪些断言，如返回的条目（item）数符合预期，仓库总数超过特定的值，等等。

练习 17.4：进一步探索 查看 Plotly 以及 GitHub API 或 Hacker News API 的文档，根据从中获得的信息来定制本节绘制的图形的样式，或提取并可视化其他数据。

17.4　小结

在本章中，你学习了如何使用 API 来编写独立的程序，以自动采集所需的数据并进行可视化。你不仅使用了 GitHub API 来探索 GitHub 上星数最多的 Python 项目，还大致了解了 Hacker News API，学到了如何使用 Requests 包来自动执行 API 调用，以及如何处理调用的结果。本章还简要地介绍了一些 Plotly 设置，可用其进一步定制生成的图形的外观。

从下一章开始，我们将使用 Django 来创建一个 Web 应用程序，这是本书介绍的最后一个项目。

17

项目 3　Web 应用程序

Django 入门 *18*

随着互联网的发展，网站和移动应用程序之间的界线不再清晰，它们都能够让用户以各种方式与数据交互。所幸，可以使用 Django 来创建能同时作为动态网站和移动应用程序的项目。Django 是最流行的 Python Web 框架，提供了一系列旨在帮助开发交互式网站的工具。本章介绍如何使用 Django 来开发一个名为"学习笔记"（Learning Log）的项目。这是一个在线日志系统，让你能够记录针对哪些特定主题学到了哪些知识。

我们将先为这个项目制定规范，再为使用的数据定义模型。我们将使用 Django 的管理系统来输入一些初始数据，然后编写视图和模板，让 Django 能够创建网页。

Django 能够响应网页请求，还让你能够更轻松地读写数据库、管理用户，等等。第 19 章和第 20 章将改进"学习笔记"项目，再将其部署到活动的服务器上，让所有人都能够使用它。

18.1 建立项目

在着手开发像 Web 应用这样的大项目时，首先需要制定**规范**（spec），对项目的目标进行描述。确定要达成的目标后，就能着手找出为达成这些目标而需要完成的任务了。

本节将为"学习笔记"项目制定规范，并进入项目开发的第一个阶段，包括搭建虚拟环境以及构建 Django 项目框架。

18.1.1 制定规范

完整的规范要详细说明项目的目标，阐述项目的功能，讨论项目的外观和用户界面。与任何良好的项目规划书和商业计划书一样，规范应突出重点，帮助避免项目偏离轨道。这里不制定完整的项目规划，只列出一些明确的目标，以突出开发的重点。我们制定的规范如下：

> 我们要编写一个名为"学习笔记"的 Web 应用程序，让用户能够记录感兴趣的主题，并在学习每个主题的过程中添加日志条目。"学习笔记"的主页对这个网站进行描

述，并邀请用户注册或登录。用户登录后，可以创建新主题、添加新条目以及阅读既有的条目。

在学习新主题时，记录学到的知识可有助于建立知识体系，研究技术主题时尤其如此。优秀的应用程序（如接下来将创建的应用程序）能让这个记录过程简单高效。

18.1.2　建立虚拟环境

使用 Django 之前，需要建立虚拟的工作环境。**虚拟环境**是系统的一个位置，你可在其中安装包，并将这些包与其他 Python 包隔离开来。将项目的库与其他项目分离是有益的，为了在第 20 章将"学习笔记"部署到服务器，这也是必须的。

为项目新建一个目录，将其命名为 learning_log，再在终端中切换到这个目录，并执行如下命令创建一个虚拟环境：

```
learning_log$ python -m venv ll_env
learning_log$
```

这里运行了模块 venv，并使用它创建了一个名为 ll_env 的虚拟环境。（请注意，ll_env 的开头是两个小写的 L，而不是数字 1。）如果你在运行程序或安装包时使用的是命令 python3，这里也务必使用同样的命令。

18.1.3　激活虚拟环境

现在需要使用下面的命令激活虚拟环境：

```
learning_log$ source ll_env/bin/activate
(ll_env)learning_log$
```

这个命令运行 ll_env/bin 中的脚本 activate。当环境处于活动状态时，环境名将包含在括号内，这意味着可在环境中安装包并使用已安装的包。在 ll_env 中安装的包仅在该环境处于活动状态时才可用。

注意：如果你使用的是 Windows 系统，请使用命令 ll_env\Scripts\activate（不包含 source）来激活这个虚拟环境。如果你使用的是 PowerShell，可能需要将 Activate 的首字母大写。

要停止使用虚拟环境，可执行命令 deactivate：

```
(ll_env)learning_log$ deactivate
learning_log$
```

如果关闭运行虚拟环境的终端，虚拟环境也将不再处于活动状态。

18.1.4 安装 Django

激活虚拟环境后，执行如下命令来更新 pip 并安装 Django：

```
(ll_env)learning_log$ pip install --upgrade pip
(ll_env)learning_log$ pip install django
Collecting django
--snip--
Installing collected packages: sqlparse, asgiref, django
Successfully installed asgiref-3.5.2 django-4.1 sqlparse-0.4.2
(ll_env)learning_log$
```

pip 从各种地方下载资源，因此升级频繁。有鉴于此，每当你搭建新的虚拟环境后，都最好更新 pip。

由于现在是在虚拟环境中工作，因此不管使用什么系统，安装 Django 的命令都相同：不需要指定标志--user，也无须使用像 python -m pip install *package_name* 这样较长的命令。别忘了，Django 仅在虚拟环境 ll_env 处于活动状态时才可用。

> **注意**：每隔大约 8 个月，Django 新版本就会发布，因此你在安装 Django 时，看到的可能是更新的版本。即便你使用的是更新的 Django 版本，这个项目也可行。如果要使用这里所示的 Django 版本，请使用命令 pip install django==4.1.*，这将安装最新的 Django 4.1 版本。如果你在使用更新的版本时遇到麻烦，请参阅本书的在线资源。

18.1.5 在 Django 中创建项目

在虚拟环境依然处于活动状态的情况下（ll_env 包含在括号内），执行如下命令新建一个项目：

```
❶ (ll_env)learning_log$ django-admin startproject ll_project .
❷ (ll_env)learning_log$ ls
ll_env ll_project manage.py
❸ (ll_env)learning_log$ ls ll_project
__init__.py asgi.py settings.py urls.py wsgi.py
```

命令 startproject（见❶）让 Django 新建一个名为 ll_project 的项目。这个命令末尾的句点（.）让新项目使用合适的目录结构，这样在开发完成后可轻松地将应用程序部署到服务器上。

> **注意**：千万别忘了这个句点，否则在部署应用程序时将遭遇一些配置问题。如果忘记了，需要删除已创建的文件和文件夹（ll_env 除外），再重新运行这个命令。

18

在❷处，运行命令 ls（在 Windows 系统上为 dir），结果表明 Django 新建了一个名为 ll_project 的目录。它还创建了文件 manage.py，这是一个简单的程序，接受命令并将其交给 Django 的相关部分。我们将使用这些命令来管理使用数据库和运行服务器等任务。

目录 ll_project 包含 4 个文件（见❸），其中最重要的是 settings.py、urls.py 和 wsgi.py。文件 settings.py 指定 Django 如何与系统交互以及如何管理项目。在开发项目的过程中，我们将修改其中的一些设置，并添加一些设置。文件 urls.py 告诉 Django，应创建哪些网页来响应浏览器请求。文件 wsgi.py 帮助 Django 提供它创建的文件，名称是 web server gateway interface（Web 服务器网关接口）的首字母缩写。

18.1.6　创建数据库

Django 将大部分与项目相关的信息存储在数据库中，因此需要创建一个供 Django 使用的数据库。为了给项目"学习笔记"创建数据库，要在虚拟环境处于活动状态的情况下执行下面的命令：

```
  (ll_env)learning_log$ python manage.py migrate
❶ Operations to perform:
    Apply all migrations: admin, auth, contenttypes, sessions
    Running migrations:
    Applying contenttypes.0001_initial... OK
    Applying auth.0001_initial... OK
    --snip--
    Applying sessions.0001_initial... OK
❷ (ll_env)learning_log$ ls
  db.sqlite3 ll_env ll_project manage.py
```

我们将修改数据库称为**迁移**（migrate）数据库。首次执行命令 migrate 将让 Django 确保数据库与项目的当前状态匹配。在使用 SQLite(后面将详细介绍)的新项目中首次执行这个命令时，Django 将新建一个数据库。在这里，Django 指出它将准备好数据库，用于存储执行管理和身份验证任务所需的信息（见❶）。

❷处运行了命令 ls，其输出表明 Django 又创建了一个文件，名为 db.sqlite3。SQLite 是一种使用单个文件的数据库，是编写简单应用程序的理想选择，因为它让你不用太关注数据库的管理问题。

注意：在活动的虚拟环境中运行 manage.py 时，务必使用命令 python，即便你在运行其他程序时使用了命令 python3 也是如此。在虚拟环境中，命令 python 指的是在创建虚拟环境时使用的 Python 版本。

18.1.7　查看项目

下面来核实 Django 正确地创建了项目。为此，可使用命令 runserver 查看项目的状态：

```
(ll_env)learning_log$ python manage.py runserver
Watching for file changes with StatReloader
Performing system checks...

❶ System check identified no issues (0 silenced).
  May 19, 2022 - 21:52:35
❷ Django version 4.1, using settings 'll_project.settings'
❸ Starting development server at http://127.0.0.1:8000/
  Quit the server with CONTROL-C.
```

Django 启动一个服务器（development server），让你能够查看系统中的项目，了解它的工作情况。如果你在浏览器中输入 URL 以请求网页，那么该 Django 服务器将进行响应：生成合适的网页，并将其发送给浏览器。

Django 首先通过检查确认正确地创建了项目（见❶），然后指出使用的 Django 版本以及当前使用的设置文件的名称（见❷），最后指出项目的 URL（见❸）。URL http://127.0.0.1:8000/表明项目将在你的计算机（即 localhost）的端口 8000 上侦听请求。localhost 表示只处理当前系统发出的请求的服务器，它不允许其他人查看正在开发的网页。

现在打开一款 Web 浏览器，输入 URL http://localhost:8000/（如果不管用，请输入 http://127.0.0.1:8000/）。你将看到一个类似于图 18-1 的页面。这个页面是 Django 创建的，让你知道到目前为止一切正常。现在暂时不要关闭这个服务器，等到要关闭时，可切换到执行命令 runserver 时所在的终端窗口并按 Ctrl + C。

图 18-1　到目前为止一切正常

注意：如果出现错误消息"That port is already in use"（指定端口被占用），请执行命令 python manage.py runserver 8001，让 Django 使用另一个端口。如果这个端口也不可用，请逐渐增大端口号并继续执行上述命令，直到找到可用的端口。

动手试一试

练习 18.1：新项目　为了更深入地了解 Django 的作用，可以创建两三个空项目来看看 Django 都创建了什么。新建一个文件夹，并给它指定简单的名称，如 tik_gram 或 insta_tok（不要在目录 ll_project 中新建该文件夹）。在终端中切换到该文件夹，并创建一个虚拟环境。在这个虚拟环境中安装 Django，并执行命令 django-admin.py startproject tg_project .（千万不要忘了这个命令末尾的句点）。

看看这个命令创建了哪些文件和文件夹，并将其与项目"学习笔记"包含的文件和文件夹进行比较。这样多做几次，直到你对 Django 新建项目时创建的东西了如指掌。然后，将项目目录删除（如果你想这样做的话）。

18.2　创建应用程序

Django 项目（project）由一系列应用程序组成，它们协同工作让项目成为一个整体。本章只创建一个应用程序，它将完成项目里的大部分工作。第 19 章将添加一个管理用户账户的应用程序。

当前，在前面打开的终端窗口中应该还运行着 runserver。请再打开一个终端窗口（或标签页），并切换到 manage.py 所在的目录。激活虚拟环境，然后执行命令 startapp：

```
learning_log$ source ll_env/bin/activate
(ll_env)learning_log$ python manage.py startapp learning_logs
❶ (ll_env)learning_log$ ls
db.sqlite3 learning_logs ll_env ll_project manage.py
❷ (ll_env)learning_log$ ls learning_logs/
__init__.py admin.py apps.py migrations models.py tests.py views.py
```

命令 startapp *appname* 让 Django 搭建创建应用程序所需的基础设施。如果现在查看项目目录，将看到其中新增了文件夹 learning_logs（见❶）。使用命令 ls 查看 Django 都创建了什么（见❷），其中最重要的文件是 models.py、admin.py 和 views.py。我们将使用 models.py 来定义要在应用程序中管理的数据，稍后再介绍 admin.py 和 views.py。

18.2.1　定义模型

我们来想想涉及的数据。每个用户都需要在学习笔记中创建很多主题。用户输入的每个条目都与特定的主题相关联，这些条目将以文本的方式显示。还需要存储每个条目的时间戳，以便告诉用户各个条目都是什么时候创建的。

打开文件 models.py，看看它当前包含哪些内容：

models.py
```
from django.db import models

# 在这里创建模型
```

这里导入了模块 models，并让我们创建自己的模型。模型告诉 Django 如何处理应用程序中存储的数据。模型就是一个类，就像前面讨论的每个类一样，包含属性和方法。下面是表示用户将存储的主题的模型：

```
from django.db import models

class Topic(models.Model):
    """用户学习的主题"""
❶    text = models.CharField(max_length=200)
❷    date_added = models.DateTimeField(auto_now_add=True)

❸    def __str__(self):
        """返回模型的字符串表示"""
        return self.text
```

这里创建一个名为 Topic 的类，它继承了 Model，即 Django 中定义了模型基本功能的类。我们给 Topic 类添加了两个属性：text 和 date_added。

属性 text 是一个 CharField——由字符组成的数据，即文本（见❶）。当需要存储少量文本（如名称、标题或城市）时，可使用 CharField。在定义 CharField 属性时，必须告诉 Django 该在数据库中预留多少空间。这里将 max_length 设置成了 200（即 200 个字符），这对于存储大多数主题名来说足够了。

属性 date_added 是一个 DateTimeField——记录日期和时间的数据（见❷）。我们传递了实参 auto_now_add=True，每当用户创建新主题时，Django 都会将这个属性自动设置为当前的日期和时间。

最好告诉 Django，你希望它如何表示模型的实例。如果模型有 __str__() 方法，那么每当需要生成表示模型实例的输出时，Django 都将调用这个方法。这里编写了 __str__() 方法，它返回属性 text 的值（见❸）。

要了解可在模型中使用的各种字段，请参阅 *Django Model Field Reference*（Django 模型字段参考）。就当前而言，你无须了解其中的全部内容，但在你自己开发 Django 项目时，这些内容将提供极大的帮助。

18

18.2.2　激活模型

要使用这些模型，必须让 Django 将前述应用程序包含到项目中。为此，打开 settings.py（它位于目录 ll_project 中），其中有个片段告诉 Django，哪些应用程序被安装到了项目中：

settings.py
```
--snip--
INSTALLED_APPS = [
    'django.contrib.admin',
    'django.contrib.auth',
    'django.contrib.contenttypes',
    'django.contrib.sessions',
    'django.contrib.messages',
    'django.contrib.staticfiles',
]
--snip--
```

请将 INSTALLED_APPS 修改成下面这样，将前面的应用程序添加到这个列表中：

```
--snip--
INSTALLED_APPS = [
    # 我的应用程序
    'learning_logs',

    # Django 默认添加的应用程序
    'django.contrib.admin',
    --snip--
]
--snip--
```

通过将应用程序编组，在项目因规模不断扩大而包含更多应用程序时，有助于对应用程序进行跟踪。这里新建了一个名为 My apps 的片段，当前它只包含应用程序 learning_logs。务必将你自己创建的应用程序放在默认应用程序前面，这样能够覆盖默认应用程序的行为。

接下来，需要让 Django 修改数据库，使其能够存储与模型 Topic 相关的信息。为此，在终端窗口中执行如下命令：

```
(ll_env)learning_log$ python manage.py makemigrations learning_logs
Migrations for 'learning_logs':
  learning_logs/migrations/0001_initial.py
    - Create model Topic
(ll_env)learning_log$
```

命令 makemigrations 让 Django 确定该如何修改数据库，使其能够存储与前面定义的新模型相关联的数据。输出表明 Django 创建了一个名为 0001_initial.py 的迁移文件，这个文件将在数据库中为模型 Topic 创建一个表。

下面应用这种迁移，让 Django 替我们修改数据库：

```
(ll_env)learning_log$ python manage.py migrate
Operations to perform:
  Apply all migrations: admin, auth, contenttypes, learning_logs, sessions
Running migrations:
  Applying learning_logs.0001_initial... OK
```

这个命令的大部分输出与首次执行命令 migrate 的输出相同。需要检查的是最后一行输出，其中 Django 指出在为 learning_logs 应用迁移时一切正常。

每当需要修改"学习笔记"管理的数据时，都采取如下三个步骤：修改 models.py，对 learning_logs 调用 makemigrations，以及让 Django 迁移项目。

18.2.3 Django 管理网站

Django 提供的**管理网站**（admin site）让你能够轻松地处理模型。Django 管理网站仅供网站的管理员使用，普通用户不能使用。本节将建立管理网站，并通过它使用模型 Topic 来添加一些主题。

1. 创建超级用户

Django 允许创建具备所有权限的用户，即**超级用户**（superuser）。**权限**决定了用户可执行的操作。最严格的权限设置只允许用户阅读网站的公开信息。注册用户通常可阅读自己的私有数据，还可查看一些只有会员才能查看的信息。为了有效地管理项目，网站所有者通常需要访问网站存储的所有信息。优秀的管理员会小心地对待用户的敏感信息，因为用户对其访问的应用程序有极大的信任。

要在 Django 中创建超级用户，请执行下面的命令并按提示做：

```
(ll_env)learning_log$ python manage.py createsuperuser
❶ Username (leave blank to use 'eric'): ll_admin
❷ Email address:
❸ Password:
Password (again):
Superuser created successfully.
(ll_env)learning_log$
```

在执行命令 createsuperuser 时，Django 会提示输入超级用户的用户名（见❶）。这里输入的是 ll_admin，但其实可以输入任意用户名。既可输入电子邮箱地址，也可让这个字段为空（见❷）。需要输入密码两次（见❸）。

注意：可以对网站管理员隐藏一些敏感信息。例如，Django 并不存储你输入的密码，而存储从该密码派生出的一个字符串，称为**哈希值**。每当你输入密码时，Django 都会计算其哈希值，并将结果与存储的哈希值进行比较。如果这两个哈希值相同，你就通过了身份验证。这样，即便黑客获得了网站数据库的访问权，也只能获取其中存储的哈希值，无法获取密码。在网站配置正确的情况下，几乎无法根据哈希值推导出原始密码。

18

2. 向管理网站注册模型

Django 自动在管理网站中添加了一些模型，如 User 和 Group，如果要添加我们创建的模型，则必须手动注册。

在我们创建应用程序 learning_logs 时，Django 在 models.py 所在的目录中创建了一个名为 admin.py 的文件：

admin.py
```
from django.contrib import admin

# 在这里注册你的模型
```

为了向管理网站注册 Topic，请输入下面的代码：

```
from django.contrib import admin

from .models import Topic

admin.site.register(Topic)
```

首先导入要注册的模型 Topic。models 前面的句点让 Django 在 admin.py 所在的目录中查找 models.py。admin.site.register() 让 Django 通过管理网站管理模型。

现在，使用超级用户账户访问管理网站：访问 http://localhost:8000/admin/，并输入刚创建的超级用户的用户名和密码。将看到类似于图 18-2 所示的屏幕，这个网页不仅让你能够添加和修改用户和用户组，还可以管理与刚才定义的模型 Topic 相关的数据。

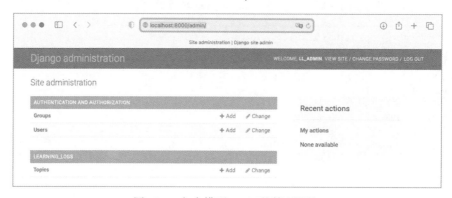

图 18-2　包含模型 Topic 的管理网站

> **注意**：如果在浏览器中看到一条消息，指出访问的网页不可用，请确认在终端窗口中运行着 Django 服务器。如果没有，请激活虚拟环境，并执行命令 python manage.py runserver。在开发过程中，如果无法通过浏览器访问项目，首先应采取的故障排除措施是，先关闭所有打开的终端，再打开终端并执行命令 runserver。

3. 添加主题

向管理网站注册 Topic 后，我们来添加第一个主题。为此，单击 Topics 进入主题网页，它几乎是空的，因为还没有添加任何主题。单击 Add Topic，会出现一个用于添加新主题的表单。在第一个方框中输入 Chess 并单击 Save，我们将回到主题管理页面，其中包含刚创建的主题。

下面再创建一个主题，以便有更多的数据可用。再次单击 Add Topic，并输入 Rock Climbing。单击 Save 后将回到主题管理页面，其中会包含主题 Chess 和 Rock Climbing。

18.2.4 定义模型 Entry

要记录学到的国际象棋和攀岩知识，用户必须能够在学习笔记中添加条目。因此，需要定义相关的模型。每个条目都与特定的主题相关联，这种关系称为**多对一关系**，即多个条目可关联到同一个主题。

下面是模型 Entry 的代码，请将这些代码放在文件 models.py 中：

```
models.py  from django.db import models

           class Topic(models.Model):
               --snip--

❶          class Entry(models.Model):
               """学到的有关某个主题的具体知识"""
❷              topic = models.ForeignKey(Topic, on_delete=models.CASCADE)
❸              text = models.TextField()
               date_added = models.DateTimeField(auto_now_add=True)

❹              class Meta:
                   verbose_name_plural = 'entries'

               def __str__(self):
                   """返回一个表示条目的简单字符串"""
❺                  return f"{self.text[:50]}..."
```

像 Topic 一样，Entry 也继承了 Django 基类 Model（见❶）。第一个属性 topic 是个 ForeignKey 实例（见❷）。**外键**（foreign key）是一个数据库术语，它指向数据库中的另一条记录，这里则是将每个条目关联到特定的主题。在创建每个主题时，都为其分配一个键（ID）。当需要在两项数据之间建立联系时，Django 就会使用与每项信息相关联的键。我们稍后将根据这些联系获取与特定主题相关联的所有条目。实参 on_delete=models.CASCADE 让 Django 在删除主题的同时删除所有与之相关联的条目，这称为**级联删除**（cascading delete）。

接下来是属性 text，它是一个 TextField 实例（见❸）。这种字段的长度不受限制，因为我们不想限制条目的长度。属性 date_added 让我们能够按创建顺序呈现条目，并在每个条目旁边放置时间戳。

我们在 Entry 类中嵌套了 Meta 类（见❹）。Meta 存储用于管理模型的额外信息。在这里，它让我们能够设置一个特殊属性，让 Django 在需要时使用 Entries 表示多个条目。如果没有这个类，Django 将使用 Entrys 表示多个条目。

__str__()方法告诉 Django 在呈现条目时应显示哪些信息。条目包含的文本可能很长，因此让 __str__()方法只返回 text 的前 50 个字符（见❺）。这里还添加了一个省略号，指出显示的并非完整的条目。

18.2.5   迁移模型 Entry

添加新模型后，需要再次迁移数据库。你将慢慢地对这个过程了如指掌：修改 models.py，执行命令 python manage.py makemigrations *app_name*，再执行命令 python manage.py migrate。

请使用如下命令迁移数据库并查看输出：

```
(ll_env)learning_log$ python manage.py makemigrations learning_logs
Migrations for 'learning_logs':
❶   learning_logs/migrations/0002_entry.py
      - Create model Entry
(ll_env)learning_log$ python manage.py migrate
Operations to perform:
  --snip--
❷   Applying learning_logs.0002_entry... OK
```

生成了新的迁移文件 0002_entry.py，它告诉 Django 如何修改数据库，使其能够存储与模型 Entry 相关的信息（见❶）。然后执行命令 migrate，我们发现 Django 应用了该迁移且一切正常（见❷）。

18.2.6   向管理网站注册 Entry

我们还需要注册模型 Entry，为此要将 admin.py 修改成类似于下面这样：

```
admin.py    from django.contrib import admin

            from .models import Topic, Entry

            admin.site.register(Topic)
            admin.site.register(Entry)
```

返回 http://localhost/admin/，将看到 Learning_Logs 下列出了 Entries。单击 Entries 的 Add 链接，或者单击 Entries 再选择 Add entry，将看到一个下拉列表，让我们选择要为哪个主题创建条目，还有一个用于输入条目的文本框。从下拉列表中选择 Chess，并添加一个条目。下面是我添加的第一个条目：

The opening is the first part of the game, roughly the first ten moves or so. In the opening, it's a good idea to do three things— bring out your bishops and knights, try to control the center of the board, and castle your king. (国际象棋的第一个阶段是开局，大概是前 10 步左右。在开局阶段，最好做三件事情：将象和马调出来，努力控制棋盘的中间区域，以及用车将王护住。)

Of course, these are just guidelines. It will be important to learn when to follow these guidelines and when to disregard these suggestions. (当然，这些只是指导原则。学习在什么情况下遵守、在什么情况下不用遵守这些原则很重要。)

当单击 Save 时，将返回主条目管理页面。在这里，可以发现使用 text[:50] 作为条目的字符串表示的好处：管理界面只显示了条目的开头部分而不是所有文本，这使得管理多个条目容易得多。

再来创建一个国际象棋条目，并创建一个攀岩条目，以提供一些初始数据。下面是第二个国际象棋条目：

In the opening phase of the game, it's important to bring out your bishops and knights. These pieces are powerful and maneuverable enough to play a significant role in the beginning moves of a game. (在国际象棋的开局阶段，将象和马调出来很重要。这些棋子威力大、机动性强，在开局阶段扮演着重要的角色。)

下面是第一个攀岩条目：

One of the most important concepts in climbing is to keep your weight on your feet as much as possible. There's a myth that climbers can hang all day on their arms. In reality, good climbers have practiced specific ways of keeping their weight over their feet whenever possible. (最重要的攀岩概念之一是，尽可能让双脚承受体重。有人误认为攀岩者能依靠手臂的力量坚持攀岩一整天。实际上，优秀的攀岩者都经过专门训练，能够尽可能让双脚承受体重。)

接着开发"学习笔记"时，这三个条目提供了可用的数据。

18.2.7 Django shell

输入一些数据后，就可以通过交互式终端会话以编程的方式查看这些数据了。这种交互式环境称为 Django shell，是测试项目和排除故障的理想之地。下面是一个交互式 shell 会话的示例：

```
(ll_env)learning_log$ python manage.py shell
❶ >>> from learning_logs.models import Topic
>>> Topic.objects.all()
<QuerySet [<Topic: Chess>, <Topic: Rock Climbing>]>
```

在活动的虚拟环境中执行时，命令 python manage.py shell 会启动 Python 解释器，让你能够探索存储在项目数据库中的数据。这里先导入模块 learning_logs.models 中的模型 Topic（见❶），再使用 Topic.objects.all() 方法获取模型 Topic 的所有实例，这将返回一个称为**查询集**（queryset）的列表。

可以像遍历列表一样遍历查询集。下面演示了如何查看分配给每个主题对象的 ID：

```
>>> topics = Topic.objects.all()
>>> for topic in topics:
...     print(topic.id, topic)
...
1 Chess
2 Rock Climbing
```

将返回的查询集赋给 topics，再打印每个主题的 id 属性和字符串表示。从输出可知，主题 Chess 的 ID 为 1，而 Rock Climbing 的 ID 为 2。

知道主题对象的 ID 后，就可以使用 Topic.objects.get() 方法获取该对象并查看其属性了。下面来看看主题 Chess 的属性 text 和 date_added 的值：

```
>>> t = Topic.objects.get(id=1)
>>> t.text
'Chess'
>>> t.date_added
datetime.datetime(2022, 5, 20, 3, 33, 36, 928759,
    tzinfo=datetime.timezone.utc)
```

还可以查看与主题相关联的条目。前面给模型 Entry 定义了属性 topic。这是一个 ForeignKey，将条目与主题关联起来。利用这种关联，Django 能够获取与特定主题相关联的所有条目，如下所示：

```
❶ >>> t.entry_set.all()
<QuerySet [<Entry: The opening is the first part of the game, roughly...>, <Entry:
In the opening phase of the game, it's important t...>]>
```

要通过外键关系获取数据，可使用相关模型的小写名称、下划线和单词 set（见❶）。假设有模型 Pizza 和 Topping，而 Topping 通过一个外键关联到 Pizza。如果有一个名为 my_pizza 的 Pizza 对象，就可以使用代码 my_pizza.topping_set.all() 来获取这张比萨的所有配料。

稍后在编写用户可请求的网页时，将使用这种语法。要确认代码能否获取所需的数据时，shell 很有帮助。如果代码在 shell 中的行为符合预期，那么它们在项目文件中也能正常工作。如果代码引发了错误或者获取的数据不符合预期，那么在简单的 shell 环境中排除故障要比在生成网页的文件中排除故障容易得多。我们不会太多地使用 shell，但应继续使用它来熟悉对存储在项目中的数据进行访问的 Django 语法。

每次修改模型后，都需要重启 shell，以便看到修改的效果。要退出 shell 会话，可按 Ctrl + D。如果你使用的是 Windows 系统，应先按 Ctrl + Z，再按回车键。

动手试一试

练习 18.2：简短的条目 当前，当 Django 在管理网站或 shell 中显示 Entry 实例时，模型 Entry 的 __str__() 方法都在其末尾加上省略号。请在 __str__() 方法中添加一条 if 语句，仅在条目长度超过 50 个字符时才添加省略号。使用管理网站添加一个不超过 50 个字符的条目，并核实在显示它时不带省略号。

练习 18.3：Django API 当我们编写访问项目中数据的代码时，实际上编写的是查询。请浏览有关如何查询数据的文档 *Making queries*，虽然其中的大部分内容是你不熟悉的，但等你自己开发项目时，这些内容会很有用。

练习 18.4：比萨店 新建一个名为 pizzeria_project 的项目，并在其中添加一个名为 pizzas 的应用程序。定义一个名为 Pizza 的模型，并让它包含字段 name，用于存储比萨的名称，如 Hawaiian 和 Meat Lovers。定义一个名为 Topping 的模型，并让它包含字段 pizza 和 name，其中 pizza 是一个关联到 Pizza 的外键，而 name 用于存储配料，如 pineapple、Canadian bacon 和 sausage。

向管理网站注册这两个模型，并使用管理网站输入一些比萨名和配料。使用 shell 来查看输入的数据。

18.3 创建网页：学习笔记主页

使用 Django 创建网页的过程分为三个阶段：定义 URL，编写视图，以及编写模板。按什么顺序完成这三个阶段无关紧要，但在本项目中，总是先定义 URL 模式。**URL 模式**描述了 URL 的构成，让 Django 知道如何将浏览器请求与网站 URL 匹配，以确定返回哪个网页。

每个 URL 都被映射到特定的*视图*。视图函数获取并处理网页所需的数据。视图函数通常使用**模板**来渲染网页，而模板定义网页的总体结构。为了明白其中的工作原理，我们来创建学习笔记的主页。这包括定义该主页的 URL，编写其视图函数，以及创建一个简单的模板。

因为我们只是要确保"学习笔记"按要求的那样工作，所以暂时让这个网页尽可能简单。确保 Web 应用程序能够正常运行后，设置样式可使其更有趣，但是中看不中用的应用程序毫无意义。就目前而言，主页只显示标题和简单的描述。

18.3.1 映射 URL

用户通过在浏览器中输入 URL 和单击链接来请求网页，因此需要确定项目需要哪些 URL。

18

主页的 URL 最重要,它是用户用来访问项目的基础 URL。当前,基础 URL(http://localhost:8000/)返回默认的 Django 网站,让我们知道正确地建立了项目。下面进行修改,将这个基础 URL 映射到"学习笔记"的主页。

打开项目主文件夹 ll_project 中的文件 urls.py,将看到如下代码:

```
ll_project/  ❶ from django.contrib import admin
   urls.py     from django.urls import path

           ❷ urlpatterns = [
           ❸     path('admin/', admin.site.urls),
               ]
```

开头两行导入模块 admin 和一个函数,以便创建 URL 路径(见❶)。这个文件的主体定义了变量 urlpatterns(见❷)。在这个为整个项目定义 URL 的 urls.py 文件中,变量 urlpatterns 包含项目中应用程序的 URL。这里使用了模块 admin.site.urls(见❸),它定义了可在管理网站中请求的所有 URL。

因为需要包含 learning_logs 的 URL,所以添加如下代码:

```
from django.contrib import admin
from django.urls import path, include

urlpatterns = [
    path('admin/', admin.site.urls),
    path('', include('learning_logs.urls')),
]
```

这里导入了函数 include(),还添加了一行代码来包含 learning_logs.urls 模块。

默认的 urls.py 在文件夹 ll_project 中,现在需要在文件夹 learning_logs 中再创建一个 urls.py 文件。为此,新建一个 Python 文件,将其命名为 urls.py 并存储到文件夹 learning_logs 中,再在这个文件中输入如下代码:

```
learning_logs/  ❶ """定义 learning_logs 的 URL 模式"""
    urls.py
              ❷ from django.urls import path

              ❸ from . import views

              ❹ app_name = 'learning_logs'
              ❺ urlpatterns = [
                     # 主页
              ❻     path('', views.index, name='index'),
                 ]
```

为了指出当前位于哪个 urls.py 文件中,在这个文件开头添加一个文档字符串(见❶)。接下来，导入函数 path，因为需要使用它将 URL 映射到视图（见❷）。然后导入 views 模块（见❸），其中的句点让 Python 从当前 urls.py 模块所在的文件夹中导入 views。变量 app_name 让 Django 能够将这个 urls.py 文件与项目内其他应用程序中的同名文件区分开来（见❹）。在这个模块中，变量 urlpatterns 是一个列表，包含可在应用程序 learning_logs 中请求的网页。

实际的 URL 模式是对 path() 函数的调用，这个函数接受三个实参（见❺）。第一个是一个字符串，帮助 Django 正确地路由（route）请求。收到请求的 URL 后，Django 力图将请求路由给一个视图，并为此搜索所有的 URL 模式，以找到与当前请求匹配的。Django 忽略项目的基础 URL（http://localhost:8000/），因此空字符串（''）与基础 URL 匹配。其他 URL 都与这个模式不匹配。如果请求的 URL 与任何既有的 URL 模式都不匹配，Django 将返回一个错误页面。

path() 的第二个实参（见❻）指定了要调用 view.py 中的哪个函数。当请求的 URL 与前述正则表达式匹配时，Django 将调用 view.py 中的 index() 函数（这个视图函数将在 18.3.2 节编写）。第三个实参将这个 URL 模式的名称指定为 index，让我们能够在其他项目文件中轻松地引用它。每当需要提供这个主页的链接时，都将使用这个名称，而不编写 URL。

18.3.2 编写视图

视图函数接受请求中的信息，准备好生成网页所需的数据，再将这些数据发送给浏览器。这通常是使用定义网页外观的模板实现的。

learning_logs 中的文件 views.py 是执行命令 python manage.py startapp 时自动生成的，其当前内容如下：

views.py
```
from django.shortcuts import render

# 在这里创建视图
```

当前，这个文件只导入了 render() 函数，该函数根据视图提供的数据渲染响应。请在这个文件中添加为主页编写视图的代码：

```
from django.shortcuts import render

def index(request):
    """学习笔记的主页"""
    return render(request, 'learning_logs/index.html')
```

当 URL 请求与刚才定义的模式匹配时，Django 将在文件 views.py 中查找 index() 函数，再将对象 request 传递给这个视图函数。这里不需要处理任何数据，因此这个函数只包含调用 render() 的代码。这里向 render() 函数提供了两个实参：对象 request 和一个可用于创建网页的模板。下面来编写这个模板。

18

18.3.3   编写模板

模板定义网页的外观，而每当网页被请求时，Django 都将填入相关的数据。模板让你能够访问视图提供的任何数据。我们的主页视图没有提供任何数据，因此相应的模板非常简单。

在文件夹 learning_logs 中新建一个文件夹，并将其命名为 templates。在文件夹 templates 中，再新建一个文件夹并将其命名为 learning_logs。这好像有点多余（在文件夹 learning_logs 中创建文件夹 templates，又在这个文件夹中创建文件夹 learning_logs），但是建立了 Django 能够明确解读的结构，即使项目很大、包含很多应用程序时也是如此。在最里面的文件夹 learning_logs 中，新建一个文件并将其命名为 index.html（这个文件的路径为 learning_logs/templates/learning_logs/index.html），再在其中编写如下代码：

index.html
```
<p>Learning Log</p>

<p>Learning Log helps you keep track of your learning, for any topic you're
interested in.</p>
```

这个文件非常简单。这里向不熟悉 HTML 的读者解释一下：标签<p></p>标识段落，其中标签<p>指出了段落的开头位置，而标签</p>指出了段落的结束位置。这里定义了两个段落：第一个充当标题，第二个阐述了用户可使用"学习笔记"来做什么。

现在，如果请求这个项目的基础 URL http://localhost:8000/，将看到刚才创建的网页，而不是默认的 Django 网页。Django 接受请求的 URL，发现该 URL 与模式''匹配，因此调用 views.index() 函数。这将使用 index.html 包含的模板来渲染网页，结果如图 18-3 所示。

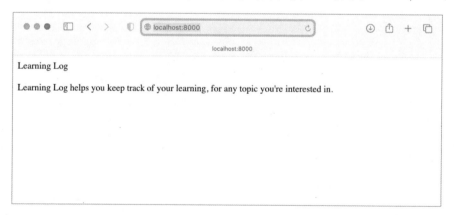

图 18-3   学习笔记的主页

虽然创建网页的过程可能看起来很复杂，但将 URL、视图和模板分离的效果很好。这让我们能够分别考虑项目的不同方面，在项目很大时，可让各个参与者专注于自己最擅长的那个方面。例如，数据库专家专注于模型，程序员专注于视图代码，而前端专家专注于模板。

注意： 可能出现如下错误消息：

```
ModuleNotFoundError: No module named 'learning_logs.urls'
```

此时，请先在执行命令 python manage.py runserver 的终端窗口中按 Ctrl + C 停用服务器，再重新执行这个命令。这样做后，应该能够看到主页。每当遇到类似的错误时，都尝试停用并重启服务器，看看是否管用。

动手试一试

练习 18.5：饮食规划程序　假设要创建一个应用程序，帮助用户规划一周的饮食。为此，新建一个文件夹并将其命名为 meal_planner，再在这个文件夹中新建一个 Django 项目。然后，新建一个名为 meal_plans 的应用程序，并为这个项目创建一个简单的主页。

练习 18.6：比萨店主页　在为练习 18.4 创建的项目 pizzeria_project 中，添加一个主页。

18.4　创建其他网页

制定好创建网页的流程后，就可以开始扩充"学习笔记"项目了。我们将创建两个显示数据的网页，其中一个列出所有主题，另一个显示特定主题的所有条目。对于每个网页，我们都将指定 URL 模式并且编写一个视图函数和一个模板。在此之前，先创建一个父模板，项目中的其他模板都将继承它。

18.4.1　模板继承

在创建网站时，一些通用元素会出现在所有网页中。在这种情况下，可编写一个包含通用元素的父模板，并让每个网页都继承父模板，而不是在每个网页中重复定义这些通用元素。这种方法不仅能够让你专注于开发每个网页的独特方面，还使得修改项目的整体外观容易得多。

1. 父模板

下面创建一个名为 base.html 的模板，并将其存储在 index.html 所在的目录中（路径为 learning_logs/templates/learning_logs/base.html）。这个模板包含所有页面都有的元素，而其他模板都继承它。当前，所有页面都包含的元素只有顶端的标题。因为将在每个页面中包含这个模板，所以将这个标题设置为主页的链接：

18

base.html
```
        <p>
❶       <a href="{% url 'learning_logs:index' %}">Learning Log</a>
        </p>

❷  {% block content %}{% endblock content %}
```

这个文件的第一部分创建一个包含项目名的段落,该段落也是主页的链接。为了创建该链接,使用一个**模板标签**。模板标签是用花括号和百分号({% %})表示的,实质是一小段代码,生成要在网页中显示的信息。这里的模板标签{% url 'learning_logs:index' %}生成一个 URL,该 URL 与 learning_logs/urls.py 中定义的名为 index 的 URL 模式匹配(见❶)。在这个示例中,learning_logs 是一个**命名空间**,而 index 是该命名空间中一个名称独特的 URL 模式。这个命名空间来自在文件 learning_logs/urls.py 中赋给 app_name 的值。

在简单的 HTML 页面中,链接是使用**锚标签**<a>定义的:

```
<a href="link_url">link text</a>
```

通过模板标签来生成 URL,能很容易地确保链接是最新的:只需修改 urls.py 中的 URL 模式,Django 就会在网页被请求时自动插入修改后的 URL。在这个项目中,每个网页都将继承 base.html,因此从现在开始,每个网页都包含主页的链接。

我们在最后一行插入了一对块标签(见❷)。这个块名为 content,是一个占位符,其中包含的信息由子模板指定。

子模板并非必须定义父模板中的每个块,因此在父模板中,可以使用任意多个块来预留空间,而子模板可根据需要定义相应数量的块。

注意:在 Python 代码中,几乎总是缩进四个空格。相比于 Python 文件,模板文件的缩进层级更多,因此每个层级通常只缩进两个空格。

---

2. 子模板

现在需要重写 index.html,使其继承 base.html。为此,向 index.html 添加如下代码:

```
index.html ❶ {% extends 'learning_logs/base.html' %}

           ❷ {% block content %}
               <p>Learning Log helps you keep track of your learning, for any topic you're
               interested in.</p>
           ❸ {% endblock content %}
```

如果将这些代码与原来的 index.html 进行比较,将发现标题 Learning Log 没有了,取而代之的是指定要继承哪个模板的代码(见❶)。子模板的第一行必须包含标签{% extends %},让 Django 知道它继承了哪个父模板。文件 base.html 位于文件夹 learning_logs 中,因此父模板路径中包含 learning_logs。这行代码导入模板 base.html 的所有内容,让 index.html 能够指定要在 content 块预留的空间中添加的内容。

我们插入一个名为 content 的{% block %}标签,以定义 content 块(见❷)。不是从父模板

继承的内容都在 content 块中，在这里是一个描述项目"学习笔记"的段落。我们使用标签
{% endblock content %}指出内容定义的结束位置（见❸）。在标签{% endblock %}中，并非必须
指定块名，但如果模板包含多个块，指定块名有助于确定结束的是哪个块。

　　模板继承的优点开始显现出来了：在子模板中，只需包含当前网页特有的内容。这不仅简化
了每个模板，还使得网站修改起来容易得多。要修改多个网页共同包含的元素，只需修改父模板
即可，所做的修改将传导到继承该父模板的每个页面。在包含数十乃至数百个网页的项目中，这
种结构使得网站改进起来容易而快捷得多。

　　在大型项目中，通常有一个用于整个网站的父模板 base.html，且网站的每个主要部分都有一
个父模板。每个部分的父模板都继承 base.html，而网站的每个网页都继承相应部分的父模板。这
让你能够轻松地修改整个网站的外观、网站任何一部分的外观以及任何一个网页的外观。这种配
置提供了一种效率极高的工作方式，让你乐意不断地去改进项目。

18.4.2　显示所有主题的页面

　　有了高效的网页创建方法后，就可专注于另外两个网页了：显示全部主题的网页以及显示特
定主题中条目的网页。所有主题页面显示用户创建的所有主题，它是第一个需要使用数据的网页。

1. URL 模式

　　首先，定义显示所有主题的页面的 URL。通常，使用一个简单的 URL 片段来指出网页显示
的信息；这里将使用单词 topics，因此 URL http://localhost:8000/topics/将返回显示所有主题的页
面。下面演示了该如何修改 learning_logs/urls.py：

learning_logs/
urls.py

```
"""为 learning_logs 定义 URL 模式"""
--snip--
urlpatterns = [
    # 主页
    path('', views.index, name='index'),
    # 显示所有主题的页面
    path('topics/', views.topics, name='topics'),
]
```

　　新的 URL 模式为 topics/。在 Django 检查请求的 URL 时，这个模式将与如下 URL 匹配：
基础 URL 后面跟着 topics。既可在末尾包含斜杠，也可省略，但单词 topics 后面不能有其他任何
东西，否则就会与该模式不匹配。URL 与该模式匹配的请求都将交给 views.py 中的 topics()函
数进行处理。

18

2. 视图

　　topics()函数需要从数据库中获取一些数据，并将其交给给模板。需要在 views.py 中添加的
代码如下：

```
views.py  from django.shortcuts import render

❶ from .models import Topic

   def index(request):
       --snip--

❷ def topics(request):
       """显示所有的主题"""
❸     topics = Topic.objects.order_by('date_added')
❹     context = {'topics': topics}
❺     return render(request, 'learning_logs/topics.html', context)
```

首先导入与所需数据相关联的模型（见❶）。函数 topics()包含一个形参：Django 从服务器那里收到的 request 对象（见❷）。我们查询数据库：请求提供 Topic 对象，并根据属性 date_added 进行排序（见❸）。返回的查询集被赋给 topics。

接下来，定义一个将发送给模板的上下文（见❹）。上下文（context）是一个字典，其中的键是将用来在模板中访问数据的名称，而值是要发送给模板的数据。这里只有一个键值对，包含一组将在网页中显示的主题。在创建使用数据的网页时，调用了 render()，并向它传递对象 request、要使用的模板和字典 context（见❺）。

3. 模板

显示所有主题的页面的模板接受字典 context，以便能够使用 topics()提供的数据。新建一个文件，将其命名为 topics.html，并存储到 index.html 所在的目录中。下面演示了如何在这个模板中显示主题：

```
topics.html  {% extends 'learning_logs/base.html' %}

   {% block content %}

     <p>Topics</p>

❶   <ul>
❷     {% for topic in topics %}
❸       <li>{{ topic.text }}</li>
❹     {% empty %}
         <li>No topics have been added yet.</li>
❺     {% endfor %}
❻   </ul>

   {% endblock content %}
```

就像在主页模板中一样，先使用标签{% extends %}来继承 base.html，再开始定义 content 块。这个网页的主体是一个项目列表，其中列出了用户输入的主题。在标准 HTML 中，项目列表称为**无序列表**，用标签<ul></ul>表示。包含所有主题的项目列表始于起始标签<ul>（见❶）。

接下来，使用一个相当于 for 循环的模板标签，它遍历字典 context 中的列表 topics（见❷）。模板中使用的代码与 Python 代码存在一些重要差别：Python 使用缩进来指出哪些代码行是 for 循环的组成部分；而在模板中，每个 for 循环都必须使用{% endfor %}标签来显式地指出结束位置。因此在模板中，循环类似于下面这样：

```
{% for item in list %}
  do something with each item
{% endfor %}
```

在循环中，要将每个主题转换为一个项目列表项。要在模板中打印变量，需要将变量名用双花括号括起。这些花括号不会出现在网页中，只是用于告诉 Django，我们使用了一个模板变量。因此每次循环时，代码{{ topic.text }}（见❸）都会被替换为当前主题的 text 属性。HTML 标签<li></li>表示一个**项目列表项**。在标签对<ul></ul>内部，位于标签<li>和</li>之间的内容都是一个项目列表项。

我们还使用了模板标签{% empty %}（见❹），它告诉 Django 在列表 topics 为空时该怎么办。这里会打印一条消息，告诉用户还没有添加任何主题。最后两行分别结束 for 循环（见❺）和项目列表（见❻）。

现在需要修改父模板，使其包含显示所有主题的页面的链接。为此，在 base.html 中添加如下代码：

```
base.html   <p>
❶      <a href="{% url 'learning_logs:index' %}">Learning Log</a> -
❷      <a href="{% url 'learning_logs:topics' %}">Topics</a>
        </p>

        {% block content %}{% endblock content %}
```

先在主页的链接后面添加一个连字符（见❶），再添加一个显示所有主题的页面的链接——使用的也是模板标签{% url %}（见❷）。这行让 Django 生成一个与 learning_logs/urls.py 中名为 topics 的 URL 模式匹配的链接。

现在刷新浏览器中的主页，将看到链接 Topics。如果单击这个链接，将看到类似于图 18-4 所示的网页。

18

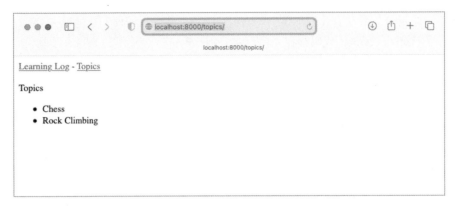

图 18-4　显示所有主题的网页

18.4.3　显示特定主题的页面

接下来，需要创建一个专注于特定主题的页面，用于显示该主题的名称及其所有条目。我们将定义一个新的 URL 模式，编写一个视图并创建一个模板。还将修改显示所有主题的网页，让每个项目列表项都变为链接：通过单击可显示相应主题的所有条目。

1. URL 模式

显示特定主题的页面的 URL 模式与前面的所有 URL 模式都稍有不同，因为它使用主题的 id 属性来指出请求的是哪个主题。如果用户要查看主题 Chess（其 id 为 1）的详细页面，URL 将为 http://localhost:8000/topics/1/。下面是与这个 URL 匹配的模式，它应放在 learning_logs/urls.py 中：

learning_logs/
urls.py
```
--snip--
urlpatterns = [
    --snip--
    # 特定主题的详细页面
    path('topics/<int:topic_id>/', views.topic, name='topic'),
]
```

我们来详细研究这个 URL 模式中的字符串`'topics/<int:topic_id>/'`。这个字符串的第一部分（topics）让 Django 查找在基础 URL 后紧跟单词 topics 的 URL，第二部分（/<int:topic_id>/）与在两个斜杠之间的整数匹配，并将这个整数赋给实参 topic_id。

当发现 URL 与这个模式匹配时，Django 将调用视图函数 topic()，并将 topic_id 的值作为实参传递给它。在这个函数中，将使用 topic_id 的值来获取相应的主题。

2. 视图

topic()函数需要从数据库中获取指定的主题以及与之相关联的所有条目（就像前面在 Django shell 中所做的一样）：

```
views.py  --snip--
❶   def topic(request, topic_id):
        """显示单个主题及其所有的条目"""
❷       topic = Topic.objects.get(id=topic_id)
❸       entries = topic.entry_set.order_by('-date_added')
❹       context = {'topic': topic, 'entries': entries}
❺       return render(request, 'learning_logs/topic.html', context)
```

这是第一个除了 request 对象外，还包含另一个形参的视图函数。这个函数接受表达式 /<int:topic_id>/ 捕获的值，并将其赋给 topic_id（见❶）。然后，使用 get() 来获取指定的主题，就像前面在 Django shell 中所做的一样（见❷）。接下来，获取与该主题相关联的条目，并根据 date_added 进行排序（见❸）：date_added 前面的减号指定按降序排列，即先显示最近的条目。我们将主题和条目都存储到字典 context 中（见❹），再调用 render() 并向它传递 request 对象、模板 topic.html 和字典 context（见❺）。

> **注意：** ❷和❸处的代码称为**查询**，因为它们向数据库查询特定的信息。如果要在自己的项目中编写这样的查询，先在 Django shell 中进行尝试大有裨益。比起先编写视图和模板，再在浏览器中检查结果，在 shell 中执行代码可更快获得反馈。

3. 模板

这个模板需要显示主题的名称和条目的内容。如果当前主题不包含任何条目，还需要向用户指出这一点：

```
topic.html   {% extends 'learning_logs/base.html' %}

             {% block content %}

❶             <p>Topic: {{ topic.text }}</p>

             <p>Entries:</p>
❷             <ul>
❸               {% for entry in entries %}
                 <li>
❹                   <p>{{ entry.date_added|date:'M d, Y H:i' }}</p>
❺                   <p>{{ entry.text|linebreaks }}</p>
                 </li>
❻               {% empty %}
                 <li>There are no entries for this topic yet.</li>
               {% endfor %}
             </ul>

             {% endblock content %}
```

像这个项目的其他页面一样，这里也继承了 base.html。接下来，显示请求的主题的 text 属性（见❶）。为什么能够使用变量 topic 呢？因为它在字典 context 中。然后，定义一个显示每个条目的项目列表（见❷），并像前面显示所有主题一样遍历条目（见❸）。

每个项目列表项都将列出两项信息：条目的时间戳和完整的文本。列出时间戳（见❹）需要显示属性 date_added 的值。在 Django 模板中，竖线（|）表示模板**过滤器**——在渲染过程中对模板变量的值进行修改的函数。过滤器 date: 'M d, Y H:i' 以类似下面这样的格式显示时间戳：January 1, 2022 23:00。接下来的一行显示当前条目的 text 属性。过滤器 linebreaks（见❺）将包含换行符的长条目转换为浏览器能够理解的格式，以免显示为不间断的文本块。在❻处，使用模板标签{% empty %}打印一条消息，告诉用户当前的主题还没有条目。

4. 将显示所有主题的页面中的每个主题都设置为链接

在浏览器中查看显示特定主题的页面之前，需要修改模板 topics.html，让每个主题都链接到相应的网页，如下所示：

```
topics.html    --snip--
        {% for topic in topics %}
          <li>
            <a href="{% url 'learning_logs:topic' topic.id %}">
              {{ topic.text }}</a>
          </li>
        {% empty %}
        --snip--
```

我们使用模板标签 url 根据 learning_logs 中名为 topic 的 URL 模式生成了合适的链接。这个 URL 模式要求提供实参 topic_id，因此在模板标签 url 中添加了属性 topic.id。现在，主题列表中的每个主题都是链接了，并且链接到显示相应主题的页面，如 http://localhost:8000/topics/1/。

现在刷新显示所有主题的页面，再单击其中的一个主题，将看到类似于图 18-5 所示的页面。

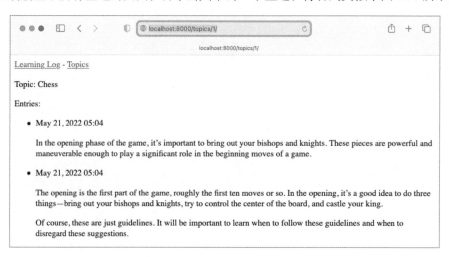

图 18-5　特定主题的详细页面，其中显示了该主题的所有条目

注意：topic.id 和 topic_id 之间存在细微而重要的差别。表达式 topic.id 检查主题并获取其 ID 值，而在代码中，变量 topic_id 是指向该 ID 的引用。如果在使用 ID 时出现错误，请确保正确地使用了这两个表达式。

动手试一试

练习 18.7：模板文档　请浏览 Django 模板文档。在你自己开发项目时，可回过头来参考该文档。

练习 18.8：比萨店页面　在为练习 18.6 开发的项目 pizzeria_project 中添加一个页面，显示供应的比萨的名称。然后，将每个比萨名都设置成链接，可通过单击来显示一个列出相应配料的页面。请务必使用模板继承来高效地创建页面。

18.5　小结

在本章中，你学习了如何使用 Django 框架来创建简单的 Web 应用程序。首先制定了简要的项目规范，在虚拟环境中安装了 Django，创建了一个项目，并核实该项目已正确地被创建了。其次学习了如何创建应用程序以及如何定义表示应用程序数据的模型：不仅了解了数据库，还明白了在修改模型后，Django 可为迁移数据库提供什么帮助。接着学习了如何创建可访问管理网站的超级用户，并使用管理网站输入了一些初始数据。

你然后探索了 Django shell，它让你能够在终端会话中处理项目的数据。还学习了如何定义 URL，创建视图函数，以及编写为网站创建网页的模板。最后，你使用了模板继承，它可简化各个模板的结构，并且使得修改网站更加容易。

在第 19 章中，我们将创建对用户友好而直观的网页，让用户无须通过管理网站就能添加新的主题和条目并编辑既有的条目。我们还将添加一个用户注册系统，让用户能够创建账户以及自己的学习笔记。Web 应用程序的核心就是，任意数量的用户都能与之交互。

18

用户账户

19

　　Web 应用程序的核心是让任何地方的任何用户都能够注册账户并使用它。本章将创建一些表单，让用户能够添加主题和条目并编辑既有的条目。你将了解到，Django 能够防范对基于表单的网页发起的常见攻击，让你无须花大量时间考虑应用程序的安全问题。

　　本章还将实现用户身份验证系统。我们将创建一个注册页面，供用户创建自己的账户，并让一些页面仅供已登录的用户访问。然后修改一些视图函数，使用户只能看到自己的数据。我们还将学习如何确保用户数据的安全。

19.1　让用户能够输入数据

　　在建立用于创建用户账户的身份验证系统之前，我们添加几个页面，让用户能够输入数据。用户将能够添加新主题，添加新条目，以及编辑既有的条目。

　　当前，只有超级用户能够通过管理网站输入数据。我们不想让用户与管理网站交互，因此将使用 Django 的表单创建工具来创建让用户能够输入数据的页面。

19.1.1　添加新主题

　　我们首先让用户能够添加新主题。在创建基于表单的页面时，方法几乎与前面创建网页时一样：定义 URL，编写视图函数，并且编写模板。一个主要差别是，需要导入包含表单的模块 forms.py。

1. 用于添加主题的表单

　　让用户输入并提交信息的页面包含名为**表单**（form）的 HTML 元素。当用户输入信息时，需要进行验证，确认他们提供的信息是正确的数据类型并且不是恶意的，如中断服务器的代码。然后，对这些有效信息进行处理，并将其保存到数据库中合适的地方。这些工作很多是由 Django 自动完成的。

在 Django 中，创建表单的最简单的方式是使用 `ModelForm`，它会根据第 18 章定义的模型中的信息自动创建表单。我们在文件夹 learning_logs 中创建一个名为 forms.py 的文件，将其存储到 models.py 所在的目录中，并在其中编写第一个表单：

forms.py
```
from django import forms

from .models import Topic

❶ class TopicForm(forms.ModelForm):
      class Meta:
❷         model = Topic
❸         fields = ['text']
❹         labels = {'text': ''}
```

首先，导入 forms 模块以及要使用的模型 Topic。然后，定义一个名为 TopicForm 的类，它继承了 forms.ModelForm（见❶）。

最简单的 ModelForm 版本只包含一个内嵌的 Meta 类，告诉 Django 根据哪个模型创建表单以及在表单中包含哪些字段。这里指定根据模型 Topic 创建表单（见❷），并且其中只包含字段 text（见❸）。字典 labels 中的空字符串告诉 Django 不要为字段 text 生成标签（见❹）。

2. URL 模式 new_topic

新网页的 URL 应简短且具有描述性，因此在用户要添加新主题时，我们将页面切换到 http://localhost:8000/new_topic/。下面是网页 new_topic 的 URL 模式，请将其添加到 learning_logs/urls.py 中：

learning_logs/
urls.py
```
--snip--
urlpatterns = [
    --snip--
    # 用于添加新主题的网页
    path('new_topic/', views.new_topic, name='new_topic'),
]
```

这个 URL 模式将请求交给视图函数 new_topic()，下面就来编写这个函数。

3. 视图函数 new_topic()

new_topic() 函数需要处理两种情形：一是刚进入 new_topic 网页（在这种情况下应显示空表单）；二是对提交的表单数据进行处理，并将用户重定向到网页 topics。

views.py
```
from django.shortcuts import render, redirect

from .models import Topic
from .forms import TopicForm

--snip--
```

19

```
   def new_topic(request):
       """添加新主题"""
❶     if request.method != 'POST':
           # 未提交数据：创建一个新表单
❷         form = TopicForm()
       else:
           # POST 提交的数据：对数据进行处理
❸         form = TopicForm(data=request.POST)
❹         if form.is_valid():
❺             form.save()
❻             return redirect('learning_logs:topics')

       # 显示空表单或指出表单数据无效
❼     context = {'form': form}
       return render(request, 'learning_logs/new_topic.html', context)
```

这里导入了 redirect 函数，用户提交主题后将使用这个函数重定向到网页 topics。我们还导入了刚创建的表单 TopicForm。

4. GET 请求和 POST 请求

在创建应用程序时，两种主要的请求类型是 GET 和 POST。对于只是从服务器读取数据的页面，使用 GET 请求；在用户需要通过表单提交信息时，通常使用 POST 请求。我们在处理所有的表单时，都将指定使用 POST 方法。（还有一些其他类型的请求，但这个项目中没有使用。）

函数 new_topic()将请求对象作为参数。在用户初次请求该网页时，浏览器将发送 GET 请求；在用户填写并提交表单时，浏览器将发送 POST 请求。根据请求的类型，可确定用户请求的是空表单（GET 请求）还是要求对填写好的表单进行处理（POST 请求）。

我们使用 if 测试来确定请求方法是 GET 还是 POST（见❶）。如果请求方法不是 POST，那么请求就可能是 GET，因此需要返回一个空表单。（即便请求是其他类型的，返回空表单也不会有任何问题。）我们创建了一个 TopicForm 实例（见❷），将其赋给变量 form，再通过字典 context 将这个表单发送给模板（见❼）。由于在实例化 TopicForm 时没有指定任何实参，Django 将创建一个空表单，供用户填写。

如果请求方法为 POST，将执行 else 代码块，对提交的表单数据进行处理。我们使用用户输入的数据（被赋给了 request.POST）创建一个 TopicForm 实例（见❸）。这样，对象 form 将包含用户提交的信息。

要将用户提交的信息保存到数据库中，必须先通过检查确定它们是有效的（见❹）。方法 is_valid()核实用户填写了所有必不可少的字段（表单字段默认都是必不可少的），而且输入的数据与要求的字段类型一致（例如，字段 text 少于 200 个字符，这是第 18 章在 models.py 中指定的）。这种自动验证避免了我们去做大量的工作。如果所有字段都有效，就可调用 save()（见❺），将表单中的数据写入数据库。

保存数据后，就能离开这个页面了。为此，使用 redirect()将用户的浏览器重定向到页面
topics（见❻）。在页面 topics 中，用户将在主题列表中看到自己刚输入的主题。函数 redirect()
的作用是，将一个视图作为参数，并将用户重定向到与该视图相关联的网页。

我们在这个视图函数的末尾定义了变量 context，并使用稍后将创建的模板 new_topic.html
来渲染网页。这些代码不在 if 代码块内，因此无论是用户刚进入页面 new_topic 还是提交的表
单数据无效，这些代码都将执行。当用户提交的表单数据无效时，将显示一些默认的错误消息，
帮助用户提供有效的数据。

5. 模板 new_topic

下面来创建新模板 new_topic.html，用于显示刚创建的表单：

new_topic.html

```
{% extends "learning_logs/base.html" %}

{% block content %}
  <p>Add a new topic:</p>
❶   <form action="{% url 'learning_logs:new_topic' %}" method='post'>
❷     {% csrf_token %}
❸     {{ form.as_div }}
❹     <button name="submit">Add topic</button>
    </form>

{% endblock content %}
```

这个模板继承了 base.html，因此基本结构与项目"学习笔记"的其他页面相同。我们使用标
签<form></form>定义一个 HTML 表单（见❶）。实参 action 告诉服务器将提交的表单数据发送
到哪里，这里会将表单数据发回给视图函数 new_topic()。实参 method 让浏览器以 POST 请求的
方式提交数据。

Django 使用模板标签{% csrf_token %}（见❷）来防止攻击者利用表单来对服务器进行未经
授权的访问（这种攻击称为**跨站请求伪造**）。接下来显示了这个表单，从中可知 Django 让完成显
示表单等任务变得有多简单：只需包含模板变量{{ form.as_div }}（见❸），就可让 Django 自动
创建显示表单所需的全部字段。修饰符 as_div 让 Django 将所有表单元素都渲染为 HTML
元素，这是一种整洁地显示表单的简单方式。

Django 不会为表单创建提交按钮，因此我们在表单末尾定义了一个（见❹）。

6. 链接到页面 new_topic

下面在页面 topics 中添加页面 new_topic 的链接：

topics.html

```
{% extends "learning_logs/base.html" %}

{% block content %}
```

```
<p>Topics</p>

<ul>
  --snip--
</ul>

<a href="{% url 'learning_logs:new_topic' %}">Add a new topic</a>

{% endblock content %}
```

这个链接放在既有主题列表的后面。图 19-1 显示了生成的表单，可以尝试使用它来添加几个新主题。

图 19-1　用于添加新主题的页面

19.1.2　添加新条目

添加新主题之后，用户还会想添加新条目。我们将再次定义 URL，编写视图函数和模板，并链接到添加新条目的网页。但在此之前，需要在 forms.py 中再添加一个类。

1. 用于添加新条目的表单

我们需要创建一个与模型 Entry 相关联的表单，这个表单的定制程度比 TopicForm 更高一些：

forms.py
```
from django import forms

from .models import Topic, Entry

class TopicForm(forms.ModelForm):
    --snip--
```

```
   class EntryForm(forms.ModelForm):
       class Meta:
           model = Entry
           fields = ['text']
❶         labels = {'text': ''}
❷         widgets = {'text': forms.Textarea(attrs={'cols': 80})}
```

首先修改 import 语句，使其除了导入 Topic 外，还导入 Entry。新类 EntryForm 继承了 forms.ModelForm，它包含的 Meta 类指出了表单基于哪个模型以及要在表单中包含哪些字段。这里给字段 text 指定了一个空白标签（见❶）。

对于 EntryForm，我们添加了属性 widgets（见❷）。小部件（widget）是一种 HTML 表单元素，如单行文本框、多行文本区域或下拉列表。通过设置属性 widgets，可覆盖 Django 选择的默认小部件。这里让 Django 使用宽度为 80 列（而不是默认的 40 列）的 forms.Textarea 元素。这给用户编写有意义的条目提供了足够的空间。

2. URL 模式 new_entry

在用于添加新条目的页面的 URL 模式中，需要包含实参 topic_id，因为条目必须与特定的主题相关联。将该 URL 模式添加到 learning_logs/urls.py 中：

learning_logs/
urls.py
```
--snip--
urlpatterns = [
    --snip--
    # 用于添加新条目的页面
    path('new_entry/<int:topic_id>/', views.new_entry, name='new_entry'),
]
```

这个 URL 模式与形如 http://localhost:8000/new_entry/id/ 的 URL 匹配，其中的 id 是一个与主题 ID 匹配的数。代码<int:topic_id>捕获一个数值，并将其赋给变量 topic_id。当请求的 URL 与这个模式匹配时，Django 会将请求和主题 ID 发送给函数 new_entry()。

3. 视图函数 new_entry()

视图函数 new_entry()与 new_topic()函数很像。在 views.py 中添加如下代码：

views.py
```
from django.shortcuts import render, redirect

from .models import Topic
from .forms import TopicForm, EntryForm

--snip--
def new_entry(request, topic_id):
    """在特定主题中添加新条目"""
❶   topic = Topic.objects.get(id=topic_id)
```

19

```
❷      if request.method != 'POST':
           # 未提交数据：创建一个空表单
❸          form = EntryForm()
       else:
           # POST 提交的数据：对数据进行处理
❹          form = EntryForm(data=request.POST)
           if form.is_valid():
❺              new_entry = form.save(commit=False)
❻              new_entry.topic = topic
               new_entry.save()
❼              return redirect('learning_logs:topic', topic_id=topic_id)

       # 显示空表单或指出表单数据无效
       context = {'topic': topic, 'form': form}
       return render(request, 'learning_logs/new_entry.html', context)
```

　　我们修改 import 语句，在其中包含了刚创建的 EntryForm。new_entry() 的定义包含形参 topic_id，用于存储从 URL 中获得的值。在渲染页面和处理表单数据时，都需要知道针对的是哪个主题，因此使用 topic_id 来获得正确的主题（见❶）。

　　接下来，检查请求方法是 POST 还是 GET（见❷）。如果是 GET 请求，就执行 if 代码块，创建一个空的 EntryForm 实例（见❸）。

　　如果请求方法是 POST，就对数据进行处理：先创建一个 EntryForm 实例，使用 request 对象中的 POST 数据来填充它（见❹）；再检查表单是否有效；如果有效，就设置条目对象的属性 topic，然后将条目对象保存到数据库中。

　　在调用 save() 时，传递实参 commit=False（见❺），让 Django 创建一个新的条目对象，并将其赋给 new_entry，但不保存到数据库中。将 new_entry 的属性 topic 设置为在这个函数开头从数据库中获取的主题（见❻），再调用 save() 且不指定任何实参。这将把条目保存到数据库中，并将其与正确的主题相关联。

　　redirect() 要求提供两个参数：要重定向到的视图，以及要给视图函数提供的参数（见❼）。这里重定向到 topic()，而这个视图函数需要参数 topic_id。视图函数 topic() 渲染新增条目所属主题的页面，其中的条目列表包含新增的条目。

　　在视图函数 new_entry() 的末尾，创建一个上下文字典，并使用模板 new_entry.html 渲染网页。这些代码将在表单为空或提交的表单数据无效时执行。

4. 模板 new_entry

模板 new_entry 类似于模板 new_topic，如下面的代码所示：

new_entry.html
```
{% extends "learning_logs/base.html" %}

{% block content %}
```

❶　　`<p><a href="{% url 'learning_logs:topic' topic.id %}">{{ topic }}</a></p>`

　　　`<p>Add a new entry:</p>`
❷　　`<form action="{% url 'learning_logs:new_entry' topic.id %}" method='post'>`
　　　　`{% csrf_token %}`
　　　　`{{ form.as_div }}`
　　　　`<button name='submit'>Add entry</button>`
　　　`</form>`

　　`{% endblock content %}`

我们在页面顶端显示了主题（见❶），让用户知道自己是在哪个主题中添加了条目。该主题名也是一个链接，单击后可返回该主题的主页面。

表单的实参 action 包含 URL 中的 topic.id 值，让视图函数能够将新条目关联到正确的主题（见❷）。除此之外，这个模板与模板 new_topic.html 完全相同。

5. 链接到页面 new_entry

接下来，需要在显示特定主题的页面中添加页面 new_entry 的链接：

topic.html　`{% extends "learning_logs/base.html" %}`

　　　　　`{% block content %}`

　　　　　　`<p>Topic: {{ topic }}</p>`

　　　　　　`<p>Entries:</p>`
　　　　　　`<p>`
　　　　　　　`<a href="{% url 'learning_logs:new_entry' topic.id %}">Add new entry</a>`
　　　　　　`</p>`

　　　　　　`<ul>`
　　　　　　--snip--
　　　　　　`</ul>`

　　　　　`{% endblock content %}`

我们将这个链接放在了条目列表的前面，因为在这种页面中，最常见的操作是添加新条目。图 19-2 显示了页面 new_entry。现在用户不仅可以添加新主题，还能在每个主题中添加任意数量的条目。请尝试使用一下页面 new_entry，在一些主题中添加新条目。

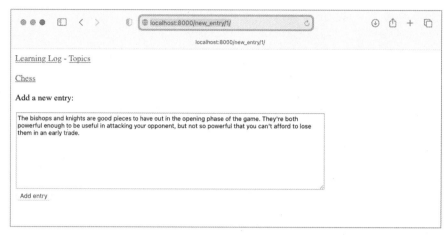

图 19-2   页面 new_entry

19.1.3   编辑条目

下面创建让用户编辑既有条目的页面。

1. URL 模式 edit_entry

这个页面的 URL 需要传递要编辑的条目的 ID。修改后的 learning_logs/urls.py 如下：

urls.py
```
--snip--
urlpatterns = [
    --snip--
    # 用于编辑条目的页面
    path('edit_entry/<int:entry_id>/', views.edit_entry, name='edit_entry'),
]
```

这个 URL 模式与形如 http://localhost:8000/edit_entry/id/的 URL 匹配，其中的 **id** 值将被赋给
形参 entry_id。Django 将与这个 URL 模式匹配的请求发送给视图函数 edit_entry()。

2. 视图函数 edit_entry()

当页面 edit_entry 收到 GET 请求时，edit_entry()将返回一个表单，让用户能够对条目进
行编辑；当收到 POST 请求（条目文本经过修订）时，则将修改后的文本保存到数据库中：

views.py
```
from django.shortcuts import render, redirect

from .models import Topic, Entry
from .forms import TopicForm, EntryForm
--snip--

def edit_entry(request, entry_id):
    """编辑既有的条目"""
```

```
❶    entry = Entry.objects.get(id=entry_id)
     topic = entry.topic

     if request.method != 'POST':
         # 初次请求：使用当前的条目填充表单
❷        form = EntryForm(instance=entry)
     else:
         # POST 提交的数据：对数据进行处理
❸        form = EntryForm(instance=entry, data=request.POST)
         if form.is_valid():
❹            form.save()
❺            return redirect('learning_logs:topic', topic_id=topic.id)

     context = {'entry': entry, 'topic': topic, 'form': form}
     return render(request, 'learning_logs/edit_entry.html', context)
```

首先，导入模型 Entry。然后，获取用户要修改的条目对象（见❶）以及与其相关联的主题。在当请求方法为 GET 时将执行的 if 代码块中，使用实参 instance=entry 创建一个 EntryForm 实例（见❷）。这个实参让 Django 创建一个表单，并使用既有条目对象中的信息填充它。用户将看到既有的数据，并且能够进行编辑。

在处理 POST 请求时，传递实参 instance=entry 和 data=request.POST（见❸），让 Django 根据既有条目对象创建一个表单实例，并根据 request.POST 中的相关数据对其进行修改。然后，检查表单是否有效。如果表单有效，就调用 save()且不指定任何实参（见❹），因为条目已关联到了特定的主题。最后，重定向到显示条目所属主题的页面（见❺），用户将在其中看到自己编辑的条目的新版本。

如果要显示表单来让用户编辑条目或者用户提交的表单无效，就创建上下文字典并使用模板 edit_entry.html 渲染网页。

3. 模板 edit_entry

下面来创建模板 edit_entry.html，它与模板 new_entry.html 类似：

edit_entry.html
```
{% extends "learning_logs/base.html" %}

{% block content %}

  <p><a href="{% url 'learning_logs:topic' topic.id %}">{{ topic }}</a></p>

  <p>Edit entry:</p>

❶ <form action="{% url 'learning_logs:edit_entry' entry.id %}" method='post'>
    {% csrf_token %}
    {{ form.as_div }}
❷   <button name="submit">Save changes</button>
  </form>

{% endblock content %}
```

19

实参 action 将表单发送给函数 edit_entry()进行处理（见❶）。在标签{% url %}中，将 entry.id 作为一个实参，让视图函数 edit_entry()能够修改正确的条目对象。我们将提交按钮的标签设置成了 Save changes（见❷），旨在提醒用户：单击该按钮将保存所做的编辑，而不是创建一个新条目。

4. 链接到页面 edit_entry

现在，在显示特定主题的页面中，需要给每个条目添加页面 edit_entry 的链接：

topic.html
```
--snip--
    {% for entry in entries %}
      <li>
        <p>{{ entry.date_added|date:'M d, Y H:i' }}</p>
        <p>{{ entry.text|linebreaks }}</p>
        <p>
          <a href="{% url 'learning_logs:edit_entry' entry.id %}">
          Edit entry</a></p>
      </li>
--snip--
```

我们将编辑链接放在了每个条目的日期和文本后面。在循环中，使用模板标签{% url %}根据 URL 模式 edit_entry 和当前条目的 ID 属性（entry.id）来确定 URL。链接文本为 Edit entry，它出现在页面中每个条目的后面。图 19-3 显示了在包含这些链接时，显示特定主题的页面是什么样的。

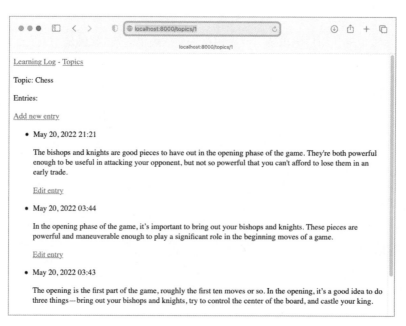

图 19-3　每个条目都有一个用于编辑的链接

至此，"学习笔记"已经具备了所需的大部分功能。用户不仅可以添加主题和条目，还能根据需要查看任意条目。下一节将实现用户注册系统，让任何人都可以申请"学习笔记"的账户，并创建自己的主题和条目。

动手试一试

练习 19.1：博客 新建一个 Django 项目，将其命名为 Blog。创建一个名为 blogs 的应用程序，再创建两个分别表示博客和博文的模型，并让这些模型包含合适的字段。为这个项目创建一个超级用户，并使用管理网站创建一个博客和几篇简短的博文。创建一个主页，在其中按恰当的顺序显示所有的博文。

创建三个页面，分别用于创建博客、发布新博文和编辑现有的博文。尝试使用这些页面，确认它们能够正确地工作。

19.2 创建用户账户

本节将建立用户注册和身份验证系统，让用户能够注册账户、登录和注销。为此，我们将新建一个应用程序，其中包含与处理用户账户相关的所有功能。这个应用程序将尽可能使用 Django 自带的用户身份验证系统来完成工作。本节还将对模型 Topic 稍作修改，让每个主题都归属于特定的用户。

19.2.1 应用程序 accounts

首先使用命令 startapp 创建一个名为 accounts 的应用程序：

```
(ll_env)learning_log$ python manage.py startapp accounts
(ll_env)learning_log$ ls
❶ accounts db.sqlite3 learning_logs ll_env ll_project manage.py
(ll_env)learning_log$ ls accounts
❷ __init__.py admin.py apps.py migrations models.py tests.py views.py
```

因为默认的身份验证系统是围绕着用户账户（user account）的概念建立的，所以使用名称 accounts 可简化我们与这个默认系统集成的工作。这里的 startapp 命令新建目录 account（见❶），该目录的结构与应用程序 learning_logs 相同（见❷）。

19.2.2 将应用程序 accounts 添加到 settings.py 中

在 settings.py 中，需要将这个新的应用程序添加到 INSTALLED_APPS 中，如下所示：

19

```
settings.py    --snip--
               INSTALLED_APPS = [
                   # 我的应用程序
                   'learning_logs',
                   'accounts',

                   # Django 默认创建的应用程序
                   --snip--
               ]
               --snip--
```

这样，Django 将把应用程序 accounts 包含到项目中。

19.2.3　包含应用程序 accounts 的 URL

接下来，需要修改项目根目录中的 urls.py，使其包含将为应用程序 accounts 定义的 URL：

```
ll_project/    from django.contrib import admin
   urls.py     from django.urls import path, include

               urlpatterns = [
                   path('admin/', admin.site.urls),
                   path('accounts/', include('accounts.urls')),
                   path('', include('learning_logs.urls')),
               ]
```

这里添加一行代码以包含应用程序 accounts 中的文件 urls.py。这行代码与所有以单词 accounts 打头的 URL（如 http://localhost:8000/accounts/login/）都匹配。

19.2.4　登录页面

首先使用 Django 提供的默认视图 login 来实现登录页面，因此这个应用程序的 URL 模式稍有不同。在目录 learning_log/accounts/中，新建一个名为 urls.py 的文件，并在其中添加如下代码：

```
accounts/      """为应用程序 accounts 定义 URL 模式"""
   urls.py
               from django.urls import path, include

               app_name = 'accounts'
               urlpatterns = [
                   # 包含默认的身份验证 URL
                   path('', include('django.contrib.auth.urls')),
               ]
```

我们导入 path 函数和 include 函数，以便能够包含 Django 定义的一些默认的身份验证 URL。这些默认的 URL 包含具名的 URL 模式，如'login'和'logout'。将变量 app_name 设置成'accounts'，让 Django 能够将这些 URL 与其他应用程序的 URL 区分开来。即便是 Django 提供的默认 URL，将其写入应用程序 accounts 的文件后，也可通过命名空间 accounts 进行访问。

　　登录页面的 URL 模式与 URL http://localhost:8000/accounts/login/匹配。这个 URL 中的单词 accounts 让 Django 在 accounts/urls.py 中查找，而单词 login 则让它将请求发送给 Django 的默认视图 login。

1. 模板 login.html

　　当用户请求登录页面时，Django 将使用一个默认的视图函数，但我们依然需要为这个页面提供模板。默认的身份验证视图在文件夹 registration 中查找模板，因此我们需要创建这个文件夹。为此，在目录 Learning_log/accounts/中新建一个名为 templates 的目录，再在这个目录中新建一个名为 registration 的目录。下面是模板 login.html，应将其存储到目录 Learning_log/accounts/templates/registration 中：

```
{% extends 'learning_logs/base.html' %}

{% block content %}

❶    {% if form.errors %}
        <p>Your username and password didn't match. Please try again.</p>
      {% endif %}

❷    <form action="{% url 'accounts:login' %}" method='post'>
        {% csrf_token %}
❸      {{ form.as_div }}

❹      <button name="submit">Log in</button>
      </form>

{% endblock content %}
```
login.html

　　这个模板继承了 base.html，旨在确保登录页面的外观与网站的其他页面相同。请注意，一个应用程序中的模板可继承另一个应用程序中的模板。

　　如果表单的 errors 属性已设置，就显示一条错误消息（见❶），指出输入的用户名-密码对与数据库中存储的任何用户名-密码对都不匹配。

　　我们要让登录视图对表单进行处理，因此将实参 action 设置为登录页面的 URL（见❷）。登录视图将一个 form 对象发送给模板。在模板中，我们显示这个表单（见❸）并添加一个提交按钮（见❹）。

2. 设置 LOGIN_REDIRECT_URL

　　用户成功登录后，Django 需要知道应该将用户重定向到哪里。我们在设置文件中指定这一点。

19

为此，在文件夹 ll_project 中的文件 settings.py 的末尾添加如下代码：

settings.py
```
--snip--
# 我的设置
LOGIN_REDIRECT_URL = 'learning_logs:index'
```

文件 settings.py 包含一些默认设置，在下面划出一块地方来添加新设置很有帮助。我们添加的第一个新设置是 LOGIN_REDIRECT_URL，它告诉 Django 在用户成功登录后将其重定向到哪个 URL。

3. 链接到登录页面

下面在 base.html 中添加登录页面的链接，让所有页面都包含它。在用户已登录时，我们不想显示这个链接，因此将它嵌套在一个{% if %}标签中：

base.html
```
<p>
    <a href="{% url 'learning_logs:index' %}">Learning Log</a> -
    <a href="{% url 'learning_logs:topics' %}">Topics</a> -
❶   {% if user.is_authenticated %}
❷     Hello, {{ user.username }}.
    {% else %}
❸     <a href="{% url 'accounts:login' %}">Log in</a>
    {% endif %}
</p>

{% block content %}{% endblock content %}
```

在 Django 的身份验证系统中，每个模板都可以使用对象 user。这个对象有一个 is_authenticated 属性：如果用户已登录，该属性为 True，否则为 False。这让你能够向已通过身份验证的用户显示一条消息，向未通过身份验证的用户显示另一条消息。

这里向已登录的用户显示问候语（见❶）。对于已通过身份验证的用户，我们还设置了属性 username，这里使用这个属性来个性化问候语，让用户知道自己已登录（见❷）。对于尚未通过身份验证的用户，则显示登录页面的链接（见❸）。

4. 使用登录页面

前面建立了一个用户账户，下面来进行登录，看看登录页面是否管用。首先访问 http://localhost:8000/admin/，如果你已经以管理员的身份登录了，请在页眉上找到注销链接并单击它。

注销后，访问 http://localhost:8000/accounts/login/，可以看到图 19-4 所示的登录页面。输入前面设置的用户名和密码，将进入主页。在这个主页的页眉中，显示了一条个性化问候语，其中包含用户名。

图 19-4　登录页面

19.2.5　注销

现在需要提供一个让用户注销的途径。注销请求应以 POST 请求的方式提交，因此我们将在 base.html 中添加一个小型的注销表单。用户在单击注销按钮时，将进入一个确认自己已注销的页面。

1. 在 base.html 中添加注销表单

下面在 base.html 中添加注销表单，让每个页面都包含它。将注销表单放在一个 if 代码块中，使得只有已登录的用户才能看到它：

```
base.html    --snip--
{% block content %}{% endblock content %}

    {% if user.is_authenticated %}
❶   <hr />
❷   <form action="{% url 'accounts:logout' %}" method='post'>
      {% csrf_token %}
      <button name='submit'>Log out</button>
    </form>
    {% endif %}
```

默认的注销 URL 模式为 'accounts/logout'。然而，注销请求必须以 POST 请求的方式发送，否则攻击者将能够轻松地发送注销请求。为了让注销请求使用 POST 方法，我们定义一个简单的表单。

19

将这个表单放在页面底部一个水平线元素（<hr />）的后面（见❶）。这是一种确保登录按钮总是位于页面中其他内容后面的简单方式。在定义这个表单时，将实参 action 设置成注销 URL，并将请求方法设置成'post'（见❷）。在 Django 中，每个表单都必须包含{% csrf_token %}，即便它像这里的表单一样简单也是如此。这个表单只包含一个提交按钮，没有其他内容。

2. 设置 LOGOUT_REDIRECT_URL

用户单击注销按钮后，Django 需要知道应该将用户重定向到哪里。我们使用 settings.py 来控制这一点：

settings.py
```
--snip--
# 我的设置
LOGIN_REDIRECT_URL = 'learning_logs:index'
LOGOUT_REDIRECT_URL = 'learning_logs:index'
```

这里的设置 LOGOUT_REDIRECT_URL 让 Django 将已注销的用户重定向到主页。这是一种确认用户已注销的简单方式，因为用户注销后，将不再能在页面中看到自己的用户名。

19.2.6　注册页面

下面来创建一个让新用户能够注册的页面。我们将使用 Django 提供的表单 UserCreationForm，但是编写自己的视图函数和模板。

1. 注册页面的 URL 模式

下面的代码定义了注册页面的 URL 模式，应将其放在 accounts/urls.py 中：

accounts/
urls.py
```
"""为应用程序 accounts 定义 URL 模式"""

from django.urls import path, include

from . import views

app_name = accounts
urlpatterns = [
    # 包含默认的身份验证 URL
    path('', include('django.contrib.auth.urls')),
    # 注册页面
    path('register/', views.register, name='register'),
]
```

我们从 accounts 中导入了 views 模块。为何需要这样做呢？因为我们将为注册页面编写视图函数。注册页面的 URL 模式与 URL http://localhost:8000/accounts/register/匹配，并将请求发送给即将编写的 register()函数。

2. 视图函数 register()

在注册页面被首次请求时，视图函数 register() 需要显示一个空的注册表单，并在用户提交填写好的注册表单时对其进行处理。如果注册成功，这个函数还需要让用户自动登录。在 accounts/views.py 中添加如下代码：

```
from django.shortcuts import render, redirect
from django.contrib.auth import login
from django.contrib.auth.forms import UserCreationForm

def register(request):
    """注册新用户"""
    if request.method != 'POST':
        # 显示空的注册表单
❶        form = UserCreationForm()
    else:
        # 处理填写好的表单
❷        form = UserCreationForm(data=request.POST)

❸        if form.is_valid():
❹            new_user = form.save()
            # 让用户自动登录，再重定向到主页
❺            login(request, new_user)
❻            return redirect('learning_logs:index')

    # 显示空表单或指出表单无效
    context = {'form': form}
    return render(request, 'registration/register.html', context)
```

（左侧边注：accounts/ views.py）

首先导入 render() 函数和 redirect() 函数，然后导入 login() 函数，以便在用户正确地填写了注册信息时让其自动登录。还要导入默认表单 UserCreationForm。在 register() 函数中，检查要响应的是否是 POST 请求。如果不是，就创建一个 UserCreationForm 实例，并且不给它提供任何初始数据（见❶）。

如果响应的是 POST 请求，就根据提交的数据创建一个 UserCreationForm 实例（见❷），并且检查这些数据是否有效（见❸）。这里的有效是指，用户名未包含非法字符，输入的两个密码相同，以及用户没有试图做恶意的事情。

如果提交的数据有效，就调用表单的 save() 方法，将用户名和密码的哈希值保存到数据库中（见❹）。save() 方法返回新创建的用户对象，我们将它赋给 new_user。

保存用户的信息后，调用 login() 函数并传入对象 request 和 new_user（见❺），为用户创建有效的会话，从而让其自动登录。最后，将用户重定向到主页（见❻），主页页眉中显示的个性化问候语会让用户知道注册成功了。

在这个函数的末尾，我们渲染了注册页面，它要么显示一个空表单，要么显示提交的无效表单。

3. 注册模板

下面来创建注册页面模板，它与登录页面的模板类似。务必将其保存到 login.html 所在的目录中：

register.html

```
{% extends "learning_logs/base.html" %}

{% block content %}

  <form action="{% url 'accounts:register' %}" method='post'>
    {% csrf_token %}
    {{ form.as_div }}

    <button name="submit">Register</button>
  </form>

{% endblock content %}
```

这个模板与前面基于表单的其他模板类似。这里也使用了 as_div 方法，让 Django 在表单中正确地显示所有的字段，包括错误消息（如果用户没有正确地填写表单）。

4. 链接到注册页面

下面来添加一些代码，在用户没有登录时显示注册页面的链接：

base.html

```
--snip--
  {% if user.is_authenticated %}
    Hello, {{ user.username }}.
  {% else %}
    <a href="{% url 'accounts:register' %}">Register</a> -
    <a href="{% url 'accounts:login' %}">Log in</a>
  {% endif %}
--snip--
```

现在，已登录的用户看到的是个性化的问候语和注销按钮，而未登录的用户看到的是注册链接和登录链接。请尝试使用注册页面创建几个用户名各不相同的用户账户。

下一节会将一些页面限制为仅让已登录的用户访问，还将确保每个主题都归属于特定的用户。

注意： 这里的注册系统允许任意用户创建任意数量的账户。有些系统要求用户确认身份：先发送一封确认邮件，在用户回复后才让其账户生效。比起本节的简单系统，这样的系统生成的垃圾账户将少得多。然而，在学习创建应用程序时，完全可以像这里所做的一样，使用简单的用户注册系统。

19.3　让用户拥有自己的数据

用户应该能够在学习笔记中输入私有数据，因此我们将创建一个系统，先确定各项数据所属的用户，再限制用户对页面的访问，让他们只能使用自己的数据。

本节将修改模型 Topic，让每个主题都归属于特定的用户。这也将影响条目，因为每个条目都属于特定的主题。我们先来限制对一些页面的访问。

19.3.1　使用@login_required 限制访问

Django 提供了装饰器 @login_required，有助于轻松地限制对某些页面的访问。第 11 章介绍过，装饰器（decorator）是放在函数定义前面的指令，用于改变函数的行为。下面来看一个示例。

1. 限制对页面 topics 的访问

每个主题都归属于特定的用户，因此应只允许已登录的用户请求页面 topics。为此，在 learning_logs/views.py 中添加如下代码：

learning_logs/
views.py
```
from django.shortcuts import render, redirect
from django.contrib.auth.decorators import login_required

from .models import Topic, Entry
--snip--

@login_required
def topics(request):
    """显示所有的主题"""
    --snip--
```

首先导入 login_required()函数。将 login_required()作为装饰器应用于视图函数 topics()——在它前面加上符号 @ 和 login_required，让 Python 在运行 topics()的代码之前运行 login_required()的代码。

login_required()的代码检查用户是否已登录。仅当用户已登录时，Django 才运行 topics()的代码。如果用户未登录，就重定向到登录页面。

为了实现这种重定向，需要修改 settings.py，让 Django 知道到哪里去查找登录页面。我们在

19

settings.py 末尾添加如下代码：

```
settings.py    --snip--
               # 我的设置
               LOGIN_REDIRECT_URL = 'learning_logs:index'
               LOGOUT_REDIRECT_URL = 'learning_logs:index'
               LOGIN_URL = 'accounts:login'
```

现在，如果未登录的用户请求装饰器 @login_required 的保护页面，Django 将重定向到 settings.py 中的 LOGIN_URL 指定的 URL。

要测试这个设置，可注销并进入主页，再单击链接 Topics，这将重定向到登录页面。然后，使用你的账户登录，并再次单击主页中的 Topics 链接，你将看到页面 topics。

2. 全面限制对项目"学习笔记"的访问

Django 能够让我们轻松地限制对页面的访问，但是我们必须确定要保护哪些页面。最好先确定项目的哪些页面不需要保护，再限制对其他所有页面的访问。我们可以轻松地修改过于严格的访问限制，这比不限制对敏感页面的访问风险更低。

在项目"学习笔记"中，我们将不限制对主页和注册页面的访问，并限制对其他所有页面的访问。

在下面的 learning_logs/views.py 中，对除了 index() 以外的视图都应用装饰器 @login_required：

```
learning_logs/  --snip--
     views.py   @login_required
                def topics(request):
                    --snip--

                @login_required
                def topic(request, topic_id):
                    --snip--

                @login_required
                def new_topic(request):
                    --snip--

                @login_required
                def new_entry(request, topic_id):
                    --snip--

                @login_required
                def edit_entry(request, entry_id):
                    --snip--
```

如果用户在未登录的情况下尝试访问这些页面，将被重定向到登录页面。另外，未登录的用户无法单击 new_topic 等页面的链接。如果用户输入 URL http://localhost:8000/new_topic/，将被重定向到登录页面。对于所有与私有用户数据相关的 URL，都应限制访问。

19.3.2　将数据关联到用户

　　现在，需要将数据关联到提交它们的用户。只需将最高层的数据关联到用户，低层的数据也将自动关联到该用户。在项目"学习笔记"中，应用程序的最高层数据是主题，所有条目都与特定的主题相关联。只要每个主题都归属于特定的用户，就能确定数据库中每个条目的所有者。

　　下面来修改模型 Topic，在其中添加一个关联到用户的外键。这样做之后，必须对数据库进行迁移。最后，必须对一些视图进行修改，使其只显示与当前登录的用户相关联的数据。

1. 修改模型 Topic

对文件夹 learning_logs 中的 models.py 的修改只涉及两行代码：

models.py
```
from django.db import models
from django.contrib.auth.models import User

class Topic(models.Model):
    """用户学习的主题"""
    text = models.CharField(max_length=200)
    date_added = models.DateTimeField(auto_now_add=True)
    owner = models.ForeignKey(User, on_delete=models.CASCADE)

    def __str__(self):
        """返回模型的字符串表示"""
        return self.text

class Entry(models.Model):
    --snip--
```

　　首先导入 django.contrib.auth 中的模型 User，然后在 Topic 中添加字段 owner，它会建立到模型 User 的外键关系。当用户被删除时，所有与之相关联的主题也会被删除。

2. 确定当前有哪些用户

　　在迁移数据库时，Django 会对数据库进行修改，使其能够存储主题和用户之间的关联。为执行迁移，Django 需要知道该将各个既有主题关联到哪个用户。最简单的办法是，将所有既有主题都关联到同一个用户，如超级用户。为此，需要知道该用户的 ID。

　　下面查看已创建的所有用户的 ID。为此，启动一个 Django shell 会话，并执行如下命令：

```
(ll_env)learning_log$ python manage.py shell
```
❶ `>>> from django.contrib.auth.models import User`
❷ `>>> User.objects.all()`
```
<QuerySet [<User: ll_admin>, <User: eric>, <User: willie>]>
```
❸ `>>> for user in User.objects.all():`
`...     print(user.username, user.id)`

```
...
ll_admin 1
eric 2
willie 3
>>>
```

　　首先，在 shell 会话中导入模型 User（见❶）。然后，查看到目前为止都创建了哪些用户（见❷）。输出中列出了三个用户：ll_admin、eric 和 willie。

　　接下来，遍历用户列表并打印每个用户的用户名和 ID（见❸）。当 Django 询问要将既有主题关联到哪个用户时，我们将指定其中一个 ID 值。

3. 迁移数据库

　　知道用户 ID 后，就可迁移数据库了。在这样做时，Python 将询问是要暂时将模型 Topic 关联到特定的用户，还是在文件 models.py 中指定默认用户。请选择第一个选项。

```
❶ (ll_env)learning_log$ python manage.py makemigrations learning_logs
❷ It is impossible to add a non-nullable field 'owner' to topic without
  specifying a default. This is because...
❸ Please select a fix:
   1) Provide a one-off default now (will be set on all existing rows with a
      null value for this column)
   2) Quit and manually define a default value in models.py.
❹ Select an option: 1
❺ Please enter the default value now, as valid Python
  The datetime and django.utils.timezone modules are available...
  Type 'exit' to exit this prompt
❻ >>> 1
  Migrations for 'learning_logs':
    learning_logs/migrations/0003_topic_owner.py
  - Add field owner to topic
  (ll_env)learning_log$
```

　　首先执行命令 makemigrations（见❶）。在输出中，Django 指出我们在试图给既有模型 Topic 添加一个必不可少（不可为空）的字段，而该字段没有默认值（见❷）。Django 提供了两种选择：要么现在提供默认值，要么退出并在 models.py 中添加默认值（见❸）。这里选择了第一个选项（见❹），因此 Django 让我们输入默认值（见❺）。

　　为了将所有既有主题都关联到管理用户 ll_admin，输入用户 ID 值 1（见❻）。这里可以使用已创建的任意用户的 ID，并非必须是超级用户。接下来，Django 使用这个值来迁移数据库，并生成了迁移文件 0003_topic_owner.py，它在模型 Topic 中添加字段 owner。

　　现在可以执行迁移了。在活动的虚拟环境中执行如下命令：

```
(ll_env)learning_log$ python manage.py migrate
Operations to perform:
```

```
   Apply all migrations: admin, auth, contenttypes, learning_logs, sessions
  Running migrations:
❶  Applying learning_logs.0003_topic_owner... OK
(ll_env)learning_log$
```

Django 应用新的迁移，结果一切正常（见❶）。

为了验证迁移符合预期，可在 shell 会话中这样做：

```
>>> from learning_logs.models import Topic
>>> for topic in Topic.objects.all():
...     print(topic, topic.owner)
...
Chess ll_admin
Rock Climbing ll_admin
>>>
```

首先，从 learning_logs.models 中导入 Topic。然后遍历所有的主题，并打印每个主题及其所属的用户。如你所见，现在每个主题都属于用户 ll_admin。如果你在运行这些代码时出错，请尝试退出并重启 shell。

> 注意：也可不迁移数据库，而是简单地重置它，但此时既有的数据都将丢失。学习如何在迁移数据库的同时确保用户数据的完整性很重要。如果确实想要一个全新的数据库，可执行命令 python manage.py flush，这将重建数据库的结构。如果这样做，就必须重新创建超级用户，而且原来的所有数据都将丢失。

19.3.3 只允许用户访问自己的主题

当前，不管以哪个用户的身份登录，都能够看到所有的主题。下面将改变这一点，只向用户显示属于其自己的主题。

在 views.py 中，对 topics() 函数做如下修改：

```
learning_logs/    --snip--
      views.py    @login_required
                  def topics(request):
                      """显示所有的主题"""
                      topics = Topic.objects.filter(owner=request.user).order_by('date_added')
                      context = {'topics': topics}
                      return render(request, 'learning_logs/topics.html', context)
                  --snip--
```

用户登录后，request 对象将有一个 request.user 属性集，其中包含有关该用户的信息。查询 Topic.objects.filter(owner=request.user)让 Django 只从数据库中获取 owner 属性为当前用户的 Topic 对象。由于没有修改主题的显示方式，因此无须对页面 topics 的模板做任何修改。

19

要查看结果，可以以所有既有主题关联到的用户的身份登录，并访问页面 topics，应该能看到所有的主题。然后，注销并以另一个用户的身份登录，应该会看到消息 "No topics have been added yet."。

19.3.4 保护用户的主题

我们还没有限制对显示单个主题的页面的访问，因此任何已登录的用户都可输入形如 http://localhost:8000/topics/1/ 的 URL，来访问显示相应主题的页面。

请你自己试一试。以拥有所有主题的用户的身份登录，访问特定的主题，并复制该页面的 URL 或将其中的 ID 记录下来。然后，注销并以另一个用户的身份登录，再输入显示前述主题的页面的 URL。虽然你是作为另一个用户登录的，但依然能够查看该主题中的条目。

为了修复这个问题，我们在视图函数 topic() 获取请求的条目之前执行检查：

learning_logs/
views.py

```
from django.shortcuts import render, redirect
from django.contrib.auth.decorators import login_required
❶ from django.http import Http404

--snip--
@login_required
def topic(request, topic_id):
    """显示单个主题及其所有的条目"""
    topic = Topic.objects.get(id=topic_id)
    # 确认请求的主题属于当前用户
❷  if topic.owner != request.user:
        raise Http404

    entries = topic.entry_set.order_by('-date_added')
    context = {'topic': topic, 'entries': entries}
    return render(request, 'learning_logs/topic.html', context)
--snip--
```

当服务器上没有被请求的资源时，标准的做法是返回 404 响应。这里导入异常 Http404（见❶），并在用户请求无权访问的主题时引发这个异常。收到主题请求后，在渲染网页前检查该主题是否属于当前登录的用户。如果请求的主题不归当前用户所有，就引发 Http404 异常（见❷），让 Django 返回一个 404 错误页面。

现在，如果你试图查看其他用户的主题的条目，将看到 Django 发送的消息 "Page Not Found"。第 20 章将对这个项目进行配置，让用户看到更合适的错误页面（而不是调试页面）。

19.3.5 保护页面 edit_entry

页面 edit_entry 的 URL 形如 http://localhost:8000/edit_entry/entry_id/，其中 entry_id 是一个数。下面来保护这种页面，禁止用户通过输入这样的 URL 来访问其他用户的条目：

```
learning_logs/    --snip--
    views.py      @login_required
                  def edit_entry(request, entry_id):
                      """编辑既有的条目"""
                      entry = Entry.objects.get(id=entry_id)
                      topic = entry.topic
                      if topic.owner != request.user:
                          raise Http404

                      if request.method != 'POST':
                          --snip--
```

首先获取指定的条目以及与之相关联的主题，再检查主题的所有者是否是当前登录的用户。如果不是，就引发 Http404 异常。

19.3.6 将新主题关联到当前用户

当前，用于添加新主题的页面存在问题——没有将新主题关联到特定的用户。如果用户尝试添加新主题，将看到错误消息 IntegrityError，指出 learning_logs_topic.user_id 不能为 NULL（NOT NULL constraint failed: learning_logs_topic.owner_id）。Django 的意思是说，在创建新主题时，必须给 owner 字段指定值。

由于可以通过 request 对象获悉当前的用户，因此有一个修复该问题的简单方案。添加如下代码，将新主题关联到当前用户：

```
learning_logs/    --snip--
    views.py      @login_required
                  def new_topic(request):
                      --snip--
                      else:
                          # POST 提交的数据：对数据进行处理
                          form = TopicForm(data=request.POST)
                          if form.is_valid():
❶                             new_topic = form.save(commit=False)
❷                             new_topic.owner = request.user
❸                             new_topic.save()
                              return redirect('learning_logs:topics')

                      # 显示一个空表单或指出表单无效
                      context = {'form': form}
                      return render(request, 'learning_logs/new_topic.html', context)
                  --snip--
```

首先调用 form.save() 并传递实参 commit=False（见❶），因为要先修改新主题，再将其保存到数据库中。接下来，将新主题的 owner 属性设置为当前用户（见❷）。最后，对刚定义的主题实例调用 save()（见❸）。现在，主题包含所有必不可少的数据，将被成功地保存。

19

这个项目现在允许任意用户注册了，而且每个用户想添加多少新主题都可以。每个用户都只能访问自己的数据，无论在查看数据、输入新数据还是修改旧数据时都如此。

动手试一试

练习 19.3：重构 在 views.py 中，我们在两个地方核实了主题关联到的用户为当前登录的用户。请将执行该检查的代码放在函数 check_topic_owner()中，并在这两个地方调用这个函数。

练习 19.4：保护页面 new_entry 一个用户可以在另一个用户的学习笔记中添加条目，方法是在 URL 中指定属于另一个用户的主题的 ID。为了防范这种攻击，请在保存新条目前，核实它所属的主题归属于当前用户。

练习 19.5：受保护的博客 在你创建的项目 Blog 中，确保每篇博文都与特定的用户相关联。确保任何用户都可访问所有的博文，但只有已登录的用户能够发表博文以及编辑既有博文。在让用户能够编辑其博文的视图中，在处理表单之前确认用户编辑的是其自己发表的博文。

19.4 小结

在本章中，你学习了如何使用表单来让用户添加新主题，添加新条目，以及编辑既有条目。接着学习了如何实现用户账户，既让老用户能够登录和注销，也能使用 Django 提供的表单 UserCreationForm 让用户创建新账户。

建立简单的用户身份验证和注册系统后，你通过装饰器 @login_required 禁止了未登录的用户访问特定的页面。然后使用外键将数据关联到特定的用户，还迁移了要求指定默认数据的数据库。

最后，你学习了如何修改视图函数，让用户只能看到属于自己的数据。你使用 filter()方法来获取合适的数据，并且将请求的数据的所有者与当前登录的用户进行了比较。

该让哪些数据可随便访问，又该对哪些数据进行保护呢？这可能并非总是那么显而易见的，但是通过不断地练习就能掌握这种技能。本章针对保护用户数据所做的决策表明，与他人合作开发项目是个不错的主意：让其他人对项目进行检查，更容易发现其薄弱环节。

至此，我们创建了一个功能齐备的项目，它运行在本地计算机上。在本书的最后一章中，我们将设置这个项目的样式，使其更漂亮，还将把它部署到服务器上，让所有人都可以通过互联网注册并创建账户。

设置应用程序的样式并部署

当前，项目"学习笔记"虽然功能齐备，但未设置样式，而且只能在本地计算机上运行。本章将以简单而专业的方式设置这个项目的样式，再将其部署到服务器上，让任何人都能够注册账户并使用它。

对于样式设置，我们将使用 Bootstrap 库，这是一组用于设置 Web 应用程序样式的工具，使其在任何现代设备（无论是大尺寸的台式机显示器还是小尺寸的手机屏幕）上都看起来很专业。为此，将用到应用程序 django-bootstrap5，它也能让你练习使用其他 Django 开发人员开发的应用程序。

我们将把项目"学习笔记"部署到 Platform.sh 上，这个网站让你能够将项目推送到其服务器上，让任何有互联网连接的人都可使用它。此外，还将使用版本控制系统 Git 来跟踪对这个项目所做的修改。

完成项目"学习笔记"后，你将能够开发简单的 Web 应用程序，让它们看起来很专业，再将其部署到服务器上。你还能够利用更高级的学习资源来提高技能。

20.1 设置项目"学习笔记"的样式

之前，我们特意一直专注于项目"学习笔记"的功能，没有考虑样式设置的问题。这是一种不错的开发方法，因为能正确运行的应用程序才是有用的。应用程序能够正确运行之后，外观就显得很重要了，因为漂亮的应用程序才能吸引用户。

本节将安装应用程序 django-bootstrap5，并将其添加到项目"学习笔记"中。然后使用它来设置这个项目中各个页面的样式，确保页面的外观一致。

20.1.1 应用程序 django-bootstrap5

下面使用 django-bootstrap5 将 Bootstrap 集成到项目"学习笔记"中。这个应用程序会下载必要的 Bootstrap 文件，并将它们放到项目的合适位置上，让你能够在项目的模板中使用样式设置指令。

为了安装 django-bootstrap5，在活动的虚拟环境中执行如下命令：

```
(ll_env)learning_log$ pip install django-bootstrap5
--snip--
Successfully installed beautifulsoup4-4.11.1 django-bootstrap5-21.3
    soupsieve-2.3.2.post1
```

接下来，需要将 django-bootstrap5 添加到 settings.py 的 INSTALLED_APPS 中：

settings.py
```
--snip--
INSTALLED_APPS = [
    # 我的应用程序
    'learning_logs',
    'accounts',

    # 第三方应用程序
    'django_bootstrap5',

    # Django 默认添加的应用程序
    'django.contrib.admin',
    --snip--
```

这里新建了片段"第三方应用程序"，用于指定其他开发人员开发的应用程序，并在其中添加了'django_bootstrap5'。务必将这个片段放在"我的应用程序"和"Django 默认添加的应用程序"之间。

20.1.2 使用 Bootstrap 设置项目"学习笔记"的样式

Bootstrap 包含大量样式设置工具，还提供了大量模板，用于设置项目的总体风格。对于 Bootstrap 初学者来说，模板比样式设置工具用起来容易得多。要查看 Bootstrap 提供的模板，可访问其官网主页并单击 Examples。我们将使用模板 Navbar static，它提供了简单的顶部导航栏以及用于放置页面内容的容器。

图 20-1 显示了对 base.html 应用这个 Bootstrap 模板并对 index.html 做细微修改后的主页。

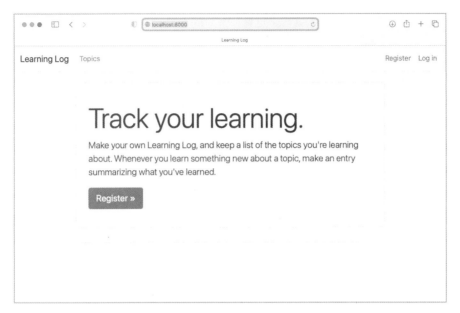

图 20-1 项目"学习笔记"的主页——使用 Bootstrap 设置样式后

20.1.3 修改 base.html

我们需要修改模板 base.html，以使用前述 Bootstrap 模板。这里将分五步逐步修改 base.html。这个文件很大，可以直接从配套的源代码文件中复制过来。即便复制了这个文件，也应仔细阅读接下来的几小节，弄明白都做了哪些修改。

1. 定义 HTML 头部

对 base.html 所做的第一个修改是，在其中定义 HTML 头部。我们将添加一些代码，以便能够在模板中使用 Bootstrap。此外，还要给页面添加标题。请删除 base.html 的全部代码，并输入如下代码：

```
base.html  ❶ <!doctype html>
           ❷ <html lang="en">
           ❸ <head>
               <meta charset="utf-8">
               <meta name="viewport" content="width=device-width, initial-scale=1">
           ❹ <title>Learning Log</title>

           ❺ {% load django_bootstrap5 %}
               {% bootstrap_css %}
               {% bootstrap_javascript %}

             </head>
```

首先，将这个文件声明为使用英语（见❷）编写的 HTML 文档（见❶）。HTML 文件分为两大部分：**头部**（head）和**主体**（body）。在这个文件中，头部始于起始标签<head>（见❸）。HTML 文件的头部不包含任何页面内容，而只向浏览器提供正确显示页面所需的信息。这里包含一个<title>元素（见❹），在浏览器中打开项目"学习笔记"时，标题栏将显示该元素的内容。

在头部末尾，加载 django-bootstrap5 提供的模板标签集（见❺）。模板标签{% bootstrap_css %}是 django-bootstrap5 中的一个定制模板标签，它加载实现 Bootstrap 样式所需的所有 CSS 文件。接下来的标签启用我们可能在页面中使用的所有交互行为，如可折叠的导航栏。最后一行为结束标签</head>。

现在，在所有继承 base.html 的模板中，都可以使用所有的 Bootstrap 样式设置选项了。但要使用 django-bootstrap5 中的定制模板标签，模板中必须包含标签{% load django_bootstrap5 %}。

2. 定义导航栏

定义页面顶部导航栏的代码很长，因为需要同时支持较窄的手机屏幕和较宽的台式机显示器。

下面是导航栏定义代码的开头：

base.html
```
--snip--
</head>
<body>

❶  <nav class="navbar navbar-expand-md navbar-light bg-light mb-4 border">
     <div class="container-fluid">
❷     <a class="navbar-brand" href="{% url 'learning_logs:index' %}">
            Learning Log</a>

❸     <button class="navbar-toggler" type="button" data-bs-toggle="collapse"
          data-bs-target="#navbarCollapse" aria-controls="navbarCollapse"
          aria-expanded="false" aria-label="Toggle navigation">
          <span class="navbar-toggler-icon"></span>
       </button>

❹     <div class="collapse navbar-collapse" id="navbarCollapse">
❺      <ul class="navbar-nav me-auto mb-2 mb-md-0">
❻        <li class="nav-item">
❼         <a class="nav-link" href="{% url 'learning_logs:topics' %}">
             Topics</a></li>
        </ul> <!-- 定义导航栏左侧链接的代码到此结束 -->
      </div> <!-- 定义导航栏可折叠部分的代码到此结束 -->

     </div> <!-- 定义导航栏容器的代码到此结束 -->
   </nav> <!-- 定义导航栏的代码到此结束 -->

❽ {% block content %}{% endblock content %}

  </body>
  </html>
```

第一个元素为起始标签<body>。HTML 文件的主体包含用户将在页面上看到的内容。接下来是一个<nav>元素，用于定义页面顶部的导航栏（见❶）。对于这个元素内的所有内容，都将根据 navbar、navbar-expand-md 等选择器定义的 Bootstrap 样式规则来设置样式。**选择器**（selector）决定了样式规则将应用于页面上的哪些元素。选择器 navbar-light 和 bg-light 使用一种浅色来设置导航栏的背景。mb-4 中的 mb 表示**下边距**（margin-bottom），这个选择器确保导航栏和页面其他部分之间有一些空白区域。选择器 border 在浅色背景周围添加很细的边框，将导航栏与页面的其他部分分开。

在接下来的一行中，起始标签<div>定义了一个大小可调整的容器，用于放置整个导航栏。div 是 division（分区）的缩写。在创建网页时，会将其分成多个区域，并指定要应用于各个区域的样式和行为规则。在起始标签<div>中定义的样式和行为规则将影响对应的结束标签</div>之前的所有元素。这里指定了在屏幕或窗口太窄时要折叠起来的导航栏部分的起始位置。

接下来，指定导航栏显示的第一个元素——项目名 Learning Log（见❷），并像前两章中样式最简单的项目版本一样，将这个项目名设置为主页的链接。选择器 navbar-brand 设置这个链接的样式，使其比其他链接更显眼。这也是凸显网站品牌的一种方式。

然后，这个 Bootstrap 模板定义一个按钮，它将在浏览器窗口太窄、无法水平显示整个导航栏时显示出来（见❸）。如果用户单击这个按钮，将出现一个下拉列表，其中包含所有的导航元素。在用户缩小浏览器窗口或在屏幕较小的设备上显示网站时，collapse 会让导航栏折叠起来。

接下来，开启导航栏的一个新区域（见❹），定义导航栏的可折叠部分（是否折叠取决于浏览器窗口的大小）。

Bootstrap 将导航元素定义为无序列表项（见❺），但使用的样式规则让它们一点儿也不像列表。导航栏中的每个链接或元素都能以无序列表项的方式定义（见❻），这里只有一个列表项——Topics 页面的链接（见❼）。请注意，这个链接的后面是结束标签</li>。每个起始标签都必须有对应的结束标签。

余下的代码行包含与之前的起始标签对应的结束标签。这些结束标签后面是类似于下面的HTML 注释：

```
<!-- This is an HTML comment. -->
```

虽然我们通常不给结束标签添加注释，但 HTML 新手给一些结束标签添加注释很有帮助。无论是少了标签还是多了标签，都可能导致整个网页的布局不正确。在上述代码的最后，是 content 块（见❽）以及结束标签</body>和</html>。

虽然导航栏还未定义好，但这个 HTML 文档是完整的。如果 runserver 处于活动状态，请停止并重新启动当前服务器，再访问项目的主页。可以看到一个导航栏，其中包含图 20-1 所示的部分元素。下面在导航栏中添加其他的元素。

20

3. 添加用户账户链接

还需要添加与用户账户相关的链接。我们先来添加与账户相关的链接，再添加注销表单。

对文件 base.html 做如下修改：

```
--snip--
</ul> <!-- 定义导航栏左侧链接的代码到此结束 -->

              <!-- 与账户相关的链接 -->
❶            <ul class="navbar-nav ms-auto mb-2 mb-md-0">

❷              {% if user.is_authenticated %}
                 <li class="nav-item">
❸                 <span class="navbar-text me-2">Hello, {{ user.username }}.
                    </span></li>
❹              {% else %}
                 <li class="nav-item">
                   <a class="nav-link" href="{% url 'accounts:register' %}">
                      Register</a></li>
                 <li class="nav-item">
                   <a class="nav-link" href="{% url 'accounts:login' %}">
                      Log in</a></li>
               {% endif %}

              </ul> <!-- 与账户相关的链接到此结束 -->

           </div> <!-- 定义导航栏可折叠部分的代码到此结束 -->
           --snip--
```

首先，使用起始标签<ul>定义另一组链接（可根据需要在网页中包含任意数量的链接编组）（见❶）。选择器 ms-auto（margin-start-automatic 的缩写，表示**自动左边距**）根据导航栏包含的其他元素设置左边距，确保这组链接位于浏览器窗口的右侧。

if 代码块与以前使用的条件代码块相同，它根据用户是否已登录显示相应的消息（见❷）。这个代码块比以前长一些，因为它现在包含一些样式规则。我们在一个<span>元素中定义向已登录用户发出的问候语（见❸）。<span>元素用于设置区域内一系列文本或元素的样式。<div>元素创建区域，而<span>元素不会。这起初可能令人迷惑，因为很多页面深度嵌套了<div>元素。这里使用<span>元素来设置导航栏中提供信息的文本（已登录用户的用户名）的样式。

在用户未登录时执行的 else 块中，包含注册新账户的链接和登录链接（见❹）。这些链接的外观与 Topics 页面的链接类似。

如果要在导航栏中添加更多链接，可在现有的<ul>编组中添加<li>元素，并使用类似于上面的样式设置指令。

下面来在导航栏中添加注销表单。

4. 在导航栏中添加注销表单

在第 19 章中编写注销表单时，我们将其放在了 base.html 的末尾。下面将其放在一个更好的地方——导航栏中：

base.html
```
--snip--
</ul> <!-- 与账户相关的链接到此结束 -->

{% if user.is_authenticated %}
  <form action="{% url 'accounts:logout' %}" method='post'>
    {% csrf_token %}
    <button name='submit' class='btn btn-outline-secondary btn-sm'>
      Log out</button>
  </form>
{% endif %}

</div> <!-- 定义导航栏可折叠部分的代码到此结束 -->
--snip--
```
❶

注销表单应位于与账户相关的链接之后，但要放在导航栏的可折叠部分内。就表单本身而言，所做的唯一修改是，在<button>元素中添加了大量的 Bootstrap 样式设置类，以设置注销按钮的 Bootstrap 样式（见❶）。

此时重新加载主页，将能够使用已创建的任意账户登录和注销。

在 base.html 中，还需添加一些代码：定义两个块，供各个网页放置其特有的内容。

5. 定义页面的主要部分

base.html 的余下部分包含页面的主要部分：

base.html
```
--snip--
</nav> <!-- 定义导航栏的代码到此结束 -->
<main class="container">
  <div class="pb-2 mb-2 border-bottom">
    {% block page_header %}{% endblock page_header %}
  </div>
  <div>
    {% block content %}{% endblock content %}
  </div>
</main>

</body>
</html>
<!-- 定义导航栏的代码到此结束 -->
```
❶
❷

❸

开头是起始标签<main>（见❶）。<main>元素用于定义页面主体的最重要的部分。这里指定了 Bootstrap 选择器 container，这是一种对页面元素进行编组的简单方式。我们将在这个容器中放

20

置两个<div>元素。

第一个<div>元素（见❷）包含一个 page_header 块，在大多数页面中将使用它来指定标题。为了突出标题，设置内边距。**内边距**（padding）指的是元素内容和边框之间的距离。选择器 pb-2 是一个 Bootstrap 指令，将元素的下内边距设置为恰当的值。**外边距**（margin）指的是元素的边框与其他元素之间的距离。选择器 mb-2 将这个 div 的下外边距设置为恰当的值。我们只想添加下边框，因此使用选择器 border-bottom，它在 page_header 块的下面添加较细的边框。

接下来，定义第二个<div>元素，其中包含 content 块（见❸）。我们没有为这个 content 块指定样式，因此在具体的页面中，可根据需要设置内容的样式。文件 base.html 的末尾是元素<main>、<body>和<html>的结束标签。

如果现在在浏览器中加载"学习笔记"的主页，将看到一个类似于图 20-1 所示的专业级导航栏。请尝试将窗口调整得非常窄，此时导航栏将变成一个按钮，如果单击这个按钮，将打开一个下拉列表，其中包含所有的导航链接。

20.1.4 使用 jumbotron 设置主页的样式

下面使用 Bootstrap 元素 jumbotron 来修改主页。jumbotron 元素是一个大框，在页面中显得鹤立鸡群，通常用于在主页中呈现简要的项目描述和让用户采取行动的元素。

修改后的文件 index.html 如下所示：

index.html   {% extends "learning_logs/base.html" %}

```
❶  {% block page_header %}
❷    <div class="p-3 mb-4 bg-light border rounded-3">
       <div class="container-fluid py-4">
❸        <h1 class="display-3">Track your learning.</h1>

❹        <p class="lead">Make your own Learning Log, and keep a list of the
         topics you're learning about. Whenever you learn something new
         about a topic, make an entry summarizing what you've learned.</p>

❺        <a class="btn btn-primary btn-lg mt-1"
           href="{% url 'accounts:register' %}">Register &raquo;</a>
       </div>
     </div>
   {% endblock page_header %}
```

首先告诉 Django，接下来要定义 page_header 块包含的内容（见❶）。jumbotron 是使用两个应用了一系列样式设置指令的<div>元素实现的（见❷）。在外面的 div 中，指定了内边距和外边距设置、浅色背景以及圆角设置。里面的 div 是一个容器，其尺寸随窗口的大小而变化，也指定了内边距设置：选择器 py-4 在这个 div 中添加了上内边距和下内边距。可以尝试调整这些设置中的数，看看主页将如何变化。

这个 jumbotron 包含三个元素。首先是一条简短的消息"Track your learning",让新访客大致知道"学习笔记"是用来做什么的。<h1>元素表示一级标题,而选择器 display-3 让这个标题显得更瘦更高(见❸)。其次,我们还添加了一条更长的消息,让用户能够更详细地知道可以使用学习笔记做些什么(见❹)。这里使用 lead 类设置这个段落的格式,让它在常规段落中更加显眼。

最后,为了邀请用户注册账户,创建一个按钮(而不是文本链接)(见❺)。与导航栏中的链接 Register 一样,这个按钮也被链接到注册页面,不同之处是它更加显眼,并且让用户知道需要如何做才能使用这个项目。这里的选择器让这个按钮很大,召唤用户赶快行动起来。代码»是一个 **HTML 实体**,表示两个右尖括号(>>)。末尾是两个结束标签</div>,还有结束 page_header 块的代码。这个文件只有两个<div>元素,在结束标签</div>后面添加注释意义不大。我们不想在这个页面中添加其他内容,因此不需要定义 content 块。

现在的主页如图 20-1 所示,与设置样式前相比有很大的改进。

20.1.5　设置登录页面的样式

我们改进了登录页面的整体外观,但还未设置登录表单的样式。下面来修改文件 login.html,让表单的外观与页面的其他部分一致:

login.html
```
      {% extends 'learning_logs/base.html' %}
❶     {% load django_bootstrap5 %}

❷     {% block page_header %}
        <h2>Log in to your account.</h2>
      {% endblock page_header %}

      {% block content %}

        <form action="{% url 'accounts:login' %}" method='post'>
          {% csrf_token %}
❸        {% bootstrap_form form %}
❹        {% bootstrap_button button_type="submit" content="Log in" %}
        </form>

      {% endblock content %}
```

首先,在这个模板中加载 bootstrap5 模板标签(见❶)。然后,定义 page_header 块,指出这个页面是做什么的(见❷)。注意,我们从这个模板中删除了代码块{% if form.errors %},因为 django-bootstrap5 会自动管理表单错误。

为了显示表单,我们使用模板标签{% bootstrap_form %}(见❸),它替换了第 19 章使用的标签{{ form.as_div }}。模板标签{% booststrap_form %}将 Bootstrap 样式规则应用于各个表单元素。为了生成提交按钮,我们使用标签{% booststrap_button %},通过实参将按钮类型指定为提交按钮,并将标签指定为 Log in(见❹)。

20

图 20-2 显示了现在的登录表单。这个页面比以前整洁得多，而且风格一致、用途明确。如果尝试使用错误的用户名或密码登录，将发现消息的样式与整个网站一致。

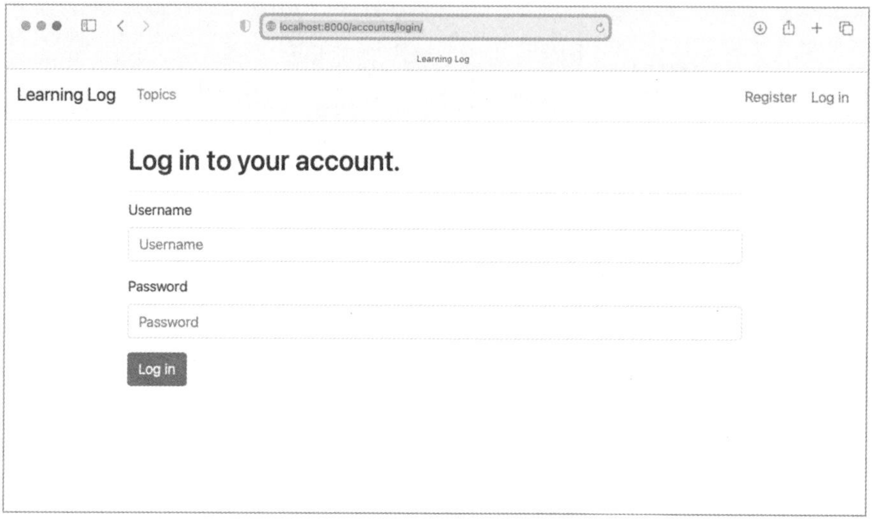

图 20-2　使用 Bootstrap 设置样式后的登录页面

20.1.6　设置页面 topics 的样式

下面来确保用于查看信息的页面也有合适的样式，首先来设置页面 topics 的样式：

topics.html

```
{% extends 'learning_logs/base.html' %}

{% block page_header %}
❶  <h1>Topics</h1>
{% endblock page_header %}

{% block content %}

❷  <ul class="list-group border-bottom pb-2 mb-4">
     {% for topic in topics %}
❸     <li class="list-group-item border-0">
        <a href="{% url 'learning_logs:topic' topic.id %}">
          {{ topic.text }}</a>
      </li>
     {% empty %}
❹     <li class="list-group-item border-0">No topics have been added yet.</li>
     {% endfor %}
   </ul>

   <a href="{% url 'learning_logs:new_topic' %}">Add a new topic</a>

{% endblock content %}
```

这里不需要标签{% load bootstrap5 %}，因为这个文件没有使用任何bootstrap5定制标签。将标题Topics移到page_header块中，并将其设置为<h1>元素，而不是简单段落（见❶）。

这个页面的主要内容是一个主题列表，因此我们使用Bootstrap组件**列表组**（list group）来渲染这个页面，把一组简单的样式设置指令应用于整个列表和各个列表项。为此，在起始标签<ul>中首先指定list-group类，从而将默认样式指令应用于列表（见❷）。为了进一步定制这个列表，为其指定下边框、下内边距（pb-2）和下外边距（mb-4）。

对于每个列表项，都需要指定list-group-item类，同时对默认样式进行定制：删除列表项的边框（见❸）。对于列表为空时显示的消息，也需要指定同样的类（见❹）。

现在访问页面topics，将发现其样式与主页相同。

20.1.7　设置页面topic中条目的样式

在页面topic中，我们将使用Bootstrap组件card来突出显示每个条目。card是带灵活的预定义样式的嵌套<div>，非常适合用于显示主题的条目：

topic.html

```
{% extends 'learning_logs/base.html' %}

❶ {% block page_header %}
    <h1>{{ topic.text }}</h1>
   {% endblock page_header %}

   {% block content %}
     <p>
       <a href="{% url 'learning_logs:new_entry' topic.id %}">Add new entry</a>
     </p>

     {% for entry in entries %}
❷     <div class="card mb-3">
         <!-- 包含时间戳和编辑链接的标题 -->
❸       <h4 class="card-header">
           {{ entry.date_added|date:'M d, Y H:i' }}
❹         <small><a href="{% url 'learning_logs:edit_entry' entry.id %}">
             edit entry</a></small>
         </h4>
         <!-- 包含条目文本的正文 -->
❺       <div class="card-body">{{ entry.text|linebreaks }}</div>
       </div>
     {% empty %}
❻     <p>There are no entries for this topic yet.</p>
     {% endfor %}

   {% endblock content %}
```

首先将主题放在page_header块中（见❶），并删除这个模板中以前使用的无序列表结构。我们没有将每个条目作为一个列表项，而是创建了一个带选择器card的<div>元素（见❷），其中包

20

含两个嵌套的元素：一个包含条目的创建日期和用于编辑条目的链接，另一个包含条目的内容。这个<div>元素的样式设置工作主要由选择器 card 完成，还做了细微的定制——指定较小的下外边距（mb-3）。

嵌套的第一个元素是一个标题——带选择器 card-header 的<h4>元素（见❸），其中包含条目的创建日期和用于编辑条目的链接。用于编辑条目的链接放在标签<small>内，这让它看起来比时间戳小一些（见❹）。嵌套的第二个元素是一个带选择器 card-body 的<div>元素（见❺），它将条目的内容放在一个简单的框内。注意，我们只修改了影响页面外观的元素，未对在页面中包含信息的 Django 代码做任何修改。由于不再有无序列表，因此不再将指出列表为空的消息放在列表项标签内，而是将其放在简单段落标签内（见❻）。

图 20-3 显示了修改后的 topic 页面。"学习笔记"的功能没有任何变化，但显得更专业、对用户更有吸引力了。

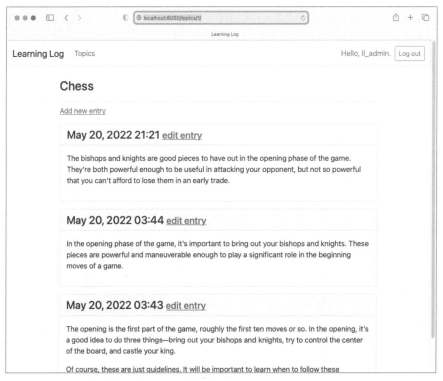

图 20-3　使用 Bootstrap 设置样式后的 topic 页面

如果要在这个项目中使用其他 Bootstrap 模板，可采用与本章中类似的流程：首先将要使用的模板复制到 base.html 中，并修改包含实际内容的元素，以使用该模板来显示项目的信息；然后使用 Bootstrap 的样式设置工具来设置各个页面中的内容样式。

注意：Bootstrap 提供了出色的文档。要深入了解 Bootstrap 提供了哪些功能，可访问其主页再单击 Docs。

动手试一试

　　练习 20.1：其他表单　本节对登录页面应用了 Bootstrap 样式。请对其他基于表单的页面做类似的修改，包括页面 new_topic、new_entry、edit_entry 和注册页面。

　　练习 20.2：设置博客的样式　对于你在第 19 章创建的项目 Blog，使用 Bootstrap 来设置样式。

20.2　部署"学习笔记"

　　至此，项目"学习笔记"的外观已经很专业了，下面将其部署到服务器上，让任何有互联网连接的人都能够使用它。我们将使用 Platform.sh，这是一个基于 Web 的平台，供我们管理 Web 应用程序的部署。我们将让"学习笔记"在 Platform.sh 上运行起来。

20.2.1　注册 Platform.sh 账户

　　要注册账户，请访问 Platform.sh 官方主页，并单击 Free Trial 按钮。在本书编写期间，Platform.sh 提供了免费试用服务（free tier），不要求你提供信用卡。在试用期间，你可以部署应用程序和少量资源，这让你能够在在线环境中测试应用程序，进而决定是否要购买收费托管套餐。

注意：为防范垃圾邮件和资源滥用，Platform.sh 会定期调整对免费试用服务的限制。可访问 Platform.sh 的主页来了解其对免费试用服务的最新限制。

20.2.2　安装 Platform.sh CLI

　　要将项目部署到 Platform.sh 服务器上并对其进行管理，需要使用 Platform.sh CLI（command lineinterface，命令行界面）中的工具。要安装该 CLI 的最新版本，可访问其文档 *Command line interface (CLI)*，并根据你使用的操作系统按相应的说明做。

　　在大多数系统中，可以在终端窗口中执行如下命令来安装 Platform.sh CLI：

```
$ curl -fsS https://platform.sh/cli/installer | php
```

　　执行这个命令后，要使用该 CLI，需要打开一个新的终端窗口。

注意：在 Windows 系统中，可能无法在标准终端窗口中执行这个命令。要解决这个问题，可使用 WSL（Windows Subsystem for Linux）或 Git Bash 终端。如果需要安装 PHP，可使用 XAMPP 安装程序。如果在安装 Platform.sh CLI 的过程中遇到麻烦，可参阅附录 E 提供的详细安装说明。

20.2.3 安装 platformshconfig

还需安装一个名为 platformshconfig 的包。这个包可帮助我们监测项目运行在本地系统还是 Platform.sh 服务器上。为了安装这个包，可在活动的虚拟环境中执行如下命令：

```
(ll_env)learning_log$ pip install platformshconfig
```

我们将使用这个包来修改运行在服务器上的项目的设置。

20.2.4 创建文件 requirements.txt

远程服务器需要知道项目"学习笔记"依赖于哪些包，因此我们将使用 pip 生成一个文件，在其中列出这些包。为此，在活动的虚拟环境中执行如下命令：

```
(ll_env)learning_log$ pip freeze > requirements.txt
```

命令 freeze 让 pip 将项目中当前安装的所有包的名称都写入文件 requirements.txt。请打开文件 requirements.txt，查看项目中安装的包及其版本：

```
asgiref==3.5.2
beautifulsoup4==4.11.1
Django==4.1
django-bootstrap5==21.3
platformshconfig==2.4.0
soupsieve==2.3.2.post1
sqlparse==0.4.2
```

requirements.txt

项目"学习笔记"依赖于 7 个特定版本的包，因此只在远程服务器有相应的环境时才能正确地运行。在这 7 个包中，有 3 个是我们手动安装的，其他 4 个是作为依赖的包自动安装的。

在我们部署"学习笔记"时，Platform.sh 将安装 requirements.txt 列出的所有包，从而创建一个环境，其中包含在本地使用的所有包。因此，我们可以相信，项目被部署到 Platform.sh 上之后的行为将与它在本地系统上的行为完全相同。当你在自己的系统上开发并维护各种项目时，这种项目管理方法至关重要。

注意：如果在你的系统中，requirements.txt 列出的包的版本与上面列出的不同，请保留原来的版本号。

20.2.5　其他部署需求

在线服务器还需要另外两个包，它们用于为生产环境中的项目提供服务，因为在生产环境中，可能有很多用户同时发出请求。

在 requirements.txt 所在的目录中，新建一个文件并将其命名为 requirements_remote.txt，然后在其中添加如下两个包：

requirements_ remote.txt

```
# 线上项目的部署需求
gunicorn
psycopg2
```

gunicorn 包在远程服务器上响应到来的请求，而远程服务器接替了我们一直使用的本地开发服务器的职责。为何必须安装 psycopg2 包呢？因为它让 Django 能够管理 Platform.sh 使用的 Postgres 数据库。Postgres 是一个开源数据库，非常适合部署用于生产环境中的应用程序。

20.2.6　添加配置文件

所有托管平台都需要一些配置，这样项目才能在服务器上正确地运行。本节将添加如下三个配置文件。

- .platform.app.yaml：这是项目的主配置文件，向 Platform.sh 指出了当前部署的项目是什么类型的以及该项目需要什么样的资源，还包含用于在服务器上构建项目的命令。
- .platform/routes.yaml：这个文件定义了通往项目的路由。Platform.sh 收到请求后，将根据这些配置将请求交给特定的项目。
- .platform/services.yaml：这个文件定义了项目所需的其他服务。

这些都是 YAML（YAML Ain't Markup Language，YAML 不是标记语言）文件。YAML 是一种旨在用于编写配置文件的语言，无论是人还是计算机都能轻松地读取。你可以手动编写或修改典型的 YAML 文件，计算机也能够读取并准确无误地解读这种文件。

YAML 文件非常适合用来指定部署配置，因为它们能够让你很好地控制部署过程。

1. 显示隐藏的文件

大多数操作系统会隐藏名称以句点打头的文件和文件夹，如.platform。当你打开文件浏览器时，默认看不到这样的文件和文件夹。但作为程序员，你需要看到它们。下面说明了在各种操作系统中如何显示隐藏的文件。

20

- ❑ 在 Windows 系统中，打开资源管理器，再打开一个文件夹，如 Desktop。单击标签"查看"，并确保选中了复选框"文件扩展名"和"隐藏的项目"。
- ❑ 在 macOS 系统中，要显示隐藏的文件和文件夹，可在文件浏览器窗口中按 Command + Shift + .（句点）。
- ❑ 在 Ubuntu 等 Linux 系统中，可在文件浏览器中按 Ctrl + H 来显示隐藏的文件和文件夹。为了让这种设置永久生效，可打开文件浏览器（如 Nautilus），再单击选项标签（三条线），并选中复选框 Show Hidden Files（显示隐藏的文件）。

2. 配置文件.platform.app.yaml

这个配置文件是最长的，因为它控制着整个配置过程。我们将分几部分进行介绍。你既可以在文本编辑器中手动输入它，也可以从本书的源代码文件中找到它。

下面是文件.platform.app.yaml 的第一部分，应将该文件存储在 manage.py 所在的目录中：

```
 .platform.   ❶ name: "ll_project"
 app.yaml       type: "python:3.10"

             ❷ relationships:
                   database: "db:postgresql"

               # 应用程序被暴露到网上时使用的配置
             ❸ web:
                   upstream:
                       socket_family: unix
                   commands:
             ❹         start: "gunicorn -w 4 -b unix:$SOCKET ll_project.wsgi:application"
             ❺     locations:
                       "/":
                           passthru: true
                       "/static":
                           root: "static"
                           expires: 1h
                           allow: true

               # 应用程序的永久性磁盘的大小（单位为 MB）
             ❻ disk: 512
```

在保存这个文件时，文件名开头务必包含句点。否则，Platform.sh 将找不到这个文件，进而不部署你的项目。

当前，无须理解文件.platform.app.yaml 的全部内容，我将重点介绍其中最重要的部分。在这个文件中，首先指定了项目的名称（见❶）。为了与我们最初开发这个项目时使用的名称保持一致，这里也将其命名为 ll_project。还需要指定我们使用的 Python 版本，这里为 3.10。有关 Platform.sh 支持的 Python 版本列表，请访问 Platform.sh 主页，单击 DOCS，并在左侧目录中选择 Languages 下的 Python。

接下来是 relationships 部分，它定义了项目需要的其他服务（见❷）。这里唯一的关系（relationship）是 Postgres 数据库。再往下是 web 部分（见❸），其中的 commands:start 告诉 Platform.sh，应使用哪个进程处理到来的请求。这里指定的是 gunicorn（见❹）。这个命令的作用与我们在本地使用的命令 python manage.py runserver 相同。

locations 部分告诉 Platform.sh，将到来的请求发送到什么地方（见❺）。大多数请求将被交给 gunicorn，而我们编写的 urls.py 文件让 gunicorn 准确地知道如何处理这些请求。对于静态文件请求，将以不同的方式处理，且每隔 1 小时刷新一次。在最后一行，我们请求在一台 Platform.sh 服务器上提供 512MB 的磁盘空间（见❻）。

下面列出了文件.platform.app.yaml 中余下的内容：

```
--snip--
disk: 512

# 设置用于读写日志的本地挂载
❶ mounts:
    "logs":
        source: local
        source_path: logs

# 在应用程序生命周期的不同时间点执行的钩子 (hook)
❷ hooks:
    build: |
❸       pip install --upgrade pip
        pip install -r requirements.txt
        pip install -r requirements_remote.txt

        mkdir logs
❹       python manage.py collectstatic
        rm -rf logs
❺   deploy: |
        python manage.py migrate
```

mounts 部分（见❶）指定了在项目运行时可读写的目录。这里为要部署的项目定义了目录 logs/。

hooks 部分（见❷）指定了在部署过程的各个时间点要采取的措施。在 build 部分，安装了为线上环境中的项目提供服务的所有包（见❸），还运行了 collectstatic（见❹），它将项目所需的所有静态文件都收集到同一个地方，以便高效地提供给用户。

最后，deploy 部分（见❺）指定每次部署项目时都应执行迁移。在简单的项目中，如果部署之前没有修改，这不会有任何影响。

另两个配置文件要短得多，下面来编写它们。

3. 配置文件 routes.yaml

路由（route）指的是请求在被服务器处理的过程中经过的路径。Platform.sh 需要知道应将收到的请求发送到哪里。

在 manage.py 所在的目录中新建一个文件夹，并将其命名为.platform（不要遗漏开头的句点）。在这个文件夹中新建一个文件，将其命名为 routes.yaml，并在其中输入如下内容：

.platform/
routes.yaml

```
# 每条路由都描述了 Platform.sh 该如何处理到来的请求（用 URL 表示）

"https://{default}/":
    type: upstream
    upstream: "ll_project:http"

"https://www.{default}/":
    type: redirect
    to: "https://{default}/"
```

这个文件确保 URL 形如 https://project_url.com 和 www.project_url.com 的请求都将被路由到同一个地方。

4. 配置文件 services.yaml

这是最后一个配置文件，它指定了项目运行所需的服务。将这个文件与 routes.yaml 一起保存到目录.platform/中：

.platform/
services.yaml

```
# 这里列出的每个服务都将被部署到 Platform.sh 项目的一个容器中

db:
    type: postgresql:12
    disk: 1024
```

这个文件定义了一个服务———一个 Postgres 数据库。

20.2.7　为部署到 Platform.sh 而修改 settings.py

现在需要在 settings.py 末尾添加一个片段，在其中指定一些 Platform.sh 环境设置：

settings.py

```
--snip--
    # Platform.sh 设置
❶ from platformshconfig import Config

config = Config()
❷ if config.is_valid_platform():
❸     ALLOWED_HOSTS.append('.platformsh.site')

❹     if config.appDir:
            STATIC_ROOT = Path(config.appDir) / 'static'
❺     if config.projectEntropy:
            SECRET_KEY = config.projectEntropy
```

```
    if not config.in_build():
❻      db_settings = config.credentials('database')
       DATABASES = {
           'default': {
               'ENGINE': 'django.db.backends.postgresql',
               'NAME': db_settings['path'],
               'USER': db_settings['username'],
               'PASSWORD': db_settings['password'],
               'HOST': db_settings['host'],
               'PORT': db_settings['port'],
           },
       }
```

虽然通常将 import 语句放在模块的开头，但在这里，将所有与线上部署相关的设置放在同一个地方大有裨益。我们从 platformshconfig 导入 Config（见❶），它可帮助确定远程服务器上的设置。仅当方法 config.is_valid_platform()返回 True（这表明设置将用于 Platform.sh 服务器）时（见❷），我们才修改设置。

我们修改 ALLOWED_HOSTS，指定由地址以.platformsh.site 结尾的主机来支持项目（见❸）。所有通过免费试用服务部署的项目都由该主机提供支持。如果设置正被加载到要部署的应用程序的目录中（见❹），就设置 STATIC_ROOT，以便能够正确地提供静态文件。我们还在远程服务器上设置了更安全的 SECRET_KEY（见❺）。

最后，配置生产环境数据库（见❻）。仅当构建过程已结束且项目得到支持时，才做这些设置。为了让 Django 能够与 Platform.sh 为项目搭建的 Postgres 服务器通信，这里的所有设置都必不可少。

20.2.8　使用 Git 跟踪项目文件

第 17 章说过，Git 是一个版本控制程序，让你能够在每次成功实现新功能后都拍摄项目代码的快照。无论出现什么问题（如在实现新功能时不小心引入了 bug），都可轻松地恢复到最后一个可行的快照。每个快照称为**提交**（commit）。

使用 Git 意味着在尝试实现新功能时无须担心破坏项目。在将项目部署到服务器上时，需要确保部署的是可行版本。要更详细地了解 Git 和版本控制，请参阅附录 D。

1. 安装 Git

在你的系统中，可能已经安装了 Git。要确定是否安装了 Git，可打开一个新的终端窗口，并在其中执行命令 git --version：

```
(ll_env)learning_log$ git --version
git version 2.30.1 (Apple Git-130)
```

如果出现一条消息，指出没有安装 Git，请参阅附录 D 中的 Git 安装说明。

20

2. 配置 Git

Git 跟踪是谁修改了项目，即便项目由一个人开发也是如此。为了进行跟踪，Git 需要知道你的用户名和电子邮箱地址。因此，你必须提供用户名，但对于练习项目，可随便伪造一个电子邮箱地址：

```
(ll_env)learning_log$ git config --global user.name "eric"
(ll_env)learning_log$ git config --global user.email "eric@example.com"
```

如果忘记了这一步，在首次提交时 Git 将提示你提供这些信息。

3. 忽略文件

无须让 Git 跟踪项目中的每个文件，因此我们让它忽略一些文件。在 manage.py 所在的文件夹中创建一个名为.gitignore 的文件（请注意，这个文件名以句点打头且不包含扩展名），并在其中输入如下代码：

```
.gitignore    ll_env/
              __pycache__/
              *.sqlite3
```

这里让 Git 忽略目录 ll_env，因为随时都可以自动重新创建它。还指定了不跟踪目录__pycache__，这个目录包含执行.py 文件时自动创建的.pyc 文件。我们没有跟踪对本地数据库的修改，因为这是个坏习惯：如果在服务器上使用的是 SQLite，在将项目推送到服务器上时，可能会不小心用本地测试数据库覆盖在线数据库。*.sqlite3 让 Git 忽略所有扩展名为.sqlite3 的文件。

> **注意**：如果你使用的是 macOS 系统，请将.DS_Store 添加到文件.gitignore 中。文件.DS_Store 存储的是有关文件夹设置的信息，与这个项目一点儿关系也没有。

4. 提交项目

我们需要为"学习笔记"初始化一个 Git 仓库，将所有必要的文件都加入进来，并提交项目的初始状态，如下所示：

```
❶ (ll_env)learning_log$ git init
  Initialized empty Git repository in /Users/eric/.../learning_log/.git/
❷ (ll_env)learning_log$ git add .
❸ (ll_env)learning_log$ git commit -am "Ready for deployment to Platform.sh."
  [main (root-commit) c7ffaad] Ready for deployment to Platform.sh.
   42 files changed, 879 insertions(+)
   create mode 100644 .gitignore
   create mode 100644 .platform.app.yaml
   --snip--
   create mode 100644 requirements_remote.txt
❹ (ll_env)learning_log$ git status
```

```
On branch main
nothing to commit, working tree clean
(ll_env)learning_log$
```

执行命令 git init，在"学习笔记"所在的目录中初始化一个空仓库（见❶）。然后，执行命令 git add .（千万别忘了这个句点），将未被忽略的文件都加入这个仓库（见❷）。接下来，执行命令 git commit -am "*commit message*"，其中的标志-a 让 Git 在这个提交中包含所有修改过的文件，而标志-m 让 Git 记录一条日志消息（见❸）。

最后，执行命令 git status（见❹）。输出表明当前位于分支 main 上，而工作树是干净（clean）的。每当要将项目推送到远程服务器上时，我们都希望看到这样的状态。

20.2.9 在 Platform.sh 上创建项目

当前，项目"学习笔记"虽然还运行在本地系统上，但已经经过了配置，能够在远程服务器上正确地运行。下面使用 Platform.sh CLI 在远程服务器上新建一个项目，再将项目"学习笔记"推送到该服务器上。

打开一个终端窗口，切换到目录 learning_log/，并执行如下命令：

```
(ll_env)learning_log$ platform login
Opened URL: http://127.0.0.1:5000
Please use the browser to log in.
--snip--
❶ Do you want to create an SSH configuration file automatically? [Y/n] Y
```

这个命令打开一个浏览器选项卡，让我们能够登录。登录后，关闭该浏览器选项卡并返回终端窗口。如果系统询问你是否要创建一个 SSH 配置文件（见❶），请输入 Y，以便之后能够连接到远程服务器。

下面来创建一个项目。输出很多，我们将分几部分来介绍创建过程。首先，执行命令 create：

```
(ll_env)learning_log$ platform create
* Project title (--title)
Default: Untitled Project
❶ > ll_project

* Region (--region)
The region where the project will be hosted
  --snip--
  [us-3.platform.sh] Moses Lake, United States (AZURE) [514 gCO2eq/kWh]
❷ > us-3.platform.sh
* Plan (--plan)
Default: development
Enter a number to choose:
  [0] development
  --snip--
```

20

```
❸ > 0

  * Environments (--environments)
  The number of environments
  Default: 3
❹ > 3

  * Storage (--storage)
  The amount of storage per environment, in GiB
  Default: 5
❺ > 5
```

第一个提示让你指定项目名称（见❶），这里指定了名称 ll_project。接下来的提示询问你想使用哪个地区的服务器（见❷）。请选择离你最近的服务器，对我来说最近的服务器是 us-3.platform.sh。对于余下的三个提示，可接受默认的设置：等级最低的开发套餐（lowest development plan）服务器（见❸），三个环境（见❹），以及 5GB 的存储空间（见❺）。

还有另外三个提示需要响应：

```
Default branch (--default-branch)
The default Git branch name for the project (the production environment)
Default: main
❶ > main

  Git repository detected: /Users/eric/.../learning_log
❷ Set the new project ll_project as the remote for this repository? [Y/n] Y

  The estimated monthly cost of this project is: $10 USD
❸ Are you sure you want to continue? [Y/n] Y

  The Platform.sh Bot is activating your project
```

```
The project is now ready!
```

Git 仓库可能有多个分支，因此 Platform.sh 询问项目的默认分支是否应为 main（见❶）。然后，它询问是否要将本地的项目仓库关联到远程仓库（见❷）。最后，Platform.sh 指出，如果你在免费试用期过后继续运行这个项目（见❸），每月将需要支付 10 美元的费用。只要你没有输入信用卡号，就不用担心会被扣款，因为免费试用期过后，如果你没有添加信用卡号，Platform.sh 将暂停你的项目。

20.2.10　推送到 Platform.sh

最后一步是将代码推送到远程服务器上，然后就可以查看项目的在线版本了。请执行如下命令：

```
(ll_env)learning_log$ platform push
❶ Are you sure you want to push to the main (production) branch? [Y/n] Y
--snip--
The authenticity of host 'git.us-3.platform.sh (...)' can't be established.
RSA key fingerprint is SHA256:Tvn...7PM
❷ Are you sure you want to continue connecting (yes/no/[fingerprint])? Y
Pushing HEAD to the existing environment main
   --snip--
   To git.us-3.platform.sh:3pp3mqcexhlvy.git
   * [new branch]        HEAD -> main
```

在执行命令 platform push 时，Platform.sh CLI 将进一步确认你要推送项目（见❶）。如果这是你首次连接到 Platform.sh，还可能出现一条有关该网站真实性（authenticity）的消息（见❷）。对于这些提示，都输入 Y，将看到大量向上滚动的输出。这些输出可能令人迷惑，但在出现问题时对排除故障很有帮助。

通过浏览这些输出，可以发现 Platform.sh 安装了必要的包，收集了静态文件，应用了迁移，并且设置了项目的 URL。

注意：可能出现易于诊断的错误，如配置文件存在录入错误。如果出现这种情况，请在文本编辑器中修复错误，保存文件，并执行命令 git commit。然后，再次执行命令 platform push。

20.2.11 查看线上项目

完成推送工作后，就可以打开项目了：

```
(ll_env)learning_log$ platform url
Enter a number to open a URL
  [0] https://main-bvxea6i-wmye2fx7wwqgu.us-3.platformsh.site/
  --snip--
> 0
```

命令 platform url 列出与所部署的项目相关联的 URL。你可以从多个 URL 中做出选择，这些 URL 对你的项目来说都合法。选择一个 URL 后，项目将在一个新的浏览器选项卡中打开。它与我们前面在本地运行的项目一样，但你可将该 URL 共享给任何人，让他们也能够访问并使用这个项目。

注意：在使用免费试用账户部署项目时，如果页面的加载时间比平常长，请不要大惊小怪。在大多数托管平台上，空闲的免费资源常常被挂起，仅当有新请求到来时才重新启动。如果你购买了付费托管套餐，大多数平台的响应速度将快得多。

20.2.12　改进 Platform.sh 部署

下面来改进部署。为此，我们将像在本地一样创建超级用户，并且让项目更安全：将 DEBUG 设置为 False，让用户无法在错误消息中看到额外的信息，以防他们利用这些信息来攻击服务器。

1. 在 Platform.sh 上创建超级用户

虽然我们已为线上项目搭建了数据库，但这个数据库是空的。前面创建的所有用户都只存在于这个项目的本地版本中。为了在这个项目的线上版本中创建超级用户，我们启动一个 SSH（secure socket shell，安全套接字外壳）会话，以便通过它在远程服务器上执行管理命令：

```
(ll_env)learning_log$ platform environment:ssh


      __ __    __   __
   | _ \ |__ _| |_ / _| ___  _ _ _ _ _    _| |_
   | _/ / _` |  _| _/ _ \| '_| ' \  _ < ' \
   |_| |_\__,_|\__|_| \___/|_| |_|_|_(_)__/_||_|


  Welcome to Platform.sh.
```
❶ web@ll_project.0:~$ **ls**
```
  accounts   learning_logs   ll_project   logs   manage.py   requirements.txt
      requirements_remote.txt   static
```
❷ web@ll_project.0:~$ **python manage.py createsuperuser**
❸ Username (leave blank to use 'web'): **ll_admin_live**
```
  Email address:
  Password:
  Password (again):
  Superuser created successfully.
```
❹ web@ll_project.0:~$ **exit**
```
  logout
  Connection to ssh.us-3.platform.sh closed.
```
❺ (ll_env)learning_log$

在首次执行命令 platform environment:ssh 时，可能显示一条有关主机真实性的消息。如果看到这条消息，只要输入 Y，就将登录远程终端会话。此时你的终端就像是远程服务器上的终端：提示符变了，指出当前位于一个与项目 ll_project 相关联的 web 会话中（见❶）。如果执行命令 ls，将看到之前被推送到 Platform.sh 服务器上的文件。

请执行第 18 章使用的命令 createsuperuser（见❷）。在这里，指定的管理用户名为 ll_admin_live，与本地使用的超级用户名不同（见❸）。使用完远程终端会话，执行命令 exit（见❹）。提示符将发生变化，表明又回到了本地系统（见❺）。

现在，可在线上应用程序的 URL 末尾添加/admin/来登录管理网站了。如果有其他人使用这个项目，别忘了你可以访问他们的所有数据！千万别不把这一点当回事儿，否则用户就不会再将数据托付给你了。

注意： 即便使用的是 Windows 系统，也应使用这里列出的命令（如 ls 而不是 dir），因为这里是在通过远程连接运行 Linux 终端。

---

2. 确保线上项目的安全

当前，部署的项目存在严重的安全问题：settings.py 包含设置 DEBUG = True，指定在发生错误时显示调试信息。在开发项目时，Django 的错误页面显示了重要的调试信息，但如果将项目部署到远程服务器后还保留这个设置，将给攻击者提供大量可以利用的信息。

要见识这有多糟糕，请访问部署在远程服务器上的项目的主页，用有效的用户账户登录，再在主页 URL 后面加上 /topics/999/。只要你创建的主题没上千，就将看到一个包含消息 "DoesNotExist at /topics/999/" 的页面。如果向下滚动，还将看到大量有关项目和服务器的信息。

你不希望用户看到这些信息，更不希望想攻击网站的人获得这些信息。为了防止线上项目显示这些信息，可在 settings.py 文件中用于线上版本的设置部分指定 DEBUG = False。这样，你在本地依然能够看到调试信息（它们对你来说很有用），但线上部署的版本不会显示它们。

请在文本编辑器中打开文件 settings.py，并在修改 Platform.sh 设置的部分添加一行代码：

---

settings.py
```
--snip--
if config.is_valid_platform():
    ALLOWED_HOSTS.append('.platformsh.site')
    DEBUG = False
    --snip--
```

我们为项目部署版所做的所有配置工作都将得到回报。在需要调整项目的线上版本时，只需修改与之相关的配置部分即可。

3. 提交并推送修改

现在需要提交对 settings.py 所做的修改，并将修改推送到 Platform.sh 上。下面的终端会话演示了这个过程的第一步：

---

❶ (ll_env)learning_log$ **git commit -am "Set DEBUG False on live site."**
[main d2ad0f7] Set DEBUG False on live site.
   1 file changed, 1 insertion(+)
❷ (ll_env)learning_log$ **git status**
On branch main
nothing to commit, working tree clean
(ll_env)learning_log$

执行命令 git commit，并指定一条简短而有描述性的提交消息（见❶）。别忘了，标志 -am 让 Git 提交所有修改过的文件，并记录一条日志消息。Git 找出唯一一个修改过的文件，并将所做的修改提交到仓库。

我们运行命令 git status，其输出表明，当前位于仓库的分支 main 上，没有任何未提交的修改（见 ❷）。在将项目推送到远程服务器上之前，务必检查其状态，这很重要。如果状态不是clean，就说明有未提交的修改，而这些修改将不会被推送到服务器上。在这种情况下，可尝试再次执行命令 commit。如果不知道该如何解决这个问题，请阅读附录 D，更深入地了解 Git 的用法。

第二步是将修改后的仓库推送到 Platform.sh 上：

```
(ll_env)learning_log$ platform push
Are you sure you want to push to the main (production) branch? [Y/n] Y
Pushing HEAD to the existing environment main
--snip--
  To git.us-3.platform.sh:wmye2fx7wwqgu.git
     fce0206..d2ad0f7  HEAD -> main
(ll_env)learning_log$
```

Platform.sh 发现仓库发生了变化，因此重新构建项目，确保所有的修改都生效。它不会重建数据库，因此不会丢失任何数据。

为确定修改生效了，再次访问 URL /topics/999/。这次将只出现消息"Server Error (500)"，而没有显示任何有关项目的敏感信息。

20.2.13　创建定制错误页面

第 19 章对"学习笔记"进行了配置，使其在用户请求不属于自己的主题或条目时返回 404 错误。你可能还见过 500 错误（内部错误）。404 错误通常意味着 Django 代码是正确的，但请求的对象不存在；而 500 错误则通常意味着代码有问题，如 views.py 中的函数有问题。当前，在这两种情况下，Django 都返回通用的错误页面，但我们可以编写外观与"学习笔记"一致的 404 和 500 错误页面模板。这些模板应放在根模板目录中。

1. 创建定制模板

在文件夹 learning_log 中，新建一个文件夹，并将其命名为 templates。然后在这个文件夹中新建一个名为 404.html 的文件（这个文件的路径应为 learning_log/templates/404.html），并在其中输入如下内容：

404.html
```
{% extends "learning_logs/base.html" %}

{% block page_header %}
  <h2>The item you requested is not available. (404)</h2>
{% endblock page_header %}
```

这个简单的模板指定了通用的 404 错误页面包含的信息，而且该页面的外观与网站其他部分一致。

再创建一个名为 500.html 的文件，并在其中输入如下代码：

500.html
```
{% extends "learning_logs/base.html" %}

{% block page_header %}
  <h2>There has been an internal error. (500)</h2>
{% endblock page_header %}
```

这些新文件要求对 settings.py 做细微的修改：

settings.py
```
--snip--
TEMPLATES = [
    {
        'BACKEND': 'django.template.backends.django.DjangoTemplates',
        'DIRS': [BASE_DIR / 'templates'],
        'APP_DIRS': True,
        --snip--
    },
]
--snip--
```

这个修改让 Django 在根模板目录中查找错误页面模板以及其他不与特定应用程序相关联的模板。

2. 将修改推送到 Platform.sh

现在需要提交刚才所做的修改，并将这些修改推送到 Platform.sh 上：

```
❶ (ll_env)learning_log$ git add .
❷ (ll_env)learning_log$ git commit -am "Added custom 404 and 500 error pages."
  3 files changed, 11 insertions(+), 1 deletion(-)
  create mode 100644 templates/404.html
  create mode 100644 templates/500.html
❸ (ll_env)learning_log$ platform push
  --snip--
    To git.us-3.platform.sh:wmye2fx7wwqgu.git
       d2ad0f7..9f042ef  HEAD -> main
  (ll_env)learning_log$
```

执行命令 git add .（见❶），这是因为我们在项目中创建了一些新文件。然后提交所做的修改（见❷），并将修改后的项目推送到 Platform.sh 上（见❸）。

现在，错误页面的样式应该与网站的其他部分一致。这样，在发生错误时，用户将不会感到别扭。

20.2.14 继续开发

将项目"学习笔记"推送到远程服务器上之后，你可能想进一步开发它或开发要部署的其他

20

项目。更新项目的过程几乎完全相同，如下所示。

首先，对本地项目做必要的修改。如果在修改过程中创建了新文件，使用命令 git add .（千万别忘记末尾的句点）将它们加入 Git 仓库。如果有修改要求迁移数据库，也需要执行这个命令，因为每次迁移都将生成新的迁移文件。

然后，使用命令 git commit -am "*commit message*"将修改提交到仓库，再使用命令 platform push 将修改推送到 Platform.sh 上。然后，访问线上的项目，确认期望看到的修改已生效。

在这个过程中很容易犯错，因此在看到错误时不要大惊小怪。如果代码不能正确地工作，请重新审视你所做的工作，尝试找出错误。如果找不出错误，或者不知道如何撤销错误，请参阅附录 C 中有关如何寻求帮助的建议。不要羞于寻求帮助：每个学习过开发项目的人都可能遇到过你面临的问题，因此总有人乐意伸出援手。通过解决遇到的每个问题，可稳步提高技能，最终开发出可靠而有意义的项目，甚至能帮助别人解决遇到的问题。

20.2.15 将项目从 Platform.sh 上删除

一个不错的练习是，使用同一个项目或一系列小项目多次执行部署过程，直到对部署过程了如指掌。然而，你需要知道如何删除已部署的项目。Platform.sh 限制了可免费托管的项目数，而你也不希望自己的账户中包含大量练习项目。

要删除项目，可使用 Platform.sh CLI：

```
(ll_env)learning_log$ platform project:delete
```

Platform.sh 将确认你是否确实要采取这种破坏性措施。确认之后，项目将被删除。

命令 platform create 还在本地 Git 仓库中添加了一个引用，它指向位于 Platform.sh 服务器上的远程仓库。可在命令行中删除这个远程仓库：

```
(ll_env)learning_log$ git remote
platform
(ll_env)learning_log$ git remote remove platform
```

命令 git remote 列出与当前仓库相关联的所有远程 URL 的名称，而命令 git remote remove remote_name 则从本地仓库中删除指定的远程 URL。

还可以删除项目的资源。首先登录 Platform.sh 网站，并访问你的仪表盘（dashboard）。这个页面列出了你的所有活动项目。单击项目框中的三个点，再单击 Edit Plan。这将打开项目的计价页面（pricing page），单击该页面底部的 Delete Project 按钮，将出现一个确认页面，然后就可以按其中的说明完成项目的删除了。即便你选择使用 CLI 删除项目，也应该熟悉托管提供商提供的仪表盘。

注意：删除 Platform.sh 上的项目对本地项目没有任何影响。如果没有人使用你部署的项目，而你只是想练习部署过程，完全可以将项目从 Platform.sh 上删除，再重新部署。需要明白的是，如果出现了问题，很可能是免费试用服务的限制导致的。

动手试一试

练习 20.3：线上博客　将你一直在开发的项目 Blog 部署到 Platform.sh 上。确保将 DEBUG 设置为 False，以免在出现错误时让用户看到完整的 Django 错误页面。

练习 20.4：扩展"学习笔记"　在"学习笔记"中添加一项功能，并将修改推送给在线部署。先尝试做一个简单的修改，如在主页中对项目做更详细的描述，再尝试添加一项高级功能，如让用户能够将主题设置为公开的。为此，需要在模型 Topic 中添加一个名为 public 的属性（其默认值为 False），并在页面 new_topic 中添加一个表单元素，让用户能够将私有主题改为公开的。然后，需要迁移项目，并修改 views.py，让未登录的用户也可以看到所有公开的主题。

20.3　小结

在本章中，你学习了如何使用 Bootstrap 库和应用程序 django-bootstrap5 赋予应用程序简单而专业的外观。使用 Bootstrap 意味着，无论用户使用哪种设备来访问你的项目，你选择的样式都将实现几乎相同的效果。

你还了解了 Bootstrap 的模板，并使用模板 Navbar static 赋予了"学习笔记"简单的外观。然后学习了如何使用 jumbotron 来突出显示主页中的消息，以及如何给网站的所有网页设置一致的样式。

在本章的最后一节中，你学习了如何将项目部署到远程服务器上，让所有人都能够访问。你创建了一个 Platform.sh 账户，还安装了一些帮助管理部署过程的工具。你使用 Git 将能够正确运行的项目提交到仓库中，再将这个仓库推送到 Platform.sh 的远程服务器上。最后，你在远程服务器上将 DEBUG 设置为 False，以确保应用程序的安全。你还创建了定制错误页面，让不可避免的错误看起来得到了妥善的处理。

开发完项目"学习笔记"，你就可以自己动手开发项目了。请先让项目尽可能简单，确定它能正确运行后，再添加复杂的功能。愿你学习愉快，在开发项目时有好运相伴！

20

安装及故障排除

Python 有很多版本，在各种操作系统中安装 Python 的方式也很多。如果第 1 章介绍的方式不管用，或者要安装非系统已有的 Python 版本，本附录可提供帮助。

A.1　Windows 系统

第 1 章介绍了如何使用 Python 网站提供的官方安装程序来安装 Python。如果执行安装程序后，无法运行 Python，本节的故障排除说明将帮助你让 Python 恢复正常。

A.1.1　用 py 代替 python

运行较新的 Python 安装程序后，如果在终端中执行命令 python，应该会看到表示终端会话的提示符（>>>）。

如果不能识别命令 python，Windows 将认为没有安装 Python，进而打开 Microsoft Store 或显示一条消息（如 "Python was not found"）。如果 Windows 打开了 Microsoft Store，请将其关闭。最好使用 Python 网站提供的官方安装程序，而不要使用 Microsoft 维护的安装程序。

最简单的解决方案是，在不对系统做任何修改的情况下尝试执行命令 py。py 是 Windows 环境下的一个实用程序，它查找系统中安装的最新 Python 版本，并运行相应的解释器。如果这个命令管用，而且你愿意使用它，可将本书中所说的命令 python 或 python3 都替换为命令 py。

A.1.2　重新运行安装程序

导致命令 python 不可用的最常见原因是，在运行安装程序时忘记选择复选框 Add Python to PATH，这是一种很容易犯的错误。变量 PATH 是一项系统设置，告诉 Windows 系统到哪里去查找常用的程序。如果没有选择复选框 Add Python to PATH，Windows 将不知道到哪里去查找 Python 解释器。

在这种情况下，最简单的解决方案是再次运行安装程序。如果 Python 网站提供了更新的安装程序，请下载并运行它，同时务必选择复选框 Add Python to PATH。

如果之前运行的就是最新的安装程序，请再次运行它并单击 Modify。你将看到一个可选特性（optional feature）列表，请保留默认设置并单击 Next 按钮，再选择复选框 Add Python to Environment Variables 并单击 Install 按钮。安装程序会知道 Python 已安装，因此只是将 Python 解释器的位置添加到变量 PATH 中。请务必关闭之前打开的终端窗口，因为它们使用的是之前的 PATH 变量。打开一个新的终端窗口，并执行命令 python，你将看到 Python 提示符（>>>）。

A.2　macOS 系统

在第 1 章的安装说明中，使用的是 Python 网站提供的安装程序。多年来，官方安装程序都很稳定，但有些因素可能导致你偏离正轨。如果遇到麻烦，可参阅本节提供的简单易行的解决方案。

A.2.1　不小心安装了 Apple 提供的 Python 版本

如果你在没有安装 Python 的系统中执行命令 python3，很可能出现一条消息，指出需要安装**命令行开发者工具**（command line developer tools）。在这种情况下，最佳做法是关闭显示这条消息的弹出窗口，从 Python 网站下载 Python 安装程序，再运行它。

如果你在看到前述消息后选择安装命令行开发者工具，macOS 将在安装开发者工具的同时安装 Apple 提供的 Python 版本。问题是 Apple 提供的 Python 版本通常落后于官方提供的最新 Python 版本。不过即便你安装了 Apple 提供的 Python 版本，也可从 Python 网站下载官方安装程序并运行它，只是在这种情况下指向该版本的是命令 python3。因此，即便安装了开发者工具也不用担心，何况它还包含一些很有用的工具，如附录 D 将讨论的 Git 版本控制系统。

A.2.2　较旧 macOS 系统中的 Python 2

在较旧的 macOS 版本（Monterey 12.3 之前的版本）中，默认安装了已过时的 Python 2。在这些系统中，命令 python 指向的是 Python 2 解释器。如果你使用的是默认安装了 Python 2 的 macOS 版本，务必使用命令 python3，以便使用你自己安装的 Python 版本。

A.3　Linux 系统

几乎所有的 Linux 系统都默认安装了 Python，但如果自带的版本低于 Python 3.9，就需要安装最新的版本。如果你想使用最新的特性，如改进的错误消息，也可安装最新的版本。下面的说明适用于大多数基于 apt 的系统。

A.3.1 使用默认安装的 Python

如果要使用 python3 指向的 Python 版本，务必安装如下三个包：

```
$ sudo apt install python3-dev python3-pip python3-venv
```

这些包不仅提供了对开发人员来说很有用的工具，还提供了让你能够安装第三方包（如本书第二部分使用的第三方包）的工具。

A.3.2 安装最新的 Python 版本

使用名为 deadsnakes 的包能够轻松地安装多个 Python 版本。请执行如下命令：

```
$ sudo add-apt-repository ppa:deadsnakes/ppa
$ sudo apt update
$ sudo apt install python3.11
```

这些命令会在系统中安装 Python 3.11。

要启动运行 Python 3.11 的终端会话，可执行如下命令：

```
$ python3.11
>>>
```

每当在本书中看到命令 python 时，都将其替换为 python3.11。当从终端运行程序时，也请使用这个命令。

为了充分发挥你安装的 Python 版本的威力，需要安装另外两个包：

```
$ sudo apt install python3.11-dev python3.11-venv
```

这些包包含在安装和运行第三方包（如本书第二部分使用的第三方包）时需要的模块。

> **注意**：长期以来，deadsnakes 包都得到了很好地维护。在更新的 Python 版本推出后，依然可使用上述命令，但需要将其中的 python3.11 替换为最新的 Python 版本。

A.4 检查使用的是哪个版本

如果在运行 Python 或安装额外的包的过程中遇到麻烦，知道使用的是哪个 Python 版本会很有帮助。你的系统中可能安装了多个 Python 版本，导致你不知道当前使用的是哪个版本。

在这种情况下，可在终端窗口中执行如下命令：

```
$ python --version
Python 3.11.0
```

输出准确地指出了命令 python 指向的是哪个版本。你也可以使用更简短的命令 python -V，输出与上述命令相同。

A.5　Python 关键字和内置函数

Python 包含一系列关键字和内置函数，在编程中命名时知道这些关键字和内置函数很重要：既不能使用 Python 关键字，也不应使用 Python 内置函数名，否则将覆盖相应的内置函数。

本节将列出 Python 关键字和内置函数的名称，让你知道应避免哪些命名。

A.5.1　Python 关键字

下面的关键字都有特殊的含义，如果将它们用作变量名，将引发错误：

False	await	else	import	pass
None	break	except	in	raise
True	class	finally	is	return
and	continue	for	lambda	try
as	def	from	nonlocal	while
assert	del	global	not	with
async	elif	if	or	yield

A.5.2　Python 内置函数

在将内置函数名用作变量名时，不会导致错误，但将覆盖这些函数的行为：

abs()	complex()	hash()	min()	slice()
aiter()	delattr()	help()	next()	sorted()
all()	dict()	hex()	object()	staticmethod()
any()	dir()	id()	oct()	str()
anext()	divmod()	input()	open()	sum()
ascii()	enumerate()	int()	ord()	super()
bin()	eval()	isinstance()	pow()	tuple()
bool()	exec()	issubclass()	print()	type()
breakpoint()	filter()	iter()	property()	vars()
bytearray()	float()	len()	range()	zip()
bytes()	format()	list()	repr()	__import__()
callable()	frozenset()	locals()	reversed()	
chr()	getattr()	map()	round()	
classmethod()	globals()	max()	set()	
compile()	hasattr()	memoryview()	setattr()	

文本编辑器和 IDE

程序员会花大量时间编写、阅读和编辑代码，因此必须使用文本编辑器或 IDE(integrated development environment，集成开发环境) 尽可能提高效率。好的编辑器会做些简单的工作(如高亮代码结构)，帮助你在编程期间发现常见的 bug，但又不会做得太多，以免打断你的思路。编辑器还提供了一些很有用的功能，如自动缩进、标识出合适的行长以及提供常用操作的快捷键。

IDE 是提供了大量工具（如交互式调试器和代码检视器）的文本编辑器。在你输入代码时，它会进行检查，力图明白你创建的项目是什么样的。例如，当你输入函数名时，IDE 可能会显示该函数接受的所有实参。在一切顺利且你明白显示的内容时，这可能很有帮助，但对初学者来说，这可能也是极大的负担，而且在不确定代码为什么不能在 IDE 中工作时，很难进行故障排除。

当前，文本编辑器和 IDE 之间的界线已模糊不清。大多数流行的编辑器具备一些以前只有 IDE 才有的特性，而大多数 IDE 可配置成以轻量级模式运行，以免分散用户的注意力，同时让用户能够根据需要使用高级特性。

如果你已经安装了自己喜欢的编辑器或 IDE，并将其配置为使用系统中安装的较新 Python 版本，那么建议你继续使用该开发环境。探索不同的编辑器可能很有趣，但在学习新语言时应避免这样做。

如果你还没有安装编辑器或 IDE，推荐你使用 VS Code，原因如下。

- ❏ 它是免费的，并且以开源许可的方式发布。
- ❏ 在所有主流操作系统中都可安装它。
- ❏ 它对初学者很友好，同时功能足够强大，很多专业程序员也将其作为主编辑器。
- ❏ 它能找出系统安装的 Python 版本，因此通常无须做任何配置就能运行你的第一个程序。
- ❏ 它包含集成终端，让代码和输出出现在同一个窗口中。
- ❏ 有一个 Python 扩展让你能够使用它来高效地编写和维护 Python 代码。
- ❏ 它是高度可定制的，因此你可根据自己的工作习惯对其进行调整。

在本附录中，你将学习如何配置 VS Code 才能得心应手地工作。你还将学习一些快捷键，以提高工作效率。对编程来说，打字速度快并没有很多人想得那么重要，熟悉编辑器并知道如何高效使用它反而大有裨益。

然而，VS Code 并非适合所有人。如果 VS Code 在你的系统中不太好用，或者让你在工作时难以集中注意力，有很多其他的编辑器可供选择，它们对你来说可能更有吸引力。因此，本附录还将简要地描述其他一些值得你考虑的编辑器和 IDE。

B.1　高效地使用 VS Code

在第 1 章中，你安装了 VS Code，并且添加了 Python 扩展。本节将介绍其他一些配置，以及让你能够高效工作的快捷键。

B.1.1　配置 VS Code

修改 VS Code 默认配置的方式有好几种。有的修改是通过用户界面完成的，还有的修改是在配置文件中完成的。一些修改带来的影响是全局性的，另一些修改只影响配置文件所在文件夹中的文件。

如果文件夹 python_work 中有一个配置文件，其中的设置将只影响该文件夹（及其子文件夹）中的文件。这样挺好，因为这意味着可指定覆盖全局设置的项目专用设置。

1. 使用制表符和空格

如果在代码中混用制表符和空格，可能导致程序出现难以调试的问题。安装 Python 扩展后，如果你在 .py 文件中按 Tab 键，VS Code 将插入 4 个空格。因此，在安装了 Python 扩展的情况下，如果只使用自己编写的代码，就不会出现与制表符和空格相关的问题。

然而，你可能没有正确地配置 VS Code。此外，你碰到的文件可能只包含制表符，也可能同时包含制表符和空格。如果你怀疑存在与制表符和空格相关的问题，可单击 VS Code 窗口底部的状态栏中的 Spaces（空格）或 Tab Size（制表符长度）。这将打开一个下拉列表，让你能够在使用制表符缩进和使用空格缩进之间切换。你还可以修改默认的缩进程度，以及将文件中所有的缩进都转换为制表符或空格。

在查看代码时，如果不确定缩进使用的是空格还是制表符，可以选中代码，这将显示原本不可见的空白字符：每个空格都显示为圆点，每个制表符都显示为箭头。

注意： 对编程而言，空格优于制表符，因为处理代码文件的所有工具都能够准确地解读空格。制表符则可能会被不同的工具解读为不同的宽度，进而引发可能很难诊断的错误。

2. 变更颜色主题

VS Code 默认使用一种深色主题。如果要更改颜色主题，可选择菜单 File（文件，macOS 中为 Code）▸ Preferences（首选项）▸ Color Theme（颜色主题），这将打开一个下拉列表，让你能够选择适合自己的颜色主题。

3. 设置行长标志

大多数编辑器允许你设置视觉线索（通常是竖线），指出代码行应在哪里结束。Python 社区的约定是行长不要超过 79 个字符。

要设置这种标志，可选择菜单 File（文件）▸ Preferences（首选项）▸ Settings（设置）。在打开的对话框中输入 rulers，你将看到设置 Editor: Rulers。单击链接 Edit in settings.json（在 settings.json 中编辑），并在打开的文件中添加如下 editor.rulers 设置：

settings.json
```
"editor.rulers": [
    80,
    ]
```

这将在编辑窗口中的第 80 个字符处添加一条竖线。也可添加多条竖线，如果要在第 120 个字符处再添加一条竖线，可将 editor.rulers 设置为[80, 120]。如果没有看到这些竖线，请确认保存了设置文件。在一些系统中，可能还需退出并重新打开 VS Code 才能让修改生效。

4. 简化输出

默认情况下，VS Code 在一个内嵌的终端窗口中显示程序的输出。输出包含用来运行文件的命令。这在很多情况下是不错的做法，但对 Python 初学者来说，这可能会分散注意力。

为了简化输出，关闭 VS Code 中打开的所有选项卡，并退出 VS Code。然后重启 VS Code，并打开当前要处理的 Python 文件所在的文件夹，它可能是 hello_world.py 所在的文件夹 python_work。

单击 Run/Debug（运行和调试）图标（由一个三角形和小虫子组成），再单击 Create a launch.json File（创建 launch.json 文件），并在出现的选项中选择 Python。在打开的文件 launch.json 中，做如下修改：

launch.json
```
{
    --snip--
    "configurations": [
        {
            --snip--
            "console": "internalConsole",
            "justMyCode": true
        }
    ]
}
```

　　这里将 console 设置从 integratedTerminal 改为 internalConsole。保存这个设置文件，打开一个.py 文件（如 hello_world.py），并按 Ctrl + F5 运行它。在 VS Code 的输出窗口中，单击 Debug Console（调试控制台）——如果还没有选择它。你将只能看到程序的输出，每当你运行程序时，输出都将刷新。

注意：调试控制台是只读的，不适用于使用了函数 input() 的文件（我们在第 7 章开始使用这个函数）。在需要运行使用了函数 input() 的程序时，既可以将设置 console 恢复为默认值 integratedTerminal，也可以像 1.5 节介绍的那样，从终端窗口运行它们。

---

5. 探索其他定制方式

　　你能以众多不同的方式定制 VS Code，以提高工作效率。要探索可定制哪些方面，可选择菜单 File（文件）▸ Preferences（首选项）▸ Settings（设置），将出现一个标题为 Commonly Used（常用）的列表，单击其中的子标题可查看一些定制 VS Code 的常用方式。花些时间进行研究，看看是否有让 VS Code 更好地替你工作的设置，但不要沉迷于配置编辑器，以免影响你学习使用 Python。

B.1.2　VS Code 快捷键

　　对于编写和维护代码时需要执行的常见任务，所有编辑器和 IDE 都提供了高效执行它们的途径。例如，可轻松地缩进单行代码或整个代码块，还可轻松地在文件中上下移动代码块。

　　快捷键非常多，这里无法全面介绍，因此只介绍执行几种任务的快捷键，它们在你刚学习编写 Python 程序时可能很有用。如果你使用的是其他编辑器（不是 VS Code），务必了解如何在你选择的编辑器中高效地完成这些任务。

1. 缩进和取消缩进代码块

　　要缩进代码块，可先选中它，再按 Ctrl +]（macOS 系统中为 Command +]）。要取消代码块缩进块，可先选中它，再按 Ctrl + [（macOS 系统中为 Command + [）。

2. 将代码块注释掉

　　要暂时禁用代码块，可将其注释掉，让 Python 忽略它。为此，可先选中代码块，再按 Ctrl + /（macOS 系统中为 Command + /）。这将在行首添加井号（#），并保持缩进程度不变，以指出这不是常规注释。要对代码块取消注释，可先选中它，再按前述快捷键。

3. 上下移动代码块

　　在很复杂的程序中，你有时可能想要向上或向下移动代码块。为此，可先选中要移动的代码块，再按 Alt +上方向键（macOS 系统中为 Option + 上方向键）向上移动，或按 Alt +下方向键（macOS 系统中为 Option + 下方向键）向下移动。

　　如果要移动的是单行代码，可在该行的任意位置单击鼠标并移动，而不用选中整行。

4. 隐藏资源管理器

VS Code 中的集成资源管理器虽然提供了极大的便利，但在你编写代码时可能会分散你的注意力，而且在屏幕较小时会浪费宝贵的空间。要在显示和隐藏资源管理器之间切换，可按 Ctrl + B（macOS 系统中为 Command + B）。

5. 了解其他快捷键

想在编辑环境中高效地工作，需要多练习和多留心。在学习编写代码时，要留意着哪些任务是你反复执行的。在编辑器中执行的任何操作都可能有快捷键，在通过选择菜单来执行编辑任务时，请留意执行这些任务的快捷键。如果你频繁地在使用键盘和使用鼠标之间切换，请留意导航快捷键，这样可避免频繁地使用鼠标。

要查看 VS Code 中的所有快捷键，可选择菜单 File（文件）▸ Preferences（首选项）▸ Keyboard Shortcuts（键盘快捷方式），再使用搜索栏来查找特定的快捷键，或在列表中滚动查找可以提高工作效率的快捷键。

别忘了，最好专注于你的代码，不要在当前使用的工具上花费太多时间。

B.2　其他文本编辑器和 IDE

你肯定听说过众多其他的文本编辑器，或者看到有人使用这些编辑器。对于这些编辑器，通常可像定制 VS Code 那样进行配置。下面介绍你可能听说过的一些文本编辑器。

B.2.1　IDLE

IDLE 是 Python 自带的文本编辑器。相比于其他更现代的编辑器，它不那么直观，但有些基础教程可能会提到它，因此你可能想试一试。

B.2.2　Geany

Geany 是一款简单的编辑器，可在单独的终端窗口中显示所有输出，这有助于你逐渐习惯使用终端。Geany 的界面非常简单，但功能强大，很多经验丰富的程序员也选择使用它。

如果你觉得 VS Code 的界面太花哨、特性太多，可考虑使用 Geany。

B.2.3　Sublime Text

Sublime Text 也是一款极简编辑器，如果你觉得 VS Code 的界面过于花哨，也可考虑使用它。Sublime Text 有非常整洁的界面，并且以擅长处理超大型文件著称。这款编辑器不会带来任何干扰，让你能够专注于当前编写的代码。

Sublime Text 可无限期地免费试用，但不属于自由或开源软件。如果你喜欢它，并且承担得起购买完整许可证的费用，那就购买它吧。一次购买即可终身使用，不需要像订阅那样定期支付费用。

B.2.4　Emacs 和 Vim

Emacs 和 Vim 是两款流行的编辑器，深受众多经验丰富的程序员的喜爱，因为用户在使用它们时，双手根本不用离开键盘。因此，学会使用这些编辑器后，编写、阅读和编辑代码的效率将获得极大的提高。不过，这也意味着学会使用它们的难度极大。大多数 Linux 和 macOS 计算机自带 Vim，而且 Emacs 和 Vim 都可完全在终端中运行，因此它们常被用来通过远程终端会话在服务器上编写代码。

程序员通常会推荐你试一试它们，但很多编程老手忘了编程新手要学习的东西实在太多了。知道这些编辑器是有益的，但请先使用对用户友好的编辑器，以便专注于学习编程，而不是花费时间学习如何使用编辑器。等你能够熟练地编写和编辑代码后，再去使用这些编辑器吧。

B.2.5　PyCharm

PyCharm 是一款深受 Python 程序员欢迎的 IDE，因为它是专门为使用 Python 编程而开发的。完整版需要付费订阅，但很多开发人员觉得免费的社区版（PyCharm Community Edition）也很有用。

如果你决定使用 PyCharm，务必对这一点心中有数：默认情况下，它会为每个项目搭建一个隔离环境。这通常是一件好事，但如果你不知道它为你做了什么，可能会发现它的有些行为出乎意料。

B.2.6　Jupyter Notebook

Jupyter Notebook 不属于传统的文本编辑器或 IDE，而是一款主要由块（block）组成的 Web 应用程序。每个块都要么是代码块，要么是文本块，后者采用 Markdown 格式，让你能够设置简单的文本格式。

最初开发时，Jupyter Notebook 旨在支持在科学应用程序中使用 Python，但经过不断的扩展，它在其他很多情形下也变得很有用。你不仅可以在.py 文件中添加注释，还可以编写带简单格式的文本，如标题、带项目符号的列表以及在不同代码片段之间导航的超链接。每个代码块都可独立地运行，让你能够测试程序的很小一部分或同时运行所有的代码块。每个代码块都有独立的输出区域，可根据需要显示或隐藏。

在刚接触 Jupyter Notebook 时，其不同单元格（cell）之间的交互可能会令人迷惑。如果你在一个单元格中定义了一个函数，那么它在其他单元格中也可使用。这在大多数情况下是有益的，但如果 Notebook 很长，而你又对 Notebook 环境的工作原理没有全面的认识，就会感到迷惑。

如果你使用 Python 进行科学编程或以数据为核心的编程，几乎肯定会用到 Jupyter Notebook。

附录 C

寻求帮助

每个人在学习编程时都会遇到困难，因此作为程序员，需要学习的最重要的技能之一就是如何高效地摆脱困境。本附录简要地介绍几种帮助你摆脱编程困境的方法。

C.1 第一步

陷入困境后，首先需要判断形势。向他人寻求帮助之前，请回答如下三个问题。

- ❏ 你想要做什么？
- ❏ 你已尝试了哪些方式？
- ❏ 结果如何？

答案应尽可能具体。对于第一个问题，像"我要在新购买的 Windows 笔记本上安装最新版 Python"这样明确的陈述就足够详细了，让 Python 社区的其他成员能够施以援手，而像"我要安装 Python"这样的陈述则没有提供足够的信息，别人无法提供太多的帮助。

对于第二个问题，答案应提供足够多的细节，以免别人建议你尝试重复的方式：相比于"我访问 Python 网站并下载了一些东西"，"我访问 Python 网站的下载页面，单击针对我使用的系统的 Download 按钮，然后运行了安装程序"提供的信息更详细。

对于第三个问题，知道准确的错误消息很有用，因为这样便于在线搜索以寻找解决方案，也可在向他人寻求帮助时提供。

有时候，只需要回答这三个问题，就能发现遗漏了什么，无须求助就能摆脱困境。程序员甚至给这种情形取了一个名字：**小黄鸭调试法**。如果向一只橡皮小黄鸭（或其他任何无生命的东西）清楚地阐述自己的处境，并提出具体的问题，常常能够回答这个问题。有些编程团队甚至会在办公室里放置一只小黄鸭，旨在鼓励程序员"与小黄鸭交流"。

C.1.1　再试试

只需回头重来一次，就足以解决很多问题。假设你在模仿本书的一个示例编写 for 循环时遗漏了某个简单的东西（如 for 语句末尾的冒号），再试一次就可能帮你避免犯重复同样的错误。

C.1.2　歇一会儿

如果你在很长时间里一直试图解决同一个问题，那么休息一会儿实际上是你可采取的最佳战术。长时间从事一项工作可能会让你变得"一根筋"：脑子里想的都是同一个解决方案，对已经做的假设视而不见。休息一会儿有助于从不同的角度看问题。不用休息很长时间，只需让你摆脱当前的思维方式就行。如果你坐了很长时间，就起来做做运动：散散步或去室外待一会儿，喝杯水或吃点健康的零食。

如果你感到心情沮丧，也许应该休息一整天。晚上睡个好觉后，你常常会发现问题并不是那么难以解决。

C.1.3　参考本书的在线资源

本书提供了配套的在线资源，网址为 https://www.ituring.com.cn/book/3038，其中包含大量有用的信息，比如如何设置系统以及如何解决每章可能遇到的难题。如果你还没有查看这些资源，现在就去吧，看看它们能否提供帮助。

C.2　在线搜索

很可能有人遇到过你面临的问题，并在网上发表了相关的文章。高超的搜索技能和具体的关键字有助于找到现有的资源，帮助解决你面临的问题。如果无法在新的 Windows 系统中安装最新版 Python，搜索"安装 Python Windows"并将结果限定为一年内，可能会让你找到清晰的解决方案。

使用计算机显示的错误消息进行搜索也很有帮助。假设你试图在新的 Windows 系统中从终端运行 Python 程序，却出现了如下错误消息：

```
> python hello_world.py
Python was not found; run without arguments to install from the Microsoft
  Store...
```

搜索完整的错误消息"Python was not found; run without arguments to install from the Microsoft Store"，也许能得到不错的建议。

在搜索与编程相关的主题时，有几个网站会反复出现。下面简要介绍这些网站可以为你提供什么样的帮助。

C.2.1　Stack Overflow

Stack Overflow 是最受程序员欢迎的问答网站之一，当你进行与 Python 相关的搜索时，它常常出现在第一个结果页中。Stack Overflow 的成员可在陷入困境时提出问题，而其他成员会努力提供有帮助的答案。因为用户可以推荐自己认为最有帮助的答案，所以前几个答案通常就是最佳答案。

很多基本的 Python 问题在 Stack Overflow 上有非常明确的答案，因为这个社区在对其进行不断的改进。它鼓励用户发布更新的帖子，因此这里的答案通常与时俱进。在本书编写期间，Stack Overflow 上与 Python 相关且得到回答的问题接近 200 万个。

在 Stack Overflow 上发帖时需要牢记：要通过尽可能简短的示例说明你面临的问题。如果你贴出引发错误的 5 ~ 20 行代码，并回答了 C.1 节列出的问题，很可能有人愿意施以援手。相反，如果你只分享一个链接，指向一个包含多个大型文件的项目，就可能没人愿意提供帮助。在如何提问方面，Stack Overflow 帮助中心里的文章 *How do I Ask a Good Question?* 给出了出色的指南。无论在哪个程序员社区寻求帮助，这些建议都适用。

C.2.2　Python 官方文档

对初学者来说，Python 官方文档显得有点"随意"，因为其主要目的是阐述这门语言，而不是进行解释。官方文档中的示例应该很有用，但你也许不能完全理解。尽管如此，它还是一个不错的资源。如果它出现在搜索结果中，就值得你参考。另外，随着你对 Python 的认识越来越深入，这个资源的用处将越来越大。

C.2.3　库官方文档

如果你使用了库，如 Pygame、Matplotlib、Django 等，搜索结果中通常会包含官方文档的链接。例如，在你使用 Django 时，Django 官方文档就很有用。如果你要使用这些库，最好熟悉其官方文档。

C.2.4　r/learnpython

Reddit 包含很多子论坛，称为 subreddit，其中的 r/learnpython 非常活跃，提供的信息也很有帮助。你既可以在这里阅读其他人提出的问题，也可以提出自己的问题。对于你提出的问题，常常有人从不同的角度进行解读，这对你更深入地理解相关主题大有帮助。

C.2.5　博客

很多程序员有博客，在上面发表关于自己使用的语言的帖子。对于搜索到的博文，务必看看发表日期，确定它是否适用于你使用的 Python 版本。

C.3　Discord

Discord 是一个在线聊天环境。它包含一个 Python 社区，你不仅可以在其中寻求帮助，还可以参加与 Python 相关的讨论。

要进入该社区，可访问 Python Discord 网站，再单击右上角的链接 Discord。如果有 Discord 账户，可使用它登录；如果没有，请输入用户名并按提示完成 Discord 注册过程。

首次访问 Python Discord 时，需要接受社区行为准则。完成注册并登录后，就能加入你感兴趣的任何频道了。在寻求帮助时，务必在 Python Help 频道发帖。

C.4　Slack

Slack 也是一个在线聊天环境，通常用于公司内部交流，但也有很多面向公众的讨论组。要加入 Slack Python 讨论组，可访问 PySlackers 网站，单击页面顶部的链接 Slack，再输入电子邮箱地址以获取邀请函。

进入 Python Developers 工作区后，将出现一个频道列表，你可单击 Channels 并选择感兴趣的主题。你想首先加入的可能是频道 #help 和 #django。

使用 Git 进行版本控制

版本控制软件让你能够为处于可行状态的项目创建快照。修改项目（如实现新功能）后，如果项目不能正常运行，可恢复到上一个可行状态。

使用版本控制软件，你可以放手大胆地改进项目，不用担心项目因你犯错而遭到破坏。这不仅对于大型项目来说尤其重要，对于较小的项目（那怕是只包含一个文件的程序）来说也大有裨益。

在本附录中，你将学习如何安装 Git，以及如何使用它来对当前开发的程序进行版本控制。Git 是当前最流行的版本控制软件，它不仅包含很多高级工具，可帮助团队协作开发大型项目，而且其最基本的功能也非常适合独立的开发人员使用。Git 通过跟踪对项目中每个文件的修改来实现版本控制。如果你犯了错，只需恢复到保存的上一个状态即可。

D.1　安装 Git

Git 可在所有操作系统上运行，但安装方法随操作系统而异。接下来的几小节详细说明了如何在各种操作系统中安装它。

有些系统默认安装了 Git，通常是随你安装的其他包一起安装的。在尝试安装 Git 前，看看系统是否已安装了它：打开一个终端窗口，并执行命令 git --version。如果在输出中看到了具体的版本号，就说明系统安装了 Git。如果看到一条消息，提示你安装或升级 Git，只需按屏幕上的说明做即可。

如果在屏幕上没有看到任何说明且你使用的是 Windows 或 macOS，可从 Git 的官方网站上下载安装程序。如果你使用的是与 apt 兼容的 Linux 系统，可使用命令 sudo apt install git 来安装 Git。

配置 Git

Git 会跟踪是谁修改了项目，哪怕参与项目开发的人只有一个。为此，Git 需要知道你的用户名和电子邮箱地址。你必须提供用户名，但可使用虚构的电子邮箱地址：

```
$ git config --global user.name "username"
$ git config --global user.email "username@example.com"
```

如果忘记了这一步，Git 将在你首次提交时提示你提供这些信息。

另外，最好设置每个项目中主分支的默认名称，一个不错的主分支名称是 main：

```
$ git config --global init.defaultBranch main
```

上述配置意味着，在你使用 Git 管理的每个新项目中，一开始都只有一个分支，该分支名为 main。

D.2　创建项目

我们来创建一个要进行版本控制的项目。在系统中创建一个文件夹，并将其命名为 git_practice。在这个文件夹中，创建一个简单的 Python 程序：

hello_git.py
```
print("Hello Git world!")
```

我们将使用这个程序来探索 Git 的基本功能。

D.3　忽略文件

扩展名为.pyc 的文件是根据.py 文件自动生成的，因此无须让 Git 跟踪它们。这些文件存储在目录__pycache__中。为了让 Git 忽略这个目录，创建一个名为.gitignore 的特殊文件（这个文件名以句点打头，且没有扩展名），并在其中添加如下一行内容：

.gitignore
```
__pycache__/
```

这会让 Git 忽略目录__pycache__中的所有文件。使用文件.gitignore 可避免混乱，让项目开发起来更容易。

你可能需要修改文件浏览器的设置，使其显示隐藏的文件（名称以句点打头的文件）：在 Windows 资源管理器中，选择菜单"查看"中的复选框"隐藏的项目"；在 macOS 系统中，按组合键 Command + Shift + .（句点）；在 Linux 系统中，查找并选择设置 Show Hidden Files（显示隐藏的文件）。

> **注意**：如果你使用的是 macOS 系统，请在文件.gitignore 中再添加一行：.DS_Store。因为在 macOS 系统中，每个目录都有隐藏的文件.DS_Store，其中包含有关当前目录的信息。如果不将它们加入.gitignore，项目将混乱不堪。

D.4　初始化仓库

前面创建了一个目录，其中包含一个 Python 文件和一个.gitignore 文件，现在可以初始化一个 Git 仓库了。为此，打开一个终端窗口，切换到文件夹 git_practice，并执行如下命令：

```
git_practice$ git init
Initialized empty Git repository in git_practice/.git/
git_practice$
```

输出表明 Git 在 git_practice 中初始化了一个空仓库。**仓库**（repository）是程序中被 Git 主动跟踪的一组文件。Git 用来管理仓库的文件都存储在隐藏的目录.git 中。虽然你根本不需要与这个目录打交道，但千万不要删除它，否则将丢失项目的所有历史记录。

D.5　检查状态

执行其他操作前，看一下项目的状态：

```
git_practice$ git status
❶ On branch main
No commits yet

❷ Untracked files:
  (use "git add <file>..." to include in what will be committed)
        .gitignore
        hello_git.py

❸ nothing added to commit but untracked files present (use "git add" to track)
git_practice$
```

在 Git 中，**分支**（branch）是项目的一个版本。从这里的输出可知，我们位于分支 main 上（见❶）。每当查看项目的状态时，输出都将指出位于分支 main 上。接下来的输出表明，还未执行任何提交。**提交**（commit）是项目在特定时间点的快照。

Git 指出了项目中未被跟踪的文件（见❷），因为还没有告诉它要跟踪哪些文件。接下来，Git 告诉我们没有将任何东西添加到当前的提交中，并且指出了可能需要加入仓库的未跟踪文件（见❸）。

D.6　将文件加入仓库

下面将这两个文件加入仓库，并再次检查状态：

```
❶ git_practice$ git add .
❷ git_practice$ git status
  On branch main
  No commits yet

  Changes to be committed:
    (use "git rm --cached <file>..." to unstage)
❸      new file:   .gitignore
        new file:   hello_git.py

  git_practice$
```

命令 git add .将项目中未被跟踪的所有文件（条件是没有在.gitignore 中列出）都加入仓库（见❶）。它不提交这些文件，只是让 Git 关注它们。现在检查项目的状态，会发现 Git 找出了一些需要提交的修改（见❷）。new file 意味着这些文件是新添加到仓库中的（见❸）。

D.7　执行提交

下面来执行第一次提交：

```
❶ git_practice$ git commit -m "Started project."
❷ [main (root-commit) cea13dd] Started project.
❸ 2 files changed, 5 insertions(+)
   create mode 100644 .gitignore
   create mode 100644 hello_git.py
❹ git_practice$ git status
  On branch main
  nothing to commit, working tree clean
  git_practice$
```

我们执行命令 git commit -m "*message*"（见❶）创建项目的快照。标志-m 让 Git 将接下来的消息（Started project.）记录到项目的历史记录中。输出表明我们位于分支 main 上（见❷）且有两个文件被修改了（见❸）。

现在检查状态，将发现我们位于分支 main 上且工作树是干净的（见❹）。这是在每次提交项目的可行状态时都应该看到的消息。如果显示的消息不是这样的，请仔细阅读，很可能是你在提交前忘记了添加文件。

D.8　查看提交历史

Git 记录所有的项目提交。下面来看一下提交历史：

```
git_practice$ git log
commit cea13ddc51b885d05a410201a54faf20e0d2e246 (HEAD -> main)
Author: eric <eric@example.com>
Date:   Mon Jun 6 19:37:26 2022 -0800

    Started project.
git_practice$
```

每次提交时，Git 都会生成一个独一无二的引用 ID，长度为 40 个字符。它记录提交是谁执行的，提交的时间，以及提交时指定的消息。并非在任何情况下都需要所有这些信息，因此 Git 提供了一个选项，让你能够打印提交历史条目的简单版本：

```
git_practice$ git log --pretty=oneline
cea13ddc51b885d05a410201a54faf20e0d2e246 (HEAD -> main) Started project.
git_practice$
```

标志--pretty=oneline 指定显示两项最重要的信息：提交的引用 ID，以及为提交记录的消息。

D.9　第二次提交

为了展示版本控制的强大威力，我们需要修改项目并提交所做的修改。在 hello_git.py 中再添加一行代码：

hello_git.py
```
print("Hello Git world!")
print("Hello everyone.")
```

如果现在查看项目的状态，将发现 Git 注意到这个文件发生了变化：

```
git_practice$ git status
❶ On branch main
Changes not staged for commit:
  (use "git add <file>..." to update what will be committed)
  (use "git restore <file>..." to discard changes in working directory)

❷  modified:   hello_git.py

❸ no changes added to commit (use "git add" and/or "git commit -a")
git_practice$
```

输出指出了当前所在的分支（见❶）和被修改了的文件的名称（见❷），还指出了所做的修改未提交（见❸）。下面来提交所做的修改，并再次查看状态：

```
❶ git_practice$ git commit -am "Extended greeting."
  [main 945fa13] Extended greeting.
   1 file changed, 1 insertion(+), 1 deletion(-)
❷ git_practice$ git status
```

```
On branch main
nothing to commit, working tree clean
```
❸ `git_practice$ git log --pretty=oneline`
```
945fa13af128a266d0114eebb7a3276f7d58ecd2 (HEAD -> main) Extended greeting.
cea13ddc51b885d05a410201a54faf20e0d2e246 Started project.
git_practice$
```

我们再次执行提交，并在执行命令 git commit 时指定了标志-am（见❶）。标志-a 让 Git 将仓库中所有修改了的文件都加入当前提交。（如果在两次提交之间创建了新文件，可再次执行命令 git add . 来将这些新文件加入仓库。）标志-m 让 Git 在提交历史中记录一条消息。

在查看项目的状态时，可以看到工作树是干净的（见❷）。最后，我们发现提交历史中包含两个提交（见❸）。

D.10　放弃修改

下面来看看如何放弃所做的修改，恢复到上一个可行状态。首先在 hello_git.py 中再添加一行代码：

hello_git.py
```
print("Hello Git world!")
print("Hello everyone.")

print("Oh no, I broke the project!")
```

保存并运行这个文件。

查看状态，会发现 Git 注意到了所做的修改：

```
git_practice$ git status
On branch main
Changes not staged for commit:
  (use "git add <file>..." to update what will be committed)
  (use "git restore <file>..." to discard changes in working directory)
```
❶
```
        modified:   hello_git.py

no changes added to commit (use "git add" and/or "git commit -a")
git_practice$
```

Git 注意到我们修改了 hello_git.py（见❶）。如果愿意，可以提交所做的修改，但这次我们不提交所做的修改，而是恢复到最后一个提交（我们知道，那次提交时项目能够正常地运行）。为此，我们不对 hello_git.py 执行任何操作（既不删除刚添加的代码行，也不使用文本编辑器的撤销功能），而是在终端会话中执行如下命令：

```
git_practice$ git restore .
git_practice$ git status
```

```
On branch main
nothing to commit, working tree clean
git_practice$
```

命令 git restore filename 让你能够放弃最后一次提交后对指定文件所做的所有修改。命令 git restore .则放弃最后一次提交后对所有文件所做的所有修改，从而将项目恢复到最后一次提交的状态。

如果此时返回文本编辑器，将发现 hello_git.py 被修改成了下面这样：

```
print("Hello Git world!")
print("Hello everyone.")
```

在这个简单的项目中，恢复到之前某个状态的能力看似微不足道，但如果开发的是大型项目，其中数十个文件都被修改了，那么通过恢复到上一个状态，将撤销最后一次提交后对这些文件所做的所有修改。这个功能很有用：在实现新功能时，可根据需要做任意数量的修改；如果这些修改不可行，可撤销它们，而不会影响项目。你无须记住做了哪些修改并手动撤销所做的修改，Git 会替你完成所有这些工作。

注意：要看到已恢复的版本，可能需要在编辑器中刷新文件。

D.11　检出以前的提交

要检出提交历史中的任何提交，可使用命令 checkout，并指定该提交的引用 ID 的前 6 个字符。检出并检查以前的提交后，既可以返回最后一次提交，也可以放弃最近所做的工作并选择以前的提交：

```
git_practice$ git log --pretty=oneline
945fa13af128a266d0114eebb7a3276f7d58ecd2 (HEAD -> main) Extended greeting.
cea13ddc51b885d05a410201a54faf20e0d2e246 Started project.
git_practice$ git checkout cea13d
Note: switching to 'cea13d'.

❶ You are in 'detached HEAD' state. You can look around, make experimental
changes and commit them, and you can discard any commits you make in this
state without impacting any branches by switching back to a branch.

If you want to create a new branch to retain commits you create, you may
do so (now or later) by using -c with the switch command. Example:

    git switch -c <new-branch-name>

❷ Or undo this operation with:

    git switch -
```

```
Turn off this advice by setting config variable advice.detachedHead to false

HEAD is now at cea13d Started project.
git_practice$
```

检出以前的提交后，将离开分支 main，并进入 Git 所说的**分离头指针**（detached HEAD）状态（见❶）。HEAD 表示当前提交的项目状态。之所以说处于分离状态（detached），是因为离开了一个具名分支（这里是 main）。

要回到分支 main，可按建议（见❷）所说的那样撤销上一个操作：

```
git_practice$ git switch -
Previous HEAD position was cea13d Started project.
Switched to branch 'main'
git_practice$
```

这样就回到分支 main 了。除非要使用 Git 的高级功能，否则在检出以前的提交后，最好不要对项目做任何修改。然而，如果参与项目开发的人只有你自己，而你又想放弃最近的所有提交并恢复到以前的状态，也可将项目重置到以前的提交。为此，可在处于分支 main 上的情况下，执行如下命令：

```
❶ git_practice$ git status
  On branch main
  nothing to commit, working directory clean
❷ git_practice$ git log --pretty=oneline
  945fa13af128a266d0114eebb7a3276f7d58ecd2 (HEAD -> main) Extended greeting.
  cea13ddc51b885d05a410201a54faf20e0d2e246 Started project.
❸ git_practice$ git reset --hard cea13d
  HEAD is now at cea13dd Started project.
❹ git_practice$ git status
  On branch main
  nothing to commit, working directory clean
❺ git_practice$ git log --pretty=oneline
  cea13ddc51b885d05a410201a54faf20e0d2e246 (HEAD -> main) Started project.
  git_practice$
```

首先查看状态，确认位于分支 main 上（见❶）。在查看提交历史时，我们看到了两个提交（见❷）。接下来，执行命令 git reset --hard，并在其中指定要永久恢复到的提交的引用 ID 的前 6 个字符（见❸）。再次查看状态，可以发现位于分支 main 上且没有需要提交的修改（见❹）。再次查看提交历史，将发现我们回到了要从它重新开始的提交（见❺）。

D.12　删除仓库

有时候，仓库的历史记录被弄乱了，而你又不知道如何恢复。在这种情况下，首先应考虑使

用附录 C 介绍的方法寻求帮助。如果无法恢复且参与项目开发的只有你一个人，可继续使用这些
文件，但将项目的历史记录删除——删除目录.git。这不会影响任何文件的当前状态，只会删除
所有的提交，因此将无法检出项目的其他任何状态。

　　为此，既可以打开一个文件浏览器并将目录.git 删除，也可以通过命令行将其删除。之后，
需要重新创建一个仓库，以便重新对修改进行跟踪。下面演示了如何在终端会话中完成这个过程：

```
❶ git_practice$ git status
  On branch main
  nothing to commit, working directory clean
❷ git_practice$ rm -rf .git/
❸ git_practice$ git status
  fatal: Not a git repository (or any of the parent directories): .git
❹ git_practice$ git init
  Initialized empty Git repository in git_practice/.git/
❺ git_practice$ git status
  On branch main

  No commits yet

  Untracked files:
    (use "git add <file>..." to include in what will be committed)
        .gitignore
        hello_git.py

  nothing added to commit but untracked files present (use "git add" to track)
❻ git_practice$ git add .
  git_practice$ git commit -m "Starting over."
  [main (root-commit) 14ed9db] Starting over.
   2 files changed, 5 insertions(+)
   create mode 100644 .gitignore
   create mode 100644 hello_git.py
❼ git_practice$ git status
  On branch main
  nothing to commit, working tree clean
  git_practice$
```

　　首先查看状态，发现工作树是干净的（见❶）。接下来，使用命令 rm -rf .git/（在 Windows
系统中为 del .git）删除目录.git（见❷）。删除文件夹.git 后再次查看状态，将被告知这不是一
个 Git 仓库（见❸）。Git 用来跟踪仓库的信息都存储在文件夹.git 中，因此删除该文件夹意味着删
除整个仓库。

　　接下来，使用命令 git init 新建一个全新的仓库（见❹）。然后查看状态，发现又回到了初
始状态，等待着第一次提交（见❺）。我们将所有文件都加入仓库，并执行第一次提交（见❻）。
之后再次查看状态，会发现我们位于分支 main 上且没有任何未提交的修改（见❼）。

　　你需要一些练习才能学会使用版本控制，但一旦开始使用，你就再也离不开它了。

部署故障排除

成功地部署应用程序让人很有成就感，在首次成功时尤其如此。然而，部署过程中可能出现很多障碍，而且有些障碍难以识别并逾越。本附录旨在帮助你理解现代部署方法，并提供排除部署故障的具体方法。

如果这里提供的额外信息不足以帮助你顺利地完成部署过程，请参阅本书提供的在线资源，其中的"更新"应该能够帮助你成功地完成部署。

E.1 理解部署

在排除部署故障时，对典型的部署原理有清晰认识大有裨益。所谓**部署**（deployment），指的是这样的一个过程：将运行在本地系统中的项目复制到远程服务器上，使其能够响应互联网用户发出的请求。相比于典型的本地系统，远程环境有很多重要的不同之处：使用的操作系统可能不同，而且很可能只是物理服务器上众多的虚拟服务器之一。

要部署项目或将其推送到远程服务器上，需要执行如下步骤。

- ❑ 在位于数据中心的物理服务器上创建虚拟服务器。
- ❑ 在本地系统和远程服务器之间建立关联。
- ❑ 将项目的代码复制到远程服务器上。
- ❑ 确定项目依赖哪些库，并在远程服务器上安装这些库。
- ❑ 创建数据库并运行所有的迁移。
- ❑ 将静态文件（CSS、JavaScript 文件和媒体文件）复制到可被高效访问的位置。
- ❑ 启动服务器以处理到来的请求。
- ❑ 在项目准备好处理请求后，将到来的请求路由到项目。

部署过程包含上述众多步骤，难怪常常以失败告终。所幸，了解部署过程之后，你就更有机会发现问题所在。通过这些发现，你就有可能找到解决方案，使得接下来的部署获得成功。

可以在运行一种操作系统的本地系统中开发项目，并将项目推送到运行另一种操作系统的服务器上。知道目标服务器使用的操作系统类型很重要，因为这可为某些故障排除工作提供指导。在本书编写期间，Platform.sh 的基础远程服务器运行的是 Debian Linux。大多数远程服务器是基于 Linux 的系统。

E.2　故障排除基础

有些故障排除步骤随操作系统而异，稍后将介绍。我们先来介绍每次排除部署故障时都应尝试采取的措施。

你能获得的最佳资源是推送过程中生成的输出。这种输出可能令人望而生畏：在刚接触应用程序部署的人看来，这种输出既冗长又显得技术含量很高。所幸，你不需要全面理解这些输出。浏览日志输出的目的有两个：确定哪些部署步骤管用，以及确定哪些步骤不管用。如果能够达成这两个目的，或许就能够确定该如何调整项目或部署过程，让下一次推送取得成功。

E.2.1　按屏幕上的建议做

你推送到的平台有时会生成消息，提供有关如何解决问题的建议。如果你在未初始化 Git 仓库的情况下创建 Platform.sh 项目，并尝试推送该项目，将出现下面的消息：

```
$ platform push
❶ Enter a number to choose a project:
  [0] ll_project (votohz445ljyg)
  > 0

❷ [RootNotFoundException]
  Project root not found. This can only be run from inside a project
    directory.

❸ To set the project for this Git repository, run:
    platform project:set-remote [id]
```

这里试图推送项目，但还未将本地项目关联到远程项目，因此 Platform.sh CLI 询问要推送到哪个远程项目（见❶）。我们输入 0，以选择列出的唯一一个项目。但出现了异常 RootNotFound-Exception（见❷）。这是因为 Platform.sh 在本地项目中查找目录.git，以确定如何将本地项目关联到远程项目，而由于在创建远程项目时没有目录.git，因此根本没有建立这种关联。CLI 提供了问题解决建议（见❸）：使用命令 project:set-remote 指定要将本地项目关联到哪个远程项目。

下面尝试按这个建议做：

```
$ platform project:set-remote votohz445ljyg
Setting the remote project for this repository to: ll_project (votohz445ljyg)

The remote project for this repository is
    now set to: ll_project (votohz445ljyg)
```

在上面的输出中，CLI 指出了远程项目的 ID——votohz4451jyg。因此我们执行建议的命令，并在命令中指定这个 ID，让 CLI 能够在本地项目和远程项目之间建立关联。

再次推送这个项目：

```
$ platform push
Are you sure you want to push to the main (production) branch? [Y/n] y
Pushing HEAD to the existing environment main
--snip--
```

推送成功了，说明按屏幕上的建议做是管用的。

对于不能完全明白的命令，应慎之又慎。然而，如果有充分的理由认为命令不会带来什么害处，而且建议的来源是值得信任的，那么按工具提供的建议做或许是合理的选择。

注意：别忘了，有些人提供的命令会扫描你的系统，或者让你的系统对远程漏洞利用程序敞开大门。按值得信任的公司或组织开发的工具提供的建议做是一码事，按网上陌生人的建议做是另一码事。每当面对远程连接时，都务必万分谨慎。

E.2.2 阅读日志输出

前面说过，当你执行诸如 platform push 等命令时，出现的日志输出可能冗长且令人生畏。下面是另一次执行命令 platform push 时显示的日志输出片段，请仔细阅读，看看能否发现问题出在什么地方：

```
--snip--
Collecting soupsieve==2.3.2.post1
  Using cached soupsieve-2.3.2.post1-py3-none-any.whl (37 kB)
Collecting sqlparse==0.4.2
  Using cached sqlparse-0.4.2-py3-none-any.whl (42 kB)
Installing collected packages: platformshconfig, sqlparse,...
Successfully installed Django-4.1 asgiref-3.5.2 beautifulsoup4-4.11.1...
W: ERROR: Could not find a version that satisfies the requirement gunicorrn
W: ERROR: No matching distribution found for gunicorrn

130 static files copied to '/app/static'.

Executing pre-flight checks...
--snip--
```

当部署以失败告终时，一个不错的策略是浏览日志输出，看看能否发现类似于警告或错误的内容。警告很常见，通常指出了该如何修改项目的依赖库，可帮助开发人员在问题带来麻烦前解决它们。

在成功的推送过程中，可能会出现警告，但不会有任何错误。在这里，Platform.sh 无法安装 gunicorrn，这是因为文件 requirements_remote.txt 存在输入错误，将原本想要包含的 gunicorn 错误地拼写成了 gunicorrn（多了一个 r）。在日志输出中，并非总能轻松地找出根本原因，在问题引发一连串错误和警告时尤其如此。就像阅读本地系统显示的 traceback 一样，最好仔细审视开头的几个错误和末尾的几个错误，因为中间的错误通常表明内部包"抱怨"有地方出了问题，进而将有关错误的消息告知其他内部包。我们能够修复的通常是开头或末尾的错误。

我们有时候能够找出错误，有时候则可能根本不知道输出是什么意思。然而，阅读日志输出绝对值得尝试，倘若根据日志输出成功地找出了错误，将获得极大的满足感。花在浏览日志输出上的时间越多，就越能找到对你来说最有意义的信息。

E.3　随操作系统而异的故障排除技巧

我们既可以在任何操作系统上进行开发，也可以将项目推送到任何远程系统上。用来推送项目的工具很先进，会在必要时修改项目，确保它能够在远程系统上正确地运行。然而，可能会出现一些与操作系统相关的问题。

在部署到 Platform.sh 上的过程中，安装 Platform.sh CLI 是最有可能出现麻烦的步骤之一。安装命令如下：

```
$ curl -fsS https://platform.sh/cli/installer | php
```

这个命令的开头是 curl。curl 是一款让你能够在终端中通过指定 URL 来请求远程资源的工具，这里使用它来从 Platform.sh 服务器上下载 Platform.sh CLI 安装程序。在这个命令中，-fsS 是一组修改 curl 运行方式的标志：标志 f 让 curl 隐藏大部分错误消息，以便由 CLI 安装程序进行处理，而不是报告给用户；标志 s 让 curl 默默地运行，即由 CLI 安装程序决定在终端中显示哪些信息；标志 S 让 curl 在整个命令以失败告终时显示一条错误消息。命令末尾的 | php 让系统使用 PHP 解释器来运行下载的安装程序，因为 Platform.sh CLI 是使用 PHP 编写的。

这意味着要安装 Platform.sh CLI，系统必须安装了 curl 和 PHP。要使用 Platform.sh CLI，还需要 Git 以及能够运行 Bash 命令的终端。Bash 是大多数服务器环境支持的语言。现代系统大多有足够的存储空间，能够安装多个类似 Platform.sh CLI 的工具。

接下来的几小节介绍如何在不同的操作系统中满足这些需求。如果你还没有安装 Git，请按附录 D 中的 Git 安装说明进行安装，再根据你使用的操作系统跳到这里相应的小节。

注意： 在帮助你理解终端命令方面，explainshell 是一个出色的工具。在其网站中输入你想理解的命令，它就会显示与命令各个部分相关的文档。请使用安装 Platform.sh CLI 的命令来试一试。

E.3.1　从 Windows 系统部署

近年来，Windows 系统受程序员欢迎的程度有所回升。Windows 集成了其他操作系统的众多元素，在本地开发以及与远程系统交互的方式上，给用户提供了很大的选择空间。

从 Windows 系统部署时，我们面临的最大困难之一是，Windows 操作系统使用的内核与基于 Linux 的远程服务器使用的内核不同。Windows 系统提供的工具集和语言不同于 Linux 系统，因此从 Windows 系统部署时，需要设法在本地环境中集成基于 Linux 的工具集。

1. 使用 WSL

一种流行的方法是使用 WSL（Windows Subsystem for Linux），这种环境使开发人员可在 Windows 系统上直接运行 Linux。搭建 WSL 环境后，在 Windows 系统中使用 Platform.sh CLI 就像在 Linux 系统中使用它一样简单，因为 Platform.sh CLI 不知道自己运行在 Windows 系统中，它只能看到自己所处的 Linux 环境。

搭建 WSL 环境的过程分为两步：先安装 WSL，再选择要在 WSL 环境中安装的 Linux 发行版。这里不详细介绍如何搭建 WSL 环境。如果你想使用 WSL 来部署项目，但还未搭建 WSL 环境，可参阅相关的文档 *What is the Windows Subsystem for Linux?*。搭建 WSL 环境后，可按本附录后面 E.3.3 节的说明来部署项目。

2. 使用 Git Bash

要搭建用来部署项目的本地环境，另一种方法是使用 Git Bash，这个终端环境与 Bash 兼容，但运行在 Windows 系统中。在使用 Git 网站上提供的安装程序安装 Git 时，就同时安装了 Git Bash。使用 Git Bash 的方法确实可行，但不像使用 WSL 那样行云流水。在这种方法中，有些步骤是在 Windows 终端中完成的，而其他步骤是在 Git Bash 终端中完成的。

首先，需要安装 PHP。可以使用 XAMPP，这个包捆绑了 PHP 及其他几个开发者工具。请访问 XAMPP 官方网站，并单击下载 XAMPP for Windows 的按钮。打开并运行安装程序，如果出现有关**用户账户控制**（User Account Control，UAC）限制方面的警告，就单击 OK 按钮，再接受所有的默认设置。

运行安装程序后，需要将 PHP 添加到系统环境变量 Path 中，让 Windows 知道到哪里去查找 PHP。为此，在"开始"菜单的搜索框中输入 path 并单击"编辑系统环境变量"，再单击"环境变量"按钮。选中环境变量 Path，再单击"编辑"按钮。单击"新建"按钮，以便在当前的路径列表中添加一条新路径。如果你在运行 XAMPP 安装程序时接受了默认设置，请输入 C:\xampp\php，再单击“确定”按钮。然后，关闭所有还处于打开状态的系统对话框。

安装 PHP 并将其路径添加到环境变量 Path 中后，就可安装 Platform.sh CLI 了。这需要以管理员身份打开一个 Windows 终端窗口，方法是在“开始”菜单的搜索框中输入 command，再单击“命令提示符应用”下方的“以管理员身份运行”。在打开的终端窗口中，执行如下命令：

```
> curl -fsS https://platform.sh/cli/installer | php
```

正如前面说过的，这将安装 Platform.sh CLI。

最后，你将在 Git Bash 中工作。要打开 Git Bash 终端窗口，在“开始”菜单中搜索 git bash，再单击“Git Bash 应用”。这将打开一个终端窗口。在这个终端窗口中，除了执行基于 Windows 的命令(如 dir)以外，还可执行基于 Linux 的命令(如 ls)。为确认成功地安装了 Platform.sh CLI，执行命令 platform list，你将看到一个列表，其中包含 Platform.sh CLI 中的所有命令。从现在开始，就可以在 Git Bash 终端窗口中使用 Platform.sh CLI 来执行所有的部署工作了。

E.3.2　从 macOS 系统部署

macOS 操作系统并非基于 Linux 的，但 macOS 和 Linux 是基于类似的原则开发的。这意味着在 macOS 系统中使用的很多命令和工作流程也适用于远程服务器环境。为了确保本地 macOS 环境有所有必要的工具，可能需要安装一些开发者资源。因此，在工作过程中，如果系统询问是否要安装**命令行开发者工具**，请单击 Install 按钮。

在安装 Platform.sh CLI 时，最容易遇到的麻烦是之前未安装 PHP。如果出现一条消息，指出找不到命令 php，就说明需要安装 PHP。安装 PHP 的最简单方法之一是使用包管理器 Homebrew，它可简化程序员依赖的各种包的安装工作。如果你还没有安装 Homebrew，可访问其官方网站，并按其中的说明进行安装。

安装 Homebrew 后，使用下面的命令来安装 PHP：

```
$ brew install php
```

这将运行一段时间，完成后就能成功地安装 Platform.sh CLI 了。

E.3.3　从 Linux 系统部署

大多数服务器环境是基于 Linux 的，因此在 Linux 系统中安装并使用 Platform.sh CLI 时，几乎不会遇到什么麻烦。在新安装了 Ubuntu 的系统中安装 Platform.sh CLI，它会准确地指出需要安装哪些包：

```
$ curl -fsS https://platform.sh/cli/installer | php
Command 'curl' not found, but can be installed with:
sudo apt  install curl
Command 'php' not found, but can be installed with:
sudo apt install php-cli
```

在实际的输出中，还包含有关其他包和版本的信息。下面的命令会安装 curl 和 PHP：

```
$ sudo apt install curl php-cli
```

执行这个命令后，应该就能成功地安装 Platform.sh CLI 了。由于本地环境与大部分基于 Linux 的托管环境很像，因此大部分终端使用技巧也适用于远程环境。

E.4　其他部署方法

如果对你来说部署到 Platform.sh 上不合适，或者你想尝试不同的方法，有很多托管平台可供选择。在托管到一些平台上时，部署过程与第 20 章描述的类似，但其他平台要求使用截然不同的方法来执行本附录开头描述的步骤。

❑ 对于前面使用 CLI 执行的步骤，Platform.sh 允许使用浏览器来执行。如果相较于基于终端的工作流程，你更喜欢基于浏览器的界面，那么你可能更愿意使用这种方法。

❑ 还有很多其他的托管提供商同时提供了基于 CLI 的方法和基于浏览器的方法。在这些提供商中，有些在浏览器中提供终端，让你无须在本地系统中安装任何软件。

❑ 有些服务提供商允许你将项目推送到诸如 GitHub 等代码托管网站上，并将 GitHub 仓库关联到提供商。这样，提供商可从 GitHub 拉取你的代码，而不要求你直接将代码从本地系统推送给提供商。Platform.sh 也支持这种工作流程。

❑ 有些提供商提供一系列服务，供你选择用来搭建项目所需的基础设施。这通常要求你对部署过程以及支持项目的远程服务器需要满足什么要求有更深入的认识。这样的托管平台包括 Amazon Web Services（AWS）和 Microsoft Azure。在使用这种平台时，很难确定总共需要支付多少费用，因为每项服务本身都可能产生费用。

❑ 很多人将项目托管到虚拟专用服务器（Virtual Private Server，VPS）上。采用这种方法意味着租用一个像远程计算机一样的虚拟服务器，登录该服务器，安装运行项目所需的软件，将代码复制到虚拟服务器上，设置正确的连接，并让服务器开始接受请求。

每隔一段时间，就会出现新的托管平台和托管方法。你可以选择一个看起来很有吸引力的平台，并花些时间了解相关的部署过程。在托管项目足够长的时间之后，就能充分了解当前提供方的方法有哪些优点和缺点了。没有托管平台是完美无缺的，你需要不断地做出判断：对于目前的具体情况而言，当前使用的提供方是否足够好。

在选择部署平台和部署方法方面，最后还有一点需要提醒。有些人会不遗余力地诱导你采用过于复杂的部署方法和服务，它们旨在让项目高度可靠，并能够同时向数百万用户提供服务。很多程序员花费大量的时间、资金和精力打造出了复杂的部署策略，最终却发现几乎没有人使用其项目。对于大多数 Django 项目来说，便宜的托管套餐（small hosting plan）就能满足需求，它们经过调优每分钟能够处理数千个请求。如果项目的流量不会超过这个量级，只要花时间对部署进行配置，就能让它在小型平台上很好地运行，不需要投资购买为全球最大的网站准备的基础设施。

　　在有些情况下，部署是一项极具挑战性的工作，但线上项目运行良好也会带来极大的满足感。将这种挑战视为享受，并在需要时去寻求帮助吧。